Paul Guillery
Rudolf Hezel
Bernd Reppich

Werkstoffkunde für Elektroingenieure

für Studenten der Elektrotechnik
ab 1. Semester

4., vollständig neubearbeitete Auflage

Mit 155 Bildern

Vieweg

CIP-Kurztitelaufnahme der Deutschen Bibliothek

Guillery, Paul
Werkstoffkunde für Elektroingenieure: für Studenten d. Elektrotechnik ab 1. Semester / Paul Guillery; Rudolf Hezel; Bernd Reppich. – 4., vollst. neubearb. Aufl. – Braunschweig: Vieweg, 1978.
ISBN-13: 978-3-528-33508-3 e-ISBN-13: 978-3-322-90127-9
DOI: 10.1007/978-3-322-90127-9
NE: Hezel, Rudolf:; Reppich, Bernd:

Verlagsredaktion: *Alfred Schubert, Willy Ebert*

1. Auflage 1971
2., berichtigte Auflage 1973
3., überarbeitete Auflage 1974
Nachdruck 1976
4., vollständig neubearbeitete Auflage 1978

Satz: Friedr. Vieweg + Sohn GmbH, Braunschweig

Buchbinder: W. Langelüddecke, Braunschweig

Aus dem Vorwort zur 3. Auflage

Dieses Buch ist im wesentlichen die Niederschrift einer einsemestrigen Vorlesung von zwei Wochenstunden, die seit einigen Jahren an der Technischen Universität in München gehalten wird. Sie will in erster Linie dem Studierenden der Elektrotechnik – unabhängig von seinem speziellen Ausbildungsziel – zeigen, welche Rolle der richtige Einsatz verfügbarer Werkstoffe bei Funktion und Gestaltung aller elektrotechnischen Erzeugnisse spielt und wie stark Tempo und Richtung des technischen Fortschritts durch Weiterentwicklungen auf der Materialseite beeinflußt werden. Denn beim Bemühen um die Verwirklichung erfinderischer Gedanken stehen ja in zunehmendem Maße werkstoffkundliche Überlegungen im Vordergrund, soweit sie nicht überhaupt den Anstoß geben. Nicht selten erweist es sich dementsprechend auch als lohnend, technische Projekte, die als unrealistisch ad acta gelegt wurden, von Zeit zu Zeit aus der Sicht einer veränderten Werkstoffsituation von neuem durchzudenken und zu erörtern.

Die geringe Anzahl der geplanten Vorlesungsstunden und der nach gemeinsamer Absicht von Verlag und Verfasser in gleichem Maße begrenzte Umfang dieses Buches zwangen zu entsprechender Beschränkung in der Auswahl der zu behandelnden Teilgebiete und zu einer bewußten Lückenhaftigkeit in der Aufzählung von Einzelheiten. Dadurch mögen – hier und da auch etwas willkürlich – gewisse Unterschiede in der Breite und Ausführlichkeit der Darstellung entstanden sein. In jedem Fall soll weniger durch Erlernen von Tatbeständen als durch Einblick in Zusammenhänge die Vielzahl und Verschiedenartigkeit der Gesichtspunkte erkennbar werden, nach denen häufig aus der Fülle verfügbarer Stoffe die günstigste Auswahl zu treffen ist, möglichst mit Ausblicken auf die weitere Entwicklung. Je reichhaltiger das Bild ist, das dabei entsteht, umso sicherer wird es zu der Einsicht führen, daß im akuten Einzelfall auf die Beratung durch den jeweiligen Werkstoffachmann nicht verzichtet werden kann. Das hier vermittelte Wissen soll im Gegenteil zu einer solchen Befragung anregen, andererseits aber ausreichen, um vernünftige Fragen zu stellen und die Antwort in richtigem Zusammenhang auszuwerten.

Dem Vieweg Verlag sei herzlich gedankt für die Initiative zur Herausgabe dieser Vorlesung, die ansprechende Ausstattung des Buches und die angenehme Zusammenarbeit während seiner Herstellung.

Paul Guillery

Vorwort zur 4. Auflage

Bei der Vielfalt von Spezialgebieten, die in diesem Buch behandelt werden müssen und in Anbetracht der Fülle von Ergebnissen moderner werkstoffwissenschaftlicher Forschung und Entwicklung erschien es erforderlich, zur Bearbeitung der 4. Auflage zwei weitere Autoren hinzuzuziehen. Ihre Beiträge basieren auf Forschungs- und Lehrtätigkeit an der Technischen Universität München und der Universität Erlangen-Nürnberg.

Ebenso wie bisher stehen in dieser Auflage die Bemühungen im Vordergrund – der allgemeinen Entwicklung der modernen Werkstoffkunde folgend –, das Verständnis für die Zusammenhänge zwischen der Struktur und den Eigenschaften der Werkstoffe zu vermitteln. Dementsprechend wurde der Teil I über werkstoffkundliche Grundlagen neu gegliedert, überarbeitet und durch neue Beiträge ergänzt.

So wurde im Kap. 1 ein Abschnitt über Gitterbaufehler aufgenommen, in welchem die verschiedenen Defekt-Arten eingeführt und klassifiziert werden. In den darauf folgenden Abschnitten wird dann gezeigt, wie diese in das Kristallgitter eingebracht werden, welche Rolle sie bei grundlegenden Vorgängen spielen und welche Werkstoffeigenschaften sie beeinflussen. Ebenfalls neu ist das Kap. 2 „Diffusion und Umwandlung“, in dem zunächst in die Gesetze und Mechanismen der Festkörperdiffusion eingeführt wird. Anschließend werden zwei wichtige „diffusionsgesteuerte“ Anwendungen besprochen, nämlich das Sintern sowie Ausscheidungsvorgänge. Letztere sind insbesondere für die mechanischen Eigenschaften von Bedeutung, die in Kap. 3 diskutiert werden. In den ersten Abschnitten dieses Kapitels werden zunächst die phänomenologischen Aspekte der mechanischen Festigkeit und Festigkeitssteigerung beschrieben, welche in den darauf folgenden Abschnitten über „Kristallplastizität“ sowie „Erholung und Rekristallisation“ ihre „atomistische“ Interpretation erfahren. Hierbei spielt der Begriff der Versetzung eine zentrale Rolle.

Das Kapitel „Eisenwerkstoffe“ wurde gekürzt, die Abschnitte über Kupfer und Leichtmetalle unter der neuen Überschrift „Nichteisenmetalle“ zusammengefaßt.

Die nichtmetallischen Werkstoffe, also vor allem Glas und Keramik sowie die Kunststoffe wurden in den früheren Auflagen dieses Buches an verschiedenen Stellen von elektrotechnischen Gesichtspunkten aus behandelt (z. B. im Kap. „Isolierstoffe“). Es erschien zweckmäßig, diese etwas verstreuten Angaben in einem einheitlichen Kapitel „Nichtmetallische Werkstoffe“ darzustellen.

Auf Grund der in den letzten Jahrzehnten ständig zunehmenden Bedeutung der Halbleiter schien gerade in einer „Werkstoffkunde für Elektroingenieure“ eine Vertiefung des Verständnisses der Halbleitereigenschaften dringend erforderlich. Denn die Halbleitergrundlagen werden mitunter in der Experimentalphysik etwas stiefmütterlich behandelt und in den Vorlesungen für fortgeschrittene Studenten nur noch am Rande gestreift.

So wird hier das „Bändermodell“ ausführlicher besprochen, der Begriff des „Fermi-Niveaus“ eingeführt und am Beispiel des für die gesamte Halbleiter-Anwendung überaus wichtigen p-n-Übergangs diskutiert. Eine Auswahl häufig angewandter Verfahrensschritte in der modernen Halbleiter-Technologie bis hin zur hochintegrierten elektronischen Schaltung soll einen Eindruck vermitteln, mit wieviel Aufwand und Präzision die Behandlung der Halbleiterwerkstoffe vorgenommen werden muß, damit schließlich ein zuverlässig funktionierendes Bauelement entsteht.

Für das Studium von Spezialgebieten, dem dieses Buch nichts vorwegnehmen will, findet sich am Schluß ein Verzeichnis einschlägiger Literatur, das zugleich eine Quellenangabe für die einzelnen Kapitel darstellt. Allerdings wäre es zu umfangreich geworden, wenn es alles Lesenswerte aus einem runden Dutzend sehr verschiedenartiger Fachgebiete hätte aufführen sollen. Da es also auf jeden Fall unvollständig sein muß, beschränkt es sich auf diejenigen zusammenfassenden Darstellungen und Originalarbeiten, denen tatsächlich besondere Anregungen und Einzelheiten entnommen wurden.

Bei der Verwendung von Begriffen, Bezeichnungen, Dimensionen und Einheiten galten im allgemeinen die DIN-Normen und VDE-Bestimmungen als Richtlinien.

Für wertvolle Hinweise und Ratschläge auch bei der Überarbeitung dieser vierten Auflage sei den Kollegen und Mitarbeitern der Siemens AG, den Herren Dr. *G. Bogner,* Dipl.-Phys. *H. Keuth,* Dr. *J. Langer,* Dr. *M. Meyer,* Dipl.met. *H. W. Rotter,* Dr. *P. Rupp* und Dr. *F. Weigel* herzlich gedankt, nicht minder Herrn Ing. *A. Niering* (W. Günther GmbH) sowie den Herren Prof. Dr. *B. Ilschner,* Mitvorstand des Instituts für Werkstoffwissenschaften an der Universität Erlangen-Nürnberg, Dipl.-Ing. *H. K. Sebastian,* Professor an der Fachhochschule Düsseldorf und Dipl.-Phys. *L. Hechler,* Professor an der Fachhochschule Regensburg. Frau *E. Völkel* und Herr *B. Kummer,* Mitarbeiter am Institut für Werkstoffwissenschaften Erlangen-Nürnberg, leisteten wirksame Hilfe bei der Anfertigung zahlreicher Zeichnungen.

Paul Guillery
Rudolf Hezel
Bernd Reppich

Erlangen und Nürnberg, im Januar 1978

Inhaltsverzeichnis

Einleitung . . . 1

I. Grundlagen. Ausgewählte Kapitel aus der allgemeinen Werkstoffkunde 4

1 Aufbau kristalliner Werkstoffe . . . 4
1.1 Amorphe und kristalline Werkstoffe . . . 4
1.2 Kristallstrukturen . . . 4
1.3 Gitterbaufehler . . . 9
1.3.1 Punktdefekte . . . 10
1.3.2 Versetzungen . . . 11
1.3.3 Korngrenzen . . . 15
1.4 Phasen, Legierungen, Zustandsdiagramme . . . 18
1.4.1 Verbundstoffe . . . 21
1.4.2 Systeme mit lückenloser Mischkristallreihe . . . 22
1.4.3 Systeme mit Eutektikum . . . 24
1.4.4 Systeme mit Mischungslücke . . . 26
1.4.5 Intermetallische Verbindungen . . . 28
1.4.6 Phasengrenzen . . . 29

2 Diffusion und Umwandlung . . . 29
2.1 Diffusion . . . 29
2.1.1 Die Fickschen Diffusionsgesetze . . . 30
2.1.2 Diffusionsmechanismen . . . 32
2.2 Sintern . . . 33
2.3 Ausscheidungsvorgänge . . . 34
2.3.1 Ausscheidung aus übersättigter Lösung . . . 35
2.3.2 Keimbildung und Wachstum . . . 36
2.3.3 ZTU-Schaubilder . . . 37

3 Mechanische Eigenschaften . . . 39
3.1 Festigkeit und Verformbarkeit . . . 39
3.1.1 Statische, einachsige Verformung . . . 39
3.1.1.1 Spannungs-Dehnungs-Diagramme . . . 39
3.1.1.2 Kriechversuch, Zeitstandversuch . . . 44
3.1.2 Härte . . . 46
3.1.3 Schlagbeanspruchung . . . 46
3.1.4 Dynamische Beanspruchung, Ermüdung . . . 47
3.1.5 Beeinflussung der mechanischen Kennwerte durch mechanische und thermische Vorbehandlung, Zusammensetzung sowie Temperatur . . . 48

3.2 Kristallplastizität . . . 52
3.2.1 Geometrie und Kristallografie der plastischen Verformung . . . 52
3.2.2 Der Mechanismus der plastischen Verformung . . . 55
3.2.2.1 Die theoretische Schubfestigkeit . . . 55
3.2.2.2 Versetzungen als Träger der plastischen Verformung . . . 55
3.2.3 Verfestigung und Härtung im Versetzungsbild . . . 58
3.3 Erholung und Rekristallisation . . . 59

4 Eisenwerkstoffe . . . 62
4.1 Das Eisen-Kohlenstoff-Diagramm . . . 62
4.2 Stähle . . . 65
4.2.1 Härten, Vergüten . . . 66
4.2.2 Legierte Stähle . . . 67

5 Nichteisenmetalle . . . 70
5.1 Kupfer und seine Legierungen . . . 70
5.1.1 Gewinnung und Eigenschaften des reinen Kupfers (Leitfähigkeit, Korrosionsbeständigkeit, Festigkeit und Verformbarkeit) . . . 70
5.1.2 Kupferlegierungen . . . 73
5.1.2.1 Hochleitfähige Kupferlegierungen . . . 74
5.1.2.2 Kupferlegierungen als Konstruktionswerkstoffe . . . 76
5.1.2.2.1 Kupferlegierungen mit kleinen Zusätzen von Arsen, Mangan, Silicium, Aluminium . . . 78
5.1.2.2.2 Kupferlegierungen mit Zusätzen von Zinn, Zink, Nickel (Zinnbronzen, Rotmetall, Messing, Neusilber) und Blei . 78
5.1.2.3 Legierungen für elektrische Widerstände und Kontaktwerkstoffe auf der Basis von Kupfer . . . 81
5.2 Leichtmetalle . . . 81
5.2.1 Magnesium, Titan, Beryllium . . . 81
5.2.2 Reines Aluminium . . . 82
5.2.3 Aluminiumlegierungen . . . 84
5.3 Zusammenfassender Überblick über Werkstoffeigenschaften und Zusammensetzung von Kupfer- und Aluminiumlegierungen . . . 86

6 Nichtmetallische Werkstoffe . . . 86
6.1 Anorganische Werkstoffe . . . 86
6.2 Organische Werkstoffe . . . 88

7 Korrosion und Korrosionsschutz . . . 92
7.1 Normale Witterungseinflüsse . . . 92
7.2 Korrosion durch wäßrige Lösung, elektrochemische Prozesse . . . 93
7.3 Sonstige Korrosionserscheinungen (Industrie-Atmosphäre und Meerwasser) . . . 96
7.4 Korrosionsschutz . . . 97

8 Verbindungstechnik metallischer Werkstoffe . . . 98
8.1 Löten . . . 99
8.2 Schweißen . . . 101

9 Untersuchungsmethoden und Prüfverfahren . . . 103

II. Die meist verwendeten Werkstoffgruppen der Elektrotechnik nach ihren Haupteigenschaften geordnet 105

10 Einleitende Übersicht über Zusammenhänge zwischen der Art der interatomaren Bindungen, den mechanischen Eigenschaften und der Elektrizitätsleitung bei festen Körpern 105

10.1 Positive und negative Ladungen als Bestandteile der Materie 105
10.2 Metallische Bindung und metallische Leitung 106
10.3 Die „Valenzkristalle" des Kohlenstoffs und der halbleitenden Elemente Silicium und Germanium. Die kovalente Bindung 107
10.4 Chemische Verbindungen mit elektronischer Halbleitung und mit Ionenleitung. Die Ionenbindung 109
10.5 Zusammenfassung von Abschnitt 10.2 bis 10.4 111
10.6 Aufbau der Atome aus Kern und Elektronenhülle 112
10.7 Das Bändermodell 113
10.8 Metall, Halbleiter und Isolator im Bändermodell 115

11 Der Halleffekt und seine Bedeutung zum Studium der Leitungsvorgänge in Metallen, Halbleitern und festen Ionenleitern 116

12 Metallische Leiter- und Widerstandswerkstoffe 119

12.1 Reine Metalle 119
12.1.1 Einige Zahlenwerte für die Leitfähigkeit 119
12.1.2 Konzentration und Beweglichkeit der Leitungselektronen in reinen Metallen 119
12.1.3 Einfluß von Verunreinigungen und anderen Gitterdefekten im Kristallgefüge auf das Leitvermögen von Metallen 121
12.1.4 Einfluß der Temperatur auf die metallische Leitfähigkeit, Widerstandsthermometer 121
12.1.5 Einfluß gerichteter mechanischer Spannungen, Dehnungsmeßstreifen 124
12.2 Legierungen als Werkstoffe für elektrische Widerstände 125
12.2.1 Die Leitfähigkeit von Legierungen 125
12.2.2 Werkstoffe für Präzisions-, Regel- und Heizwiderstände 126
12.3 Metallische Thermoelemente 129
12.4 Zusammenfassung von Abschnitt 12.1 bis 12.3 131

13 Supraleiter 131

14 Kontaktwerkstoffe 134

15 Elektronische Halbleiter 138

15.1 Eigenleitung 138
15.1.1 Valenzelektronen, Leitungselektronen, Leitungsmechanismus, Defektelektronen 138
15.1.2 Leitfähigkeit von Eigenhalbleitern – Konzentration und Beweglichkeit der Ladungsträger 140
15.1.3 Temperaturabhängigkeit der Leitfähigkeit und einige Anwendungen 141
15.2 Störstellenleitung 143
15.2.1 Leitungsmechanismus – n-Leitung, p-Leitung, Donatoren, Akzeptoren 143
15.2.2 Leitfähigkeit von dotierten Halbleitern 146
15.2.3 Temperaturabhängigkeit der Leitfähigkeit von dotierten Halbleitern 147
15.3 Verbindungshalbleiter 148

15.4 Das Fermi-Niveau und seine Lage im Bänderschema der Halbleiter . . . 149
15.5 Der pn-Übergang . . . 151
15.5.1 Der pn-Übergang im Gleichgewicht, das Kontaktpotential . . . 152
15.5.2 Der pn-Übergang in Sperr- und Flußrichtung . . . 154
15.6 Einige Anwendungen des pn-Überganges . . . 155
15.6.1 Gleichrichterdioden . . . 155
15.6.2 Zenerdioden und spannungsabhängige Kondensatoren . . . 157
15.6.3 Der bipolare Transistor . . . 158
15.6.4 Der Thyristor . . . 158
15.6.5 Der MOS-Feldeffekt-Transistor . . . 160
15.6.6 Fotodioden, Fototransistoren, Fotoelemente . . . 161
15.6.7 Lumineszenz- und Laser-Dioden . . . 162
15.6.8 Piezo-Widerstände . . . 162
15.7 Zusammenfassung von Abschnitt 15.1 bis 15.6 . . . 162
15.8 Halbleitertechnologie . . . 164
15.8.1 Höchstreinigung von Halbleiterwerkstoffen, das Zonenschmelzverfahren . . . 164
15.8.2 Herstellung von Einkristallen – Tiegelziehen, Zonenziehen, Epitaxie . . . 165
15.8.3 Herstellung von pn-Übergängen, die Planartechnologie . . . 166

16 Der Kohlenstoff und seine Verbindungen als Werkstoffe der Elektrotechnik . . . 169
16.1 Graphit und „amorpher" Kohlenstoff . . . 170
16.2 Carbide . . . 172

17 Isolierstoffe . . . 173
17.1 Überblick über die spezifischen Widerstände aller elektrotechnischen Werkstoffe . . . 173
17.2 Die Luft als Isolierstoff . . . 174
17.3 Die Durchschlagfestigkeit von Gasen . . . 175
17.4 Die Qualitätsmerkmale fester und flüssiger Isolierstoffe . . . 176
17.4.1 Die Durchschlagfestigkeit . . . 176
17.4.2 Die elektrische Polarisation und die Dielektrizitätszahl . . . 177
17.4.2.1 Stoffe aus unpolaren Molekülen . . . 178
17.4.2.2 Stoffe aus polaren Molekülen (Dipolen) . . . 179
17.4.2.3 Ferroelektrische Stoffe, auch in ihrer Anwendung als Kaltleiter . . 179
17.4.2.4 Elektrostriktion und Piezoelektrizität . . . 180
17.4.3 Entstehung und Definition der dielektrischen Verluste, der Verlustfaktor tan δ . . . 180
17.4.4 Die Messung des Verlustfaktors und der Dielektrizitätszahl . . . 181
17.4.5 Abhängigkeit der Dielektrizitätszahl ϵ_r und des Verlustfaktors tanδ von Frequenz und Temperatur . . . 183
17.4.6 Die Spannungsabhängigkeit des Verlustfaktors . . . 185
17.4.7 Die komplexe Dielektrizitätszahl . . . 186
17.4.8 Oberflächenwiderstand, Kriechstromfestigkeit . . . 187
17.5 Zusammenfassender Auszug aus Abschnitt 17.1 bis 17.4 – Sonstige Forderungen an Isolierstoffe . . . 187
17.6 Gebräuchliche Isolierstoffe / ihre wichtigsten Eigenschaften, Isolierverfahren . . . 188
17.7 Die Wärmebeständigkeit technischer Isolierstoffe. Die Einteilung in Wärmeklassen . . 189

18 Flüssigkristalle . . . 192
18.1 Struktur und Eigenschaften . . . 192
18.2 Einige Anwendungen der Flüssigkristalle . . . 194
18.2.1 Thermooptische Effekte . . . 194
18.2.2 Elektrooptische Effekte . . . 194

19 Die Wärmeleitfähigkeit gebräuchlicher Werkstoffe . . . 195

20 Magnetische Werkstoffe . . . 197
20.1 Begriffe und Definitionen . . . 197
20.2 Diamagnetismus und Paramagnetismus . . . 200
20.3 Der Ferromagnetismus und Ferrimagnetismus . . . 201
20.3.1 Grundsätzliches über Aufbau und Eigenschaften ferromagnetischer Werkstoffe . . . 201
20.3.1.1 Weiss'sche Bezirke und Blochwände . . . 201
20.3.1.2 Die Vorgänge bei der Auf- und Abmagnetisierung (Wandverschiebungen, Drehprozesse, Magnetostriktion) . . . 202
20.3.2 Antiferromagnetismus und Ferrimagnetismus . . . 204
20.4 Definition und meßtechnische Erfassung der Eigenschaften magnetischer Werkstoffe . . . 205
20.4.1 Die Magnetisierungskurve . . . 205
20.4.2 Die Hystereseschleife und die Hystereseverluste . . . 207
20.4.3 Die Wirbelstromverluste . . . 210
20.4.4 Die Nachwirkungsverluste . . . 211
20.4.5 Die Ummagnetisierungsverluste in ihrer Gesamtheit . . . 211
20.4.6 Abhängigkeit der Gesamtverluste und der Permeabilitätszahl von der Frequenz . . . 213
20.4.7 Die komplexe Permeabilitätszahl . . . 214
20.5 Eigenschaften gebräuchlicher Magnetwerkstoffe . . . 214
20.5.1 Allgemeiner Überblick . . . 214
20.5.1.1 Sättigungspolarisationen und Curie-Temperaturen . . . 214
20.5.1.2 Hystereseschleifen von isotropen Werkstoffen . . . 215
20.5.1.3 Hystereseschleifen von anisotropen Werkstoffen . . . 216
20.5.2 Hartmagnetische Werkstoffe . . . 218
20.5.3 Weichmagnetische Werkstoffe . . . 221
20.6 Zusammenfassung von Abschnitt 20.2 bis 20.5 . . . 223

Anhang: Normung . . . 226

Bildnachweis . . . 228

Literatur . . . 231

Sachwortverzeichnis . . . 234

Einleitung

Aufgabenbereich und Stoffgebiet einer elektrotechnischen Werkstoffkunde. Die chemischen Elemente

Die Elektrotechnik beschäftigt sich bekanntlich mit elektrischen und magnetischen Feldern, Strömen und Flüssen, ihrer Erzeugung aus mechanischer, thermischer oder chemischer Energie, ihrer Ausbreitung und gegenseitigen Wechselwirkung sowie schließlich mit ihrem Verbrauch, d.h. ihrem Übergang bzw. Rückweg in die genannten anderen Energieformen. Am Anfang einer *Werkstoffkunde*[1]) für Elektrotechnik steht demnach die Frage, wie sich die Anwesenheit von *Materie* mannigfacher Art auf diese Zusammenhänge und Vorgänge auswirkt, wie sie also das Entstehen und Vergehen, die Gestaltung und gegenseitige Verknüpfung der Felder und Ströme beeinflußt. Nicht minder interessieren zugleich die vorübergehenden oder bleibenden Veränderungen, die die beteiligte Materie selbst dabei erleidet, in Anbetracht der in ihr auftretenden elektrischen, mechanischen und thermischen Beanspruchung oder elektrochemischen Prozesse.

Der unmittelbare Einfluß der Materie findet bei der mathematischen Formulierung physikalischer, insbesondere elektrotechnischer Zusammenhänge bekanntlich dadurch seinen Ausdruck, daß in den Gleichungen irgendwelche Parameter erscheinen, die die Eigenschaften der beteiligten Stoffe in die Betrachtung einbeziehen. Solche, die Materialeigenschaften kennzeichnenden Größen sind z. B. die Dielektrizitätskonstante (Permittivität), die elektrische Leitfähigkeit u.a.m., wie sie etwa bei der Berechnung der Verluste in einem Kondensator oder im Eisenkern einer stromdurchflossenen Spule, der Dämpfung elektromagnetischer Schwingungen in irgendeinem Medium, der Stromverteilung in einem Leitersystem und bei zahllosen anderen Beispielen auftreten. Aufgabe einer elektrotechnischen Werkstoffkunde ist es demnach, zu untersuchen und zu lehren, wie diese Parameter mit dem inneren Aufbau der Werkstoffe zusammenhängen, in welchen Grenzen sie sich durch gezielte Eingriffe abwandeln lassen oder auch durch Umgebungseinflüsse, Temperatur, Feuchtigkeit usw. verändern. Zu diesen Einwirkungen kommen dann noch solche hinzu, die direkt oder indirekt durch die Felder und Ströme in Form von elektrischen, mechanischen, thermischen oder elektrochemischen Beanspruchungen entstehen. Dabei sind dann weitere Parameter und Randbedingungen zu berücksichtigen, von denen die theoretische Elektrotechnik nicht spricht und die auch gar nicht elektrotechnischer Natur sind, wie der thermische Ausdehnungskoeffizient, der Elastizitätsmodul, der Schmelzpunkt, die Zerreißfestigkeit, die Korrosionsbeständigkeit und manche andere, gegebenenfalls unter Beachtung der dazugehörigen Prüf- und Meßmethoden. Nicht zuletzt spielen dann auch das Gewicht, die Verarbeitbarkeit und sogar Gesichtspunkte wie der Marktpreis und die Beschaffungsmöglichkeit eine entscheidende Rolle.

---

[1]) Als Werkstoffe bezeichnet man natürliche oder synthetische Stoffe, mit deren Hilfe eine technische Idee zur tatsächlichen Ausführung gebracht werden kann.

Gegenüber dieser Vielzahl von verschiedenartigen Merkmalen, nach denen die Praxis bei der Auswahl eines Werkstoffes im konkreten Falle fragt, bietet die Natur in dem uns zugänglichen Teil der Erdrinde und der Atmosphäre rund 100 chemische Elemente mit mehr oder minder häufigem Vorkommen an, die wir entweder in reiner und reinster Form oder miteinander kombiniert als Werkstoffe verwenden könnten. An der Spitze der „Häufigkeitstabelle“ steht Sauerstoff (O), gefolgt von Silicium (Si) und Aluminium (Al), welches als das meistverbreitete Metall noch vor dem Eisen (Fe) steht, während das z. Zt. noch wichtigste Leitmetall der Elektrotechnik, das Kupfer (Cu), um drei Größenordnungen dahinter liegt, so daß die Gefahr einer Erschöpfung seiner Lagerstätten sich abzeichnet. Im übrigen ist aber die Häufigkeit der Elemente natürlich kein eindeutiges Kennzeichen für ihre Beschaffungsmöglichkeit, sondern die *Art* des Vorkommens und die mehr oder minder großen Schwierigkeiten bei der Gewinnung und Reindarstellung spielen wesentlich mit hinein.

Die ersten klareren Umrisse von den vielfältigen Möglichkeiten, die dieser Vorrat an elementaren Werkstoffen uns bietet, zeichnen sich ab bei einem Blick auf das bekannte *Periodische System.* Die Darstellung in Bild 0.1 zeigt sehr deutlich, daß die Zahl der *Metalle* die der *Nichtmetalle* weitaus überwiegt. Dabei wollen wir die Frage nach einer exakten Definition des metallischen und des nichtmetallischen Zustandes hier zunächst großzügig überspringen und sie späteren Kapiteln dieses Buches überlassen. Versteht man darunter bis auf weiteres einmal alle nach landläufigen Begriffen der Elektrotechnik gut leitenden Elemente, so füllen sie also die I. und II. Hauptgruppe mit den 8 Nebengruppen; dazu, wenn man vom Bor (B) absieht, auch die III. Hauptgruppe. Die Grenze dieser großen metallischen Gruppen links und in der Mitte gegenüber den relativ wenigen Nichtmetallen auf der rechten Seite (VII und VIII) ist nicht durch eine klare Linie zu ziehen. In den Spalten III bis VI stehen auf den oberen Plätzen eindeutige Nichtmetalle, von

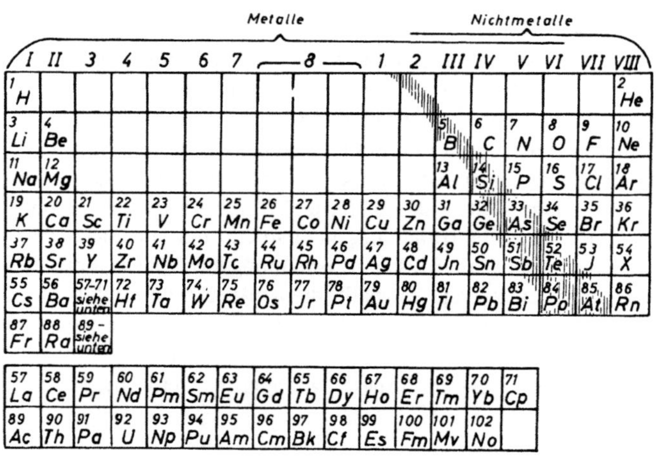

Bild 0.1 Periodensystem der Elemente (in „Langschreibweise“). Die römischen Ziffern I–VIII bezeichnen die Hauptgruppen, die arabischen Ziffern 1–8 die Nebengruppen.

denen einige eine gewisse elektrische Leitfähigkeit haben wie das Bor (B), andere praktisch nichtleitend sind wie der Schwefel (S). Der für die belebte und unbelebte Natur wie auch für die Technik gleich wichtige Kohlenstoff (C) kann wechselnd jede dieser beiden Eigenschaften haben, indem er entweder in einer leitenden Modifikation als Graphit oder als nahezu isolierender Diamant auftritt. Demgegenüber herrscht auf den unteren Plätzen der genannten Gruppen III bis VI der metallische Charakter vor. Dazwischen fehlt es nicht an Übergängen in Form von Elementen, die entweder sowohl in einer metallischen wie in einer nichtmetallischen Modifikation vorkommen, wie z. B. Zinn (Sn), oder je nach der Betrachtungsweise mehr als das eine oder als das andere erscheinen. In dieser Nachbarschaft befinden sich auch die halbleitenden Elemente Silicium, Germanium und Selen (Si, Ge, Se). Von hier, aber auch aus anderen Bereichen des Periodischen Systems, ist in den letzten zwei Jahrzehnten manches in den täglichen Gebrauch des Ingenieurs gekommen, was er früher kaum dem Namen nach kannte, wie das Germanium (Ge), das Gallium (Ga), das Zirkonium (Zr), das Niob (Nb) und noch einiges mehr.

Auf diese rund hundert, meist metallischen, Elemente gründet sich eine unübersehbare Fülle von denkbaren und auch von tatsächlich angewandten Werkstoffkombinationen. Nimmt man die Vielzahl und Verschiedenartigkeit der bei ihrem Einsatz zu beachtenden Gesichtspunkte hinzu, so bietet sich wenig Aussicht für den Versuch einer systematischen und übersichtlichen Darstellung, aus der etwa zu jedem Material die Möglichkeit seiner Anwendung und die günstigste Verarbeitungsweise sowie umgekehrt für jeden technischen Bedarfsfall die optimale Werkstoffauswahl zu entnehmen wäre. Jedenfalls entspräche das auch nicht der Absicht dieses Buches, das sich darauf beschränken will, aus beiden Richtungen gewisse Einblicke zu suchen: Nämlich einmal von den *Werkstoffen*, ihrem *Aufbau* und ihren *Eigenschaften* ausgehend (Teil I) und zum anderen von der *elektrotechnischen Aufgabe* her (Teil II).

I. Grundlagen. Ausgewählte Kapitel aus der allgemeinen Werkstoffkunde

1 Aufbau kristalliner Werkstoffe

1.1 Amorphe und kristalline Werkstoffe

Alle festen Stoffe können aufgrund ihrer Atomanordnung als *amorph* oder als *kristallin* klassifiziert werden (Bild 1.1):

Amorphe Festkörper (z.B. Gläser) besitzen lediglich eine *Nahordnung*, d.h. die regelmäßige Anordnung der Atome und Moleküle beschränkt sich auf atomare Bereiche. In Bild 1.1a ist beispielsweise jedes Atom der einen Art von drei andersartigen Atomen umgeben; hingegen läßt die räumliche Anordnung dieser Dreiergruppen über größere Strecken kein Ordnungsprinzip erkennen. Die innere Struktur vieler amorpher Stoffe ist der von Flüssigkeiten sehr ähnlich. So unterscheidet sich Glas von Flüssigkeiten diesbezüglich nur durch die höhere Viskosität (Fließwiderstand).

Kristalline Festkörper besitzen aufgrund nichtgerichteter Bindungen zusätzlich eine *Fernordnung*, d.h. die nahgeordneten Bereiche wiederholen sich streng periodisch über große Distanzen (Bild 1.1b). Je nach Ordnungsprinzip entstehen auf diese Weise verschiedene *Kristallstrukturen*, denen wir uns im folgenden Kapitel zuwenden.

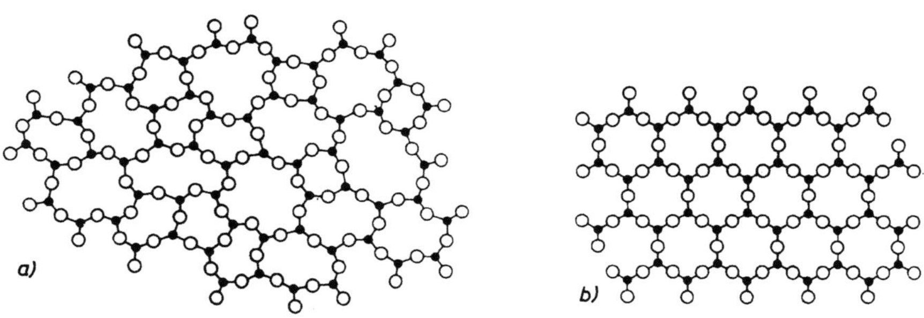

Bild 1.1 Schematische Darstellung einer
a) amorphen Struktur (Beispiel Quarzglas), b) kristallinen Struktur (Beispiel Quarz)

1.2 Kristallstrukturen

Die am häufigsten verwendeten Werkstoffe in der Elektrotechnik sind *kristallin. Feinstrukturuntersuchungen* mittels Beugung mit Röntgen- und Elektronenstrahlen (Bild 1.2) vermitteln einen unmittelbaren Einblick in den Aufbau der Kristalle. Sie zeigen, daß die Atome einen geometrisch aufgebauten, sich periodisch wiederholenden festen Verband,

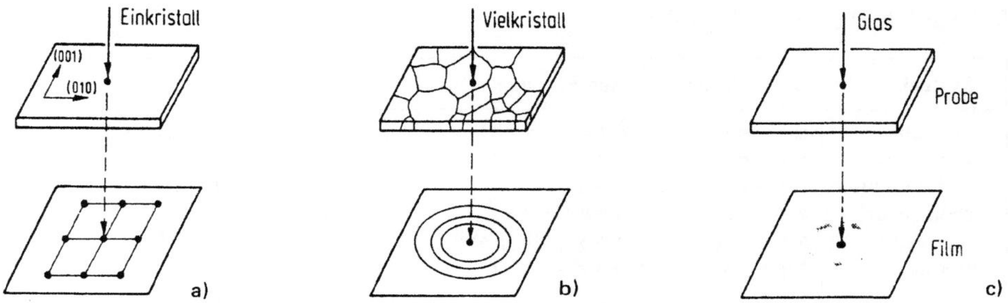

Bild 1.2 Schema der Versuchsanordnung für Elektronenbeugung
Obere Reihe: einkristalline und polykristalline Probe sowie Glasprobe
Untere Reihe: Elektronenbeugungsaufnahme der drei Fälle

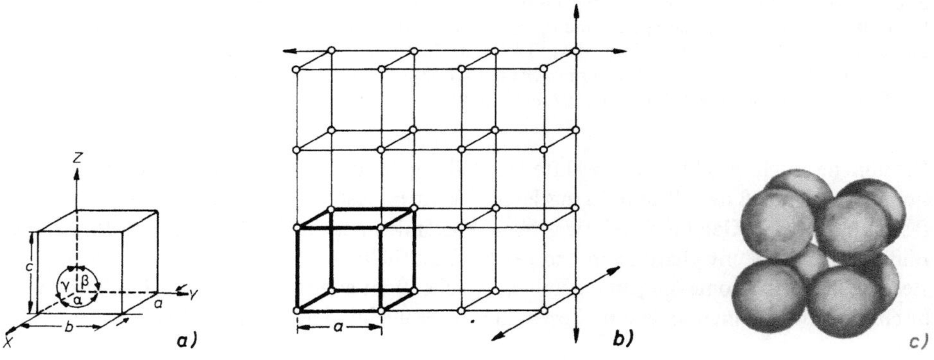

Bild 1.3 Kubisches Kristallgitter
a) kubische Elementarzelle,
b) kubisch primitives Raumgitter mit herausgehobener Elementarzelle (links unten) in schematischer Darstellung des Punktgitters,
c) kubisch primitive Elementarzelle im Modell der „harten Kugeln“

ein *Raumgitter* bilden. Die kleinste Baueinheit des Raumgitters ist die *Elementarzelle.* In Bild 1.3a ist die Elementarzelle ein Würfel, dann nennt man den Kristall *kubisch.* Sind lediglich die Ecken des Würfels mit Atomen besetzt (Bild 1.3b) so erhält man die kubisch primitive Elementarzelle. Die Kantenlänge des Würfels charakterisiert die Größe der kubischen Elementarzelle und heißt *Gitterkonstante* a. Gitterkonstanten realer Kristalle sind von der Größenordnung 10^{-8} cm (= 1 Å). Durch fortgesetzten Anbau der Elementarzellen in alle drei Raumrichtungen x, y, z entsteht so das kubisch primitive Raumgitter mit der Periodizität a (Bild 1.3b).

Alle in der Natur vorkommenden Kristalle lassen sich in insgesamt 7 verschiedenen *Kristallsystemen* ordnen, die sich durch die Achsenlängen und die Winkel zwischen den Achsen der Elementarzelle (α, β, γ in Bild 1.3a) voneinander unterscheiden (Tabelle 1.1).

Tabelle 1.1 Die 7 Kristallsysteme

System	Achsenlänge	Achsenwinkel	Beispiele
kubische	$a = b = c$	$\alpha = \beta = \gamma = 90°$	Cu, Ag, Ar, Si, Ge, Ni, NaCl, LiF
tetragonal	$a = b \neq c$	$\alpha = \beta = \gamma = 90°$	In, SiO_2, $C_4H_{10}O_4$, KIO_4
orthorombisch	$a \neq b \neq c$	$\alpha = \beta = \gamma = 90°$	I, Ga, Fe_3C, FeS, $BaSO_4$
rhomboedrisch	$a = b = c$	$\alpha = \beta = \gamma = 90°$	Hg, Sb, Bi
monoklin	$a \neq b \neq c$	$\alpha = \gamma = 90°, \beta \neq 90°$	$C_{18}H_{24}$, KNO_2, $K_2S_4O_6$
triklin	$a \neq b \neq c$	$\alpha \neq \beta \neq \gamma \neq 90°$	$B(OH)_3$, $K_2S_2O_8$
			Al_2SiO_5, $NaAlSi_3O_8$
hexagonal	$a_1 = a_2 = a_3 \neq c$	$a_1/a_2/a_3 = 120°$	
(Bild 1.4c)		$a/c = 90°$	Zn, Cd, Mg, NiAs

In Bild 1.3b kann man abzählen, daß jedes Atom von 6 „nächsten Nachbaratomen" umgeben ist, d.h. die *Koordinationszahl* im kubisch primitiven Gitter ist $Z = 6$. Weitere Kenngrößen für ein Kristallgitter sind die Besetzungszahl und die Packungsdichte. Die *Besetzungszahl* N ist definiert als die Gesamtzahl der Atome pro Elementarzelle. Für die kubisch primitive Elementarzelle in Bild 1.3b berechnet sich N wie folgt: Die Elementarzelle enthält insgesamt 8 Atome. Jedes dieser Atome auf den Würfelecken gehört aber 8 Elementarzellen gleichzeitig an. Damit ist die Besetzungszahl $N = 8/8 = 1$.

Die übliche, auch in Bild 1.3b gewählte Darstellung des Kristallinneren könnte zu der Ansicht verleiten, daß es größtenteils aus leeren Räumen besteht, in denen die Atome als fast punktförmige Gebilde in relativ großen Abständen angeordnet seien. Ein realistischeres Bild von den Größenverhältnissen und der Raumauffüllung gewinnt man von der Vorstellung, daß die Atome Kugeln darstellen, welche dicht aneinandergepackt sind. Die kubisch primitive Elementarzelle in diesem „harten Kugelmodell" zeigt Bild 1.3c.

Die *Packungsdichte* gibt den Grad der Raumauffüllung an. Sie berechnet sich als: Besetzungszahl N mal Volumen eines Atoms V_A dividiert durch das Volumen der Elementarzelle V_E. So ergibt sich für das kubisch primitive Gitter mit $N = 1$, $V_A = 4\pi(a/2)^3/3$ und $V_E = a^3$ eine Packungsdichte von $\pi/6$, d.h. eine Raumauffüllung von 52 %.

Von der Vielzahl der in der Natur vorkommenden *Gittertypen* werden die wichtigsten anhand von Bild 1.4 besprochen. Beim *kubisch raumzentrierten* Gitter (krz) ist außer den 8 Eckpunkten des Würfels noch der räumliche Mittelpunkt durch ein Atom besetzt (Bild 1.4a).

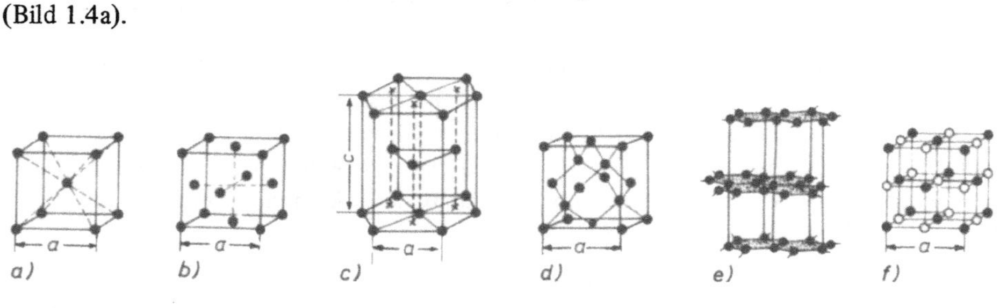

Bild 1.4 Gittertypen
a) kubisch-raumzentriert, b) kubisch-flächenzentriert, c) hexagonal, d) Diamant, e) Graphit, f) NaCl

Dieses „Zentralatom" hat in Richtung der 4 Raumdiagonalen (gestrichelt) je 2 nächste Nachbarn. Dies ergibt eine Koordinationszahl Z = 8. Die Besetzungszahl ist N = 2 (die 8 Eckatome gehören zu je 1/8, das Zentralatom voll zur Elementarzelle, d.h. N = 8/8 + 1/1 = 2). Die Packungsdichte ist $N \cdot V_A/V_E = 2 \cdot [4\pi(a\sqrt{3}/4)^3/3]/a^3 = \pi\sqrt{3}/8$, d.h. die Raumauffüllung beträgt 68 %.

Eine weitere Variante des kubischen Systems ist das *kubisch flächenzentrierte* Gitter (kfz, Bild 1.4b), bei dem zwar die Würfelmitte unbesetzt ist, dafür sitzt im Mittelpunkt jeder der 6 Würfelflächen je ein Atom.

Die Elementarzelle des *hexagonalen* Gitters (Bild 1.4c) ist durch zwei Gitterkonstanten gekennzeichnet: a, den *nächsten Nachbarabstand* in der hexagonalen Basisebene und c, den senkrechten Abstand zweier benachbarter Basisebenen. Das Achsenverhältnis c/a charakterisiert die Raumauffüllung. Für den Fall $c/a = 2\sqrt{2/3}$ erhält man die *hexagonal dichteste Kugelpackung* von 74 %. Das kfz-Gitter ist mit 74 % ebenfalls dichtest gepackt. In der Tat sind kfz-Gitter und hexagonal dichtestes Gitter die beiden geometrischen Möglichkeiten, in der die dichteste Kugelpackung räumlich realisiert werden kann. Bild 1.5 zeigt diesen Sachverhalt.

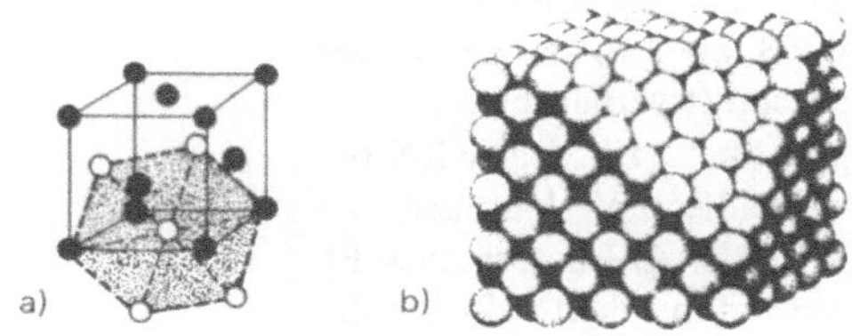

Bild 1.5
Dichteste Kugelpackungen
a) kfz-Elementarzelle mit eingezeichneter hexagonal-dichtester Basisebene
b) im Kugelmodell

Mit den beiden nächsten Beispielen wird nochmals veranschaulicht, daß die physikalischen Eigenschaften eines Stoffes trotz gleichbleibender chemischer Natur wesentlich durch die Anordnung der Atome im Kristallgitter mitbestimmt werden. So zeigt Kohlenstoff als *Diamant* (Bild 1.4d) geringe elektrische Leitfähigkeit, hingegen als *Graphit* (Bild 1.4e), wo er zu einem hexagonalen Schichtgitter kristallisiert, hohe elektrische Leitfähigkeit. Diese hexagonalen Schichten mit kovalenter Bindung sind gegeneinander leicht verschiebbar, da zwischen ihnen lediglich schwache Van der Waalsche Kräfte herrschen. Hierauf beruht die Eignung des Graphits als Lagermaterial und als Schmiermittel. Die in der Elektrotechnik wichtigen Halbleiter, wie z.B. die vierwertigen Elemente Ge und Si sowie die III-V-Verbindungen wie Ga As und InSb kristallisieren ebenfalls im Diamantgitter (s. Abschn. 15.2).

Ionengitter sind aus zwei ineinandergestellten Teilgittern der Kationen und der Anionen aufgebaut. Sind die Ionen kubisch angeordnet, so ergibt sich beispielsweise das *NaCl-Gitter* (Bild 1.4f). Man erkennt, daß sowohl die Na-Kationen (volle Kreise) als auch die Cl-Anionen (leere Kreise) ein kfz-Teilgitter bilden. Bei den Ferriten sind die Ionen ebenfalls kubisch angeordnet, hingegen findet sich bei Fe_2O_3 eine hexagonale Ionenanordnung.

Grundbausteine des *Silikatgitters* sind (SiO_4)-Tetraeder. Der Gitterverband wird nun in der Weise aufgebaut, daß je zwei Tetraeder gemeinsame Sauerstoffecken bilden. Werden so die vier Ecken aller Tetraeder miteinander verknüpft, entsteht beispielsweise das 3-dimensionale Netzwerk von Quarz mit der Bruttoformel SiO_2 wie schematisch in Bild 1.1b dargestellt.

Die allgemeine mathematische Beschreibung der Kristalle geschieht mit Hilfe der *Millerschen Indizes.* Als Beispiel wollen wir die in Bild 1.6 eingezeichnete Fläche indizieren. Hierzu benutzen wir die Koordinatenachsen x, y, z, die mit den Achsen der vorliegenden kubischen Elementarzelle identisch sind (vgl. Bild 1.3a). Jeder Gitterpunkt kann damit eindeutig festgelegt werden. Abstände werden in Einheiten der Gitterkonstanten a gezählt (Markierungen 1, 2, 3, ... auf den Achsen in Bild 1.6). Bei der Indizierung von Ebenen will man nun nicht deren absolute Lage, sondern lediglich deren „Orientierung" in bezug auf das

Koordinatensystem angeben. Dazu befolge man folgendes „Rezept“: Zunächst bestimme man die Achsenabschnitte (als Vielfache oder Bruchteile der Gitterkonstante) und bilde die Kehrwerte dieser Zahlen. Sodann erweitere man mit einem geeigneten Faktor, so daß man ganze (teilerfremde) Zahlen erhält. Diese Zahlentripel h, k, l (Millersche Indizes) werden vereinbarungsgemäß in runde Klammern gesetzt: (hkl). Achsenabschnitte in negativer Richtung werden durch einen Strich über dem Index angegeben, z.B. ($\bar{h}$kl). Nun zum konkreten Beispiel in Bild 1.6: Aus den Achsenabschnitten x = 1, y = 3, z = 2 folgen die Achsenabschnittsverhältnisse x : y : z = 1 : 3 : 2. Die Kehrwerte dieser Verhältnisse 1/1 : 1/3 : 1/2 liefern nach Erweitern mit dem Faktor 6 die gesuchten Ebenenindizes 6,2,3. Die eingezeichnete Ebene ist eine (6 2 3)-Fläche.

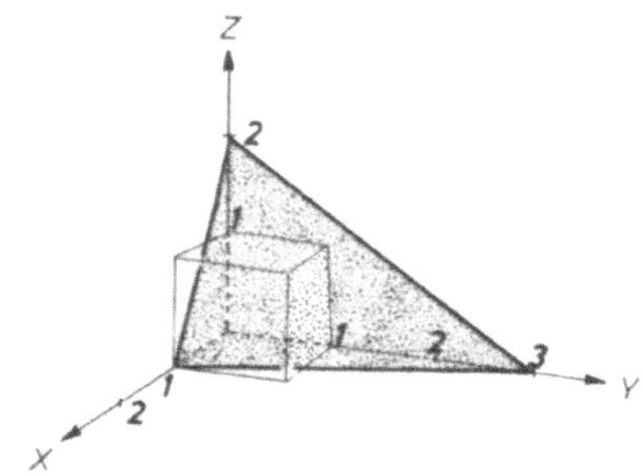

Bild 1.6 Indizierung einer Kristallebene

In analoger Weise lassen sich kristallographische Richtungen im Kristall beschreiben. Hierzu setzt man die Indizes in eckige Klammern: [h k l]. In unserem Beispiel in Bild 1.6 entspräche der [6 2 3]-Richtung ein Richtungspfeil senkrecht auf der (6 2 3)-Ebene. D.h. Richtungen sind identisch mit den Flächennormalenvektoren. Die Bilder 1.7 und 1.8 zeigen wichtige Ebenen und Richtungen im kubischen und hexagonalen Gitter. Man erkennt im Bild 1.7, daß die drei möglichen Würfelflächen (100), (010) und (001) kristallographisch gleichwertig sind. Will man beispielsweise alle Ebenen von Typ (100) ge-

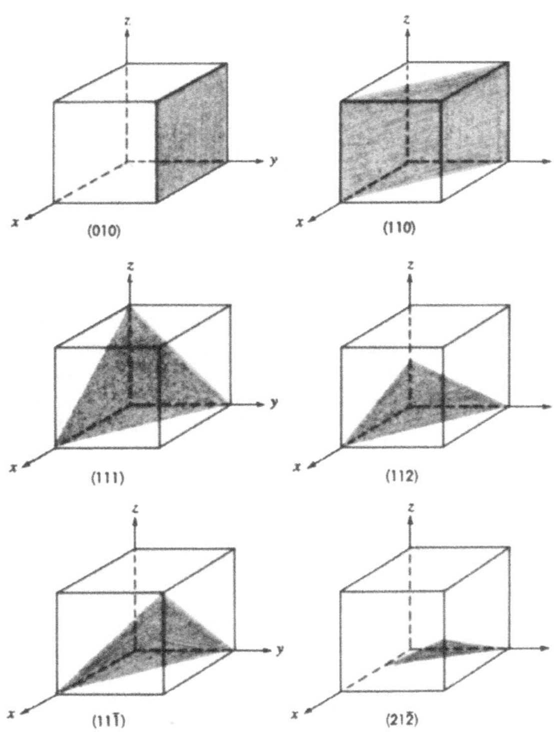

Bild 1.7 Wichtige Ebenen im kubischen Gitter

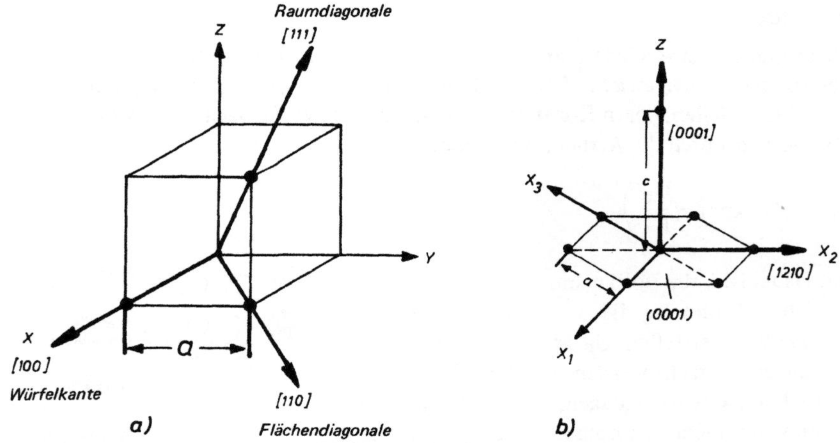

Bild 1.8 a) Hauptrichtungen im kubischen Gitter. Die Punkte markieren, wo die Vektoren durch die Elementarzelle stoßen. b) Hauptrichtungen im hexagonalen Gitter

meinsam bezeichnen, so setzt man die Indizes in geschweifte Klammern: {100}. Entsprechend verfährt man bei den Richtungen und setzt die Indizes in spitze Klammern. So faßt man beispielsweise mit der Bezeichnung ⟨111⟩ alle [111]-Raumdiagonalenrichtungen zusammen.

Eine Besonderheit ergibt sich beim hexagonalen System (Bild 1.8b). Hier müssen insgesamt 4 Indizes angegeben werden: 3 inverse x-Abschnitte (in der Basisebene) sowie der inverse z-Abschnitt (in c-Richtung), der dabei an letzte Stelle gesetzt wird. Andererseits sind die drei x-Achsen in der Basisebene gleichwertig, so daß eine Zahlenangabe aus zwei anderen berechnet werden kann, z.B. $[h\,k\,\overline{h+k}\,l] = [\bar{1}\,2\,\bar{1}\,0]$ in Bild 1.8b.

1.3 Gitterbaufehler

Im vorigen Kapitel haben wir den aus Elementarzelle und Raumgitter aufgebauten *Idealkristall* besprochen. *Reale* Kristalle sind jedoch nicht perfekt, sondern enthalten *Baufehler.* Aber auch deren Geometrie, Häufigkeit und Verteilung unterliegt charakteristischen Gesetzmäßigkeiten, so daß man von einer *Fehlordnung* sprechen kann. Wir werden später außerdem erkennen, daß eben diese Gitterbaufehler die mechanischen, elektrischen und magnetischen Eigenschaften der Werkstoffe grundlegend beeinflussen. Je nach ihrer „Dimension" unterscheidet man folgende Gitterbaufehler:

1. **Punktdefekte** (0-dimensionale Gitterfehler): Leerstellen, Zwischengitteratome, Farbzentren,
2. **Liniendefekte** (1-dimensionale Gitterfehler): Versetzungen.
3. **Flächendefekte** (2-dimensionale Gitterfehler): Korngrenzen, Zwillingsgrenzen, Antiphasengrenzen, Stapelfehler, Blochwände.

1.3.1 Punktdefekte

Ein nicht besetzter regulärer Gitterplatz ist eine *Leerstelle* (Bild 1.9). Leerstellen bilden sich im *thermischen Gleichgewicht,* d.h. ein Kristall enthält bei gegebener Temperatur T „automatisch" Leerstellen, deren Konzentration N_v (Index „v" für vacancy) als Funktion der Temperatur durch die Arrheniusbeziehung

$$N_v(T) = N_0 \exp\left(-\frac{U_B}{kT}\right) \tag{1.1}$$

gegeben ist. Dabei ist k die Boltzmannkonstante (Tab. 1.2) und U_B die *Bildungsenergie* für Leerstellen. U_B ist die Energie, die aufgebracht werden muß, um eine Leerstelle zu erzeugen, d.h. ein Atom von seinem Gitterplatz zu entfernen. Für Metalle liegen Werte für U_B in der Größenordnung von 1 eV entsprechend 100 kJ/mol (vgl. Tabelle 1.2). Als Merkregel gilt, daß die Leerstellenkonzentration am Schmelzpunkt ca. $N_v \simeq 10^{-4} = 10^{-2}\,\%$ beträgt. Bei Raumtemperatur ist sie wegen der exponentiellen Abnahme um etwa 5 Zehnerpotenzen kleiner und nicht meßbar. Leerstellen sind beweglich und können durch den Kristall wandern. Anhand von Bild 1.10 kann man sich klarmachen, daß die Bewegung von Atomen durch Gitter möglich ist durch die entgegengesetzte Bewegung von Leerstellen. Ausgehend von diesem Bild werden wir später die wichtige Rolle der Leerstellen als Träger der *Diffusion,* d.h. des Stofftransportes im festen Zustand näher besprechen (s. Abschn. 2.1).

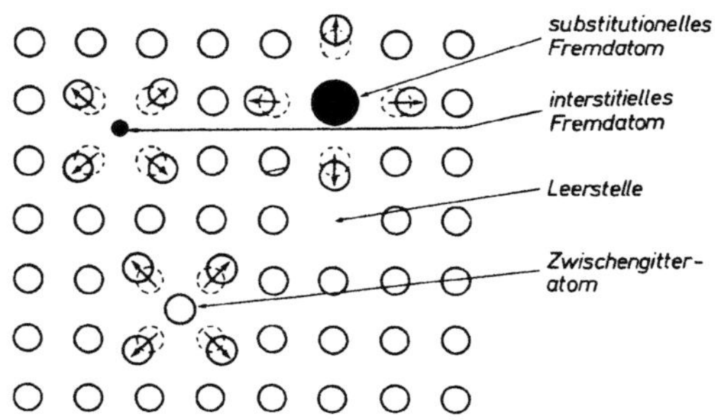

Bild 1.9 Verschiedene Punktdefekte in Kristallen

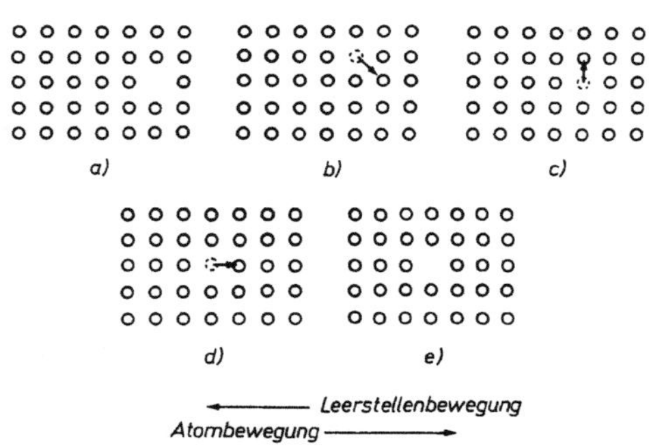

Bild 1.10 Die Rolle der Leerstellen bei der Wanderung von Atomen (Festkörperdiffusion)

Ein *Zwischengitteratom* (engl. *interstitial*) sitzt auf einem Zwischengitterplatz (Bild 1.9). Leerstellen-Zwischengitteratom-Paare werden als *Frenkel-Defekte* bezeichnet. Frenkel-Defekte werden beispielsweise im Kernreaktor dadurch erzeugt, daß ein Atom durch Neutronenbeschuß von seinem regulären Gitterplatz gestoßen wird, somit eine Leerstelle hinterläßt und in deren Nähe auf einem Zwischengitterplatz liegenbleibt.

Tabelle 1.2 Übersicht Gitterfehler

Dimension	Bezeichnung	Energiegröße (Werte für Cu)	Entstehung
0	Leerstellen	$U_B = 1$ eV	Therm. Gleichgewicht
0	Zwischen-gitteratome	$U_B^Z = 2{,}8$ eV	Neutronenbeschuß, Verformung bei tiefer Temperatur
1	Versetzung	Linienenergie $U_L = 3$ eV/Atom-abstand	Plastische Verformung
2	Korngrenze	Korngrenzenenergie $E_{KG} = 0{,}65$ J/m^2	Kristallisation aus der Schmelze, Rekristallisation,bei hoher Temp. im festen Zustand

Umrechnung: 1 eV/Atom = 96,8 kJ/mol = 23,06 kcal/mol
1 Nm = 1 J = 10^7 erg = 0,239 cal
Boltzmannkonstante $k = 8{,}62 \cdot 10^{-5}$ eV/K·Atom

Werden *Fremdatome* in einen Kristall eingebaut, so spricht man von einer *festen Lösung* bzw. einem *Mischkristall* (engl. *solid solution*). Dies kann auf zwei Arten geschehen (Bild 1.9): Sind die Atomgrößen von Fremdatomen und „Wirtsatomen" gleich oder unterscheiden sich nur wenig, so erfolgt der Einbau durch *Substitution* von Wirtsatomen. Sind die Fremdatome verglichen mit den Atomen des Grundgitters genügend klein, so ist ein *interstitieller* Einbau, d.h. eine Einlagerung auf Zwischengitterplätzen möglich. Ein Beispiel für letzteres sind Kohlenstoffatome im kubisch raumzentrierten α-Eisen. In Bild 1.9 ist dargestellt, daß durch die gelösten Fremdatome (volle Kreise) die benachbarten Wirtsatome (leere Kreise) ein wenig von ihren regulären Gitterplätzen verrückt werden. Dies stellt eine lokale elastische Verzerrung des Gitters dar und ist die Ursache für die *Mischkristallhärtung* (s. Abschn. 3.1.5 und 3.2.3).

1.3.2 Versetzungen

Liniendefekte oder *Versetzungen* (engl. *dislocations*) sind lokal stark gestörte Gitterbereiche, die sich als (Versetzungs-)Linien durch den Kristall erstrecken. Die Geometrie der Versetzungen läßt sich am einfachsten aus ihrem Entstehungsprozeß ableiten. Dazu betrachten wir in Bild 1.11 einen kubisch primitiven Kristall. Diesen Kristall schneiden wir entlang der (gestrichelten) Fläche ABCD auf. Danach verschieben wir die Atome im Kristallbereich oberhalb des Schnittes relativ zu denen im unteren Teil nach rechts um eine Gitterkonstante (Bild 1.11b), d.h. sowohl parallel zur Schnittfläche als auch zu einer Würfelkante in ⟨100⟩-Richtung. Anschließend fügen wir die Kristallhälften wieder zusammen. Das Resultat ist ein gestörter Kristall. Das Zentrum der Störung verläuft längs der (dick gestrichelten) Linie AB, die wir *Versetzungslinie* nennen. Zu ähnlichen Ergebnissen kommen wir, wenn wir Schnitt und Verschiebung wie in Bild 1.11c und 1.11d dargestellt ausführen. Man erkennt, daß die Art der Atomanordnung entlang der Ver-

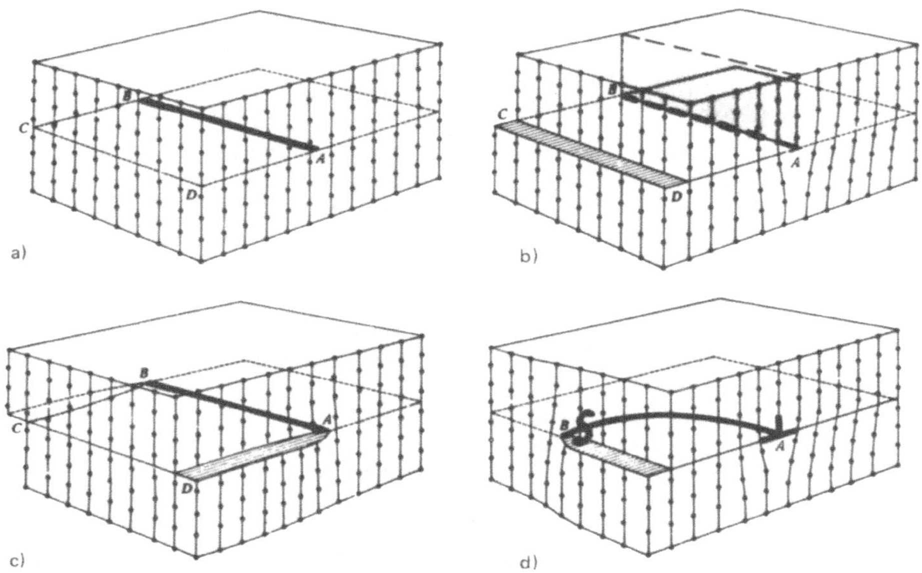

Bild 1.11 Geometrische Erzeugung von Versetzungen

setzungslinie AB entscheidend davon abhängt, wir wir die Atome relativ zur Linie AB verschieben. Danach kann man drei Fälle unterscheiden:

1. Wenn die Atome in einer Richtung senkrecht zur Linie AB verschoben werden (Bild 1.11b), so bezeichnen wir den entstandenen Liniendefekt als eine *Stufenversetzung* (engl. *edge dislocation*). Wir erkennen, daß die Stufenversetzungslinie AB die Unterkante ("edge") einer von oben eingeschobenen *Extrahalbebene* von Atomen ist (schattiert in Bild 1.11b). In Bild 1.12 ist die atomare Struktur einer Stufenversetzung detaillierter dargestellt. Das Symbol ⊥ repräsentiert dabei eine *positive Stufenversetzung,* bei der die Extrahalbebene oberhalb der *Scher-* oder *Gleitebene* ABCD (im Bild 1.11b) angeordnet ist. Entsprechend symbolisiert T eine *negative Stufenversetzung* mit der eingeschobenen Extrahalbebene unterhalb der Gleitebene.

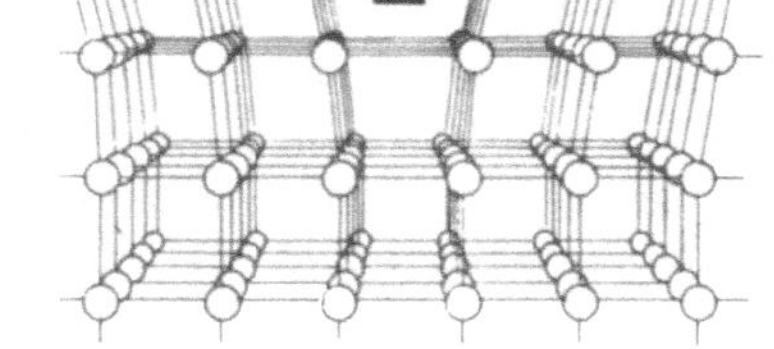

Bild 1.12 Atomanordnung in einer Stufenversetzung

2. Wenn die Atome parallel zur Linie AB verschoben werden (Bild 1.11c), entsteht eine *Schraubenversetzung* (engl. *screw dislocation*), der wir keine Extrahalbebene zuordnen können. Vielmehr sind hier die Atome senkrecht zur Schraubenversetzungslinie spiralenförmig verschoben (Bild 1.13), wie bei einer Wendeltreppe. Dabei bildet die Versetzung die Achse der Spirale bzw. Schraube. Der Drehsinn der Schraubenversetzung kann positiv oder negativ sein. Wir sprechen dann von positiven oder negativen Schraubenversetzungen und benutzen die Symbole S (für engl. *screw*) und Ƨ .
3. Werden die Atome im beliebigen Winkel zur Linie AB verschoben (Bild 1.11d), so entsteht eine *gemischte Versetzung* (engl. *mixed dislocation*). Wir werden uns sogleich klarmachen, daß die gemischte Versetzung der allgemeine Fall ist und daß Stufen- und Schraubenversetzung geometrische Spezialfälle sind: In Bild 1.11d erkennt man, daß bei A die Versetzung vorwiegend Stufencharakter hat; man nennt daher dieses Segment der Versetzungslinie *Stufenkomponente* der Versetzung. Bei B hat die Versetzung vorwiegend Schraubencharakter; dieses Segment ist die *Schraubenkomponente.* Dazwischen sind Stufen- und Schraubencharakter in relativen Anteilen gemischt, dort variiert der Versetzungscharakter kontinuierlich.

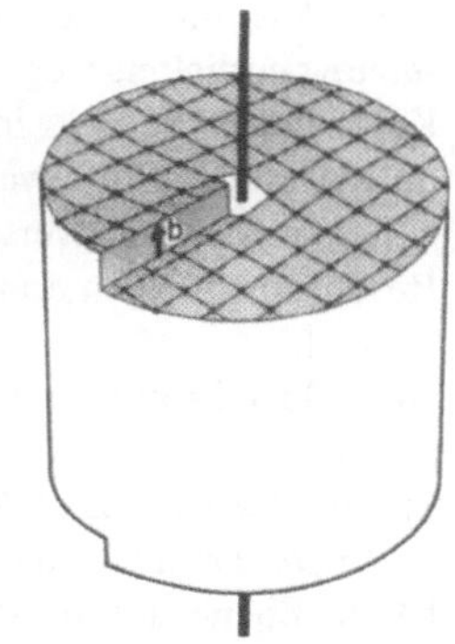

Bild 1.13 Atomanordnung in einer Schraubenversetzung. Der Vektor b gibt Richtung und Betrag der Verschiebung an.

Zwei Kristallhälften können mit Hilfe von wandernden Versetzungen relativ zueinander *abscheren* oder *abgleiten:* Darin liegt die Bedeutung der Versetzungen als *Träger der plastischen Verformung* kristalliner Werkstoffe. In Bild 1.14 ist dies vereinfacht darge-

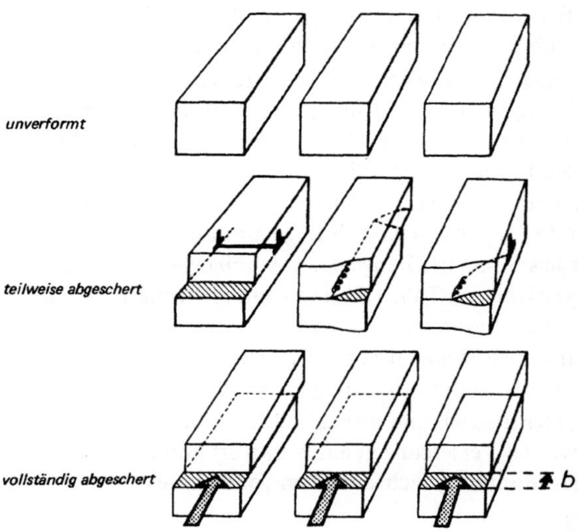

Bild 1.14
Abgleitung eines Kristalls durch Bewegung
a) einer Stufenversetzung,
b) einer Schraubenversetzung,
c) einer gemischten Versetzung

stellt. Ausgangspunkt ist jeweils der jungfräuliche, unverformte Kristall, der je eine Versetzung enthalten möge. Die in der mittleren Bildreihe erfolgte teilweise Abgleitung des Kristalls wird bewirkt in Bild 1.14a durch die vom vorderen Kristallende nach hinten durchlaufende Stufenversetzung, in Bild 1.14b durch eine von rechts nach links durchlaufende Schraubenversetzung und in Bild 1.14c durch eine gemischte Versetzung. Das Resultat ist in allen drei Fällen ein vollständig, um eine Gitterkonstante abgescherter Kristall.

Aus Bild 1.14 können wir weitere wichtige Schlußfolgerungen bzw. Definitionen ableiten:

a) *Eine Versetzung stellt die Begrenzungslinie von abgeglittenen und nichtabgeglittenen Kristallbereichen dar.*
b) Die Ebene, auf der sich Versetzungen bewegen, heißt *Gleitebene.*
c) Betrag und Richtung der Abgleitung hängen nicht vom Versetzungscharakter ab, sondern werden durch den sogenannten *Burgersvektor* $\underline{b}$ festgelegt. Für eine reine Stufenversetzung steht $\underline{b}$ senkrecht auf der Versetzungslinie (Bild 1.14a Mitte), für eine reine Schraubenversetzung ist $\underline{b}$ parallel zur Versetzungslinie (Bild 1.14b Mitte). Bild 1.13 illustriert überdies, daß der Burgersvektor ein Maß für die an der Versetzung lokalisierten Gitterstörungen und damit für die „Stärke" der Versetzung ist.

Wir kommen nochmals auf die Atomanordnung in der Nähe von Versetzungen zurück. Die Bilder 1.11 und 1.13 zeigen deutlich, daß das Gitter in genügend großer Entfernung von der Versetzungslinie perfekt, in unmittelbarer Nachbarschaft der Versetzungslinien dagegen stark elastisch verzerrt ist, gut zu erkennen an den verbogenen Netzebenen: Eine Versetzung ist von einem *elastischen Spannungsfeld* umgeben. So bewirkt die Extrahalbebene einer positiven Stufenversetzung, daß die Atome oberhalb der Gleitebene näher aneinanderrücken, unterhalb aber auseinanderrücken. Bei einer positiven Stufenversetzung herrschen oberhalb der Gleitebene Kompressionsspannungen, unterhalb Zugspannungen. Mit anderen Worten: Das Spannungsfeld der Stufenversetzung besitzt oberhalb der Gleitebene eine *Kompressionszone*, unterhalb der Gleitebene eine *Dilatationszone.*

Im elastischen Spannungsfeld einer Versetzung ist elastische Verzerrungsenergie gespeichert, die man *Linienenergie* U_L der Versetzung nennt. Sie entspricht der Bildungsenergie, die man bei der geometrischen Erzeugung der Versetzung (Bild 1.11) für die Atomverschiebungen aufwenden muß. Es wurde bereits oben festgestellt, daß dafür der Burgersvektor $\underline{b}$ ein Maß ist. Die Versetzungstheorie liefert, daß die Linienenergie proportional dem Quadrat des Burgersvektors ist, $U_L \sim b^2$, und die Dimension einer Energie pro Linienlänge besitzt. Die Linienenergie eines Versetzungsstückes von der Länge eines Atomabstandes beträgt für Kupfer ca. 3 eV (das bedeutet ca. 300 kJ/mol, s. Tab. 1.2) und kann nicht thermisch aufgebracht werden. Daher bilden sich Versetzungen im Gegensatz zu Leerstellen nicht im thermischen Gleichgewicht. Versetzungen entstehen u. a. als Wachstumsfehler bei der Kristallisation, vor allem aber bei der plastischen Verformung (s. Abschn. 3.1).

Die Beeinflussung der mechanischen, elektrischen und magnetischen Eigenschaften durch Versetzung ist u.a. davon abhängig, wieviel Versetzungen ein Werkstoff enthält, d.h. wie groß die *Versetzungsdichte* N ist. Die Versetzungsdichte wird ausgedrückt als

$$N = \frac{\text{Linienlänge der Versetzungen in cm}}{\text{Volumeneinheit in cm}^3} \qquad (1.2)$$

Für elektronische Bauteile benötigt man möglichst perfekte Kristalle. So gelingt es neuerdings routinemäßig versetzungsarmes Si mit Versetzungsdichten von 1...10 cm/cm^3 zu züchten. Dagegen enthalten stark verformte metallische Werkstoffe Versetzungen bis 10^{12} cm/cm^3. Wir wollen uns diesen Wert veranschaulichen: Reiht man gedanklich die einzelnen Versetzungsstücke zu einem Versetzungsfaden zusammen, so bedeutet eine Versetzungsdichte von 10^{12} cm/cm^3, daß ein Würfel mit der Kantenlänge von 1 cm eine Versetzungslinie mit der enormen Länge von 10 Millionen Kilometer enthält. In Wirklichkeit bilden Versetzungen ein dreidimensionales Netzwerk.

1.3.3 Korngrenzen

Planare Gitterbaufehler in Festkörpern lassen sich einteilen in:

1. **Freie Oberflächen** (engl. *free surfaces*), d.h. Grenzflächen zwischen Festkörpern und Gasen, die hier nicht näher behandelt werden.
2. **Domänengrenzen** (engl. *domain boundaries*), d.h. Grenzflächen zwischen Gitterbereichen mit verschiedener elektronischer Struktur, bei denen aber die Periodizität der Atomanordnung ungestört ist. Domänengrenzen werden im Abschn. 20.3 im Zusammenhang mit den magnetischen Eigenschaften genauer besprochen.
3. **Phasengrenzen** (engl. *interphase boundaries*), d.h. Grenzflächen zwischen verschiedenen kristallografischen Phasen, also Gitterbereichen mit verschiedener Atomanordnung und chemischer Zusammensetzung. Hierauf kommen wir in Abschn. 1.4.6 zurück.
4. **Korngrenzen** (engl. *grain boundaries*), d.h. Grenzflächen zwischen Kristallen oder Körnern derselben Phase aber unterschiedlicher kristallografischer Orientierung. Mit dem Aufbau, den Eigenschaften und der Bedeutung von Korngrenzen werden wir uns im folgenden eingehender befassen.

Ein fester Körper, der aus einem einzigen Kristall mit einheitlicher Kristallstruktur besteht, wird als *Einkristall* bezeichnet. Beispiele für einkristalline Werkstoffe sind z.B. Diamanten als Schneidwerkzeuge bei der spanabhebenden Bearbeitung, Saphire in Tonabnehmern und in der Uhrenindustrie, Quarzkristalle in Ultraschallsendern, Halbleitereinkristalle in elektronischen Bauteilen. In der Regel sind technisch eingesetzte Werkstoffe aber *vielkristallin,* d.h. sie enthalten ein Haufwerk von *Kristalliten* oder *Körnern* mit unterschiedlicher Orientierung, die durch Korngrenzen getrennt sind. Die mikroskopische Anordnung der Körner und aller Gitterstörungen bezeichnet man als *Gefüge.*

Die einfachste Form einer Korngrenze ist die symmetrische *Biegegrenze* (engl. *tilt boundary*), die man sich aufgebaut denken kann aus einer Reihe übereinanderliegender, paralleler Stufenversetzungen (Bild 1.15). Die Biegeachse liegt in der Grenzfläche parallel zu den Versetzungslinien. Der Orientierungsunterschied Θ zwischen zwei benachbarten Körnern ist mit dem senkrechten Abstand D der Stufenversetzungen und ihrem Burgersvektor b in einfacher Weise verknüpft (Bild 1.15a):

$$\tan\Theta = \frac{b}{D} \simeq \Theta \quad \text{für kleine } \Theta. \tag{1.3}$$

Ein weiterer einfacher Grenzfall einer Korngrenze ist die *Drehgrenze* (engl. *twist boundary*), die einem quadratischen Netz von zwei Scharen von Schraubenversetzungen entspricht

(Bild 1.15b). Biege- und Drehgrenze bezeichnet man als *Kleinwinkelkorngrenze* (engl. *low-angle boundary*).

Die schematisch dargestellte Struktur von Kleinwinkelkorngrenzen wird experimentell durch direkte Beobachtung bestätigt. Ein Beispiel zeigt Bild 1.16 mit einer Biegegrenze in Germanium. Wir lernen hierbei gleichzeitig ein einfaches Verfahren zum experimentellen Nachweis von Versetzungen kennen: die *Ätzgrübchentechnik*. Aus Abschn. 1.3.2 wissen wir, daß Versetzungen lokal stark gestörte Gitterbereiche darstellen. Daher werden die Durchstoßpunkte von Versetzungslinien auf Kristalloberflächen von chemischen Ätzflüssigkeiten bevorzugt angegriffen. Dort, wo die Versetzungslinie durch die Kristalloberfläche stößt, bildet sich ein Ätzgrübchen. Im Bild 1.16 sind die auf diese Weise sichtbar gemachten, übereinander aufgereihten Stufenversetzungs-Ätzgrübchen gut zu erkennen. Damit konnte der oben angegebene Zusammenhang zwischen Orientierungsunterschied Θ und dem Abstand D der Stufenversetzungen quantitativ überprüft und bestätigt werden. Dazu braucht man nur den Ätzgrübchenabstand auszumessen und zusätzlich den Orientierungsunterschied röntgenografisch (s. Kap. 9) zu bestimmen.

Die bisher diskutierte Versetzungsstruktur der Korngrenze läßt sich allerdings nur bis zu Orientierungsunterschieden von $\Theta = 10^\circ \ldots 15^\circ$ aufrechterhalten. Oberhalb $\Theta = 15^\circ$ kommt der Abstand der Versetzungen in die Größenordnung des Atomabstandes und damit verlieren die Versetzungen ihre individuelle Identität. Für Winkel größer als 15° ändert sich daher die Natur der Korngrenze, es werden *Großwinkelkorngrenzen* (engl. *high-angle boundaries*) gebildet. Deren Struktur ist weniger gut bekannt. Man geht davon aus, daß auch Großwinkelkorngrenzen aus einer periodischen Anordnung „struktureller Einheiten",

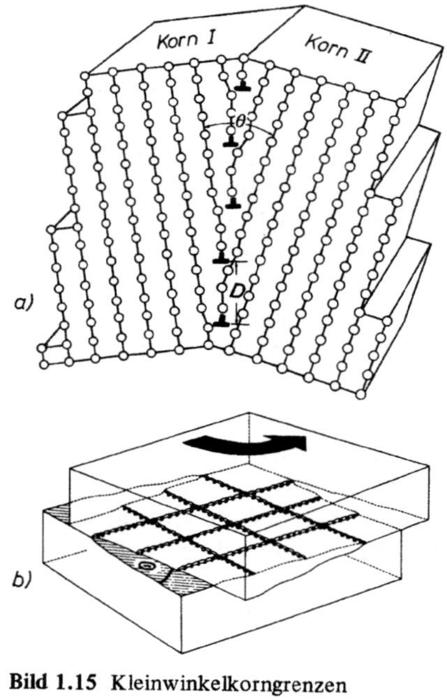

Bild 1.15 Kleinwinkelkorngrenzen
a) symmetrische Biegegrenze
b) symmetrische Drehgrenze

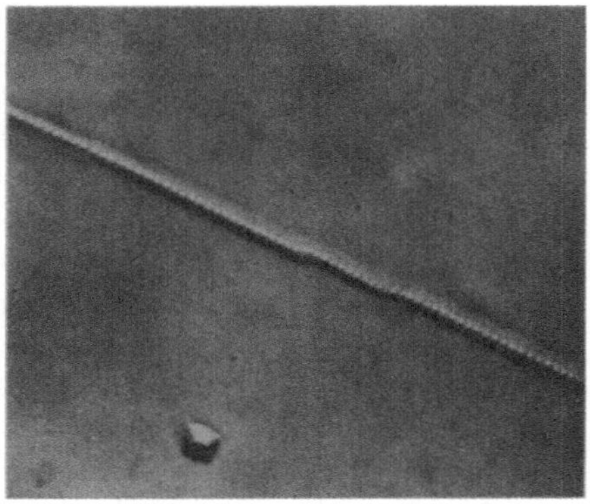

Bild 1.16 Kleinwinkelbiegegrenze in Germanium, durch Ätzgrübchentechnik sichtbar gemacht

d.h. von Bereichen guter und schlechter Passung zwischen Körnern bestehen (Bild 1.17a), wobei für bestimmte Winkel in der Korngrenze regelmäßige Atomanordnungen auftreten. Einen Spezialfall besonders guter Passung stellt die *kohärente Zwillingsgrenze* dar (Bild 1.17b). Sie vermittelt zwischen zwei zur Grenzfläche spiegelsymmetrischen Kristallen. Wie jede Grenzfläche, so besitzt auch die Korngrenze eine der Oberflächenspannung vergleichbare *Korngrenzenenergie* E_{KG}, die im wesentlichen vom Orientierungsunterschied und der Symmetrie der atomaren Anordnung abhängt. Für Metalle liegen Werte von E_{KG} in der Größenordnung von einigen Hundert erg/cm^2 bzw. einigen Zehntel J/m^2 (siehe Tabelle 1.2).

Die Eigenschaften polykristalliner Werkstoffe werden wesentlich von der mittleren *Korngröße,* bzw. bei unterschiedlich großen Körnern von der *Korngrößenverteilung* sowie der *Kornform* mitbestimmt.

Zur Bestimmung der Korngröße geht man von einem metallografischen Schliffbild des Korngefüges aus, d.h. vom Foto der polierten Probenoberfläche, auf dem die Korngrenzen durch chemisches Anätzen sichtbar gemacht worden sind (Bild 1.18a). Auf dieses Gefügebild zeichnet man Scharen von Linien

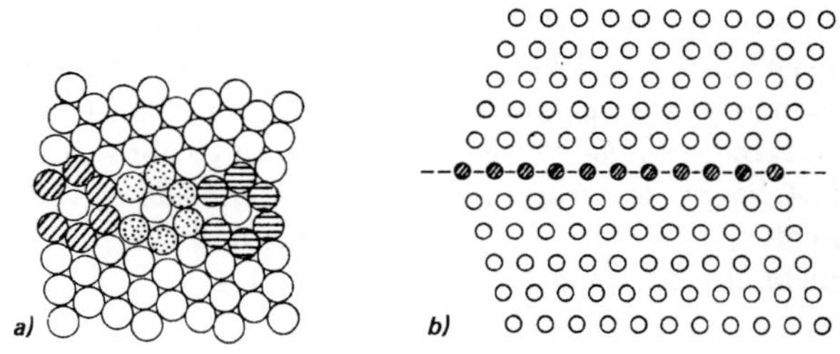

Bild 1.17

a) 37,8° – symmetrische Biegegrenze mit strukturellen Einheiten (gleich schraffiert)

b) Kohärente Zwillingsgrenze

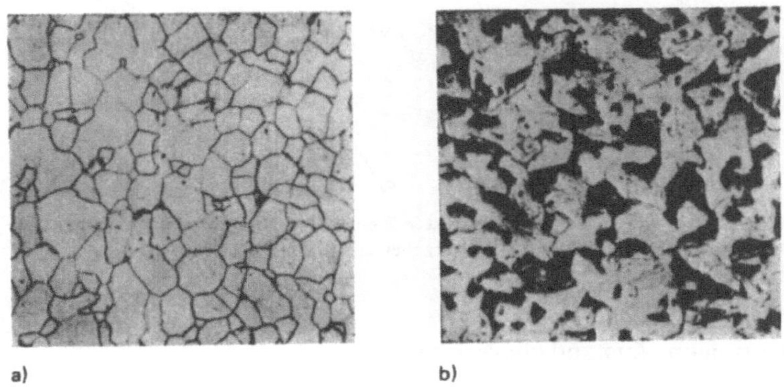

Bild 1.18 Gefügebilder, 150 ×

a) homogenes Gefüge von reinem Eisen mit angeätzten Korngrenzen b) heterogenes Gefüge von Stahl, bestehend aus kohlenstoffarmem Ferrit (hell) und kohlenstoffreichem Perlit (dunkel). Näheres siehe Kap. 4.1 und 4.2

ein und zählt die Schnittpunkte dieser Linien mit den Korngrenzen. Der *mittlere Korndurchmesser* $\overline{d}$ ergibt sich dann als

$$\overline{d} = \frac{\text{Gesamtlänge der Linien}}{\text{Anzahl der Schnittpunkte}} \tag{1.4}$$

Korngrößen von technischen Werkstoffen überstreichen mehrere Größenordnungen: In feinkörnigen Stählen betragen die Korndurchmesser einige hundertstel Millimeter, dagegen kann man die Körner von einigen Zentimeter Durchmesser auf der Oberfläche verzinkter Bleche mit dem bloßen Auge erkennen.

In Polykristallen haben die einzelnen Körner gewöhnlich eine zufällige kristallografische Orientierung zueinander. Man bezeichnet dann dieses Korngefüge als „*regellos orientiert*" (Bild 1.19a). Es gibt aber Fälle, wo alle Körner mehr oder weniger dieselbe Orientierung haben, z.B. innerhalb von 5°. In diesem Fall besitzt der Polykristall eine *Vorzugsorientierung* oder *Textur* (Bild 1.19b, c). Die Textur eines Werkstoffes ist in der Praxis deshalb bedeutsam, weil viele Werkstoffeigenschaften richtungsabhängig sind. Die Richtungsabhängigkeit der Eigenschaften bezeichnet man als *Anisotropie.* Ein polykristalliner Werkstoff mit Textur wird daher anisotrope Eigenschaften zeigen, so wie ein einzelner Kristall. Dagegen sind die Eigenschaften eines Polykristalls mit regelloser Kornorientierung nach außen hin *isotrop,* da sich die Anisotropie der einzelnen Körner ausmittelt. Eine Textur ist häufig unerwünscht, wird aber in manchen Fällen, vor allem bei magnetischen Werkstoffen absichtlich herbeigeführt. Technisch bedeutsame Texturen in weichmagnetischen Werkstoffen zeigt Bild 1.19. Bei der Goß-Textur (Bild 1.19b), die z.B. bei Eisen-Silicium-Legierungen zu großer volkswirtschaftlicher Bedeutung gelangt ist, liegen die „magnetisch leichten" Würfelkanten ⟨100⟩ in der Walzbandebene nur in Walzrichtung. Trafobleche mit dieser Textur zeichnen sich durch die vorteilhafte „steile" Magnetisierungskurve aus (s. Abschn. 20.5.1.2).

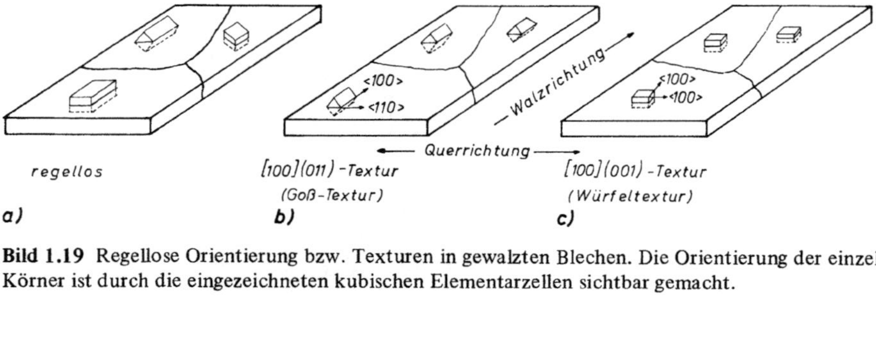

Bild 1.19 Regellose Orientierung bzw. Texturen in gewalzten Blechen. Die Orientierung der einzelnen Körner ist durch die eingezeichneten kubischen Elementarzellen sichtbar gemacht.

1.4 Phasen, Legierungen, Zustandsdiagramme

In den vorausgegangenen Kapiteln haben wir den Aufbau kristalliner Werkstoffe verfolgt, ausgehend von den Atomen, die in geometrischer Weise zu Kristallgittern mit ihren charakteristischen Baufehlern angeordnet sind, bis hin zum polykristallinen Gefüge (Bild 1.18a), bestehend aus einem Haufwerk unterschiedlich orientierter, durch Korngrenzen getrennter Körner mit *gleichem Kristallgitter.* Einen Werkstoff mit solch *homogenem* Gefüge bezeichnet man als 1-*phasig*. Zwar erscheint die Oberfläche aller technisch verwendeten Werkstoffe dem bloßen Auge meistens als gleichmäßig und homogen, aber bereits im Lichtmikroskop findet man charakteristische Unterschiede. Bild 1.18b zeigt das Mikrogefüge von Stahl, das aus einem Gemenge von zwei Gefügeanteilen besteht: zum einen aus hellem, kohlenstoffarmen *Ferrit* mit krz-Gitter, zum anderen aus dunkel angeätzten kohlenstoffreichem *Perlit.* Dieser Perlit zeigt seinerseits bei höherer Vergrößerung ein feinstreifiges Gefüge, bestehend aus krz-Ferrit sowie orthorhombischem Eisenkarbid (vgl. Bild 2.8e). Technische Werkstoffe sind demnach nicht aus einer einzigen Kristallart, sondern aus *zwei* oder *mehreren Kristallarten* zusammengesetzt. Einen Werkstoff mit dem in Bild 1.18b gezeigten *heterogenen* Gefüge nennt man *2-phasig*. Damit sind wir auf den zentralen Begriff der *Phase* gestoßen, den wir nachträglich wie folgt definieren wollen:

Eine Phase ist eine nach Aggregatzustand, kristalliner Struktur und chemischer Zusammensetzung einheitliche Stoffmenge.

Die Grenzflächen zwischen verschiedenen Phasen nennt man *Phasengrenzen.* Deren Aufbau und Eigenschaften wird am Ende dieses Kapitels behandelt.

Schmelze und Dampf bezeichnet man ebenfalls als (flüssige bzw. gasförmige) Phase. Von festen Phasen haben wir bisher die folgenden kennengelernt: Zunächst reine Phasen, also Kristalle der reinen Elemente. Ferner, da es vielfach gelingt in festen Phasen Fremdatome zu lösen (vgl. Abschn. 1.3.1), Mischkristalle bzw. *Mischphasen.* Mischphasen bzw. *Phasengemische* aus Mischphasen mit metallischem Charakter nennt man *Legierungen.* Konstitution und Gefüge von Legierungen bzw. allgemein von Werkstoffen, die aus Phasengemischen bestehen, werden durch *Zustandsdiagramme* (engl. *phase diagram*) beschrieben. Bevor wir uns diesem Thema zuwenden, müssen wir uns zunächst mit der Mischbarkeit von Atomen in Kristallen befassen.

Im allgemeinen ist die Mischbarkeit im kristallinen Zustand begrenzt und steigt mit der Temperatur. Vollständige Mischbarkeit setzt gleiche Kristallstruktur der Phasen und geringe Unterschiede der Atomgröße voraus. Andererseits haben wir in Abschn. 1.3.1 gesehen, daß sehr kleine Fremdatome auch interstitiell, d.h. in Gitterlücken eingebaut werden können. Außer den rein geometrischen Verhältnissen spielt die chemische Bindung eine große Rolle, d.h. die Wechselwirkung der äußeren Elektronen der zu mischenden Atome. Wir wollen alle Einflußgrößen pauschal in einer „Bindungsenergie" zwischen gleichen oder verschiedenen Atomen zusammenfassen. Bei der Mischung von zwei Atomsorten A und B haben wir dann 3 Fälle zu erwarten (Bild 1.20):

a) Falls keine Bindungstendenz zwischen beiden Atomsorten besteht, erhält man den idealen *Mischkristall* mit einer statistischen Verteilung der Atome. Dabei ist nach Abschn. 1.3.1 substitioneller oder interstitieller Einbau möglich.

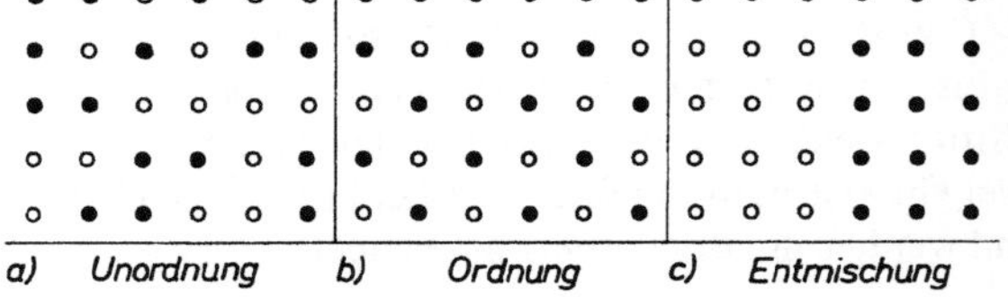

Bild 1.20
Die drei Möglichkeiten der Atomverteilung in Gemischen
a) Unordnung (Mischkristall)
b) Ordnung (intermetallische Verbindung)
c) Entmischung in zwei Phasen

b) Für den Fall, daß die Bindungsenergie zwischen ungleichen Nachbarn größer ist als zwischen gleichen Nachbarn, kommt es anstelle der regellosen zu einer teilweisen oder völligen Ordnung. Es besteht dann die Tendenz zur Bildung einer chemischen *Verbindung.*

c) Falls sich nur gleiche Nachbarn anziehen, kommt es zur *Entmischung,* d.h. eine Aufspaltung in A-atomreiche und B-atomreiche Bereiche. Mit anderen Worten, eine Mischphase kann ihre Energie erniedrigen durch Aufspaltung in zwei Phasen.

Wir haben bis jetzt lediglich die Mischbarkeit im festen Zustand betrachtet. Ob und in welchem Umfang zwei oder mehr Komponenten im festen wie auch im flüssigen Zustand miteinander mischbar sind, geht aus dem *Zustandsdiagramm* hervor. Das Zustandsdiagramm stellt auf einer „Landkarte" dar, welche Phase für eine vorgegebene Temperatur T und gegebene chemische Zusammensetzung des Systems die stabile ist bzw. welche Phasen als Gemenge nebeneinander stabil sind. Da das Zustandsdiagramm ein *Gleichgewichtsdiagramm* ist, müssen hinreichend langsame Temperaturänderungen beim Erstarren und Schmelzen bzw. genügend langes Tempern vorausgesetzt werden.

Die speziellen Typen von Zustandsdiagrammen dürfen die (thermodynamisch begründbare) *Gibbssche Phasenregel* nicht verletzen. Sie gibt den Zusammenhang an zwischen der Anzahl der Phasen p eines Systems mit k Komponenten und den äußeren Variablen v (Druck P, Temperatur T, Konzentration c), welche die „Freiheitsgrade" des Systems darstellen. Für Werkstoffe können wir konstanten Normaldruck (von 1 bar) voraussetzen. Dann lautet die Gibbssche Phasenregel

$$v = k - p + 1. \qquad (1.5)$$

Für ein Einstoffsystem (k = 1) können demnach zwei Phasen (p = 2) nur bei fester Temperatur miteinander im Gleichgewicht stehen, denn $v = k - 2 + 1 = 0$. Im Zustandsschaubild des Wassers (Bild 1.21a) ist dies der Fall beim Gefrierpunkt (°C), wo die feste Phase (Eis) mit der flüssigen Phase (Wasser) im Gleichgewicht steht sowie beim Siedepunkt (100 °C). Dort sind flüssige Phase und gasförmige Phase (Dampf) im Gleichgewicht.

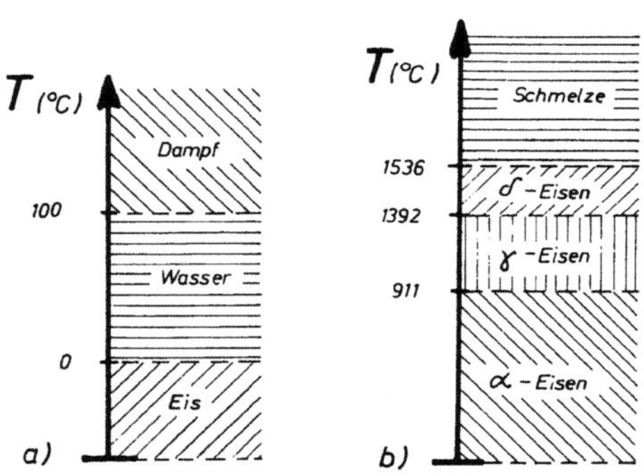

Bild 1.21 Zustandsdiagramm
a) von Wasser bei Atmosphärendruck
b) von reinem Eisen

Das Zustandsdiagramm des reinen Eisens ist komplizierter (Bild 1.21b). Im festen Zustand bildet Eisen bei tiefen Temperaturen einen krz-Kristall mit dem Namen α-Eisen oder *Ferrit.* Bei höheren Temperaturen oberhalb 911 °C kristallisiert Eisen mit kfz-Gitter mit einer etwas größeren Gitterkonstante und wird γ-Eisen oder *Austenit* genannt. Bei noch höheren Temperaturen bildet sich wieder ein krz-Gitter, welches aus historischen Gründen mit δ-Eisen bezeichnet wird. Diese Änderungen der Gitterstruktur im festen Zustand finden sich bei vielen Metallen und Verbindungen und werden als *Polymorphie* bezeichnet.

Oberhalb des Schmelzpunktes von 1536 °C existiert Eisen als flüssige Schmelze. Der Übergang zur Gasphase beim Siedepunkt ist im Bild 1.21b nicht mit eingezeichnet.

Nach diesen Vorbereitungen werden nun die Grundtypen von *binären* Zustandsdiagrammen, d.h. einfache Zweistoffsysteme besprochen, aus denen sich alle vorkommenden Zustandsdiagramme ableiten lassen. Neben der Temperatur kommt als weitere Variable die Konzentration c der beteiligten Komponenten hinzu.

Sie wird in der Technik üblicherweise in Gewichtsprozent (Gew.-%) angegeben, weil sie direkt mit der Einwaage der zu mischenden Stoffe in Beziehung steht. Für wissenschaftliche Fragestellungen ist die Angabe in Atomprozent (At.-%) häufig zweckmäßiger. Für die gegenseitige Umrechnung gelten folgende Formeln

$$c_A(\text{Gew.-\%}) = 100 \cdot \frac{c_A(\text{At.-\%}) \cdot a}{c_A(\text{At.-\%}) \cdot a + c_B(\text{At.-\%}) \cdot b} \tag{1.6}$$

$$c_A(\text{At.-\%}) = 100 \cdot \frac{c_A(\text{Gew.-\%})/a}{c_A(\text{Gew.-\%})/a + c_B(\text{Gew.-\%})/b} \tag{1.7}$$

Es bedeuten: a und b die Atomgewichte oder Molekulargewichte der beteiligten Komponenten A und B. Für die Konzentrationen c_A und c_B der Komponenten gilt $c_A + c_B = 100\,\%$.

Die Mischphasen sollen im folgenden immer mit griechischen Buchstaben bezeichnet werden, z.B. $\alpha \equiv$ Phase A, die B-Atome gelöst enthält. Für die Kennzeichnung der Aggregatzustände wollen wir die Abkürzungen „s“ für *fest* (engl. *solid*) und „*l*“ für *flüssig* (engl. *liquid*) benützen.

Ausgehend vom Mischungsverhalten der Komponenten unterscheiden wir folgende Fälle:

1.4.1 Verbundstoffe

Die Komponenten sind im flüssigen und festen Zustand nicht löslich.

Das Zustandsdiagramm (Bild 1.22) zeigt nur waagerechte Linien bei den Schmelztemperaturen der Komponenten, die erst im Gaszustand mischbar sind. Zustandsdiagramme dieser Art müssen Stoffe besitzen, die nicht miteinander reagieren: So kann man *Blei in Eisentiegeln, Silikatglas in Platintiegeln* schmelzen. Verbundlegierungen, die ein vorherschätzbares Eigenschaftsgemisch ihrer unlöslichen Komponenten zeigen, lassen sich nach Verfahren der Pulvermetallurgie, d.h. durch Verpressen von Pulvern und anschließendes *Sintern* (s. Abschn. 2.2) herstellen. Beispiele sind *Wolfram-Kupfer* und *Wolfram-Silber*, bei denen das zunächst gesintere poröse Skelett aus Wolfram nachträglich mit flüssigem Kupfer oder flüssigem Silber gefüllt wird. Lagert man in *Kupfer* unlösliches *Blei* ein, so erhöht man das Gleitvermögen und die Eignung für elektrische Kontakte.

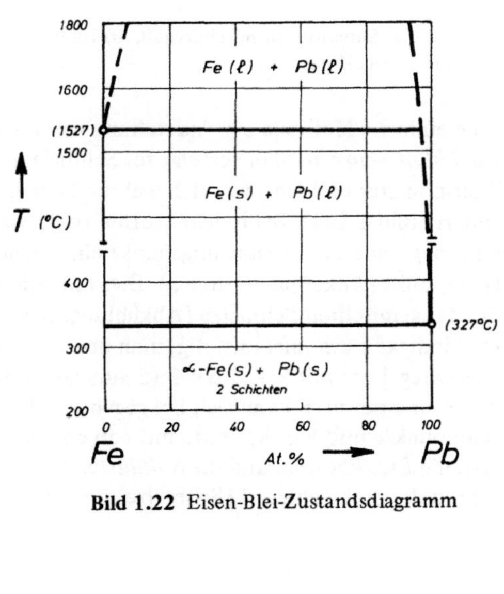

Bild 1.22 Eisen-Blei-Zustandsdiagramm

1.4.2 Systeme mit lückenloser Mischkristallreihe

Die Komponenten sind im flüssigen und festen Zustand völlig ineinander löslich.

Klassisches Beispiel sind Legierungen auf *Nickel-Kupfer-Basis,* wie sie z.B. unter dem Namen Konstantan, Nickelin u.a. bekannt sind und gerade in der Elektrotechnik viel verwendet werden. Beim Erstarren der Schmelze bleibt hier der Lösungszustand voll erhalten und es bilden sich *Mischkristalle;* d.h. beide Partner treten zu einen gemeinsamen Kristallgitter zusammen, dessen Gitterplätze zum Teil von Atomen des einen, zum Teil von Atomen des anderen Elements besetzt sind. Es entsteht so ein *Substitutionsmischkristall* (Bild 1.23a), der bevorzugt dann gebildet wird, wenn beide Partner, wie hier Ni und Cu, gleiche (kfz)-Gitterstruktur besitzen und sich hinsichtlich Atomgröße und Wertigkeit ähneln. Weitere Beispiele sind Ag-Au, Cu-Au, Cr-Fe, Fe-Ni, Fe-Mn u.a. In Abschn. 1.3.1 haben wir bereits eine weitere Art des Mischkristalls kennengelernt, den interstitiellen Mischkristall, bei dem die Atome des zu lösenden Elements wesentlich kleiner sind und auf Zwischengitterplätze ausweichen (Bild 1.23b). Häufig handelt es sich hier um gelöste Nichtmetalle (H, B, C, N, P). Das Paradebeispiel α-Eisen mit interstitiellem Kohlenstoff zeigt Bild 1.23c, wo die (schwarz gezeichneten) C-Atome auf dem ⟨100⟩-Würfelkanten der krz-Elementarzelle sitzen, wodurch lokal starke tetragonal-elastische Verzerrungen entstehen, die zu einer drastischen *Mischkristallhärtung* führen (s. Abschn. 3.1.5 und 3.2.3).

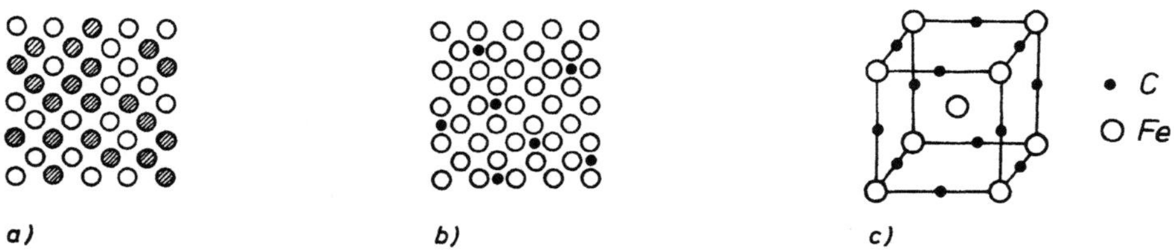

Bild 1.23 a) Substitutionsmischkristall, b) Interstitieller Mischkristall, c) Zwischengitterplätze im krz-Gitter von α-Eisen

Eine einfache Methode zur Aufstellung von Zustandsdiagrammen ist die Messung von *Abkühlungskurven,* Man verfolgt für Schmelzen mit verschiedener Zusammensetzung mit Thermometer und Uhr, wie sich während der Erstarrung die Temperatur mit der Zeit ändert (Bild 1.24a). Bei reinen Stoffen tritt, wie oben mit Hilfe der Gibbsschen Phasenregel begründet, am Erstarrungspunkt ein Zeitbereich konstanter Temperatur auf, ein Haltepunkt (Abkühlungskurve a). Dies entspricht dem Freiwerden der Erstarrungswärme. Bei der gemischten Schmelze (Abkühlungskruve b, c) ändert sich die Abkühlungsgeschwindigkeit zweimal unstetig, man beobachtet ein Halteintervall. Wir wenden die Phasenregel an: mit $k = 2$, $p = 2$ (Schmelze und Mischkristall) folgt $v = k - p + 1 = 1$, d.h. der Freiheitsgrad T kann sich bei gegebener Konzentration ändern. Kombiniert man Haltepunkte und Knickpunkte mit den entsprechenden Konzentrationen, so gewinnt man die *Liquiduslinie* und die *Soliduslinie* (Bild 1.24b). Diese trennen im Zustandsdiagramm die drei Gebiete *l* (Schmelze), *l* + s (Schmelze und Mischkristall) und s (Misch-

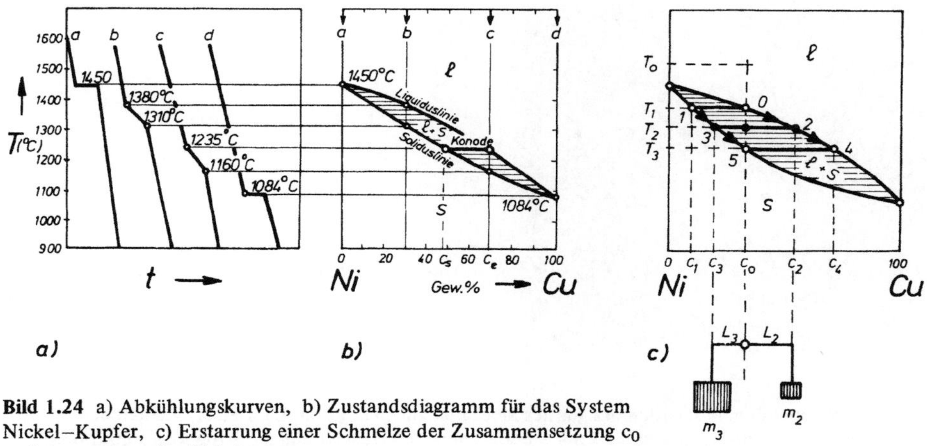

Bild 1.24 a) Abkühlungskurven, b) Zustandsdiagramm für das System Nickel–Kupfer, c) Erstarrung einer Schmelze der Zusammensetzung c_0 und Anwendung des Hebelgesetzes

kristall). Wir ziehen daraus den Schluß, daß 1-Phasengebiete immer durch ein (im folgenden immer gestricheltes) 2-Phasengebiet voneinander getrennt sind. Die horizontale Linie, welche im Gleichgewicht stehende Schmelze der Zusammensetzung c_l und Mischkristall der Zusammensetzung c_s miteinander verbindet, nennt man *Konode* (Bild 1.24b).

Wir wollen im folgenden die Erstarrung einer Ni-Cu-Schmelze einer mittleren Zusammensetzung c_0 und die damit verbundene Gefügeausbildung verfolgen (Bild 1.24c). Ausgehend von einer Schmelze der Temperatur T_0 treffen wir bei weiterer Abkühlung auf T_1 beim Punkt 0 auf die Liquiduslinie. Bei dieser Temperatur kristallisiert ein Mischkristall der Konzentration c_1 aus, d.h. dieser ist nickelreicher als die Ausgangsschmelze. Dadurch wird aber die Restschmelze kupferreicher bzw. verarmt an Ni; ihre Zusammensetzung bewegt sich bei weiterer Abkühlung auf der Liquiduslinie in Pfeilrichtung über den Punkt 2 hinweg bis zum Punkt 4. Entsprechend steigt die Konzentration der nacheinander erstarrenden Mischkristalle bei c_1 beginnend entlang der Soliduslinie in Pfeilrichtung. Die Anreicherung der verbleibenden Restschmelze und der erstarrenden Mischkristalle mit Kupfer erfolgt solange, bis bei der Temperatur T_3 die Zusammensetzung der Restschmelze c_4 beträgt. Bei dieser Temperatur erstarrt die letzte Schmelze zu einem Mischkristall der Ausgangskonzentration c_0 (Punkt 5). Die erstarrte Legierung besteht demnach nicht aus einem einheitlichen Gefüge von Kristallen der Zusammensetzung c_0. Vielmehr aus zuerst erstarrten nickelreichen Kristallen, die dann von später erstarrten nickelärmeren Kristallen umhüllt werden, wie das Schliffbild 1.25 einer Ni-60 % Cu-Legierung bestätigt. Man kann diesen Effekt (in eindimensionaler Anordnung) bei der *Zonenreinigung* ausnutzen (s. Abschn. 15.8.1).

Die Mengenanteile zweier Phasen in einem Zweiphasengemisch lassen sich mit Hilfe des *Hebelgesetzes* bestimmen. Als Beispiel wird in Bild 1.25c für die Ni-Cu-Legierung der Zusammensetzung c_0 bei der Temperatur T_2 der Anteil an Schmelze (der Konzentration c_2) und der Anteil an Mischkristall (der Konzentration c_3) illustriert. Die Konode liefert die „Hebel" einer Waage mit „dem Drehpunkt" bei

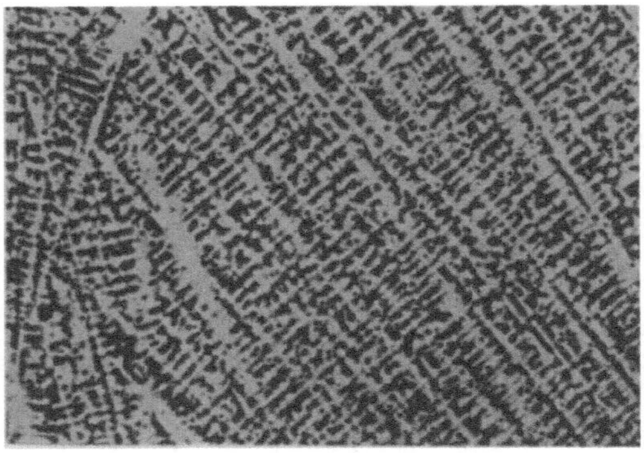

Bild 1.25
Gefüge einer Ni-Cu-Legierung mit 60 % Kupfer. Dunkel: Ni-reiche Kristalle; hell: Ni-arme Kristalle 100 ×

c_0. Entsprechend dem Momentensatz aus der Mechanik gilt $m_3 L_3 = m_2 L_2$. Den Gewichten der Waage entsprechen die Mengenanteile $m_{2,3}$ der Phasen, den Hebelarmen $L_{2,3}$ die Konzentrationsdifferenzen zu c_0, d.h. $m_3(c_0 - c_3) = m_2(c_2 - c_0)$. Schmelze und Mischkristall liegen demnach im Verhältnis $m_3/m_2 = (c_2 - c_0)/(c_0 - c_3)$ vor. Wir verallgemeinern das Ergebnis unserer Ableitung, indem wir die speziellen Indizes aus Bild 1.24c ersetzen durch allgemeine Phasenbezeichnungen α und β. Dann gibt das Hebelgesetz

$$\frac{m_\alpha}{m_\beta} = \frac{(c_\beta - c_0)}{(c_\alpha - c_0)} \tag{1.8}$$

das Mengenverhältnis der Phase α und β in einer Legierung der bekannten chemischen Zusammensetzung c_0 an.

1.4.3 Systeme mit Eutektikum

Die Komponenten sind im flüssigen Zustand völlig ineinander löslich, im festen Zustand unlöslich.

Dieser Fall tritt auf, wenn die beiden Komponenten zwar etwa gleiche Schmelztemperaturen aber unterschiedliche Kristallgitter besitzen, wie im Fall des rhombischen *Wismuts* und hexagonalen *Cadmiums* (Bild 1.26). Zumischen von Atomen des anderen Partners führt zur Schmelzpunkterniedrigung und somit zu fallender Liquiduslinie. Der Schnittpunkt beider Liquiduslinien wird als *eutektischer Punkt* E bezeichnet, wo die drei Phasen l sowie Bi(s) und Cd(s) miteinander im Gleichgewicht sind. Die Anwendung der Gibbsschen Phasenregel liefert mit $k = 2$, $p = 3$ dann $v = k - p + 1 = 0$. Dies bedeutet, daß beide Freiheitsgrade T und c festliegen, d.h. eine Schmelze der eutektischen Zusammen c_E erstarrt wie ein reiner Stoff bei fester Temperatur T_E (Abkühlungskurve c in Bild 1.26a). Am eutektischen Punkt findet die Reaktion

$$l \rightarrow \text{Bi(s)} + \text{Cd(s)} \tag{1.9}$$

statt. Es entsteht ein heterogenes Gemenge beider Kristallsorten, wie das Bild 1.27c schematisch zeigt.

Wir verfolgen die Erstarrung einer Bi-Cd-Legierung, die nicht die eutektische Zusammensetzung hat, z.B. c = 20 % Cd, Abkühlungskurve b: Bei der Temperatur von 200 °C trifft

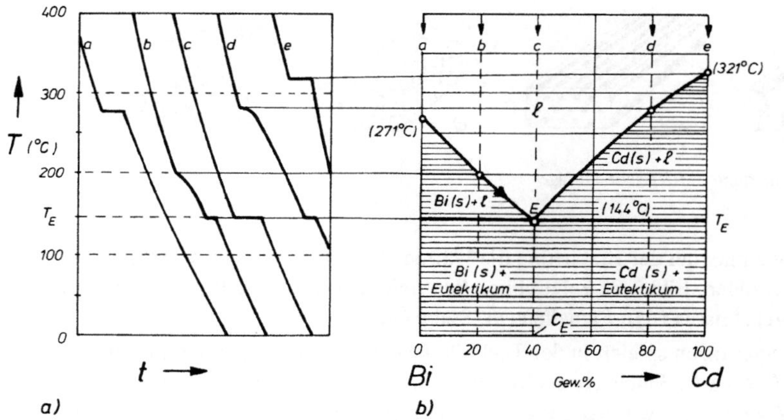

Bild 1.26 Abkühlungskruven (a) und eutektisches Zustandsdiagramm (b) für das Legierungssystem Wismut-Cadmium

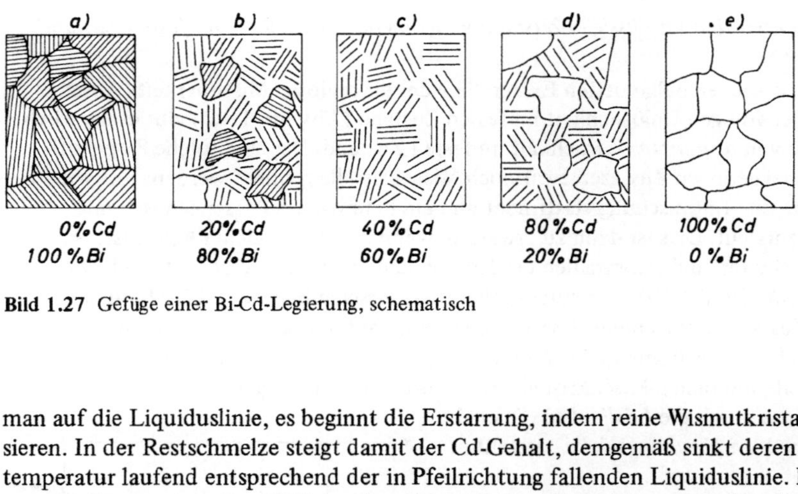

Bild 1.27 Gefüge einer Bi-Cd-Legierung, schematisch

man auf die Liquiduslinie, es beginnt die Erstarrung, indem reine Wismutkristalle kristallisieren. In der Restschmelze steigt damit der Cd-Gehalt, demgemäß sinkt deren Erstarrungstemperatur laufend entsprechend der in Pfeilrichtung fallenden Liquiduslinie. Die fortgegesetzte Erstarrung reiner Bi-Kristalle erfolgt solange, bis beim eutektischen Punkt E die nun verbleibende eutektisch zusammengesetzte Restschmelze als Ganzes erstarrt, wobei obige Reaktion abläuft. D.h. es bilden sich gleichzeitig feste Wismutkristalle und Cadmiumkristalle in Form eines *Eutektikums.* Das entstehende Gefüge (Bild 1.27b) besteht demnach aus *primären* Bi-Kristallen (schraffiert), welche von *sekundärem* Eutektikum umhüllt werden, welches selbst aus einem fein verteilten Gemenge von Bi- und Cd-Kristallen besteht. Im Gleichgewicht sind also nur 2 Phasen da, obwohl das Gefügebild wegen der verschieden feinen Verteilung drei zu haben scheint. Die Gibbssche Phasenregel gilt nach wie vor, sie sagt aber nichts über die räumliche Verteilung der Phasen aus.

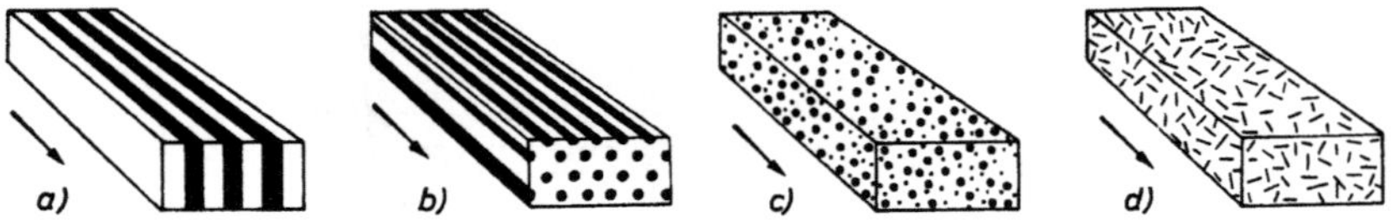

Bild 1.28 Verschiedene eutektische Gefüge

Je nachdem, wie man bei der Erstarrung die Wärme abführt, lassen sich verschiedene eutektische Gefüge erzielen. Bild 1.28 zeigt einige *Beispiele:* Diskontinuierliche Gefüge (kugelförmig (c), unregelmäßig (d)), Lamellen (a), Stäbe (b).

Eutektische Legierungen spielen in der Technik wegen ihres niedrigen Schmelzpunktes eine Rolle als *Lote,* z.B. Weichlote als Kombination von Blei, Zinn, Zink und Cadmium, sowie als *Gußlegierungen,* wo man möglichst niedrige Verarbeitungstemperaturen anstrebt, z.B. Al-Si-Legierungen, Gußeisen. Neuerdings gewinnen *gerichtet erstarrte Eutektika* mit einem, wie im Bild 1.28a, b dargestellten Gefüge eine gewisse Bedeutung beim Bau von Turbinenschaufeln.

1.4.4 Systeme mit Mischungslücke

Die Komponenten sind im flüssigen Zustand völlig ineinander löslich, im festen Zustand begrenzt löslich.

Häufiger als die soeben behandelten Extremfälle der lückenlosen Mischbarkeit (Abschn. 1.4.2) bzw. der völligen Unlöslichkeit im festen Zustand (Abschn. 1.4.3) gibt es dazwischenliegende Fälle von *begrenzter* Löslichkeit im festen Zustand. Das sind solche Zweistoffsysteme, wo bei geringen Zusätzen zwar noch Mischkristalle gebildet werden, bei größeren Zusätzen aber eine Entmischung stattfindet und ein heterogenes Phasengemisch mit Eutektikum entsteht. Dies ist dann zu erwarten, wenn bei zwar gleicher Kristallstruktur die Gitterkonstanten und Atomradien der Komponenten zu unterschiedlich sind, wie z.B. im Fall *Zinn-Blei* (Bild 1.29). Das eutektische Zustandsschaubild zeigt dann für den kristallinen Zustand drei Gebiete: Das 1-Phasengebiet auf der Sn-reichen Seite mit den α-Mischkristall, wo Bleiatome in der Zinnmatrix gelöst sind, das 1-Phasengebiet auf der Pb-reichen Seite mit dem β-Mischkristall sowie das dazwischenliegende 2-Phasengebiet (schraffiert), das durch die *Löslichkeitslinien* L begrenzt ist und die *Mischungslücke* darstellt.

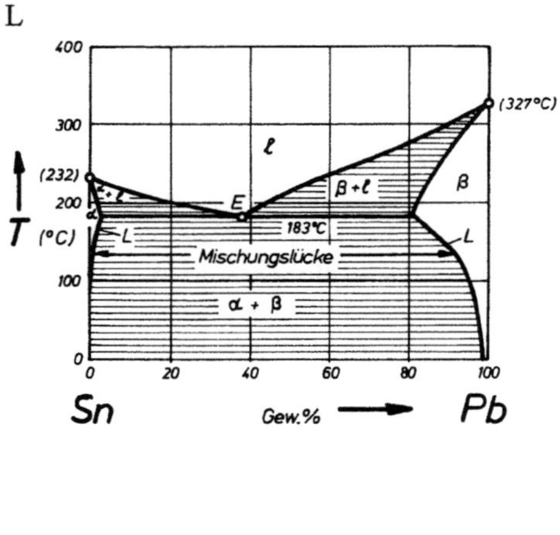

Bild 1.29
Zinn-Blei-Zustandsdiagramm
L Löslichkeitslinien

Legierungen dieser Art sind technisch besonders interessant, wenn die gegenseitige Löslichkeit der Komponenten mit sinkender Temperatur abnimmt. Dann verbreitert sich die Mischungslücke nach unten bzw. die Mischkristallbereiche α und β verschmälern sich. Auf die daraus sich ergebenden Konsequenzen werden wir bei der Besprechung von *Ausscheidungsvorgängen* in Abschn. 2.3 und der damit verbundenen *Ausscheidungshärtung* in Abschn. 3.1.5 und 3.2.3 eingehen.

Wird eine Sn-Pb-Legierung mit der eutektischen Zusammensetzung abgekühlt, so setzt die bereits im vorigen Kapitel beschriebene eutektische Erstarrung ein:

$$l \rightarrow \alpha + \beta \qquad (1.10)$$

Im Unterschied zu oben kristallisieren aber hier nicht die reinen Komponenten aus (in Bild 1.27 waren es Bi-Kristalle und Cd-Kristalle), sondern die Mischkristalle α und β, allerdings auch hier in Form eines feinverteilten Eutektikums. Liegt die Zusammensetzung der Schmelze links (oder rechts) von E, so scheiden sich bei der Erstarrung zunächst α-Mischkristalle (oder β-Mischkristalle) primär aus. Die Restschmelze verarmt dadurch an Sn (oder an Pb), bis sie die eutektische Zusammensetzung erreicht hat. Dann, bei der eutektischen Temperatur kristallisiert das eutektische Phasengemisch ($\alpha + \beta$) entsprechend der obigen Gleichung sekundär aus. Bild 1.30 zeigt das entstandene Gefüge, allerdings nicht von Zinn-Blei, sondern von einer Zn-8 % Al-Legierung. Man erkennt die hellen Zn-Primärkristalle, welche vom sekundär gebildeten, feingestreiften Eutektikum umgeben sind.

Das soeben besprochene eutektische Zustandsdiagramm (mit Mischungslücke) ergibt sich, wenn die Schmelztemperaturen der beiden Komponenten sich nur wenig unterscheiden und das Dreiphasengleichgewicht am eutektischen Punkt (E in Bildern 1.26b und 1.29) unterhalb beider Schmelzpunkte liegt. Wenn hingegen die Schmelzpunkte beider Komponeten erheblich differieren, so liegt die Temperatur des Dreiphasengleichgewichts zumeist zwischen den Schmelzpunkten der Komponenten und man erhält ein *peritektisches* Zustandsdiagramm, wie im Fall *Silber-Platin* (Bild 1.31). Wie bei der eutektischen Reaktion gibt es auch hier eine ausgezeichnete, die peritektische Temperatur T_p, bei der die

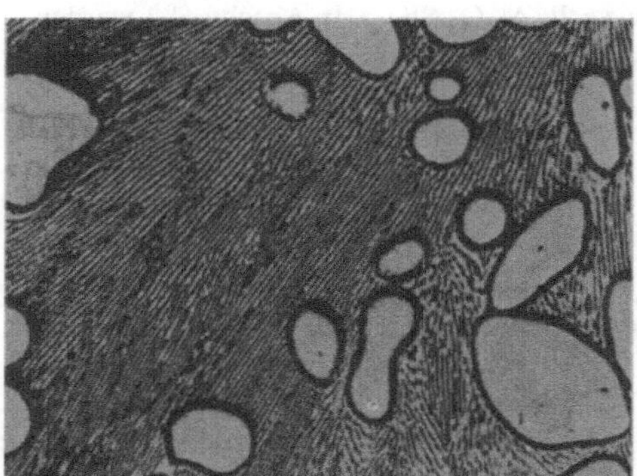

Bild 1.30 Gefüge von Zn – 8 % Al mit primären Zn-Mischkristallen (hell) und Eutektikum; 145 ×

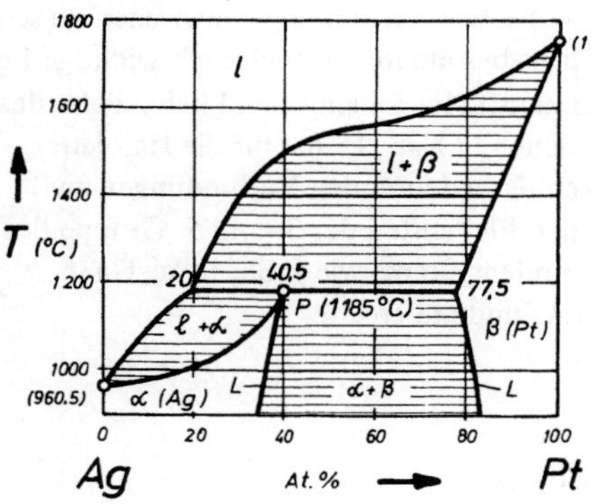

Bild 1.31 Peritektisches Zustandsdiagramm für die Legierung Silber-Platin
L Löslichkeitslinien

Schmelze (l) mit α- und β-Mischkristallen im Gleichgewicht ist. Auch hier ist nach der Phasenregel v = 0, d.h. die peritektische Erstarrung erfolgt bei fester Konzentration und konstanter Temperatur mit Haltepunkt. Es entsteht beim Abkühlen aus der Schmelze immer zuerst ein β-Mischkristall. Bei der peritektischen Temperatur T_p reagieren diese Primärkristalle mit der Restschmelze zur Bildung von α-Mischkristallen:

$$l + \beta \rightarrow \alpha \qquad (1.11)$$

Allerdings ist diese Reaktion nur für eine Legierung mit der peritektischen Zusammensetzung c = 40,5 % Pt vollständig. Für c > 40,5 % Pt bleibt die β-Phase übrig. Typische Beispiele für Legierungen, die durch peritektische Reaktionen entstehen, sind Cu-Zn-Legierungen *(Messinge)* und Cu-Sn-Legierungen *(Bronzen)*.

1.4.5 Intermetallische Verbindungen

Zu Beginn dieses Kapitels haben wir festgestellt (vgl. Bild 1.20b), daß es zwischen zwei Komponenten A und B dann zur Bildung einer intermetallischen Verbindung A_xB_y kommt, wenn Bindungen zwischen ungleichartigen Atomnachbarn energetisch günstig sind. Als qualitatives Maß hierfür kann der Schmelzpunkt gelten. Daher ist das Auftreten einer intermetallischen Phase im allgemeinen durch ein gemeinsames (relatives oder absolutes) Maximum von Liquidus- und Soliduslinie gekennzeichnet. Bild 1.32 zeigt dies im Zustandsdiagramm *Magnesium-Zinn,* das man sich aus zwei eutektischen Teildiagrammen zusammengesetzt denken kann: links Mg-Mg_2Sn und rechts Mg_2Sn-Sn. Liegt eine intermetallische Verbindung mit fester chemischer Zusammensetzung A_xB_y vor, so bezeichnet man sie als *stöchiometrisch.* Typisch für intermetallische Phasen ist, daß sie eine andere Gitterstruktur besitzen als die Ausgangskomponenten. Im vorliegenden Fall bilden hexagonales Mg und tetragonales Sn die kubische Verbindung Mg_2Sn. Häufig werden Abweichungen von der stöchiometrischen Zusammensetzung gefunden. Dann ist die intermetallische Verbindung innerhalb festliegender Konzentrationsgrenzen, im sogenannten *„Existenzbereich"* stabil. Zu den intermetallischen Phasen rechnet man häufig auch Verbindungen von Metallen und Nichtmetallen (wie Oxide, Sulfide, Carbide usw.) sowie Verbindungen zwischen diesen (wie z.B. Al_2O_3-SiO_2). In Abschn. 4.1 werden wir insbesondere das technisch wichtige Fe-C-Diagramm mit seiner intermetallischen Phase Zementit (Fe_3C) eingehend behandeln, desgleichen in Kap. 15 die für die Halbleitertechnik bedeutenden Verbindungen zwischen Elementen der 3. und 5. Gruppe des Periodensystems wie InSb, InAs, GaSb, GaAs und andere.

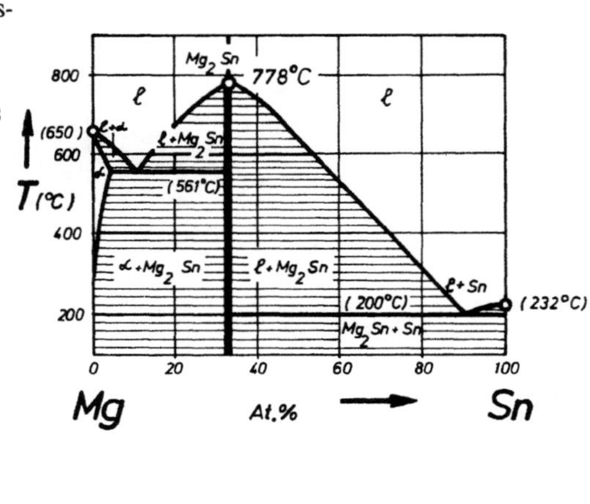

Bild 1.32
Zustandsdiagramm Magnesium-Zinn mit der stöchiometrischen intermetallischen Verbindung Mg_2Sn

1.4.6 Phasengrenzen

Benachbarte Körner derselben Phase, d.h. mit gleicher Gitterstruktur aber unterschiedlicher Orientierung, werden durch Korngrenzen getrennt (s. Abschn. 1.3.3). Körner *verschiedener Phasen,* d.h. mit unterschiedlicher Kristallstruktur und/oder Zusammensetzung und Ordnungsgrad, werden durch *Phasengrenzen* getrennt. Bereits in Abschn. 1.3 haben wir Korngrenzen und Phasengrenzen zu den 2-dimensionalen Gitterbaufehlern gezählt, da sie Störungen des regelmäßigen Gitteraufbaus sind.

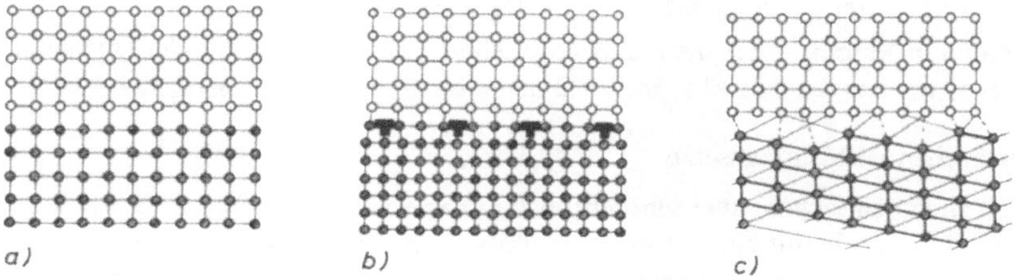

Bild 1.33 Phasengrenzen, a) kohärent, b) semikohärent, c) inkohärent

Nach ihrer atomaren Struktur unterscheidet man drei Arten von Phasengrenzen (Bild 1.33).

a) *Kohärente Phasengrenzen* trennen Phasen mit gleicher Gitterstruktur aber geringen Unterschieden in den Gitterkonstanten. Zwar treten schwache elastische Verzerrungen auf, dennoch setzen sich alle Netzebenen kontinuierlich durch die Phasengrenze hindurch fort. Als Spezialfall der kohärenten Phasengrenzen haben wir bereits die *kohärente Zwillingsgrenze* kennengelernt (Bild 1.17), bei der die beiden Kristalle spiegelsymmetrisch liegen mit der Grenze als Spiegelebene.

b) *Semikohärente Phasengrenzen* trennen Phasen ähnlicher Gitterstruktur aber mit größeren Differenzen in der Gitterkonstanten. Dann werden *Grenzflächenversetzungen* mit dem Burgersvektor b in einem solchen Abstand h in die Grenzfläche eingeschoben, daß durch die eingeschobenen Halbebenen der Unterschied in der Gitterkonstante, $\Delta a = a_\alpha - a_\beta$, ausgeglichen wird. Es gilt dann $h = b/\Delta a$. Zwischen den eingebauten Grenzflächenversetzungen ist die Phasengrenze kohärent. Die semikohärente Phasengrenze ist damit das Analogon zur Kleinwinkelkorngrenze (s. Bild 1.15a).

c) *Inkohärente Phasengrenzen* trennen Phasen mit völlig verschiedener Gitterstruktur und stellen das Analogon zur Großwinkelkorngrenze dar. Je stärker sich die benachbarten Phasen voneinander unterscheiden, umso höher ist die Phasengrenzenergie. Hohe Grenzflächenenergien führen zu geringer Benetzbarkeit von Oberflächen, welche beim Kleben, Löten und Schweißen eine entscheidende Rolle spielt (s. Kap. 8).

2 Diffusion und Umwandlung

2.1 Diffusion

Die Atome eines Festkörpers sind am absoluten Nullpunkt unbeweglich. Bei allen Temperaturen oberhalb des absoluten Nullpunktes können die Atome aufgrund der thermischen Schwingungen im Kristallgitter ihre Plätze wechseln, sie besitzen also auch im festen

Kristallverband eine Beweglichkeit. Die sprungartige Bewegung von Atomen durch das Kristallgitter nennt man *Diffusion,* sie ist die Voraussetzung für fast alle Festkörperreaktionen.

Diffusion bedeutet Stofftransport durch atomare Einzelschritte im Gegensatz zur *Konvektion,* die einen Stofftransport durch Fließbewegung größerer Volumenelemente darstellt. Bewegen sich Atome in ihrem eigenem Kristallgitter, z.B. Kupferatome in reinem Kupfer oder in einem Kupfer-Mischkristall, so spricht man von *Selbstdiffusion,* welche nur mittels radioaktiver Isotope nach der *Tracermethode* nachgewiesen werden kann. „Diffundiert" eine Atomart B im Gitter der Atomart A, so handelt es sich um *Fremddiffusion.*

Zunächst werden in Abschn. 2.1.1 die makroskopischen Gesetzmäßigkeiten der Diffusion behandelt, bevor wir uns dann in Abschn. 2.1.2 den atomaren Mechanismen zuwenden.

2.1.1 Die Fickschen Diffusionsgesetze

Wir gehen von einem einfachen, aber sehr lehrreichen Experiment aus (Bild 2.1): Ein Kristall aus Silicium werde mit einem Germaniumkristall in direkten Kontakt gebracht und in einem Ofen bei erhöhter Temperatur geglüht. Was passiert mit diesem „Sandwich" im Verlauf der Zeit? Si und Ge sind im festen Zustand lückenlos mischbar. Das Si-Ge-Zustandsdiagramm ist also vom Typ des Bildes 1.24b. Daher sollte sich ein homogener Si-Ge-Mischkristall bilden, indem die Si-Atome durch die Grenzfläche in das Ge und die Ge-Atome in das Si diffundieren. Diffusion bedeutet demnach *Konzentrationsausgleich eines vorhandenen Konzentrationsgefälles* bzw. -gradienten, grad c = $\Delta c/\Delta x$. Das analoge Problem ist aus der Elektrotechnik bekannt, nämlich das Fließen eines elektrischen Stromes in einem Leiter aufgrund eines vorhandenen elektrischen Spannungsgefälles, grad V = $\Delta V/\Delta x$

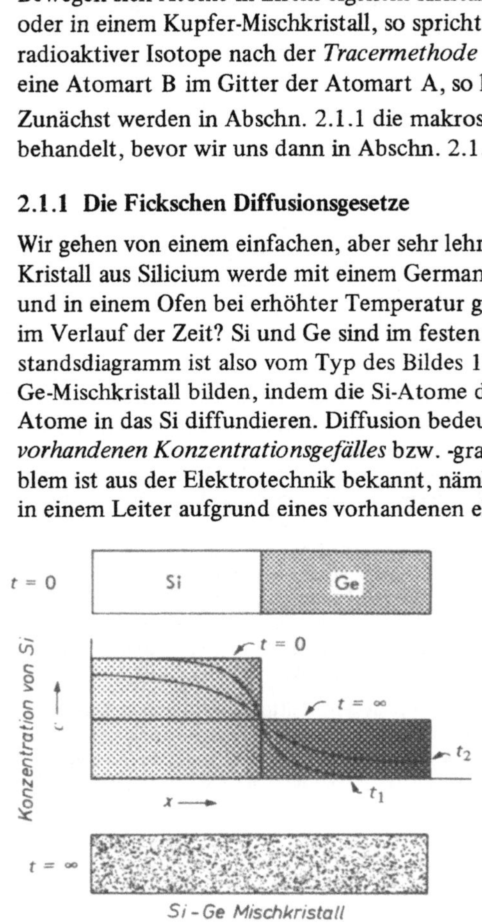

Bild 2.1 Interdiffusion von Silicium und Germanium

Nach dem Ohmschen Gesetz lautet die Lösung

$$j = \sigma \,\text{grad}\, V \tag{2.1}$$

Dabei ist j die elektrische Stromdichte und σ die elektrische Leitfähigkeit.

Verallgemeinert lautet diese Stromgleichung

$$\text{Strom} = \text{Leitfähigkeit} \times \text{Triebkraft} \tag{2.2}$$

Wir deuten das in Bild 2.1 dargestellte Diffusionsproblem im Sinne dieser Formel um: Der *Diffusionsstrom* j ist dann die Zahl n der Atome, die pro Zeiteinheit durch die Flächeneinheit F senkrecht zum Konzentrationsgradienten hindurchtreten. Die *Triebkraft* ist der Konzentrationsgradient grad c = $\Delta c/\Delta x$. Die Leitfähigkeit ersetzen wir durch die *Diffusivität* bzw. den *Diffusionskoeffizienten* D. Das so gewonnene *1. Ficksche Gesetz* lautet

$$j = \frac{dn}{dt} \cdot \frac{1}{F} = -D \,\mathrm{grad}\, c \tag{2.3}$$

Das Minuszeichen gibt an, daß der atomare Diffusionsstrom in Richtung des negativen Konzentrationsgefälles verläuft, und zwar solange bis kein Konzentrationsgefälle mehr vorhanden, d.h. $\Delta c/\Delta x = 0$ ist. Die Dimension des Diffusionskoeffizienten ergibt sich aus: $\text{Atome/cm}^2\text{s} = D \cdot (\text{Atome/cm}^3)/\text{cm}$ zu (cm^2/s). D ist ein Maß für die Diffusionsfähigkeit der Atomart B in A bei einer Temperatur T und wird berechnet durch

$$D = D_0 \exp\left(-\frac{U_D}{kT}\right) \tag{2.4}$$

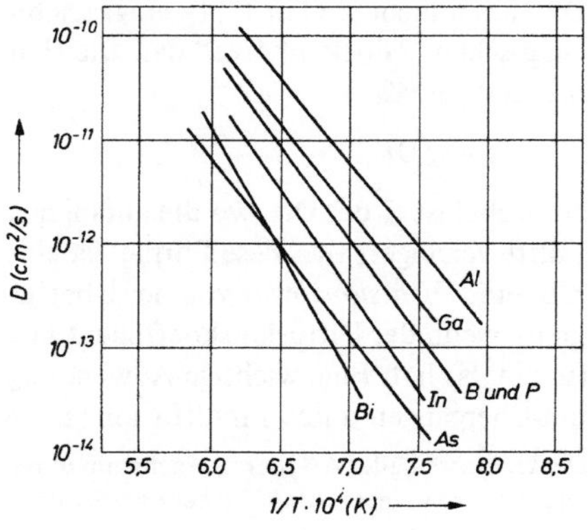

Bild 2.2 Diffusionskoeffizient für verschiedene Fremdatomsorten in Silicium in Arrheniusauftragung

In Bild 2.2 sind die Diffusionskoeffizienten für die Fremdatomdiffusion in Si logarithmisch gegen die reziproke Temperatur aufgetragen. Die nach obiger Beziehung verlangten Geraden schneiden die Ordinate bei D_0. Die Steigung der Geraden liefert die Werte für U_D. U_D ist die *Aktivierungsenergie* der Diffusion und gibt die „Schwierigkeit" für den atomaren Platzwechsel an. U_D ist um so größer, je fester die Bindungen im Kristallgitter sind, d.h. je höher der Schmelzpunkt liegt.

Wir kommen auf das in Bild 2.1 skizzierte charakteristische Diffusionsproblem zurück und fragen nach der zeitlichen Änderung des *Konzentrationsprofiles.* Dazu wird vorausgesetzt, daß die beiden Atomarten A und B (hier Si und Ge) gleich schnell diffundieren sollen, d.h. $D_A = D_B$. Ferner sollen die Diffusionskoeffizienten nicht von der Konzentration abhängen. Mit Hilfe des *2. Fickschen Gesetzes*

$$\frac{\partial c}{\partial t} = D \frac{\partial^2 c}{\partial x^2} \tag{2.5}$$

läßt sich dann berechnen, wie sich die Konzentration c(x) an einer gegebenen Stelle mit der Zeit t ändert. Anschaulich besagt die rechte Seite dieser Gleichung, daß sich „Konzentrationsmulden" auffüllen und Konzentrationsanreicherungen einebnen. Es fällt auf, daß obige Gleichung aufgebaut ist wie die analoge „Wärmeleitungsgleichung" und auch ihre Lösungen entsprechen denen der Wärmeleitungstheorie. Zur mathematischen Lösung von

Diffusionsproblemen hat man die Anfangsbedingungen und die Randbedingungen in die Differentialgleichung einzuspeisen. Bei unserem Si-Ge-Paar in Bild 2.1 war die Si-Anfangskonzentration zur Zeit $t = 0$ c_α (= 100 %) und c_β (= 0 %). Nach einiger Zeit (t_1, t_2 in Bild 2.1) werden sich die eingezeichneten Konzentrationsverläufe einstellen. Speziell am Ort der Schweißnaht hat sich die mittlere Konzentration $(c_\alpha + c_\beta)/2$ eingestellt. In großem Abstand von der Schweißnaht herrschen nach wie vor die ursprünglichen Konzentrationen c_α (= 100 %) und c_β (= 0 %). Dazwischen gibt es einen allmählichen S-förmigen Übergang, der durch die Lösung des 2. Fickschen Gesetzes beschrieben wird (Gl. (2.5)). Nach unendlich langer Zeit $t \to \infty$ liegt dann ein homogener Si-Ge-Mischkristall der mittleren Zusammensetzung $(c_\alpha + c_\beta)/2$ (= 50 %) vor.

Die für endliche Zeiten t_1, t_2 eingezeichneten Kurven stellen die rechte Flanke der Gaußschen „Glockenkurve" dar. Die Halbwertsbreite $\bar{x}$ dieser Glockenkurve nimmt mit der Zeit gemäß

$$\bar{x} = \sqrt{Dt} \tag{2.6}$$

zu. Dabei ist $\bar{x}$ der Ort, wo die anfängliche Konzentrationsdifferenz $(c_\alpha - c_\beta)$ um die Hälfte verringert ist. Diese Formel ist eine wichtige Faustregel zur Abschätzung, wie weit z.B. eine *Diffusionsfront* von der Oberfläche her in der Zeit t (in Sekunden) eindringen kann, wenn der Diffusionskoeffizient in dem betreffenden Werkstoff den Wert D (in cm^2/s) hat. Eine wichtige Anwendung in der Halbleitertechnik ist die Herstellung von p-n-Übergängen durch Eindiffusion (s. Abschn. 15.4.2).

Deckschichten aller Art, deren Wachstum durch Diffusion „kontrolliert" wird, wachsen bezüglich ihrer Dicke h nach einem *parabolischem Wachstumsgesetz:*

$$h = \sqrt{wT} \quad \text{mit} \quad w \simeq D\,\Delta c \tag{2.7}$$

Dabei ist $\Delta c = c_\alpha - c_\beta$ der Konzentrationsunterschied auf beiden Seiten der wachsenden Schicht. Beispiele hierfür sind Oxidschichten auf Metallen bei hoher Temperatur sowie die Oberflächenhärtung von Stahl (s. Abschn. 4.2.1).

2.1.2 Diffusionsmechanismen

Diffusion in kristallinen Werkstoffen kann nach zwei Mechanismen ablaufen: a) durch *Leerstellendiffusion,* b) durch *Zwischengitterdiffusion.*

a) Leerstellen-Mechanismus: In dichtest gepackten Kristallgittern ist ein direkter Platztausch von Atomen praktisch unmöglich. Vielmehr ist der Platzwechsel eines Atoms i.a. nur möglich, wenn ein Nachbarplatz frei ist (Bild 2.3a). Bereits in Abschn. 1.3.1 haben wir gesehen, daß die Bewegung eines Atoms möglich ist durch die Wanderung einer Leerstelle in entgegengesetzte Richtung (s. Bild 1.10).

Für diffundierende Atome sind hierzu zwei simultane Teilschritte erforderlich:

1. Für das springende Atom muß eine Leerstelle vorhanden sein. Nach der in Abschn. 1.3.1 angegebenen Beziehung sind Leerstellen bereits im thermischen Gleichgewicht bei endlicher Temperatur T mit der Wahrscheinlichkeit $\exp(-U_B/kT)$ vorhanden, wobei U_B die *Leerstellenbildungsenergie* ist.
2. Das Atom muß genügend thermische Sprungenergie U_W haben, um auf den freien Nachbarplatz springen zu können, d.h. es muß *thermisch aktiviert* werden. Die Wahrscheinlichkeit hierfür ist proportional einem Boltzmannfaktor $\exp(-U_W/kT)$, dabei ist U_W die *Wanderungsenergie* der Leerstelle.

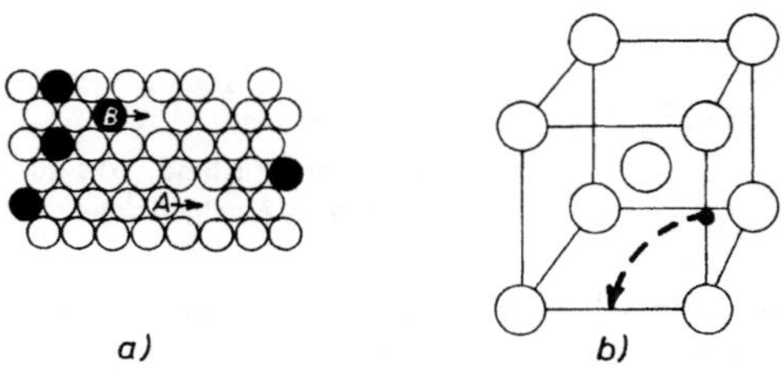

Bild 2.3
Mechanismus der Leerstellendiffusion (a) und der Zwischengitterdiffusion (b)

Die Sprungwahrscheinlichkeit W ist dann gegeben durch das Produkt beider Wahrscheinlichkeiten: $W = \exp(-U_B/kT) \cdot \exp(-U_W/kT)$. Für den Diffusionskoeffizienten folgt dann

$$D = D_0 \exp\left(-\frac{U_B + U_W}{kT}\right) \equiv D_0 \exp\left(-\frac{U_D}{kT}\right) \qquad (2.8)$$

Die Aktivierungsenergie U_D für „leerstellenkontrollierte" Diffusion setzt sich gemäß

$$U_D = U_B + U_W \qquad (2.9)$$

aus zwei Beiträgen zusammen: der Leerstellenbildung, U_B, und der Leerstellenwanderung, U_W.

b) Zwischengitter-Mechanismus: Bild 2.3b veranschaulicht die Zwischengitterdiffusion, wenn sich ein – zumeist kleineres – Atom von einem Zwischengitterplatz zum nächsten bewegt. Wir denken dabei an Kohlenstoffatome in α-Eisen (vgl. Bild 1.23c), wo die C-Atome auf ⟨100⟩-Würfelkanten eingelagert sind.

Der Sprung eines Zwischengitteratoms muß ebenfalls thermisch aktiviert werden. Es gibt eine Wanderungsaktivierungsschwelle U_W. Da aber die Zwischengitterdiffusion nicht an das Vorhandensein leerer Gitterplätze gebunden ist, muß nicht auch der Energiebetrag U_B aufgebracht werden. Die Aktivierungsenergie der Zwischengitterdiffusion ist deshalb im wesentlichen durch U_W bestimmt und kleiner als für Leerstellendiffusion. Beispielsweise beträgt die Aktivierungsenergie der interstitiellen C-Diffusion in α-Eisen U_D = 84 kJ/mol, dagegen für die leerstellenkontrollierte Selbstdiffusion von Eisen in α-Eisen U_{SD} = 281 kJ/mol. Daraus folgt, daß Zwischengitterdiffusion bei niedrigen Temperaturen schneller abläuft als leerstellenkontrollierte Diffusion.

Die Diffusion ist in starkem Maß von der Gitterstruktur und der Bindung abhängig. In *kovalent* gebundenen Kristallen, wie z.B. in Si und Ge oder in anderen Halbleitern mit Diamant- bzw. Zinkblendestruktur, erfolgt sie nur langsam im Vergleich zu Metallen, da bei jedem Atomsprung sehr starke Bindungen auf gebrochen werden müssen.

2.2 Sintern

Als *Sintern* bezeichnet man den diffusionsgesteuerten Vorgang der Verdichtung eines Gemenges aus einzelnen Pulverteilchen zu einem kompakten Werkstoff. Vom „Brennen" des Tones oder anderer Keramik her wissen wir, daß der technische Prozeß aus zwei Schritten besteht: 1. Herstellung einer Form aus verpreßten Pulverteilchen, die genügend mechanische Festigkeit besitzt, damit sie 2. zum Brennen bei hoher Temperatur als dem eigentlichen Sintervorgang in den Ofen gebracht werden kann.

Wir wenden uns nun dem mikroskopischen *Mechanismus* des Sintervorganges selbst zu und vereinfachen die theoretische Behandlung, indem wir die Pulverteilchen als kugelförmig annehmen. Das Kugelhaufwerk in Bild 2.4a enthält ein bestimmtes *Porenvolumen,*

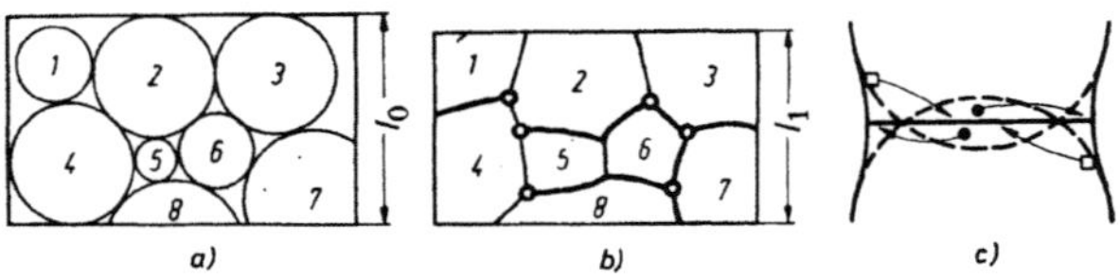

Bild 2.4
Schematische Darstellung des Sintervorganges
a) Ausgangszustand, b) Endzustand, c) Mechanismus

weil sich die vorgepreßten Körner unter Adhäsion lediglich in den „Hälsen" berühren. Dort bilden sich Korn- oder Phasengrenzen (horizontale durchgezogene Linie in Bild 2.4c), je nachdem, ob gleiche oder verschiedene Phasen zusammenstoßen. In den entstandenen „Porenzwickeln" besitzt die Grenzfläche Pulverkorn – Pore in unmittelbarer Nähe der spitzen Winkel eine sehr große Grenzflächenenergie. Die Reduzierung dieser Oberflächenenergie durch Abrundung der Porenzwickel stellt die thermodynamische *Triebkraft* des Sinterns dar. Zur Abrundung der Poren muß Materie in die Spitzen der Porenzwickel fließen, also Atome diffundieren (volle Kreise in Bild 2.4c). Dies geschieht, indem Leerstellen (leere Vierecke) in entgegengesetzter Richtung, d.h. zu den Preßzonen der Berührungsflächen in den Hälsen hindiffundieren und dort überflüssiges Material „ausbauen".

Abrundung der Poren bzw. Verdickung der Hälse (durchgezogene Linien in Bild 2.4c) führt schließlich zu geschlossenen runden Poren in einem kompakt „verschweißten" Gefüge, wie Bild 2.4b schematisch zeigt. Mit abnehmendem Porenvolumen ist die gewünschte Verdichtung, aber auch eine *Schrumpfung* des Sinterkörpers verbunden ($l_0 - l_1$ in Bild 2.4a, b).

Sintern ist das geeignete Verfahren um insbesondere *hochschmelzende* Werkstoffe zu kompakten Werkstücken mit häufig komplizierter äußerer Gestalt zu verarbeiten, vielfach als billige Massenteile. Ursprünglich vor allem in der *Keramik* angewendet, besitzt das Sintern große technische Bedeutung in der *Pulvermetallurgie* bei der Herstellung von *Hartmetallen* (z.B. Schneidwerkzeuge auf Wolframkarbid-Kobalt-Basis) bei *hochschmelzenden* krz-Metallen (Nb, Mo, W, Ta), bei *Lagermetallen*, wo die Poren die Schmiermittel aufnehmen sowie bei ferrimagnetischen Werkstoffen (s. Kap. 20).

2.3 Ausscheidungsvorgänge

Für einen Mischkristall aus A- und B-Atomen ist es u.U. energetisch günstig, in ein 2-Phasengemisch aus zwei verschiedenen Phasen zu zerfallen (vgl. Bild 1.20c). Diese *Entmischung* ist nach Abschn. 1.4 zu erwarten, wenn gleichartige Atome eine starke Bindungstendenz zueinander haben. Das Zustandsdiagramm eines solchen Zweistoffsystems weist dann eine *Mischungslücke* im festen Zustand auf, Bild 2.5 (vgl. Bilder 1.29, 1.31), wobei die gegenseitige Löslichkeit der Partner i.a. mit sinkender Temperatur abnimmt. D.h. die Löslichkeitslinie L fällt mit fallender Temperatur. Nun ist aber das Zustandsdiagramm die grafische Darstellung von thermodynamischen Gleichgewichtszuständen eines Legierungssystems. Wie wir aber bereits in den Abschn. 1.4.2 bis 1.4.5 bei der Entstehung von Gefügen nach Abkühlung binärer Schmelzen gesehen haben, sagt das Zustandsdiagramm nichts darüber aus, wie sich die Entmischung zeitlich entwickelt und in welcher Verteilung und Morphologie die beiden entstehenden Phasen vorliegen. Dies soll im folgenden näher behandelt werden. Dabei wollen wir zunächst die thermodynamischen Gesichtspunkte der Entmischung weiter verfolgen und sodann der Frage nach der Umwandlungsgeschwindigkeit nachgehen, d.h. die *Kinetik* der Entmischung kurz andiskutieren.

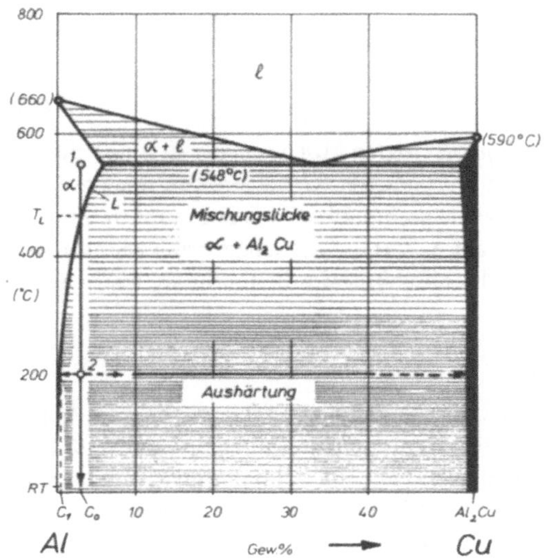

Bild 2.5
Teilzustandsschaubild der Al-Cu-Legierung
L Löslichkeitslinie

2.3.1 Ausscheidung aus übersättigten Lösungen

Bild 2.5 zeigt einen Ausschnitt aus dem Zustandsdiagramm der technisch wichtigen Legierung *Aluminium-Kupfer.* Auf der aluminiumreichen Seite ist der kfz-α-Mischkristall stabil, der bei 550 °C maximal 5 % Kupfer aufnehmen kann. Die rechte Begrenzung des Schaubildes bildet die intermetallische Phase Al_2Cu. Sie ist tetragonal und völlig inkohärent zu α und wird als Θ-Phase bezeichnet. Eingezeichnet ist eine Legierung der Konzentration $c_0 \simeq 3$ % Kupfer. Sie besteht bei 550 °C aus homogenen α-Mischkristallen (Punkt 1). Bei Abkühlung auf tiefe Temperaturen (Pfeil) in das 2-Phasengebiet hinein, sollte sie in ein Gemisch aus α-Mischkristallen und intermetallischer Phase Al_2Cu zerfallen. Dieser Mischkristallzerfall bedingt Stofftransport im festen Zustand, also *Diffusion.* Da Diffusion ein zeitabhängiger Prozeß ist, wird die Entmischung vom „Teilschritt" Diffusion kontrolliert. Unsere Legierung entmischt also entsprechend dem Zustandsdiagramm nur, wenn wir die Abkühlung genügend langsam vornehmen, damit die Diffusionsprozesse ablaufen können.

Nimmt man die Abkühlung aber sehr rasch vor, z.B. durch „Abschrecken" auf Raumtemperatur (RT), so bleibt für die Diffusion der Al- und Cu-Atome keine Zeit. Der homogene α-Mischkristall bleibt dann auch bei Raumtemperatur erhalten. Wir haben den für 550 °C charakteristischen Gleichgewichtszustand (Punkt 1) auf Raumtemperatur quasi „eingefroren". Der α-Mischkristall ist bei Raumtemperatur jedoch nicht im thermodynamischen Gleichgewicht, sondern *metastabil,* weil an Kupfer *„übersättigt"* und hat eine starke Tendenz in das stabile Phasengemisch zu zerfallen. Wegen der tiefen Temperatur kann die notwendige Diffusion der Atome nicht ablaufen. Daher muß man den übersättigten Mischkristall von Raumtemperatur auf eine erhöhte Temperatur bringen, die aber immer noch unterhalb der Löslichkeitsgrenze liegen soll, in unserem Fall z.B. 200 °C (Punkt 2). Bei dieser Temperatur gewinnen die Atome genügend Beweglichkeit, um die durch gestrichelte Pfeile markierte Reaktion [1])

$$\alpha_{ü} \rightarrow \alpha + \beta(\equiv Al_2Cu) \qquad (2.10)$$

in Gang zu bringen. Diese Entmischung eines übersättigten Mischkristalls $\alpha_{ü}$ unter gleichzeitiger Bildung einer neuen Phase (hier Al_2Cu) mit anderer Kristallstruktur in einer Mischkristallmatrix, die ihre Kristallstruktur selbst nicht ändert (sondern nur ihre Zusammensetzung von hier $c_0 = 5$ %/übersättigt auf $c_1 \simeq 0{,}2$ %/Gleichgewicht) nennt man *Ausscheidung*. Dabei stellt die *Übersättigung* des Mischkristalls die thermodynamische *Triebkraft* des Vorganges dar.

2.3.2 Keimbildung und Wachstum

Jede Phasenneubildung, wie z.B. Kristallisation aus der Schmelze oder wie hier die Ausscheidung einer neuen Phase aus einer übersättigten festen Lösung, beginnt mit der Bildung von *Keimen,* zu denen dann die Atome hindiffundieren und damit das Wachstum der *Ausscheidungsteilchen* ermöglichen. Solange nämlich keine Keime vorhanden sind, kann sich die thermodynamische Triebkraft (Übersättigung) nicht in Diffusionsströme umsetzen, bleibt also der abgeschreckte, übersättigte Mischkristall metastabil erhalten. Die Ausscheidung einer zweiten Phase ist demnach durch die folgenden zwei Stadien gekennzeichnet (Bild 2.6):

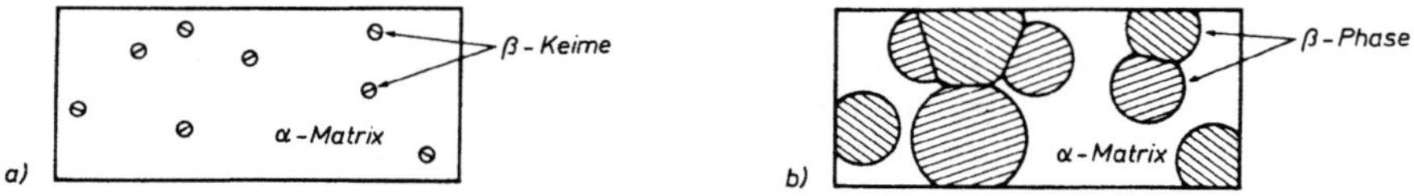

Bild 2.6 Keimbildung (a) und Wachstum (b) einer β-Phase in einer α-Matrix

a) Keimbildung. Die Bildung wachstumsfähiger Keime ergibt sich als Folge einer Energiebilanz: Ein Energieaufwand ist nötig, weil neue Phasengrenzfläche Matrix/Ausscheidungsteilchen gebildet werden muß und ferner die Verzerrung des Matrixmischkristalls in unmittelbarer Umgebung der neu gebildeten Phase Energie erfordert. Der Energiegewinn folgt aus dem Abbau der Übersättigung. Aus dieser Energiebilanz folgt, daß nur Keime mit einer *kritischen Mindestkeimgröße* stabil und wachstumsfähig sind und die Ausscheidung einleiten (Bild 2.6a).

b) Wachstum: Nach der Bildung stabiler Keime erfolgt das *diffusionsgesteuerte* Wachstum. Beispielsweise wachsen kugelförmige Ausscheidungsteilchen mit dem Radius r (in Anlehnung an Gl. (2.6) in Abschn. 2.1.1) nach folgendem Zeitgesetz:

$$r \sim (Dt)^{\frac{1}{2}} \qquad (2.11)$$

Dabei ist D der Diffusionskoeffizient der diffundierenden Fremdatome.

[1]) In Wirklichkeit ist das Ausscheidungsverhalten der Al-Cu-Legierung komplizierter und verläuft über mehrere metastabile Zwischenphasen (GPI → GPII = Θ″ → Θ′).

Man könnte zunächst annehmen, daß der Ausscheidungsvorgang zu Ende ist, wenn die Übersättigung der α-Matrix auf den Gleichgewichtswert (c_1 in Bild 2.5) abgesenkt ist. Dennoch ist das Gefüge noch nicht im Gleichgewicht, weil in der Phasengrenzfläche Matrix-Ausscheidungsteilchen eine erhebliche Energie steckt. Diese kann dadurch erniedrigt werden, daß sich aus vielen Ausscheidungsteilchen wenige große bilden. Diesen Vorgang der *Teilchenvergröberung* („die großen Teilchen wachsen auf Kosten der kleinen") nennt man *Ostwald-Reifung*. Die Vergröberung kugelförmiger Teilchen erfolgt nach einem $(Dt)^{1/3}$-Zeitgesetz.

2.3.3 ZTU-Schaubilder

Es hat sich – insbesondere für die Praxis – als außerordentlich zweckmäßig erwiesen, den zeitlichen Ablauf von Ausscheidungsvorgängen bzw. ganz allgemein von Umwandlungsvorgängen in metallischen und nichtmetallischen Werkstoffen in sogenannten Zeit-Temperatur-Umwandlungs-Diagrammen (ZTU, engl. TTT für *time-temperature-transformation*) darzustellen (Bild 2.7). Der Zeitmaßstab ist logarithmisch, statt der T-Ordinate wird manchmal $\frac{1}{T}$ in negativer Achsenrichtung aufgetragen. Eingezeichnet werden Kurven gleichen Ausscheidungsgrades, z. B.: Beginn der Ausscheidung, 50 % Ausscheidung, Ende der Ausscheidung. Man gewinnt die Kurven in isothermen Versuchen, indem man die Zeit t bestimmt, die zur Einstellung eines bestimmten Ausscheidungsgrades erforderlich ist. Die Umwandlungskurven haben zumeist eine charakteristische C- bzw. Nasenform, die aufgrund des bereits geschilderten Zusammenwirkens von Triebkraft und Diffusion auch zu erwarten ist: Bei hohen Temperaturen unterhalb der Löslichkeitstemperatur T_L ist zwar die Diffusion schnell, aber die Übersättigung gering. Bei tiefen Temperaturen ist dann zwar die Übersättigung groß, aber die Diffusion „friert" langsam ein. Dazwischen liegt das Gebiet maximaler Umwandlungsgeschwindigkeit („Nasenspitze" bei T_{max}), wo die Übersättigung schon hinreichend groß ist. Reale ZTU-Schaubilder sind häufig komplizierter und weisen oft mehrere C-förmige Nasen für mehrere Reaktionsstufen auf, z.B. Stähle.

Man kann aus dem ZTU-Diagramm den „Fahrplan" zur Einstellung eines bestimmten Gefügezustandes ablesen. Als Beispiel sind in Bild 2.7 die auch in der Technik angewendeten typischen „*Wärmebehandlungen*" eingezeichnet, um ein definiertes Ausscheidungsgefüge zu erzielen, nämlich

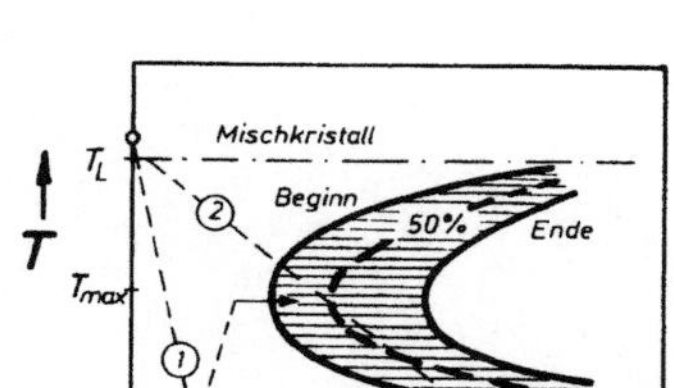

Bild 2.7 ZTU-Schaubild, schematisch

(1) durch Abschrecken aus dem Mischkristallgebiet auf Raumtemperatur (RT) und anschließendes isothermes Auslagern bei $T \approx T_{max}$, oder

(2) durch definierte langsame Abkühlung durch die „Nase" des Umwandlungsgebietes.

Einige auf diese Weise hergestellte Ausscheidungsgefüge zeigt Bild 2.8.

Ausscheidungsteilchen einer zweiten Phase haben einen starken Einfluß auf die *mechanische Festigkeit* (s. Abschn. 3.1.5, Ausscheidungshärtung), aber auch auf die magnetischen und elektrischen Eigenschaften. So können sie bei hochwertigen *Dauermagneten* (Alnico) die Blochwände fixieren und so die Werte für die Koerzitivfeldstärke und die Remanenz verbessern (Abschn. 20.5.1.3). *Supraleiter* werden ebenfalls durch Ausscheidungsteilchen „gehärtet" (Kap. 13).

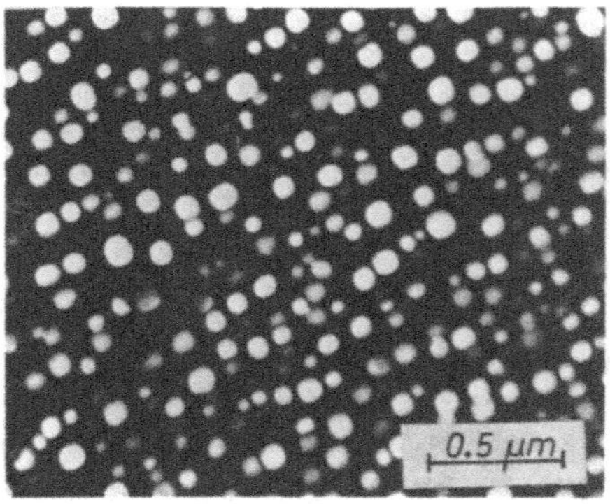

a)

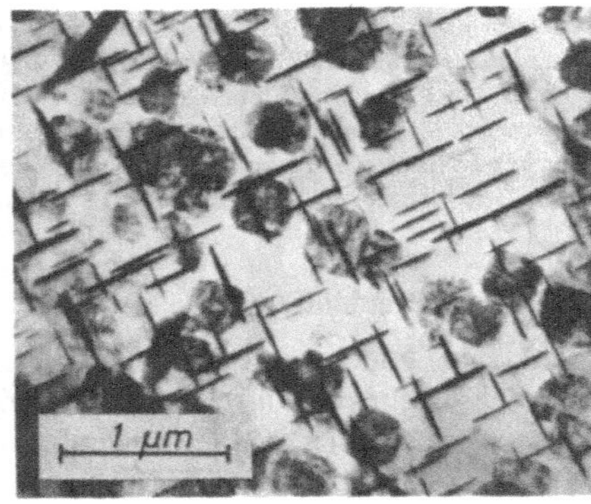

b)

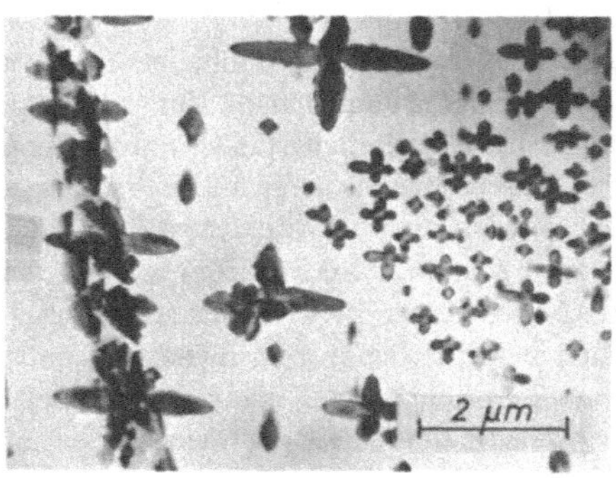

c)

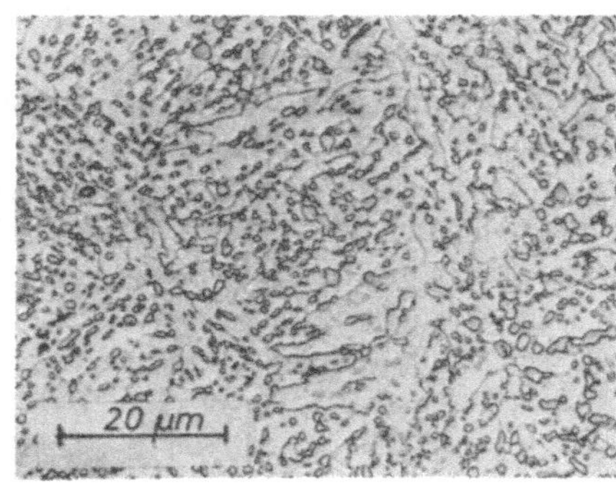

d)

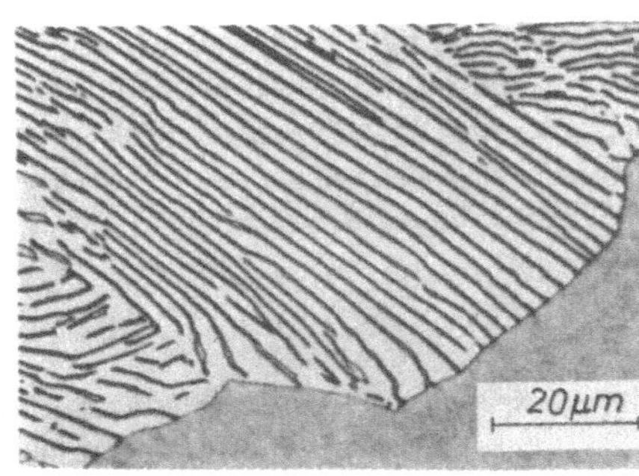

e)

Bild 2.8 Verschiedene Ausscheidungsgefüge

a) kugelförmige, kohärente Teilchen der Phase Ni_3Al (hell) in der Nickel-Basislegierung Nimonic 105. Elektronenmikroskopische Dunkelfeldaufnahme (*W. Hüther* und *P. Schepp*).

b) Plattenförmige, semikohärente, kupferreiche Teilchen in der Al-4 % Cu-Legierung RR 350. Die Teilchen liegen als dunkelgraue Platten in der Bildebene oder als schwarze Balken projiziert senkrecht zur Bildebene. Elektronenmikroskopische Hellfeldaufnahme *(J. Seeberger)*.

c) Sternchenförmige Teilchen von Magnesiaferrit in MgO, Elektronenmikroskopische Hellfeldaufnahme *(H. Knoch)*.

d) Karbidteilchen in Stahl. Lichtmikroskopische Auflichtaufnahme *(D. Puppel)*.

e) Perlitlamellen wachsen bei der eutektoiden Perlitreaktion eines Stahles hinter einer Reaktionsfront in das (graue) Austenitgebiet.

3 Mechanische Eigenschaften

Einsatz und Brauchbarkeit von Werkstoffen als Konstruktionsmaterialien, vor allem im Maschinenbau, hängen wesentlich von deren mechanischen Eigenschaften ab. Um aber Werkstoffe hinsichtlich ihres Verhaltens bei mechanischer Beanspruchung exakt charakterisieren zu können, reichen natürlich die im allgemeinen Sprachgebrauch verwendeten Bezeichnungen wie „hart", „weich", „verformbar" usw. nicht aus, sondern es bedarf klarer Definitionen. Daher werden im ersten Teil dieses Abschnitts zunächst die wichtigsten mechanischen Kenngrößen und Meßverfahren behandelt. Begleitend werden typische Werte angegeben und ihre Beeinflussung durch geeignete werkstoffkundliche Maßnahmen kurz erläutert (Abschn. 3.1). Im zweiten Teil (Abschn. 3.2) wird in die Theorie der Verformungsvorgänge eingeführt, wobei wir uns auf die Mikromechanismen der plastischen Verformung beschränken. Abschließend werden Vorgänge bei hohen Temperaturen besprochen, welche für die Festigkeit und Verformbarkeit von großer Bedeutung sind: die Erholung und die Rekristallisation (Abschn. 3.3).

3.1 Festigkeit und Verformbarkeit

3.1.1 Statische, einachsige Verformung

3.1.1.1 Spannungs-Dehnungs-Diagramme

Je nachdem, wie eine mechanische Kraft auf einen Probekörper einwirkt, unterscheiden wir Zug-, Druck-, Biege-, Torsions- und Scherversuch. Wegen seiner Übersichtlichkeit und einfachen experimentellen Durchführung nimmt der *Zugversuch* eine bevorzugte Stellung ein (Bild 3.1). Dabei wird eine zylindrische Probe der Ausgangslänge l_0 und der Querschnittsfläche F_0 in eine Zugprüfmaschine eingespannt, welche die Probe mit *konstanter Dehngeschwindigkeit* in Richtung der Probenachse verlängert. Die Maschine mißt und zeichnet auf, welche Kraft K nötig ist, um die Probe um Δl zu verlängern. Man erhält auf diese Weise ein Kraft(K)-Verlängerungs(Δl)-Diagramm (Bild 3.2). Um vergleichbare Werte zu bekommen,

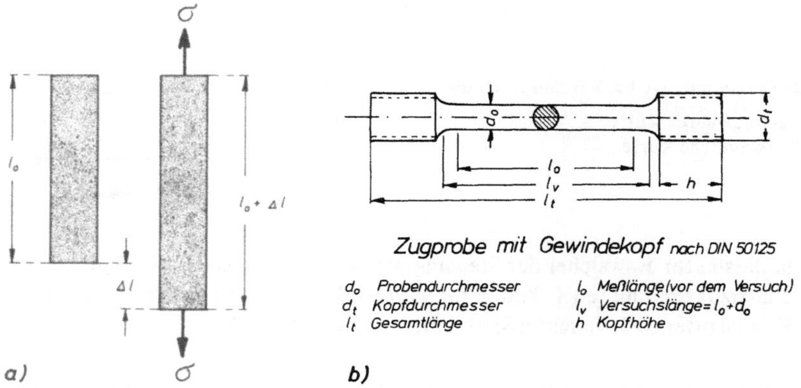

Bild 3.1 Zugversuche, a) schematisch, b) Normprobe

sind genormte Proben vorgeschrieben (Bild 3.1b) und es ist zweckmäßig, die Probenabmessungen zu eliminieren, indem folgende Meßgrößen definiert werden:

$$\text{Spannung} \quad \sigma_0 = \frac{\text{Kraft}}{\text{Querschnittsfläche}} = \frac{K}{F_0} \quad (\text{in N/mm}^2)^{1)} \tag{3.1}$$

$$\text{Dehnung} \quad \epsilon_0 = \frac{\text{Probenverlängerung}}{\text{Ausgangslänge}} = \frac{\Delta l}{l_0} \cdot 100 \quad (\text{in } \%) \tag{3.2}$$

Die so umgerechnete *technische* Spannungs-Dehnungs-Kurve (engl. *stress-strain-curve*) zeigt drei charakteristische Bereiche (Bild 3.2): Bei kleinen Dehnungen steigt die σ-ϵ-Kurve steil und linear an. Nimmt man in diesem Bereich die Kraft K zurück, so geht der Probestab bis auf seine Ausgangslänge zurück. Diese *reversible* Formänderung nennt man *elastisch.* Mit steigender Belastung gelangt man in den Bereich der *plastischen* Verformung, wo die Verformungskurven nicht mehr linear und auch flacher verläuft. Unterbricht man in diesem Bereich die Verformung und entlastet, so hat die Probe eine bleibende, *nichtreversible* Formänderung erfahren. Schließlich – nach Überschreiten einer maximalen Spannung zerreißt die Probe, es kommt zum *Bruch* (Kreuz in Bild 3.2). Diese drei Verformungsbereiche und die für sie maßgeblichen Kenngrößen werden im Folgenden näher besprochen:

a) Elastisches Verformungsverhalten: Im elastischen Bereich sind Spannung und Dehnung einander direkt proportional; es gilt das *Hooksche Gesetz*

$$\sigma = E\epsilon \tag{3.3}$$

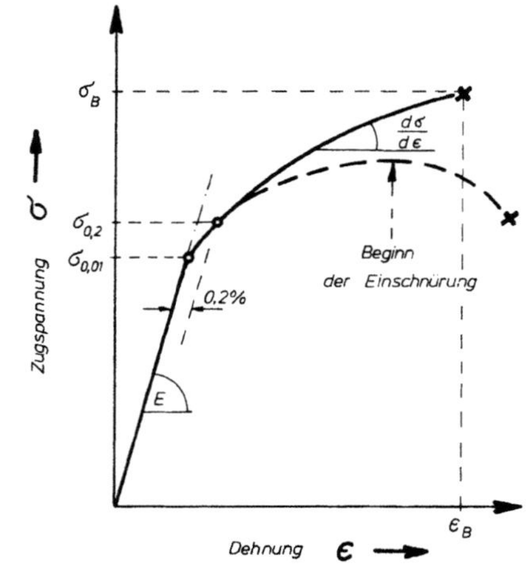

Bild 3.2
Spannungs-Dehnungskurve bei Zugeanspruchung
durchgezogen: „wahre" Kurve
gestrichelt: technische Kurve

Der Proportionalitätsfaktor E, welcher der Steigung der *Hookschen Geraden* in Bild 3.2 entspricht, ist der Elastizitätsmodul (engl. *Young's modulus*). Er hängt ab von der Stärke der Bindungen im Kristallgitter und charakterisiert daher die Gittersteifigkeit.

---

1) Ab 31.12.77 darf nur noch das Newton (N) verwendet werden anstatt wie bisher das Kilopond (kp). Die Umrechnung erfolgt nach: 1 kp = 9,81 N.

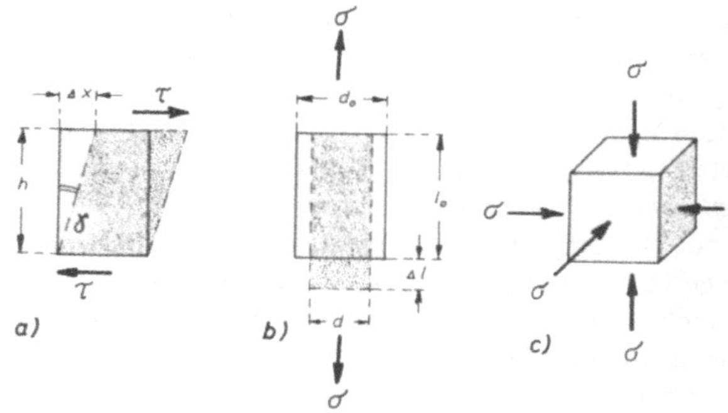

Bild 3.3
a) Scherung
b) Querkontraktion beim Zugversuch
c) allseitige Kompression

Im *Scherversuch* (Bild 3.3a), wo die Normalspannung σ zu ersetzen ist durch die in der Scherebene wirkende *Schubspannung* τ (engl. *shear stress*) und die Dehnung ϵ durch die *Scherung* γ (engl. *shear strain*), lautet das Hooksche Gesetz

$$\tau = G\gamma \quad \text{mit} \quad \gamma = \frac{\Delta x}{h} \tag{3.4}$$

G ist der *Schubmodul* (engl. *shear modulus*).

Weitere Kenngrößen zur Beschreibung des elastischen Verhaltens eines kristallinen Festkörpers sind die *Querkontraktionszahl* oder *Poissonzahl* ν sowie der *Kompressionsmodul* κ. Die Querkontraktionszahl ν beschreibt die Querschnittsabnahme und ist definiert als (Bild 3.3b)

$$\nu = \frac{\epsilon_{\text{quer}}}{\epsilon_{\text{längs}}} = \frac{\Delta d/d_0}{\Delta l/l_0} \tag{3.5}$$

Für *isotrope* Materialien, deren Eigenschaften nicht von der Kristallrichtung abhängen (s. Abschn. 1.3.3), sollte theoretisch $\nu = 0{,}25$ sein. Experimentell findet man für viele Werkstoffe $\nu \simeq \frac{1}{3}$.

Wird ein kristalliner Probekörper durch allseitigen, hydrostatischen Druck belastet (Bild 3.3c), so nennt man das Verhältnis

$$\frac{\text{Druck}}{\text{relat. Volumenänderung}} = -\frac{p}{\Delta V/V} = \kappa \tag{3.6}$$

Kompressionsmodul. Bei *isotropen* Werkstoffen sind E, G, ν und κ nicht voneinander unabhängig. Vielmehr gelten folgende Beziehungen:

$$G = \frac{E}{2(1+\nu)} \simeq \frac{E}{2{,}6} \quad \text{für } \nu = \frac{1}{3} \tag{3.7}$$

$$\kappa = \frac{E}{3(1-2\nu)} \tag{3.8}$$

$$\frac{E}{G} = \frac{9}{3 + \frac{G}{\kappa}} \tag{3.9}$$

Das bedeutet, daß für die Beschreibung des elastischen Verhaltens eines isotropen Werkstoffes lediglich 2 elastische Konstanten erforderlich sind.

b) Plastische Verformung: Mit dem Einsetzen der plastischen Verformung biegt die σ-ϵ-Kurve von der Hookschen Geraden ab (Bild 3.2). Es bedarf dann offensichtlich zur weiteren

Formänderung keiner so starken Steigerung der Spannung, d.h. der Werkstoff beginnt zu *fließen*. Um den Beginn des plastischen Fließens festzulegen, muß man eine Konvention vereinbaren. Als *technische Elastizitätsgrenze* $\sigma_{0,01}$ (engl. *yield stress* σ_y) bezeichnet man diejenige Spannung, bei der eine plastische Verformung von nur 0,01 % auftritt. Da diese Größe aber in der Praxis nicht ganz willkürfrei festzulegen ist, bevorzugt man statt dessen die 0,2-*Streckgrenze* oder *kritische Fließspannung* $\sigma_{0,2}$ (engl. *critical flow stress*), d.h. diejenige Spannung, bei der eine bleibende Dehnung von 0,2 % gemessen wird (Bild 3.2). Mit weiterer plastischer Verformung steigt die Verformungskurve weiter an. Dies bedeutet, daß für zunehmende Dehnung $d\epsilon$ eine erhöhte Spannung $d\sigma$ erforderlich ist, der Werkstoff wird fester. Man bezeichnet diese den meisten Werkstoffen gemeinsame Erscheinung $(d\sigma/d\epsilon)$ als *Verfestigung* (engl. *work hardening*).

Für größere Verformungsgrade ist es notwendig, die in den Gln. (3.1) und (3.2) vorgenommene Definition der *technischen* Spanung σ_0 und Dehnung ϵ_0 zu erweitern, indem man nicht auf die Ausgangsabmessungen l_0 und F_0 bezieht, sondern auf die, den aktuellen Verformungszustand beschreibenden, Abmessungen l und F. Man erhält so die „*wahren*" Verformungsgrößen. Da Volumenkonstanz des Probekörpers vorausgesetzt werden kann, d.h. $V = F \cdot l = F_0 \cdot l_0 = V_0$, gilt:

wahre Spannung $$\sigma = \frac{K}{F} = \frac{K}{F_0 \frac{l_0}{l}} = \left(\frac{K}{F_0}\right)\frac{l_0 + \Delta l}{l_0} = \sigma_0(1 + \epsilon_0) \tag{3.10}$$

wahre Dehnung $$\epsilon = \int_{l_0}^{l} \frac{dl}{l} = \ln\left(\frac{l}{l_0}\right) = \ln\left(\frac{l_0 + \Delta l}{l_0}\right) = \ln(1 + \epsilon_0) \tag{3.11}$$

Man erkennt, daß für kleine Dehnungen, z.B. im elastischen Bereich, $\epsilon \simeq \epsilon_0$ und $\sigma \simeq \sigma_0$ ist. Bei Verformungsgraden $\epsilon > 2$ %, werden die Unterschiede zwischen den „technischen" und „wahren" Größen beträchlich (gestrichelte Kurve in Bild 3.2).

Schließlich kann man aus der σ-ϵ-Kurve die bei der Verformung geleistete *Verformungsarbeit* entnehmen, die sich als Fläche unter der σ-ϵ-Kurve ergibt:

$$A_{\sigma,\epsilon} = \int_0 \sigma \, d\epsilon \tag{3.12}$$

Sie ist einerseits als elastische Energie reversibel in der Probe gespeichert. Andererseits tritt sie im plastischen Bereich nicht reversibel auf: zum kleinen Teil als Wärme, vor allem aber in Form der beim plastischen Fließen gebildeten Gitterfehler wie Versetzungen und Punktfehler (s. Abschn. 3.2).

c) Bruch: Weitere Steigerung der Belastung führt schließlich zum Bruch, der durch die Größen *Bruchspannung* bzw. *Zugfestigkeit* σ_B (engl. *fracture stress* bzw. UTS für *ultimate tensile stress*) und *Bruchdehnung* ϵ_B gekennzeichnet wird (Bild 3.2). Vielfach geht dem Bruch eine „*Einschnürung*" der Probe voraus (Bild 3.4). Wegen der lokalen Querschnittsverminderung biegt die technische Verformungskurve in diesem Fall nach unten ab. Als Brucheinschnürung ψ bezeichnet man die relative Querschnittsverminderung am Bruch:

$$\psi = \frac{F_0 - F_B}{F_0} \cdot 100 \, (\text{in } \%) \tag{3.13}$$

F_B ist die Querschnittsfläche an der Bruchstelle.

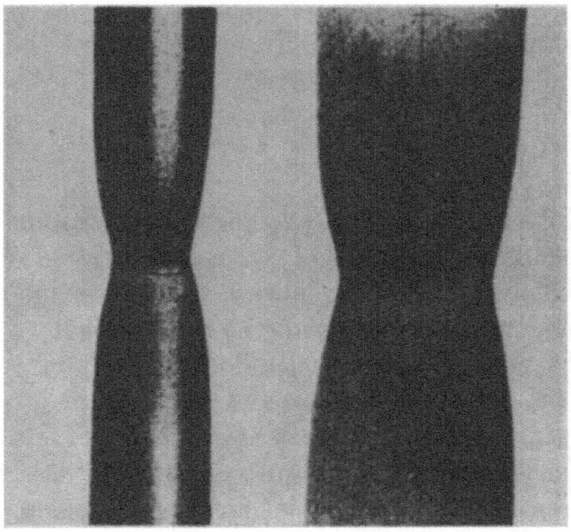

Bild 3.4 Probestäbe mit Einschnürung

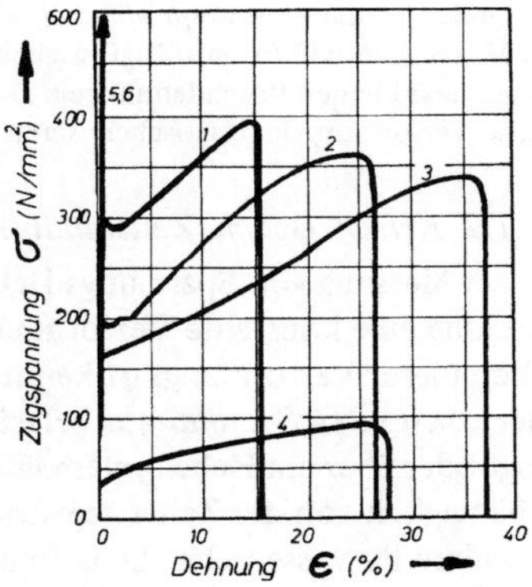

Bild 3.5
Spannungs-Dehnungs-Kurven von Blechen
Stahl (1,2)
Messing (3)
Aluminium (4)
Quarzglas (5) und Aluminiumoxid (6)

Faßt man die Aussagen des Spannungs-Dehnungs-Schaubildes zusammen, so liefert es folgende kennzeichnende Größen:

(1) Elastizitätsmodul E
(2) Elastizitätsgrenze $\sigma_{0,01}$
(3) Streckgrenze bzw. kritische Fließspannung $\sigma_{0,2}$
(4) Zugfestigkeit σ_B
(5) Verfestigungskoeffizienten $d\sigma/d\epsilon$
(6) Bruchdehnung ϵ_B
(7) Brucheinschnürung ψ
(8) Brucharbeit $A_{\epsilon,\sigma}$

Die Größen (1) bis (5) geben den *Formänderungswiderstand* an, den ein Werkstoff einer (elastischen oder plastischen) Verformung oder Trennung entgegensetzt, die Größe (6) die *Formänderung* selbst, und zwar ihr größtes Ausmaß, das man dem Werkstoff zumuten kann bis es zum Bruch kommt. Als Maß für die *Duktilität* dienen die Größen (6) und (7). Schließlich charakterisiert die Größe (8) die Zähigkeit (engl. *toughness*) eines Werkstoffes.

Was u.a. aus dem Spannungs-Dehnungs-Diagramm bezüglich des mechanischen Verhaltens eines Werkstoffes abzulesen ist, wird in Bild 3.5 an einigen Beispielen erläutert: (1) ist ein gewöhnliches Stahlblech ohne besondere Anforderungen an Qualität. Streckgrenze und Zugfestigkeit liegen hier ziemlich hoch bei relativ kleiner Bruchdehnung. Es ist also nur mit verhältnismäßig starken Kraftaufwand und sehr begrenzt verformbar, besitzt aber höhere Festigkeit als Stahlblech (2), welches dafür bis zu wesentlich größerer Bruchdehnung gestreckt werden kann. Da außerdem die Verformungsarbeit (nach Gl. (41) die Fläche unter der Verformungskurve) größer ist, genügt (2) höheren Ansprüchen an Zähigkeit. Das relative weiche Aluminium (4) mit seiner niedrigen Streckgrenze und Zugfestigkeit läßt sich ebenso stark plastisch verformen wie Stahlblech 2, aber mit viel geringerem Aufwand. Dafür besitzt es geringe Zähigkeit. Messing (3) verbindet hinreichende Festigkeit mit der besten Dehnbarkeit und Zähigkeit.

Gegenbeispiele für extrem *spröde*, d.h. nicht plastisch verformbare Werkstoffe wären Quarzglas (5) und Magnesiumoxid (6) mit Zugfestigkeiten von ca. 800 N/mm² bzw. 500 N/mm² und praktisch verschwindend kleinen Bruchdehnungen. Diese Materialien brechen ohne meßbare makroskopische plastische Verformung im elastischen Bereich.

3.1.1.2 Kriechversuch, Zeitstandversuch

Bei der Messung von Spannungs-Dehnungs-Kurven wird der Probe von der Festigkeitsprüfmaschine eine konstante Verformungsgeschwindigkeit aufgeprägt (s. voriges Kapitel). Neben dieser Verformungsart kennt man noch den *Kriechversuch*, bei dem die Probe mit einer *konstanten Spannung* σ belastet wird, indem man eine Last direkt an die Probe hängt oder über ein Hebelsystem überträgt. Es wird die sich einstellende Dehnung ϵ in Abhängigkeit von der Zeit t registriert (Bild 3.6a). Es erweist sich als zweckmäßig, insbesondere für wissenschaftliche Fragestellungen, die so erhaltene *ϵ-t-Kriechkurve* in differenzierter Form als $\dot{\epsilon}$-ϵ-Kurve darzustellen (Bild 3.6b). Diese Auftragung bietet den Vorzug, daß sich die 3 charakteristischen Bereiche deutlicher voneinander unterscheiden:

Übergangskriechen (engl. *primary* bzw. *transient creep*) mit abnehmender *Kriechgeschwindigkeit* $\dot{\epsilon} = d\epsilon/dt$, d.h. zunehmender Verfestigung.

Stationäres Kriechen (engl. *steady state creep*) mit einer konstanten, d.h. stationären Kriechgeschwindigkeit $\dot{\epsilon}_s$. Dieser Bereich fehlt zumeist bei tiefen Temperaturen und ist charakteristisch für hohe Temperaturen oberhalb $T_m/2$ (T_m: Schmelztemperatur), was auf die Mitwirkung von *diffusions*gesteuerten Fließprozessen hinweist.

Tertiäres Kriechen, bei dem die Kriechgeschwindigkeit aufgrund lokaler Einschnürung (s. Bild 3.4) wieder ansteigt, bis schließlich *Kriechbruch* eintritt.

Wie bei der Aufnahme von Spannungs-Dehnungs-Kurven, so hat man auch beim Kriechversuch eine „physikalische" und eine „technische" Versuchsführung zu unterscheiden. Beim physikalischen Kriechversuch soll eine konstante Spannung $\sigma = K/F$ auf die Probe einwirken. Dazu ist es erforderlich, daß entsprechend der laufenden Querschnittsänderung der Probe laufend die Last K geändert werden muß (vgl. Gl. (3.10)), was eine aufwendige Versuchstechnik erfordert. Statt dessen wird im *technischen* Kriechversuch lediglich die *Last* K *konstant* gehalten. Bestimmt werden *Zeitdehngrenzen* sowie die *Zeitstandfestigkeit*, beides für den technischen Einsatz wichtige Kenngrößen, weshalb der technische Kriechversuch – historisch bedingt – als *Zeitstandversuch* bezeichnet wird.

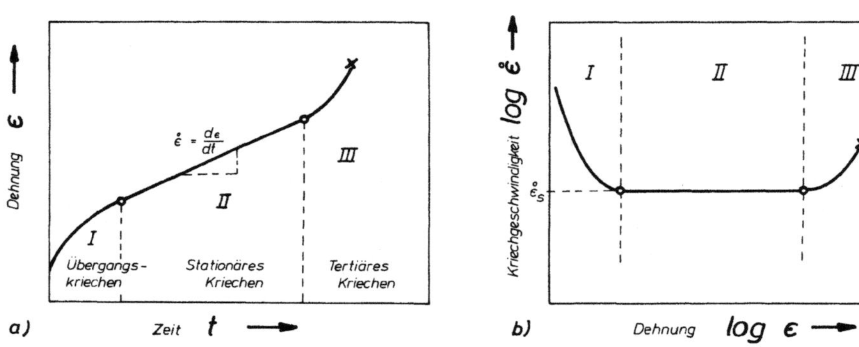

Bild 3.6 Kriechversuch

a) konventionelle Dehnungs-Zeit-Kurve, b) differenzierte log $\dot{\epsilon}$-log ϵ-Kurve

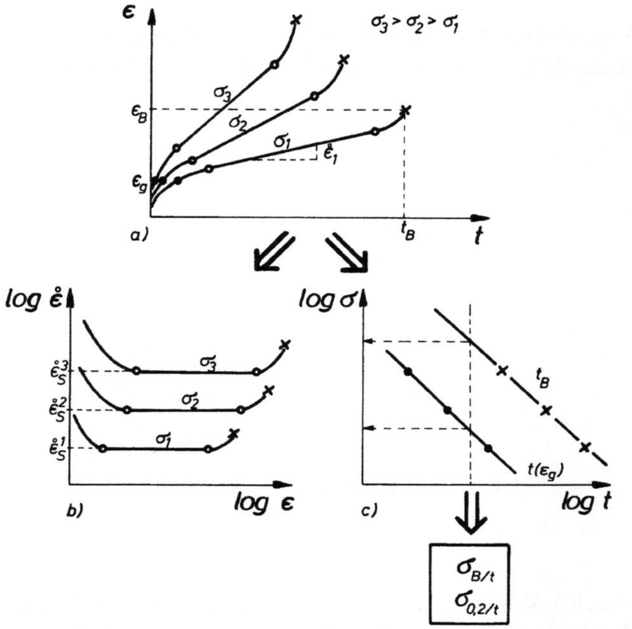

Bild 3.7
Verschiedene Auswertungen des Kriechversuches
a) ϵ-t-Kriechkurven
b) differenzierte Kriechkurven, vgl. Bild 3.6b
c) Zeitstandschaubild

Die *Zeitdehngrenze* ist diejenige Spannung $\sigma_{\epsilon,t,T}$ (in N/mm^2), bei der eine bestimmte plastische Dehnung der Probe, z.B. 0,2 %, nach einer vorgegebenen Zeit t, z.B. 10000 Stunden, auftritt. Da Zeitstandversuche entsprechend den Einsatztemperaturen der Werkstoffe typischerweise bei hoher Temperatur durchgeführt werden, ist zusätzlich die Temperatur T anzugeben. *Die Zeitstandfestigkeit* ist die Spannung, bei der nach vorgegebener Zeit t der Bruch eintritt, z.B. $\sigma_{B,10\,000,600°}$. Die Ermittlung dieser Größen aus gemessenen ϵ-t-Kriechkurven veranschaulicht Bild 3.7. Zunächst bestimmt man die *Dehngrenzlinien* (σ, t_ϵ; volle Kreise in Bild 3.7c) sowie die *Zeitbruchlinien* (σ, t_B; Kreuze in Bild 3.7c), aus denen dann die $\sigma_{\epsilon,t}$- und $\sigma_{B,t}$-Werte entnommen werden können. Beispiele für so ermittelte Zeitstandfestigkeiten zeigt Bild 3.8, welche typischerweise mit zunehmender Bean-

Bild 3.8 Zeitstandschaubild (σ_B) für den Stahl
10 Cr Mo 9 10 bei 600°C (a) und für die Legierung Ti Al 6 V 4 bei 400 °C (b).

spruchungsdauer – und wie wir in Abschn. 3.1.5 anhand von Bild 3.20 sehen werden – auch mit zunehmender Temperatur deutlich abfallen, wodurch der technische Einsatz der Werkstoffe begrenzt wird.

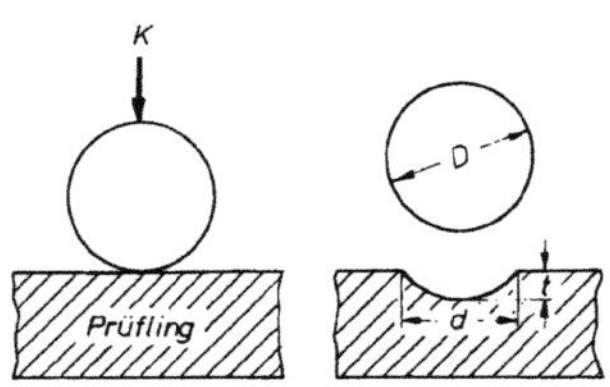

Bild 3.9 Härteprüfung nach Brinell

$$HB = \frac{2K}{D(D - \sqrt{D^2 - d^2})}$$

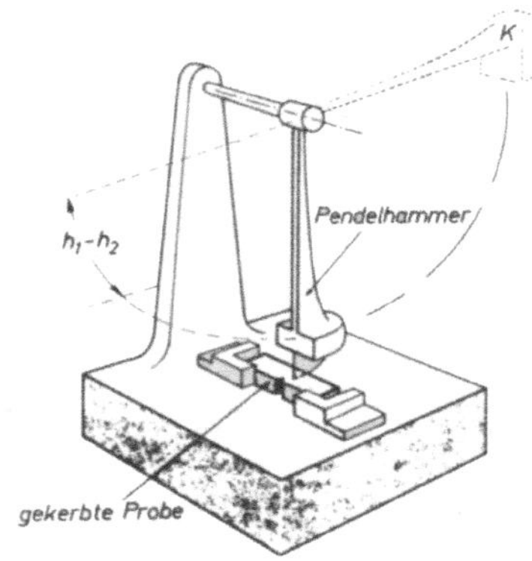

Bild 3.10 Pendelschlagwerk zur Bestimmung der Kerbschlagzähigkeit

3.1.2 Härte

Im Gegensatz zu den im vorstehenden Abschn. 3.1.1 besprochenen Kenngrößen für Festigkeit und Verformbarkeit, welche aufgrund des einachsigen Spannungszustandes eindeutig definiert sind, ist die *„Härte"* eines Werkstoffes keine physikalisch eindeutig zu definierende Größe. Trotzdem ist die Härtemessung das am häufigsten benutzte *technologische Prüfverfahren,* weil es dennoch ein qualitatives Maß für mechanische Eigenschaften liefert und zudem sehr leicht und schnell durchzuführen ist. *Als Härte wird der Widerstand verstanden, den ein Werkstoff dem Eindringen eines sehr viel härteren Körpers entgegensetzt.* Die Härtebestimmung geht daher davon aus, daß ein Probekörper bestimmter Form mit definierter Kraft K in die glatte Oberfläche des Prüflings eingedrückt und entweder die Flächengröße des bleibenden Eindruckes oder dessen Tiefe t gemessen wird (Bild 3.9). Es ist einsichtig, daß die Tiefe des Eindruckes sowohl von der Streckgrenze, als auch vom Verfestigungsverhalten des Werkstoffes abhängt. Je nach Form und Material des Eindringkörpers unterscheidet man 4 Härteprüfverfahren: Kugel (Brinell-Härte, Bild 3.9), Kegel (Rockwell-Härte), Pyramide (Vickers-Härte), Pyramide (Knoop-Mikrohärte). Wichtig für die praktische Werkstoffprüfung sind empirische Zusammenhänge, mit deren Hilfe Härtewerte in Zugfestigkeiten umgerechnet werden können. So gilt beispielsweise für Stähle, Kupfer, Aluminium und ihre Legierungen die Faustformel $\sigma_B \simeq 0{,}35\ldots0{,}40$ HB (HB = Brinellhärte).

3.1.3 Schlagbeanspruchung

Sprödes und duktiles Verhalten eines Werkstoffes läßt sich – außer im statischen Zugversuch, d.h. bei kleiner Beanspruchungsrate – auch im *Kerbschlagbiegeversuch,* d.h. bei sehr hoher, schlagartiger Beanspruchungsrate messend erfassen. Dazu wird eine Normprobe gekerbt und damit eine „Sollbruchstelle" vorgegeben. Der Schlag wird durch den Fallhammer eines Pendelschlagwerkes (Bild 3.10) mit einer Geschwindigkeit von ca. 5 m/s ausgeübt. Die *Kerbschlagfestigkeit* ist definiert als die Kraft, die man braucht, um den Probekörper zu trennen. Die *Kerbschlagzähigkeit* ergibt sich aus der beim Durchbrechen der Probe verbrauchten *Schlagarbeit* (engl. *impact energy*) und berechnet sich aus dem Hammergewicht K und der Höhendifferenz $h_1 - h_2$ vor dem Ausklinken und nach dem Ausschwingen des Hammers. Kleine Werte der Schlagarbeit sind ein Zeichen für sprödes, hohe Werte für zähes Bruchverhalten. Bild 3.11 zeigt den Einfluß der Temperatur auf die Kerbschlagzähigkeit verschiedener Materialien. Sieht man von hochfesten Werkstoffen und kfz-Metallen ab, so zeigen die meisten Werkstoffe eine *Übergangstemperatur* $T_ü$, d.h. sie sind zwar bei höheren Temperaturen relativ kerbunempfindlich, aber bei tiefen Temperaturen unterhalb $T_ü$ außerordentlich kerbempfindlich und neigen zu plötzlich auftretendem, verformungslosem, d.h. sprödem Bruch. Insbesondere Bauteile aus Stahl und Keramik sind diesbezüglich gefährdet.

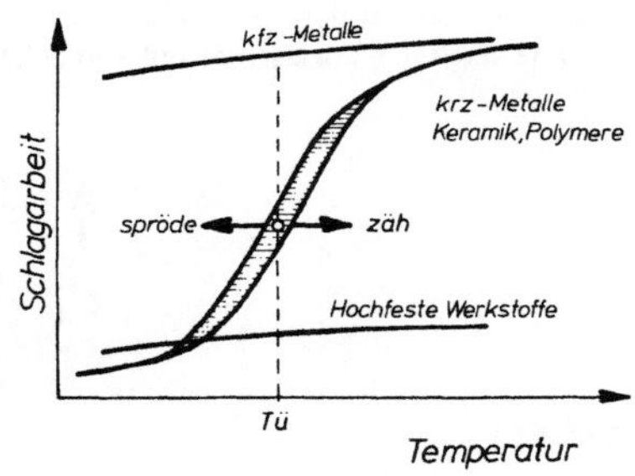

Bild 3.11
Kerbschlagzähigkeit in Abhängigkeit von der Temperatur für verschiedene Werkstoffe, schematisch

3.1.4 Dynamische Beanspruchung, Ermüdung

Die in Abschn. 3.1.1 definierten mechanischen Kenngrößen resultieren aus einer sich zeitlich nicht ändernden Beanspruchung: entweder in Form einer zeitlich konstanten Verformungsgeschwindigkeit $\dot{\epsilon}$ (Aufnahme von Spannungs-Dehnungs-Kurven) oder einer zeitlich konstanten Spannung σ (Kriechversuch). Eine solche Beanspruchung nannten wir *statisch.* Die überwiegende Zahl der in der Praxis auftretenden Schäden an Maschinen und Konstruktionen, nämlich ca. 80 %, sind aber nicht Folgen statischer Beanspruchung, sondern von zeitlich wechselnder, d.h. *dynamischer* Belastung. Dabei erweist sich als besonders gefährlich, daß die nach langer *Wechselbelastung* (engl. *fatigue*) auftretenden *Ermüdungsbrüche* bei Belastung unterhalb der statisch gemessenen Zugfestigkeit erfolgen. Es ist also zwischen statischen und dynamischen Verformungskenngrößen zu unterscheiden.

Im *Ermüdungsversuch* wird die beim Einsatz auftretende Belastung simuliert, indem die Probe einer langzeitigen alternierenden Spannung ausgesetzt wird (Bild 3.12a) Im Fall der am häufigsten angewendeten sinusförmigen Spannung $\sigma_d = \sigma_A \sin(\omega t)$ wechseln Zug- und Druckphasen periodisch ab. Zusätzlich kann eine statische Vorlast σ_s (je nach Vorzeichen als statische Zug- oder Druckvorlast) aufgeprägt werden (Bild 3.12b). Für verschiedene Spannungsamplituden σ_A wird diejenige Zahl von Lastwechseln N bestimmt, bei der die Probe bricht. Man erhält so die σ_A-log N-*Wöhlerkurve* (Bild 3.13). Sie zeigt drei charakteristische Bereiche: Bei Lastwechselzahlen bis zu ca. 10^4 ergibt sich für die Zugfestigkeit noch keine bedenkliche Abweichung vom statisch gemessenen Wert σ_B.

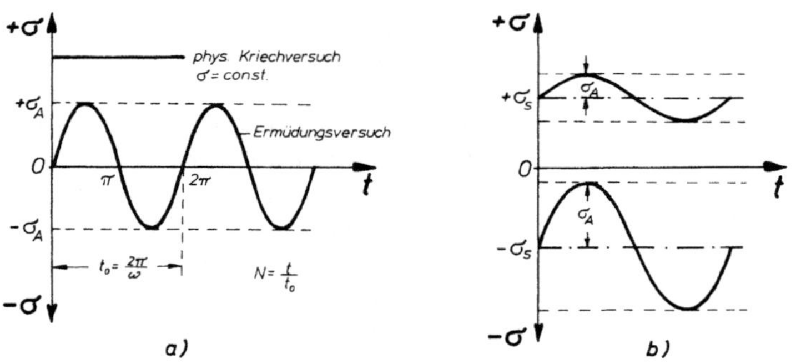

Bild 3.12 Verlauf der Spannung beim Ermüdungsversuch
a) ohne statische Vorlast, b) mit statischer Vorlast σ_S

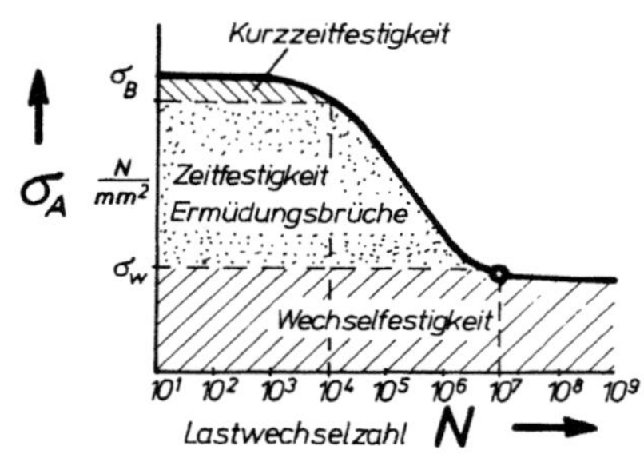

Bild 3.13
Wöhlerkurve, schematisch

Dann folgt der Bereich der sogenannten *Zeitfestigkeit,* in dem man bei steigender Lastwechselzahl aufgrund der Werkstoffermüdung mit abnehmenden Festigkeitswerten rechnen muß. Schließlich – oberhalb von $10^6 \ldots 10^7$ Lastspielzahlen – verläuft die Wöhlerkurve nahezu parallel zur Abszisse und signalisiert den Bereich der *Dauerwechselfestigkeit* σ_W.

Bemerkenswert ist die Beobachtung, daß Ermüdungsbrüche stets von der *Oberfläche* ausgehen, im Gegensatz zu Brüchen nach statischer Verformung, bei der die Risse im Probeninneren entstehen. Daher ist die Oberflächenbeschaffenheit und das umgebende Medium für die *Lebensdauer* unter Ermüdungsbedingungen von großer Bedeutung.

Einschränkend muß jedoch gesagt werden, daß die an genormten Probestäben gewonnenen Ergebnisse zumeist nicht auf komplizierte Konstruktionen übertragbar sind. Hierfür sind Versuche direkt mit diesen Bauteilen erforderlich.

3.1.5 Beeinflussung der mechanischen Kennwerte durch mechanische und thermische Vorbehandlung, Zusammensetzung sowie Temperatur

Von der Vielzahl der Einflußgrößen auf die mechanischen Kenngrößen werden im Folgenden nur diejenigen diskutiert, welche von großem werkstoffkundlichen Interesse sind, weil sie die Festigkeit und Verformbarkeit am maßgeblichsten beeinflussen. Es sind dies die mechanische und thermische Vorbehandlung, die Legierungszusammensetzung sowie die Temperatur. Deren Einfluß auf die Spannungs-Dehnungs-Kurven zeigt schematisch Bild 3.14. Man erkennt, daß plastische Vorverformung (Bild 3.14a) und Zulegieren von

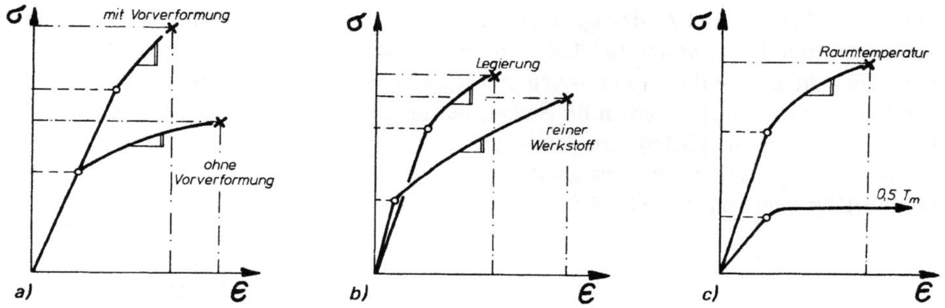

Bild 3.14 Schematische Darstellung des Einflusses von Verformung (a), Legierungszusätzen (b) und Temperatur (c) auf die Spannungs-Dehnungs-Kurve

Fremdzusätzen (Bild 3.14b) die Festigkeitswerte erhöhen, dafür aber in gleichem Maße Verformbarkeit und Duktilität vermindern. Steigende Temperatur bewirkt eine Festigkeitsabnahme bei zunehmender Verformbarkeit (Bild 3.14c). Diese zunächst qualitativen Aussagen sollen im Folgenden anhand experimenteller Meßergebnisse untermauert und präzisiert werden.

Bild 3.15 zeigt den Einfluß einer plastischen **Vorverformung** auf die Festigkeitseigenschaften von Kupfer. Mit steigendem Kaltverformungsgrad steigt sowohl die statische Festigkeit, gemessen als Brinellhärte, Streckgrenze und Zugfestigkeit, als auch Dauerwechselfestigkeit. Hand in Hand mit dieser *Verformungsverfestigung* geht eine Zunahme der Sprödigkeit bzw. Abnahme der Verformbarkeit, gemessen als Rückgang von Einschnürung und Bruchdehnung.

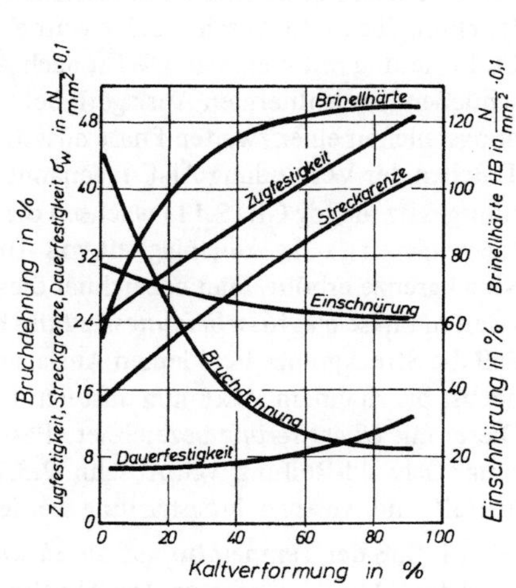

Bild 3.15 Änderung der Festigkeitseigenschaften von Kupfer durch Kaltverformung bei Raumtemperatur

Höhe und Art der Festigkeitssteigerung durch **Legierungszusätze** hängen entscheidend davon ab, in welcher Form die zulegierten Fremdatome im Mutterkristall vorliegen: a) als *atomar gelöste Fremdatome* in einem 1-phasigen Werkstoff oder b) als *ausgeschiedene Teilchen* einer zweiten Phase in einem 2-phasigen Werkstoff.

Ersteres ist der Fall beim System Cu-Ni, welches nach Aussage des Zustandsdiagramms (Bild 1.24b) über den gesamten Konzentrationsbereich eine (lückenlose) Mischkristallreihe bildet. Streckgrenze und Zugfestigkeit nehmen deutlich mit steigender Konzentration der atomar gelösten Fremdatome zu (Bild 3.16), was als *Mischkristallhärtung* bezeichnet wird. Dies gilt sowohl für Kupfer, welchem Nickelatome zugesetzt werden (linke Hälfte von Bild 3.16), als auch natürlich für Nickel, welchem Kupferatome zulegiert werden (rechte Hälfte von Bild 3.16). Aus dem beiderseitigen Anstieg resultiert ein Festigkeitsmaximum bei der Legierung Cu 60 % Ni.

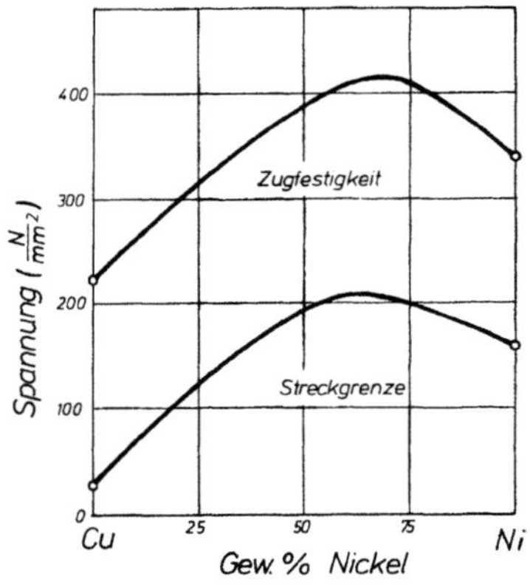

Bild 3.16
Einfluß der Zusammensetzung auf die Streckgrenze und die Zugfestigkeit von Kupfer-Nickel-Mischkristallen

Anders liegen die Verhältnisse im System Al-Cu. Wegen der begrenzten Löslichkeit der beiden Legierungspartner im festen Zustand zeigt das Zustandsdiagramm (Bild 2.5) eine Mischungslücke. In Abschn. 2.3.1 wurde im Einzelnen beschrieben, daß sich in einer Al-Cu-Legierung mit maximal 5 % Cu nach Abschrecken auf Raumtemperatur und anschließendem isothermen Auslagern bei mittlerer Temperatur, z. B. 200 °C, Ausscheidungsteilchen einer zweiten Phase ausscheiden. Dabei handelt es sich um plattenförmige Teilchen der Verbindung Al_2Cu, genannt Θ[1] (vgl. Bild 2.8b). Entsprechend einem Wachstumsgesetz analog Gl. (2.11) wachsen die Ausscheidungsteilchen mit zunehmender Auslagerungszeit t_A. In Abhängigkeit von Auslagerungszeit und damit Teilchengröße wird die Streckgrenze erhöht. Man bezeichnet diese Festigkeitssteigerung durch Teilchen einer zweiten Phase als *Ausscheidungshärtung* bzw. *Teilchenhärtung*. Bild 3.17 zeigt im Detail, daß die Streckgrenze bei kleinen Auslagerungszeiten, also bei kleinen Teilchengrößen zunächst bis zu einem Maximum ansteigt, um jedoch bei langen Zeiten wieder abzufallen. Dieser mit *Überalterung* bezeichnete Festigkeitsabfall beruht auf der Teilchenvergröberung (Ostwald-Reifung, vgl. Abschn. 2.3.2.2). Die physikalischen Ursachen der Mischkristall- und Ausscheidungshärtung werden in Abschn. 3.2.3 näher besprochen.

Der Einfluß der **Temperatur** auf die *elastischen* Konstanten läßt sich stellvertretend anhand des E-Moduls verfolgen. Die Abnahme von E mit zunehmender Temperatur weist darauf hin, daß durch erhöhte thermische Bewegung die Bindung der Atome im Kristallgitter und damit die Gittersteifigkeit geschwächt werden. Den Abfall der *plastischen* Festigkeitswerte mit zunehmender Temperatur zeigen die Bilder 3.18 bis 3.20. In Bild 3.18 ist der Härteabfall für verschiedene Metalle dargestellt. Bild 3.19 zeigt am Beispiel der Kriechgeschwindigkeit verschiedener Aluminiumlegierungen, daß das plastische Fließen durch höhere Tem-

[1]) vgl. Fußnote auf S. 36

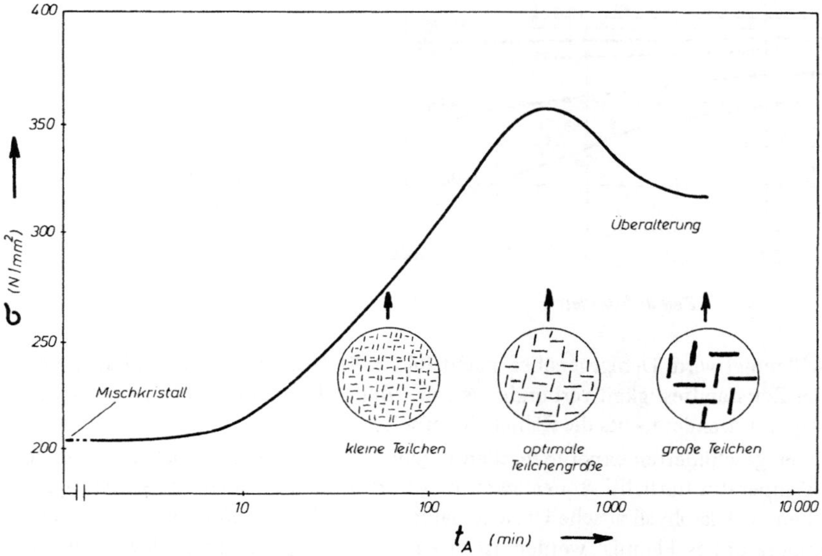

Bild 3.17 Streckgrenze der Al-4 % Cu-Legierung RR 350 in Abhängigkeit von der Auslagerungszeit t_A bzw. der Größe der kupferreichen Ausscheidungsteilchen.

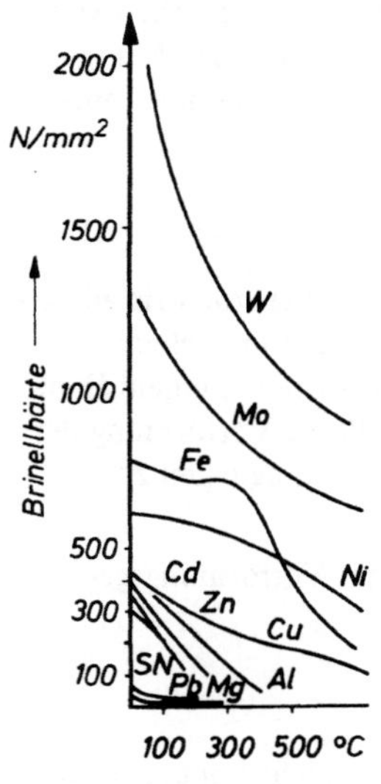

Bild 3.18 Abfall der Härte bei erhöhter Temperatur

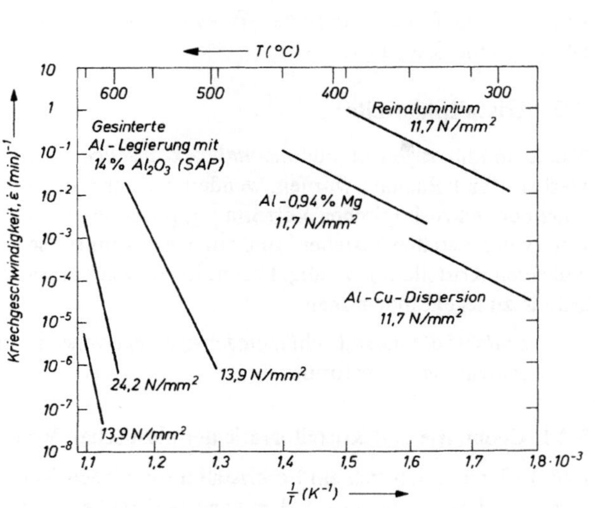

Bild 3.19 Abhängigkeit der stationären Kriechgeschwindigkeit verschiedener Al-Legierungen von der Temperatur

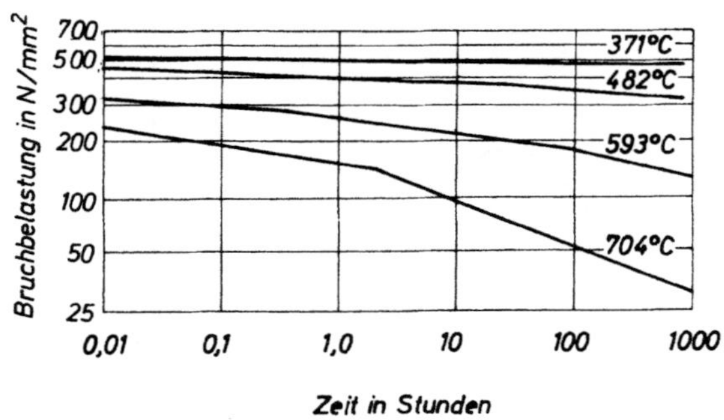

Bild 3.20
Zeitstandfestigkeit der Legierung NiCu30Fe für verschiedene Temperaturen

peratur beschleunigt wird. Demgegenüber macht Bild 3.20 deutlich, daß damit leider eine Abnahme der Zeitstandfestigkeit verbunden ist. Aus Bild 3.11 wurde bereits gefolgert, daß erhöhte Temperatur andererseits die Zähigkeit verbessert.

Aus den soeben geschilderten experimentellen Ergebnissen lassen sich bezüglich der Rolle, welche die Temperatur hinsichtlich Festigkeit und Verformbarkeit spielt, zwei wichtige Schlüsse ziehen: 1. Die physikalische Ursache dafür, daß die Verformungsprozesse durch erhöhte Temperatur beschleunigt werden, ist offenbar in einer Mitwirkung *thermisch aktivierter* Vorgänge begründet, worauf in Abschn. 3.3 näher eingegangen wird. 2. Im Hinblick auf die praktische Anwendung äußert sich der Einfluß der Temperatur zwiespältig: Festigkeitsabnahme, beschleunigtes Fließen und Zunahme der Duktilität werden einerseits technisch ausgenutzt bei der *Warmformgebung* (Warmwalzen, Heißpressen, Schmieden, Hämmern usw.). Ferner garantiert die Zunahme an Zähigkeit erhöhte Bruchsicherheit von Bauteilen. Demgegenüber wird mit der Abnahme der statischen und dynamischen Festigkeitswerte die *Einsatzgrenze* der Werkstoffe als Konstruktionsmaterialien zu hohen Temperaturen hin festgelegt.

3.2 Kristallplastizität

Nachdem im vorigen Kapitel die *makroskopischen* Verformungskenngrößen von kristallinen Werkstoffen behandelt wurden, wenden wir uns nun der Frage zu, welches die beherrschenden **mikroskopischen** Verformungsprozesse sind. Da reale Werkstoffe aus einem Haufwerk von Kristallen bestehen, sind zunächst Kenntnisse über die plastische Verformung der einzelnen Kristalle notwendig. Hierzu ist es zweckmäßig vereinfachte Bedingungen zugrunde zu legen, indem man

> *Einkristalle* im statischen einachsigen Zugversuch mit konstanter Verformungsgeschwindigkeit verformt.

3.2.1 Geometrie und Kristallografie der plastischen Verformung

Bild 3.21 zeigt, daß sich ein Einkristall unter einachsiger Zugbelastung nicht homogen verformt sondern *inhomogen,* indem ganze Kristallbereiche gegeneinander abscheren bzw. *abgleiten,* vergleichbar aufeinandergeschichteten Wurstscheiben. Dadurch entstehen auf der Probenoberfläche *Gleitstufen,* wie sie im „Wurstscheibenmodell" in Bild 3.23b sche-

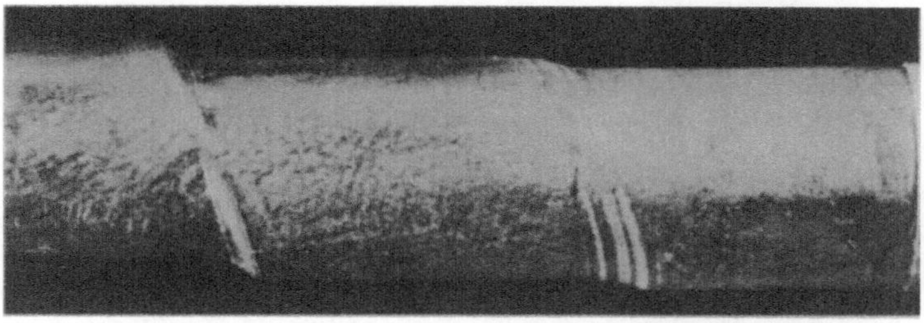

Bild 3.21 Fotografie eines im Zugversuch plastisch verformten Zink-Einkristalls

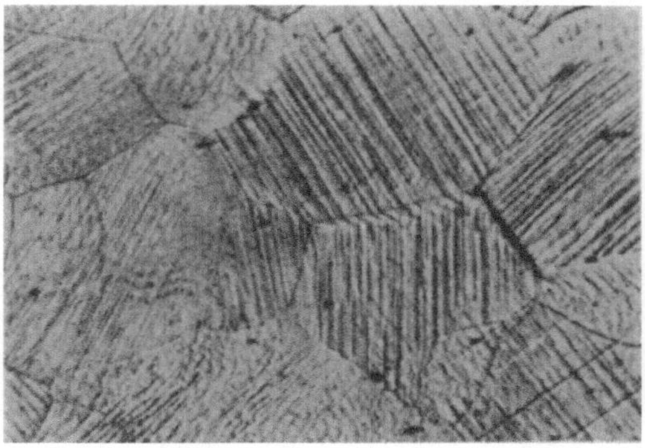

Bild 3.22
Oberflächenfoto eines plastisch verformten Aluminium-Polykristalls

matisch dargestellt und auf der Oberfläche verformter Einkristalle (Bild 3.21) und Polykristalle (Bild 3.22) zu beobachten sind. Man erkennt bei höherer Vergrößerung, daß diese Gleitstufen eine typische Feinstruktur aufweisen: die Abgleitung konzentriert sich in sogenannten *Gleitbändern,* d.h. auf eng benachbarten parallelen Ebenen (Bild 3.23d). Dies legt den Schluß nahe, daß die Abgleitung auf ganz bestimmten kristallografischen Ebenen, den *Gleitebenen* stattfindet. Die genauere Analyse bestätigt zudem, daß sie *dichteste* Atompackung besitzen. Außer den Gleitebenen liegt die *Gleitrichtung* fest: es sind dichtest gepackte Richtungen in den dichtest gepackten Gleitebenen. Gleitebene und Gleitrichtung bilden zusammen ein kristallografisches *Gleitsystem,* welches von der Kristallstruktur festgelegt wird.

Da gleichartige Ebenen und Richtungen für eine bestimmte Kristallstruktur in bestimmter Vielfalt vorkommen, ergibt sich daraus für jede Kristallstruktur eine größere Zahl von Gleitsystemen; z.B. für kfz-Kristalle 4 $\{111\}$-Gleitebenen $\times$ 3 $\langle 110 \rangle$-Gleitrichtungen pro Gleitebene = 12 Gleitsysteme.

Gezielte Experimente haben gezeigt, daß der *Beginn* der plastischen Verformung in einem Einkristall

1. nicht durch die außen angelegte Normalspannung $\sigma = K/F$ bestimmt wird, sondern von deren *Schubspannungskomponente* τ, welche in der Gleitebene in Gleitrichtung wirkt.

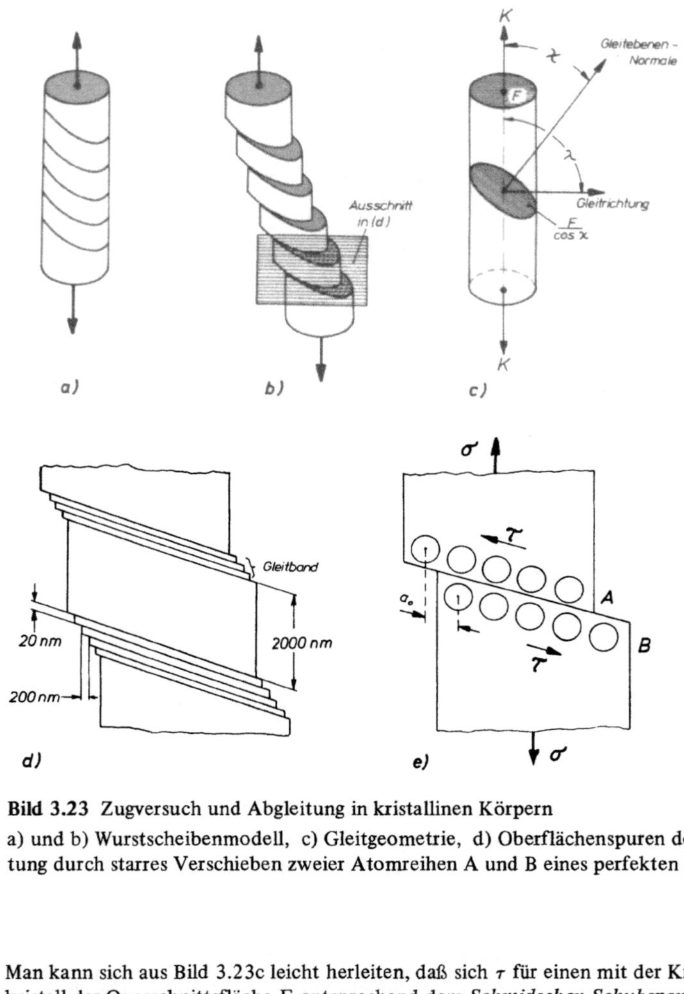

Bild 3.23 Zugversuch und Abgleitung in kristallinen Körpern
a) und b) Wurstscheibenmodell, c) Gleitgeometrie, d) Oberflächenspuren der Abgleitung, e) Abgleitung durch starres Verschieben zweier Atomreihen A und B eines perfekten Kristallgitters

Man kann sich aus Bild 3.23c leicht herleiten, daß sich τ für einen mit der Kraft K beanspruchten Einkristall der Querschnittsfläche F entsprechend dem *Schmidschen Schubspannungsgesetz* berechnet nach

$$\tau = \frac{K}{F} \cdot \cos\chi \cdot \cos\lambda = \sigma \cdot \cos\chi \cdot \cos\lambda \qquad (3.14)$$

Dabei ist χ der Winkel, welchen die kristallografische Gleitebenennormale und λ der Winkel, den die Gleitrichtung mit der Probenachse bildet. Der *Orientierungsfaktor* $S = \cos\chi \cdot \cos\lambda$ wird *Schmid-* oder *Taylorfaktor* genannt. Er gibt an, welcher Bruchteil der außen angelegten Belastung σ im Gleitsystem wirkt. Er hat sein Maximum von $S = 0{,}5$ für $\chi = \lambda = 45°$. Für regellos orientierte *Polykristalle,* wo man über die Orientierung aller Körner zu mitteln hat, gilt in guter Näherung

$$\tau \simeq \frac{1}{3}\sigma \qquad (3.15)$$

Tabelle 3.1 Kritische Schubspannung τ_0 für Einkristalle bei Raumtemperatur

Bindungstyp	Struktur	Material	τ_0 (N/mm²)	$\frac{\tau_0}{G}$
metallisch	hexagonal	Cd	0,50	$2{,}5 \times 10^{-5}$
	kfz	Ag	0,60	$2{,}3 \times 10^{-5}$
		Cu	0,60	$1{,}4 \times 10^{-5}$
	krz	Fe	14,00	$1{,}7 \times 10^{-4}$
ionisch	NaCl	NaCl	0,45	2×10^{-4}
		LiF	1,20	$3{,}5 \times 10^{-4}$

2. bei einem *bestimmten Minimalwert* der Schubspannung erfolgt. Man nennt diesen Wert *kritische Schubspannung* τ_0.

τ_0 entspricht – bis auf den Schmidfaktor S – der Streck- bzw. Fließgrenze aus Abschn. 3.1. Für reine kfz-Metalle sind die experimentell gefundenen τ_0-Werte äußerst niedrig, für Ionenkristalle liegen sie geringfügig höher (Tabelle 3.1), für kovalente Kristalle am höchsten.

Mit der kritischen Schubspannung τ_0 sind wir auf die zentrale Größe der Kristallplastizität gestoßen und ihre modellmäßige Erklärung wird sich wie ein roter Faden durch die folgenden Abschnitte ziehen. Wir werden eine Antwort auf die Frage suchen, wie dieser für die Festigkeit kristalliner Werkstoffe wichtige Wert zustande kommt.

3.2.2 Der Mechanismus der plastischen Verformung

3.2.2.1 Die theoretische Schubfestigkeit

Die einfachste Vorstellung, die sich für den Beginn der plastischen Verformung anbietet, ist in Bild 3.23e dargestellt. Danach wäre die gesuchte kritische Schubspannung die Spannung τ_{th}, welche erforderlich ist, damit die obere Atomreihe der Ebene A gegenüber der unteren Atomreihe der Ebene B gegeneinander um 1 Gitterkonstante a_0 abgleiten kann. Die Rechnung liefert für die so definierte *theoretische Schubfestigkeit*

$$\tau_{th} = \frac{G}{10} \qquad (3.16)$$

G ist der in Gl. (3.4) definierte *Schubmodul.* Verglichen mit experimentell gefundenen Werten (Tabelle 3.1) ist dieser Wert um Zehnerpotenzen zu hoch. Daraus läßt sich schließen, daß das starre Abscheren ganzer Kristallebenen *nicht* der gesuchte Verformungsmechanismus sein kann. Vielmehr muß es einen viel weniger energieverzehrenden Mechanismus geben.

3.2.2.2 Versetzungen als Träger der plastischen Verformung

Bei der Suche nach einem energiesparenden Abgleitmechanismus liefert uns die Natur bzw. das tägliche Leben einige lehrreiche Hinweise, wie die lustigen Beispiele in Bild 3.24 aus einem amerikanischen Lehrbuch illustrieren: Die Vorwärtsbewegung einer Raupe, eines Regenwurms oder eines Teppichs geht am leichtesten durch die Wanderung eines *lokalen* Defektes ⊥. Mit diesem Symbol werden wir an die in Abschn. 1.3.2 besprochenen Versetzungslinien erinnert. In der Tat wurde ja bereits in Bild 1.14 gezeigt, daß die Ab-

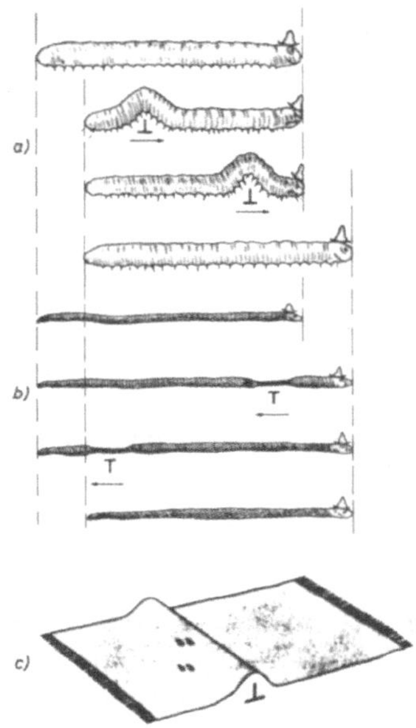

Bild 3.24 Vorwärtsbewegung
a) einer Raupe, b) eines Regenwurms und c) eines Teppichs durch die Wanderung eines lokalen, versetzungsähnlichen Defektes

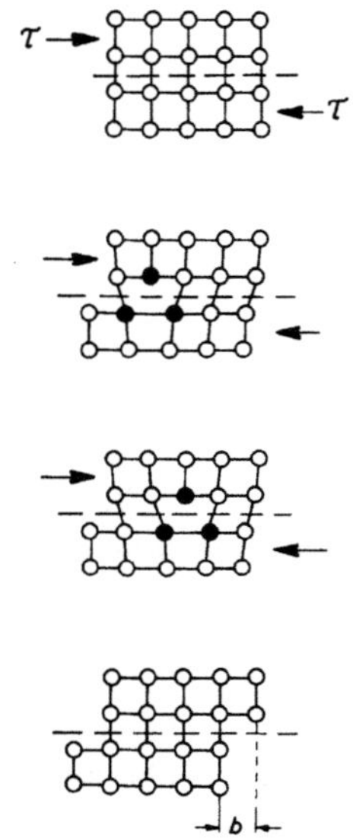

Bild 3.25 Plastische Verformung eines Kristalls durch die Bewegung einer Versetzung

scherung eines Kristalls durch die Bewegung einer Versetzung in der Gleitebene ermöglicht wird. Dabei brauchen sich nicht alle Atome einer Ebene simultan zu bewegen (Bild 3.23e), sondern die längs der Versetzungslinie lokal aufgebrochenen Bindungen werden wie beim Reißverschluß quer über die Gleitebene weitergereicht (Bild 3.25).

Die *mikroskopische* Abgleitung in einem Kristall wird beschrieben durch die *Grundgleichung* der *Versetzungsbewegung:*

$$\dot{\gamma} = N\,b\,v \tag{3.17}$$

Dabei ist v die *Versetzungsgeschwindigkeit*. Gl. (3.17) besagt, daß sich ein Kristall, in dem sich N *bewegliche* Versetzungen der „Stärke" b mit der *mittleren* Geschwindigkeit v bewegen, mit einer *Abgleitgeschwindigkeit* $\dot{\gamma}$ plastisch verformt. Die Grundgleichung der Versetzungsbewegung (3.17) zeigt große Ähnlichkeit mit der analog aufgebauten elektrischen Stromgleichung (11.4): Elektrischer Strom-Ladungsfluß j = Dichte der Ladungsträger n × Ladung des einzelnen Trägers e × Geschwindigkeit v:

$$j = n\,e\,v \tag{3.18}$$

Wir werfen nun erneut die Frage auf, wodurch die kritische Schubspannung τ_0 im Versetzungsbild bestimmt wird. Hierzu geben uns elektronenmikroskopische Beobachtungen nützliche Hinweise. Die

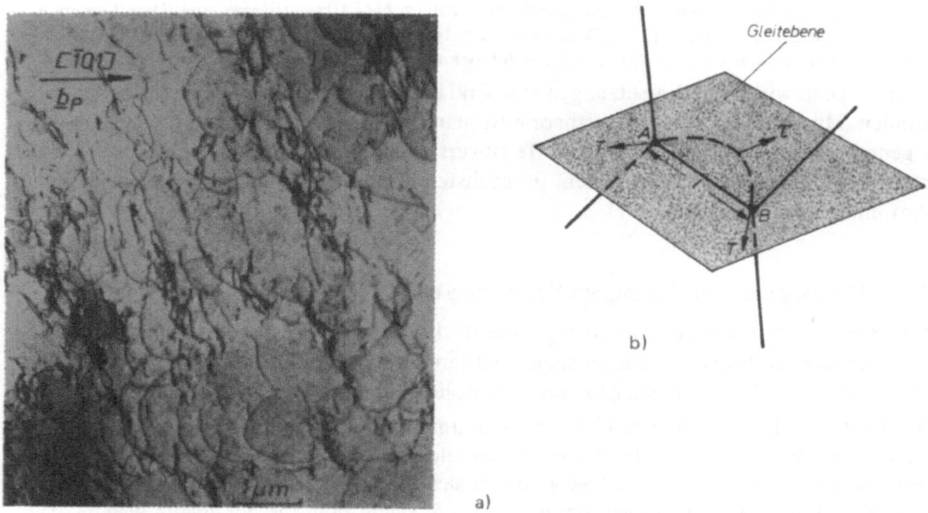

Bild 3.26 Durchbiegung von Versetzungssegmenten zwischen Verankerungspunkten auf der Gleitebene eines plastisch verformten Kupfer-Einkristalls
a) Elektronenmikroskopische Durchstrahlungsaufnahme, b) schematisch

Durchstrahlungsaufnahme in Bild 3.26a zeigt die Draufsicht auf die Gleitebenen eines verformten Kupfereinkristalls. In dieser Momentaufnahme erkennt man zahlreiche durchgekrümmte Versetzungsbögen. Dies läßt sich zwanglos so interpretieren, daß Versetzungsbewegung offenbar in der Weise vor sich geht, daß die – in Form eines 3-dimensionalen Netzwerkes immer im Kristall vorhandenen – Versetzungen streckenweise als frei bewegliche Segmente in der Gleitebene liegen und sich unter der Wirkung der angelegten Schubspannung τ zwischen den Verankerungsknotenpunkten des Netzwerkes durchwölben und dabei Abgleitung produzieren. In Bild 3.26b ist dies idealisiert dargestellt: Die zur Durchbiegung des Versetzungssegmentes der Länge l zwischen den Verankerungspunkten A und B benötigte Mindestspannung ist dann offenbar die gesuchte kritische Schubspannung τ_0. Die Durchbiegung wiederum ergibt sich aus der Konkurrenz zwischen der nach „vorn" wirkenden von außen angelegten Schubspannung τ und der „rückwärts" gerichteten „*Eigenspannung*" T der Versetzung, welche sie wie bei einer Saite wieder geradeziehen möchte. Die für den Verformungsbeginn kritische Position ist dann erreicht, wenn die Versetzung halbkreisförmig durchgebogen ist (gestrichelt in Bild 3.26b). Von da an wird sie instabil und kann sich ohne weiteren Energieaufwand weiterbewegen und Abgleitung erzeugen. Die zur halbkreisförmigen Durchkrümmung erforderliche „*Quellspannung*" ist umgekehrt proportional zum Abstand l der Verankerungspunkte

$$\tau_0 = \frac{Gb}{l} \qquad (3.19)$$

und stellt die gesuchte kritische Schubspannung dar. Für den Vergleich mit den experimentell gefundenen Werten (Tabelle 3.1) geht man wie üblich davon aus, daß der Knotenabstand l umgekehrt proportional zum Versetzungsgehalt N des Kristalls ist:

$$l \simeq \frac{1}{\sqrt{N}} \qquad (3.20)$$

Unverformte Kristalle enthalten Versetzungsdichten von ca. $N \simeq 10^4 \ldots 10^8$ cm/cm³. Damit ergeben sich nach den Gln. (3.19) und (3.20) Werte von $\tau_0 \simeq 10^{-5}$ G...10^{-3} G, welche größenordnungsmäßig gut mit den im einachsigen Verformungsversuch bestimmten Werten in Tabelle 3.1 übereinstimmen.

Damit haben wir in den Versetzungen eine Erklärung für die plastische Verformung gefunden. Mit Hilfe der Versetzungstheorie ist man heutzutage in der Lage, die Festigkeitseigenschaften der kristallinen Werkstoffe zu verstehen und diese Erkenntnisse in der Werkstoffentwicklung gezielt einzusetzen. Im nächsten Kapitel werden wir auf eine wichtige Anwendung kurz eingehen.

3.2.3 Verfestigung und Härtung im Versetzungsbild

Von Konstruktionswerkstoffen wird gefordert, daß sie hohe Streckgrenzen haben, um den technischen Beanspruchungen standzuhalten (vgl. Abschn. 3.1). Daher spielt die Härtung von Werkstoffen eine ganz zentrale Rolle in der Werkstoffentwicklung.

Aus Gl. (3.17) lassen sich zwei Wege ableiten, um hohe Festigkeiten zu erzielen: Man kann a) die Versetzungsdichte N erniedrigen und/oder b) die Geschwindigkeit der Versetzungen v bremsen. Der erste Weg verbietet sich in der Regel, weil Bauteile allein vom Herstellungsprozeß her nicht versetzungsarm sind. Daher muß i.a. der zweite Weg beschritten werden, indem man den Versetzungen bei ihrer Bewegung *Hindernisse* in den Weg gelegt. Das Rezept hierzu entnimmt man Gl. (3.19) und Bild 3.26. Danach liegt es nahe, die freie Segmentlänge l zwischen den Verankerungspunkten durch gezielten Einbau von Hindernissen hoher Dichte zu verkleinern, so daß die erforderliche Durchbiegespannung $\tau_0 = Gb/l$, welche über den Schmid-Faktor S nach Gl. (3.15) direkt mit der Streckgrenze $\sigma_{0,2}$ verknüpft ist, ansteigt.

Je nach „Dimension" der Hindernisse unterscheidet man die in Tabelle 3.2 aufgeführten *Härtungsmechanismen.* Bis auf die Korngrenzenhärtung haben wir die anderen Grundmechanismen bereits von ihrer phänomenologischen Seite her kennengelernt (s. Abschn. 3.1.5). Aus der Art der speziellen *Wechselwirkung zwischen Versetzung und Hindernis,* welche letztlich die physikalische Ursache der

Tabelle 3.2 Härtungsmechanismen

Dimension	Hindernis	Mechanismus	Formel
0	gelöste Fremdatome (der Konzentration c)	Mischkristallhärtung	$\Delta\sigma_{0,2} \propto c^{1/2}$ (3.21)
1	Versetzungen (der Dichte N)	Verfestigung	$\Delta\sigma_{0,2} \propto N^{1/2}$ (3.22)
2	Korngrenzen (mit dem Abstand d = Korngröße)	Korngrenzenhärtung	$\Delta\sigma_{0,2} \propto d^{-1/2}$ (3.23)
3	kohärente Ausscheidungsteilchen bzw. inkohärente Teilchen einer zweiten Phase (der Größe D)	Ausscheidungshärtung Dispersionshärtung	$\Delta\sigma_{0,2} \propto D^{1/2}$ (3.24a) $\Delta\sigma_{0,2} \propto D^{-1}$ (3.24b)

Härtung ist, läßt sich versetzungstheoretisch die jeweilige Festigkeitssteigerung, ausgedrückt als Erhöhung der Streckgrenze $\Delta\sigma_{0,2}$ berechnen. Die erhaltenen Gesetzmäßigkeiten sind in der letzten Spalte als Formeln (3.21) bis (3.24) aufgeführt. Ihre experimentelle Prüfung ergibt zwar befriedigende Übereinstimmung zwischen Theorie und Experiment. Schätzt man jedoch mit Hilfe dieser Formeln die praktisch erreichbaren Maximalwerte ab, so zeigt sich, daß die Festigkeitssteigerung aufgrund eines einzelnen Härtungsmechanismus keinen brauchbaren Weg darstellt. In der Tat beziehen die in der Praxis verwendeten Werkstoffe ihre hohen Festigkeitswerte durch eine *Kombination* mehrerer Härtungsmechanismen. Bild 3.27 veranschaulicht dies am Beispiel einer *Nickel-Basislegierung*. Zunächst wird Nickel durch Zulegieren von Chrom und Aluminium mischkristallgehärtet, wodurch die Streckgrenze bereits auf etwa das 5-fache ansteigt. Eine anschließende Auslagerung über mindestens 200 h führt zur Bildung von Ausscheidungsteilchen. Durch die damit verbundene Ausscheidungshärtung erhöht sich die Streckgrenze um weitere 50 %. Es ist jedoch zweckmäßiger, den Mischkristall vor der Ausscheidungsbehandlung um 20 % kaltzuverformen. Die auf diese Weise auf N = 10^{10} cm/cm³ erhöhte Versetzungsdichte läßt die Streckgrenze nach Gl. (3.22) per Verformungsverfestigung um mehr als das Doppelte des Mischkristallwertes ansteigen. Eine weitere Steigerung bringt die anschließende Auslagerung durch Ausscheidungshärtung. Die hier geschilderte Kombination von Mischkristallhärtung, Ausscheidungshärtung und Verformungsverfestigung nennt man *thermo-mechanische Vorbehandlung* (TMV, engl. TMT für *thermal-mechanical treatment*). Eine geschickt geführte TMV stellt eine in der Praxis besonders erfolgreiche Methode der Festigkeitssteigerung dar.

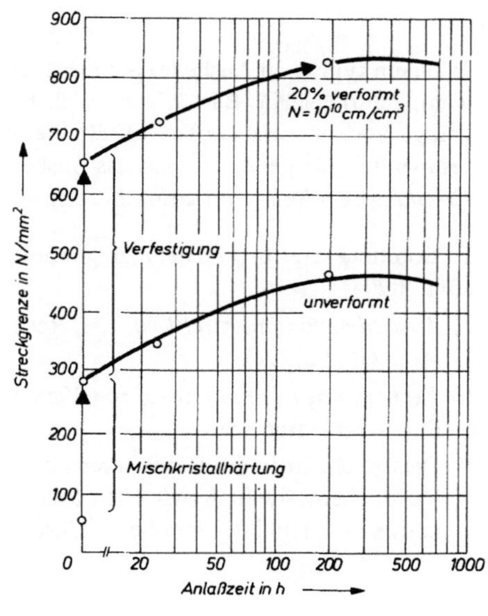

Bild 3.27
Thermo-Mechanische Vorbehandlung (TMV) einer Ni-Cr-Al-Legierung

3.3 Erholung und Rekristallisation

In Abschn. 1.3 haben wir die verschiedenen *Gitterbaufehler* klassifiziert und in den vergangenen Kapiteln Vorgänge kennengelernt, durch welche diese Gitterbaufehler in den Werkstoff eingebracht werden; z.B. Punktfehler durch Abschrecken von hoher Temperatur (oder durch Bestrahlung im Reaktor), Korn- und Phasengrenzen durch martensitische Umwandlung und Ausscheidungsvorgänge sowie Versetzungen durch plastische Verformung. Dadurch werden Gefüge und Werkstoffeigenschaften verändert, aber andererseits ein Zustand höherer innerer Energie erreicht. Der Werkstoff hat deshalb die Tendenz, in einen energieärmeren Zustand zurückzukehren. Dies ist bei erhöhter Temperatur möglich. Diese thermischen *Ausheilvorgänge* haben in der Technik Bedeutung, weil defektbedingte Eigenschaftsänderungen im Werkstoff wieder abgebaut werden, z.B.

Abbau der Strahlenschäden, der mechanischen Kaltverfestigung („*Weichglühen*"), Erniedrigung des elektrischen Widerstandes.

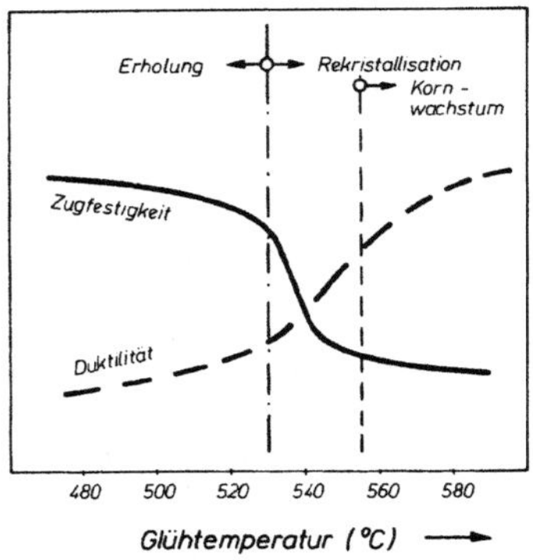

Bild 3.28 Einfluß einer Glühbehandlung auf die Zugfestigkeit und die Duktilität eines kaltverformten Stahls, schematisch

In einem typischen Ausheilexperiment wird ein stark kaltverfestigter Werkstoff bei hoher Temperatur geglüht. Bild 3.28 zeigt als Beispiel die Abnahme der Festigkeit und gleichzeitige Verbesserung der Duktilität eines kaltverformten Stahles mit steigender Glühtemperatur. Man erkennt, daß das Ausheilen offenbar in zwei Stufen abläuft, die als *Erholung* und *Rekristallisation* bezeichnet werden.

1. **Erholung** setzt bereits bei mäßig erhöhter Temperatur ein und ist gekennzeichnet durch (Bild 3.29):

a) *Ausheilen von Punktfehlern,* z.B. Reaktion einer Leerstelle mit einem Zwischengitteratom (Bild 3.29a).

b) *Vernichtung (Annihilation) von Versetzungen* (Bild 3.29b), wodurch die Versetzungsdichte erniedrigt wird.

Dies geschieht in der Regel bereits dadurch, daß Versetzungen entgegengesetzten Vorzeichens, die in der gleichen Gleitebene liegen, aufeinander zulaufen und sich auslöschen. (Bild 3.29b, oben). Liegen die beiden Versetzungen aber in zwei ver-

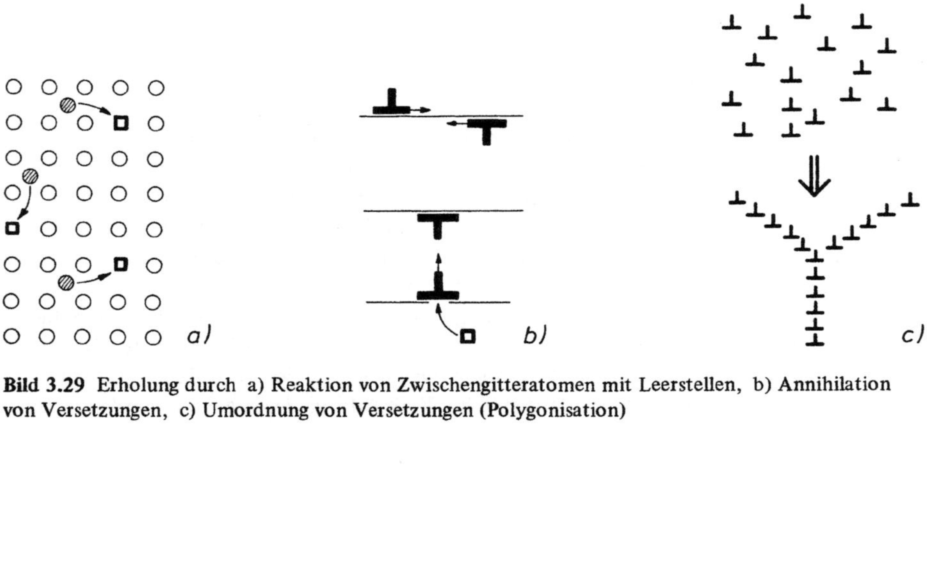

Bild 3.29 Erholung durch a) Reaktion von Zwischengitteratomen mit Leerstellen, b) Annihilation von Versetzungen, c) Umordnung von Versetzungen (Polygonisation)

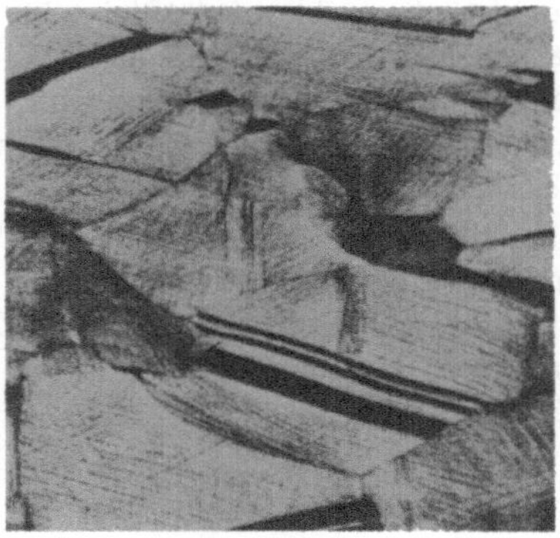
a)

b)

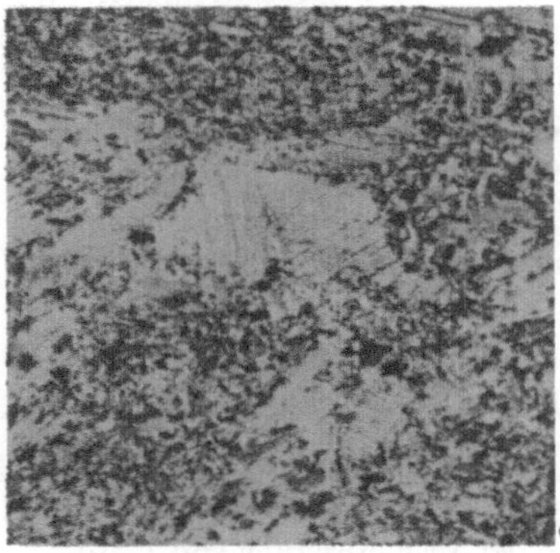
c)

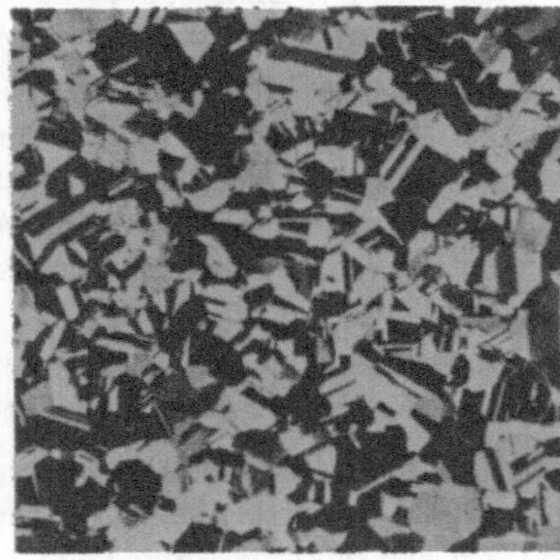
d)

e)

Bild 3.30 Entwicklung des Korngefüges von kaltverformten Messing während einer Rekristallisationsglühung bei 500 °C

a) Kornstruktur des kaltverformten, ungeglühten Materials mit zahlreichen Gleitlinien,
b) und c) nach kurzzeitiger Glühung bilden sich versetzungsarme Rekristallisationskeime, die in die vorhandenen Körner hineinwachsen
d) nahezu voll rekristallisiertes Korngefüge
e) voll rekristallisiertes Gefüge nach Kornvergröberung

schiedenen Gleitebenen, so müssen sie aus der Gleitebene „herausklettern" (Bild 3.29b, unten). Dieses *Klettern* wird ermöglicht, wenn Leerstellen an die Unterkante der eingeschobenen Halbebene der Versetzung *diffundieren,* wodurch diese verkürzt wird. Das bedeutet, daß sich die Versetzung um einen Atomschritt nach oben herausbewegen, auf den Partner zuklettern und sich mit diesem auslöschen kann.

c) *Umordnung von Versetzungen* gleichen Vorzeichens (Bild 3.29c). Hierbei ordnen sich die durch plastische Verformung gebildeten, normalerweise regellos angeordneten Versetzungen per Gleiten und Klettern in die energetisch günstigere Form von Kleinwinkelkorngrenzen (s. Abschn. 1.3.3, Bild 1.15) an. Dieser Vorgang wird als *Polygonisation* bezeichnet und technisch als *Spannungsfreiglühen* genutzt.

2. **Rekristallisation** findet bei noch höheren Temperaturen statt (Bild 3.28) und führt zur Bildung eines völlig neuen, versetzungsarmen Korngefüges. Wie bei anderen diffusionsgesteuerten Umwandlungen, z.B. Ausscheidungsvorgängen (s. Abschn. 2.3.2) unterscheiden wir die drei Stadien (Bild 3.30):

a) *Keimbildung,* d.h. Bildung neuer, ungestörter Körner an Stellen besonders hoher Versetzungsdichte (Bild 3.30b, c).

b) *Wachstum* dieser *Rekristallisationskeime* durch *Wanderung* der Korngrenzen, welche wie eine „Reaktionsfront" nach und nach alle verfestigten Körner überstreichen, bis diese „aufgezehrt" sind und so ein defektfreies Gefüge entsteht (Bild 3.30d). Die treibende Kraft dieses als *primäre Rekristallisation* bezeichneten Prozesses ist demnach der Unterschied der Versetzungsdichte in den verfestigten und rekristallisierten Bereichen.

c) *Kornvergröberung* des rekristallisierten Gefüges durch Kornwachstum, häufig als *sekundäre Rekristallisation* bezeichnet (Bild 3.30e).

Das rekristallisierte Korngefüge besitzt mitunter eine charakteristische Vorzugsorientierung (*Rekristallisations-Textur,* Bild 1.19), die viele Eigenschaften technischer Werkstoffe bestimmt, z.B. die Duktilität (Bild 3.28), die Verluste bei der Magnetisierung von Trafo-Blechen (vgl. Abschn. 20.5.1.3) u.a.m.

4 Eisenwerkstoffe

4.1 Das Eisen-Kohlenstoff-Diagramm

Das binäre System Eisen-Kohlenstoff ist einerseits die technisch wohl wichtigste „Legierung", andererseits ist sein Zustandsdiagramm ein besonders lehrreiches Beispiel für ein kompliziertes Schaubild (Bild 4.1).

Wir beginnen die Diskussion mit der linken Komponente, dem reinen Eisen: Wie bereits in Abschn. 1.4 (Bild 1.21b) dargelegt, tritt reines Eisen in folgenden Modifikationen auf: **α-Eisen** bei tiefen Temperaturen bis zu 911 °C (Punkt G), welches im krz-Gitter kristalli-

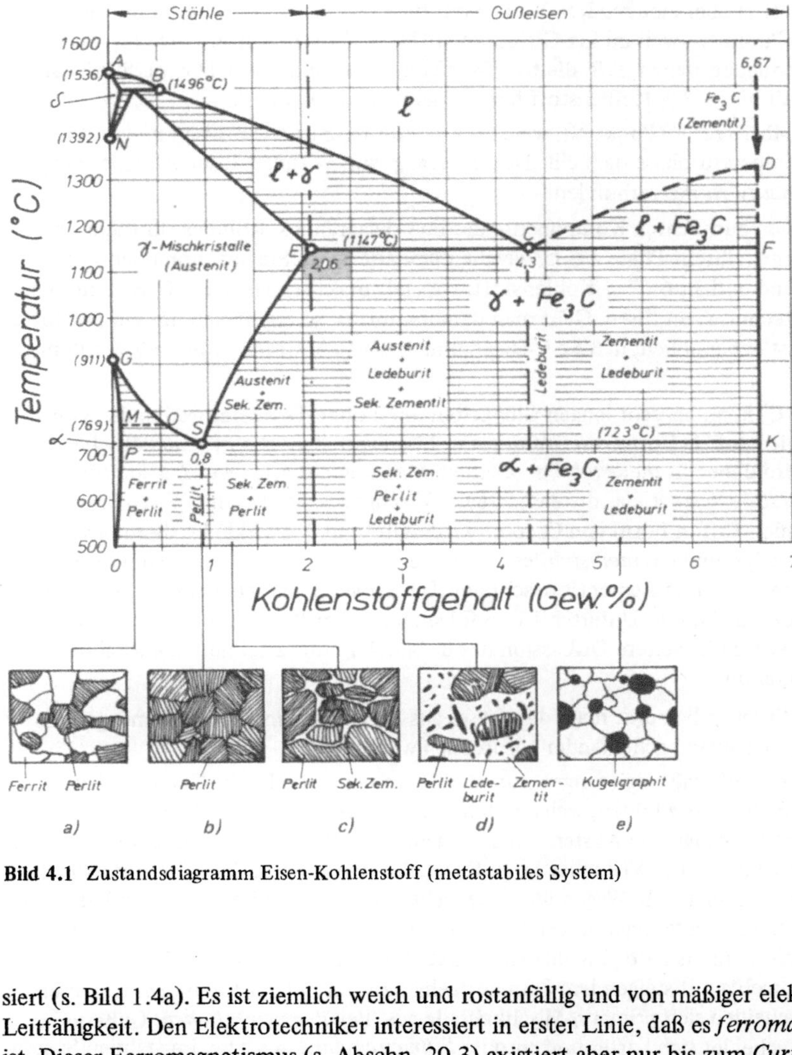

Bild 4.1 Zustandsdiagramm Eisen-Kohlenstoff (metastabiles System)

siert (s. Bild 1.4a). Es ist ziemlich weich und rostanfällig und von mäßiger elektrischer Leitfähigkeit. Den Elektrotechniker interessiert in erster Linie, daß es *ferromagnetisch* ist. Dieser Ferromagnetismus (s. Abschn. 20.3) existiert aber nur bis zum *Curie-Punkt* bei 769 °C (Punkt M), oberhalb ist α-Eisen *unmagnetisch* (und wird häufig als β-Eisen bezeichnet). Die *Kohlenstofflöslichkeit* in α-Eisen ist sehr gering und beträgt maximal 0,02 %, (Punkt P), weil die C-Atome in den kleinen Zwischengitterplätzen des krz-Gitters eingelagert sind (vgl. Abschn. 1.4.2, Bild 1.23c). α-Eisen mit maximal 0,02 % Kohlenstoff bezeichnet man als *Ferrit*.

γ-Eisen zwischen 911 °C (Punkt G) und 1392 °C (Punkt N), welches im kfz-Gitter kristallisiert (s. Bild 1.4b), das dichter gepackt ist als das krz-Gitter des α-Eisens (vgl. Abschn. 1.2). Daher erfolgt die α-γ-Umwandlung unter *Volumenkontraktion*. γ-Eisen ist nicht ferromagnetisch, besitzt aber eine *größere* Löslichkeit für Kohlenstoff als α-Eisen. Sie beträgt maximal 2 % (Punkt E), weil im kfz-Gitter die größeren Zwischengitterplätze für die C-Atome zur Verfügung stehen, z.B. die freie Würfelmitte (s. Bild 1.4b). Die Mischkristalle des γ-Eisens mit bis zu 2 % Kohlenstoff bezeichnet man als *Austenit.*

δ-Eisen oberhalb 1392 °C (Punkt N), welches wiederum krz ist wie α-Eisen und quasi dessen Hochtemperaturphase darstellt. Der Übergang vom γ- zum δ-Eisen ist daher mit einer *Volumenaufweitung* verbunden.

Wir kommen nun zur rechten Komponente des Fe-C-Diagramms. Kohlenstoff bildet mit Eisen die intermetallische Phase Fe_3C, welche **Zementit** heißt. Sie hat rhomboedrisches Kristallgitter und enthält 6,67 % Kohlenstoff. Dies gilt praktisch als obere Grenze für den C-Gehalt von technischem Eisen. Geht man darüber hinaus, so ergibt sich nur ein brüchiges Gemenge. Es ist daher üblich, daß Fe-C-Diagramm nur bis zur Grenze von 6,67 % aufzuzeichnen.

Zementit (Fe_3C) kann bei sehr langen Glühzeiten und hohen Temperaturen in die Komponenten Kohlenstoff in Form von *Graphit* und Eisen zerfallen. Die intermetallische Phase Fe_3C wird daher als *metastabil* bezeichnet. Man braucht also zwei Zustandsdiagramme: das *stabile System*, das die endgültigen Gleichgewichte zwischen Eisen und elementarem Kohlenstoff in Form von Graphit wiedergibt und das wirkliche thermodynamische Gleichgewicht zeigt; und ein *metastabiles System,* das die technisch interessanteren Reaktionen zwischen Eisen und Zementit beschreibt. Die Linien beider Diagramme liegen so nahe beieinander, daß dieser Unterschied im folgenden außer Betracht bleiben soll. Wir benutzten daher für die weitere Diskussion das in Bild 4.1 aufgezeichnete metastabile Fe-Fe_3C–Diagramm.

Bei näherem Hinsehen bemerkt man, daß dieses aus 3 Teildiagrammen zusammengesetzt ist, welche im folgenden nacheinander besprochen werden:

a) Zunächst fällt auf, daß Legierungen mit ca. 4 % Kohlenstoff (Punkt C) ein niedrig schmelzendes *Eutektikum* bilden, welches den Namen *Ledeburit* hat und aus einem „wohlgefügten" Gemenge von Austenit und Zementit besteht. Das Teildiagramm zwischen 2,06 % (Punkt E) und 6,67 % (Punkte D, F, K) ist also von eutektischem Typ und ähnelt dem Diagramm in Bild 1.26b. Wegen ihres gegenüber dem reinen Eisen stark herabgesetzten Schmelzpunktes sind diese Legierungen besonders gut gießbar. Daher nennt man Fe-C-Legierungen mit mehr als 2,06 % Kohlenstoff **Gußeisen.** Härte und Sprödigkeit nehmen von links nach rechts mit steigendem Zementitgehalt zu. Im *untereutektischen* Gußeisen (links von C) scheiden sich primär γ-Mischkristalle aus. Bei *übereutektischem* Gußeisen (rechts von C) scheidet sich harter und spröder *Primärzementit* aus bzw. im stabilen System der relativ weiche *Primärgraphit.* Ist letzteres der Fall, erhält man den dunkel gefärbten *Grauguß,* ist ersteres der Fall, helle und spröde Gußeisensorten. Durch nachträgliche Wärmebehandlung im festen Zustand läßt sich erreichen, daß der Primärzementit im weißen Gußeisen zerfällt und sich als Graphit im Gefüge einlagert. Man kann das Gußgefüge aber nicht nur durch die Temperaturführung des Prozesses sondern auch durch Legierungszusätze beeinflussen. So begünstigt ein Zusatz von Mangan die weiße Erstarrung, ein Zusatz von Silicium die graue Erstarrung. Je nach Art der zugegebenen Kristallisationskeime (Si oder Si-Verbindungen oder Mg-Verbindungen) und der Temperaturführung bei der Erstarrung entstehen dann entweder lamellen- oder zeilenförmige oder kugelförmige Graphiteinlagerungen im Gefüge (Schliffbild e in Bild 4.1). Letzteres wird als *Kugelgraphitguß* oder *Sphäroguß* bezeichnet und stellt einen sehr hochwertigen Werkstoff dar.

b) Das *peritektische* Teildiagramm bei kleinen Kohlenstoffgehalten und hohen Temperaturen mit dem δ-Eisen (zwischen Punkt N und A) auf der linken Seite besitzt technisch keine Bedeutung; außer, daß man beim Hochofenprozeß die Schmelzpunkterniedrigung mit steigendem C-Gehalt ausnützt. Der Grund liegt darin, daß alle kohlenstoffarmen Legierungen mit weniger als 2,06 % bei Abkühlen zu homogenen γ-Mischkristallen erstarren.

c) Alle Fe-C-Legierungen mit C-Gehalten zwischen 0 % und 2,06 % (Punkt E) – und nur sie – bezeichnet man als **Stähle.** Stahl und Gußeisen unterscheiden sich neben dem C-Gehalt aufgrund ihres verschiedenartigen Gefüges auch in ihren Werkstoffeigenschaften. Man definiert daher Stähle als solche Fe-C-Legierungen, die sich ohne Wärmebehandlung *schmieden* lassen, während das bei Gußeisen nicht der Fall ist. Alle Stähle lassen sich durch entsprechende Glühung *austenitisieren,* d.h. in den homogenen γ-Mischkristall überführen (Bereich NESG). Kühlt man den Austenit weiter ab, so zerfällt er in Ferrit und Zementit. Diese charakteristische Wärmebehandlung der Stähle spielt sich in dem Teildiagramm ab, dem wir uns nun zuwenden:

Dieses Teildiagramm bei C-Gehalten unter 2,06 % (Punkt E) und tieferen Temperaturen ähnelt dem in Bild 1.26b dargestellten eutektischen Schaubild, allerdings mit Mischungslücke links (wie in Bild 1.29), d.h. begrenzte Löslichkeit im schmalen α-Gebiet. Der Unterschied besteht darin, daß die γ-Phase keine Schmelze ist, sondern eine feste Phase, ein Mischkristall. In Analogie zur eutektischen Reaktion nennt man die Reaktion, in der Austenit am Punkt S in Ferrit und Zementit zerfällt, eine *eutektoide Umwandlung.* Die Zerfallstemperatur von 723 °C bezeichnet man als A_1. Das entstehende feinlamellare Gefüge (Schliffbild b in Bild 4.1) hat große Ähnlichkeit mit dem Eutektikum Bild 1.27c und heißt *Perlit* (vgl. auch Bild 2.8e).

Wie beim Guß unterscheidet man auch hier *untereutektoide* (unterperlitische) Stähle mit C-Gehalten kleiner als 0,8 % (links von S), in denen sich zunächst weicher Ferrit abscheidet (Schliffbild a in Bild 4.1) und *übereutektoide* (überperlitische) Stähle mit C-Gehalten zwischen 0,8 % (Punkt S) und 2,06 % (Punkt E). Aus übereutektoiden Stählen scheidet sich zunächst spröder *Sekundärzemenzit* ab (im Gegensatz zum *Primärzementit,* der aus übereutektischen Gußschmelzen rechts von Punkt C auskristallisiert). Das entstehende Gefüge zeigt Schliffbild c in Bild 4.1.

Bei dieser Gelegenheit darf nochmals auf einen bereits in Abschn. 1.4.3 erwähnten Sachverhalt hingewiesen werden: aus thermodynamischen Gründen existiert zwischen α-Eisen und Zementit (Fe_3C) nur ein einheitliches Zweiphasengebiet: $\alpha + Fe_3C$. In welcher Form der Zementit bei Raumtemperatur im Gefüge vorliegt, primär, sekundär, eutektoid (im Perlit) oder eutektisch (im Ledeburit), darüber kann die Thermodynamik nichts aussagen.

4.2 Stähle

Stähle sind die wichtigsten Konstruktionswerkstoffe, Die große Vielfalt ihrer Eigenschaften kann durch gezielte Wärmebehandlung (Abschn. 4.2.1) und/oder Legierungstechnik (Abschn. 4.2.2) eingestellt werden.

4.2.1 Härten, Vergüten

Die einfachste Wärmebehandlung eines Stahls besteht darin, daß man ihn einer *Austenitisierungsglühung* unterzieht, indem man ihn bis ins γ-Gebiet hinein aufheizt (s. Bild 4.1). Während sich vorhandene Zementitpartikel nach Sekunden auflösen, muß man zwecks gleichmäßiger Verteilung des Kohlenstoffs per Diffusion (vgl. Abschn. 2.1) mehrere Stunden glühen. Anschließend läßt man den Stahl abkühlen, wobei die perlitische Reaktion abläuft. Diese Wärmebehandlung des Stahl nennt man *Normalisieren.*

Der zeitliche Ablauf von Umwandlungsreaktionen eines Stahls läßt sich am besten im Zeit-Temperatur-Umwandlungs-Schaubild verfolgen (vgl. Abschn. 2.3.3, Bild 2.7). Bild 4.2 zeigt das ZTU-Schaubild eines Stahls, der exakt die eutektoide Zusammensetzung (0,8 % C) hat, mit der charakteristischen Perlit-„Nase". Kurve 1 beschreibt die Abkühlung beim Normalisieren. Man kann ablesen, daß die Perlitbildung eines zum Beispiel bei 800 °C austenitisierten Stahles bei 500 °C bereits nach 3 Sekunden zu 98 % abgelaufen ist.

Die aus dem Zustandsdiagramm abgeleiteten Gefüge, wie im soeben geschilderten Fall, hat der Stahl nur bei langsamer Abkühlung, da sich das Gleichgewicht durch Diffusion einstellen kann. Wird der Stahl jedoch aus dem Austenitbereich (oberhalb der Linie GOS in Bild 4.1, bzw. oberhalb der horizontalen Linie bei 723 °C in Bild 4.2) schnell abgekühlt, z.B. in Wasser *abgeschreckt* (Kurve 2), so ist diese Bedingung nicht mehr erfüllt. Der Kohlenstoff kann dann aufgrund der schnellen Abkühlgeschwindigkeit nicht diffundieren. Das ganze Gitter wird durch einen gemeinsamen *„Umklappvorgang"* in die neue Kristallstruktur überführt. Diese besteht aus einem an Kohlenstoff übersättigten krz-α-Mischkristall, der aber durch den gelösten Kohlenstoff stark *tetragonal verzerrt* ist. Diese *diffusionslose Umwandlung* nennt man *martensitische Umwandlung,* den entstehenden Gefügebestandteil **Martensit**. Die entstehenden Martensitkristalle haben eine typische lanzettförmige Gestalt; sie erscheinen im Schliffbild als „Nadeln", zwischen denen sich *Restaustenit* befindet (Bild 4.3). Die Martensitbildung setzt spontan bei einer bestimmten Temperatur ein, der Martensit-Temperatur Ms in Bild 4.2. Bei weiterem Warten entsteht kein weiterer Martensit. Daher ist die Kurve der beginnenden Martensitbildung in Bild 4.2 eine horizontale Gerade.

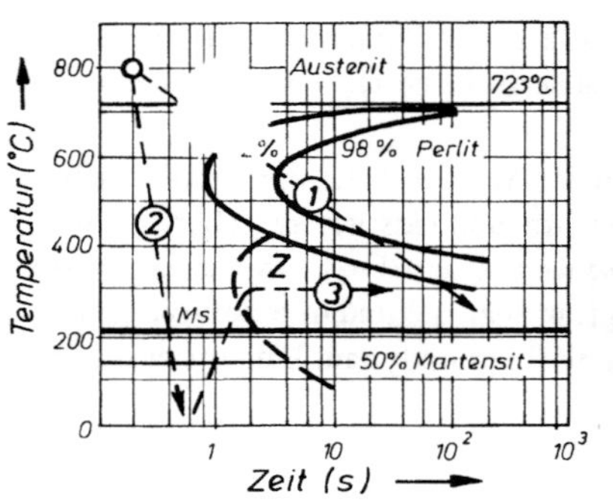

Bild 4.2 ZTU-Schaubild eines unlegierten perlitischen Stahles, schematisch

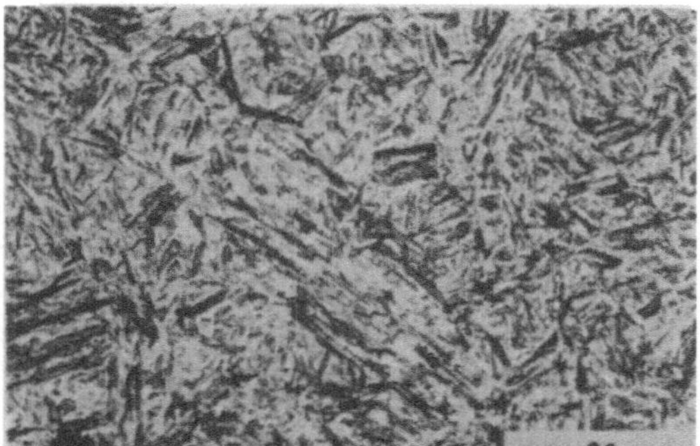

Bild 4.3 Martensitgefüge
dunkel: Martensitnadeln, hell: Restaustenit

Die Martensitbildung führt zur klassischen **Härtung** des Stahls. Sie beruht einerseits auf der hohen Festigkeit der Martensitnadeln selbst, die durch die eingelagerten C-Atome stark mischkristallgehärtet sind; vor allem aber auf der feinen Unterteilung sowie der mit der Martensitbildung einhergehenden Verspannung und plastischen Verformung des gesamten Gefüges, also auch des zwischen den Martensitnadeln befindlichen Restaustenits. Mit der Martensitbildung ist ferner verbunden: teilweiser Verlust an Zähigkeit, Verminderung der Dichte, eine gewisse Einbuße an elektrischer Leitfähigkeit, Herabsetzung der Sättigungsmagnetisierung, auf der anderen Seite eine Steigerung der magnetischen Koerzitivkraft bei relativ hoher Remanenz.

Für viele Zwecke ist das martensitische Gefüge zu spröde. Seine Zähigkeit läßt sich durch *„Tempern" (Anlassen)* bei erhöhter Temperatur verbessern (Kurve 3 in Bild 4.2), wobei sich ein Teil des Kohlenstoffs als Zementit ausscheidet. Das entstehende Gefüge wird als *Zwischenstufengefüge (Bainit)* bezeichnet. Man erhält es auch dadurch, daß man nach dem Austenitisieren, an der Perlitnase vorbei, in das Zwischenstufengebiet Z (Bild 4.2) abkühlt. Diese Kombination des Härtens und Anlassens bezeichnet man als *Vergütung.*

Kommt es nur auf eine möglichst harte, verschleißfeste *Oberfläche* an, so bevorzugt man bei Stählen häufig die *Einsatzhärtung:* ein kohlenstoffarmer *Einsatzstahl* wird in einer ihn dicht umschließenden Masse aus Kohle oder einer Verbindung, die in der Hitze Kohlenstoff abgeben kann, bei ca. 900 °C geglüht. Die Randzone nimmt dabei durch Diffusion Kohlenstoff auf (s. Abschn. 2.1.1) und wird bei anschließendem Abschrecken zu einer glasharten, verschleißfesten Martensitschicht. Der Kern des Werkstückes, der kohlenstoffarm geblieben ist und daher an der Martensitbildung nicht teilnimmt, behält dagegen seine ursprüngliche Zähigkeit.

4.2.2 Legierte Stähle

Was durch Reinheit, Kohlenstoffgehalt und Wärmebehandlung an Qualität nicht zu erreichen ist, müssen die Legierungselemente bringen, die in großer Zahl verfügbar sind. Legierte Stähle gibt es daher in einer Menge von Varianten als hochwertige Werkzeugstähle, Federstähle, verschleißfeste Kugellagerstähle, rost-, säure- oder hitzebeständige Stähle; weiterhin auch als Sonderstähle zur Herstellung von elektrischen Widerstandsdrähten und -Bändern, als ferromagnetische Stähle mit mannigfachen magnetischen Eigenschaften von den Permanentmagneten bis zu den besonders verlustarmen weichmagnetischen Sorten für Elektrobleche, andererseits aber auch als völlig unmagnetische Stähle.

Die Rolle von Legierungszusätzen kann danach unterschieden werden, ob und wie sie sich im α- oder γ-Eisen lösen. Als Regel gilt grob, daß sich die Elemente, die selbst im krz-Gitter kristallisieren, auch bevorzugt im α-Eisen lösen. Entsprechendes gilt für das kfz-Gitter, wobei Aluminium eine Ausnahme bildet:

1. Die krz-Elemente Si, Cr, Mo, W, V, P sowie Al (kfz) *„verengen"* das kfz-γ-Gebiet, man erhält *Ferritische Stähle.* Die α- und δ-Mischkristalle haben ein gemeinsames Phasenfeld und gehen z.B. bei 3 % Si lückenlos ineinander über (Bild 4.4a).
2. Die kfz-Elemente Cu, Ni, Co, Mn sowie interstitiell gelöster C und N *„öffnen"* das kfz-γ-Feld (Bild 4.4b), und ergeben *austenitische Stähle.* Diese sind oft *nichtferromagnetisch,* gut verformbar und rostfrei.

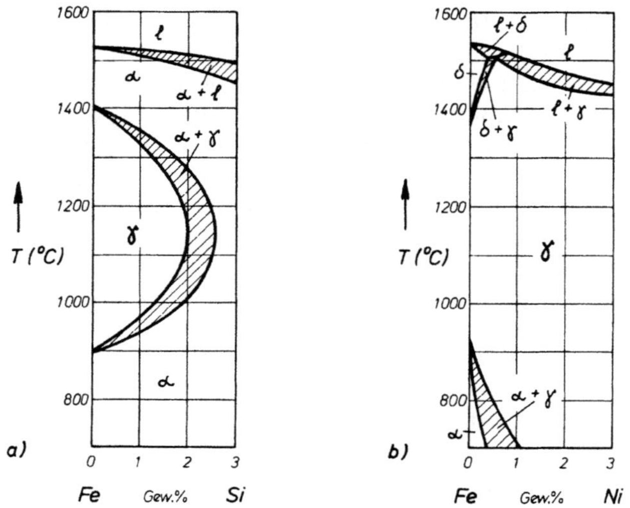

Bild 4.4
a) verengtes γ-Feld
b) geöffnetes γ-Feld

3. W, Mo, Nb, V, Ti bilden eisenfreie *Sonderkarbide,* weil sie eine größere chemische Affinität zu Kohlenstoff haben als Eisen. Die harten Sonderkarbidteilchen lösen sich bei hohen Temperaturen wegen der langsameren substitionellen Diffusion nicht auf und bewirken die hohe Härte und Schneidhaltigkeit in *Werkzeugstählen* (Schnellarbeitsstähle).

Durch Zusatz von z.B. 10...25 % Ni und Substitutionsatomen wie Al und Ti erhält man *Sonderstähle (maralternde Stähle).* Deren hohe Warmfestigkeit beruht vor allem auf der Härtung durch feindisperse innerlich geordnete Teilchen (z.B. aus Ni_3Al/Ti), die sich beim Tempern des Martensits bilden.

Den Einfluß der häufigsten Legierungszusätze auf die wichtigsten Werkstoffeigenschaften faßt die folgende Gegenüberstellung zusammen:

Änderung der Werkstoffeigenschaft	Legierungselement
Verbesserung der magnetischen Eigenschaften	Ni, Co, (Si)
Stabilisierung des unmagnetischen Austenitgitters	Ni, Co, Mn
Steigerung der Festigkeit	C, Ni, Mn, Cr, Si, W, Mo
Warmfestigkeit und Dauerstandfestigkeit (Zeitstandfestigkeit)	Ni, Co, V, W, Mo
Korrosions- und Zunderfestigkeit	Cr, Al, Si, (Cu)
Versprödend wirken:	O_2, H_2, N_2, P, S

Benennung der Eisenwerkstoffe

Nach DIN 17006 unterscheidet man eine Benennung nach Eigenschaften bzw. nach der chemischen Zusammensetzung.

a) Benennung nach Eigenschaften
Hierbei wird die Zugfestigkeit (in N/mm^2) angegeben, z.B.

Stahl:	St 35
Grauguß:	GG 18
Stahlguß:	GS 45

Häufig wird noch bezeichnet:

Güte bzw. Gewährleistungs- oder Prüfungsumfang,
Erschmelzungsart,
Eigenschaften aufgrund der Herstellungsart,
Behandlungszustand.
Spezielle Kennzeichen gibt es für Dynamo- und Trafobleche, Thermobimetalle, Dauermagnetlegierungen und Relaiswerkstoffe.

b) Benennung nach chemischer Zusammensetzung
Kohlenstoff gilt nicht als Legierungselement.

1. *Unlegierte Stähle* enthalten (in Gew.-%) nicht mehr als 0,5 % Si, 0,8 % Mn, 0,1 % Al oder Ti, 0,25 % Cu. Der Kohlenstoffgehalt wird 100fach angegeben.
   Beispiel: C 15 enthält 0,15 Gew.-% Kohlenstoff.

2. *Niedrig legierte Stähle* kennzeichnet man vorweg durch den mit 100 multiplizierten C-Gehalt. Danach folgen die chemischen Symbole nach fallendem Gehalt; anschließend die Legierungskennzahlen in Reihenfolge der Symbole. Die Legierungszahl ist das Produkt aus Gew.-% und folgenden Faktoren:
   4 bei Cr, Co, Mn, Ni, Si, W;
   10 bei Al, Be, Cu, Mo, Nb, Pb, Ta, Ti, V, Zr;
   100 bei P, S, N, Ge.
   Beispiel: 10 Cr Mo 9 10 enthält (in Gew.-%) 0,1 % C, 2,23 % Cr und 1 % Mo.

3. *Hochlegierte Stähle* enthalten mindestens ein Legierungselement mit mehr als 5 Gew.-%. Man kennzeichnet sie mit X vor dem 100fachen Kohlenstoffgehalt. Darauf folgen wie bei den niedrig legierten Stählen die Symbole der Legierungselemente und deren Gewichtsprozente, letztere aber ohne Multiplikatoren, z.B.:
   X 10 Cr Ni 18 8, d.h.: 0,1 % C, 18 % Cr, 8 % Ni.

5 Nichteisenmetalle [1)]

5.1 Kupfer und seine Legierungen

Das Kupfer wird in diesem Abschnitt behandelt als das – nächst dem Silber – bestleitende Metall der Elektrotechnik und zugleich als Hauptbestandteil einer Reihe wichtiger Konstruktionswerkstoffe. Sonderlegierungen für elektrische Widerstände und für Kontakte finden sich in Abschn. 12.2 gemeinsam mit anderen für diese Zwecke entwickelten Werkstoffen sowie in Kapitel 14.

5.1.1 Gewinnung und Eigenschaften des reinen Kupfers (Leitfähigkeit, Korrosionsbeständigkeit, Festigkeit und Verformbarkeit)

Die Verbindungspartner, mit denen das Kupfer in seinen Erzen vereinigt ist, sind in erster Linie *Schwefel* und *Sauerstoff.* Bei der Gewinnung von Eisen und Stahl wird davon ausgegangen, daß Sauerstoff und Kohlenstoff bei hoher Temperatur zueinander eine größere Affinität besitzen als jeder von beiden zum Eisen. Ähnliches ist auch hier bei Sauerstoff und Schwefel gegenüber dem Kupfer der Fall. Man gewinnt es dementsprechend – nach roher Vorreinigung durch mechanische Trennverfahren, Erhitzungs- und Schmelzprozesse – im Prinzip in folgenden chemischen Verfahrensschritten:

1. Erhitzen des aus dem Erz aufgearbeiteten Kupfersulfürs unter Sauerstoff:
   $Cu_2S + 3\,O = Cu_2O + SO_2$.
2. Umsetzen des entstandenen Kupferoxyduls mit überschüssigem Sulfür:
   $2\,Cu_2O + Cu_2S = 6\,Cu + SO_2$.

Wie bei der Stahlerzeugung Sauerstoff und Kohlenstoff sind also *hier Sauerstoff und Schwefel* in der Endphase als *flüchtiges Gas,* in diesem Fall SO_2, *miteinander verbunden und das Kupfer von beiden befreit.* Verminderung des Sauerstoffgehaltes durch Umrühren mit Birkenstämmen am Schluß der Schmelze ist heute noch üblich. Im anschließenden Reinigungsverfahren mit Umschmelzen, Entfernen der Schlacke und schließlich in der Elektrolyse gewinnt man dann das Kupfer bis zu sehr hohen Reinheitsgraden zwischen 99 und *fast 100 %.* Sie sind nach DIN 1708 genormt in den Stufen

99,0 %,	99,25 %,	99,5 %,	99,75 %	und 99,9 %	mit den Bezeichnungen:
A-,	B-,	C-,	D-,	und	F- Kupfer.

Die Kristallstruktur des Kupfers ist kubisch-flächenzentriert, was für seine Fähigkeit zur Mischkristallbildung mit anderen Metallen des gleichen Typs sowie für seine gute

---

1) Nach DIN 17007 wird jeder Werkstoff durch eine siebenziffrige Werkstoffnummer gekennzeichnet. Die erste Stelle kennzeichnet die Werkstoffhauptgruppe:

0 Roheisen und Ferrolegierungen
1 Stahl
2 Schwermetalle außer Eisen
3 Leichtmetalle
4–8 Nichtmetallische Werkstoffe
9 frei für interne Benutzung

Kaltverformbarkeit Bedeutung hat. Seine hervorragende *Leitfähigkeit,* relativ hohe *Korrosionsbeständigkeit,* gute *Lötbarkeit* und die erwähnte *Kaltverformbarkeit* sind die Haupteigenschaften, denen das Kupfer seine weite technische Anwendung verdankt.

Die *Leitfähigkeit* kann allerdings schon durch geringe Verunreinigung von unter 0,01 % merklich verschlechtert werden. In Anbetracht ihrer besonderen Bedeutung für die Elektrotechnik ist es hier üblich, in erster Linie nicht so sehr die Analyse und den Prozentgehalt an Fremdstoffen, sondern die Leitfähigkeit selbst als indirektes Kennzeichen des *Reinheitsgrades* zu verwenden. Für weichgeglühtes Kupfer von 99,99 % wird bei 20 °C eine Leitfähigkeit $\sigma = 59\ \mathrm{S}\,\frac{\mathrm{m}}{\mathrm{mm}^2} = 59 \cdot 10^6\ \frac{\mathrm{S}}{\mathrm{m}} \left(= 59 \cdot 10^4\ \frac{\mathrm{S}}{\mathrm{cm}}\right)$ angegeben $\left(\text{also ein spezifischer Widerstand von } \frac{1}{59} = 0{,}017\ \Omega\,\frac{\mathrm{mm}^2}{\mathrm{m}}\right)$.[1])

Durch Kaltverformung nimmt sie etwas ab. Nach Übereinkunft (VDE 0201) gilt für Leitungskupfer in geglühtem Zustand ein Mindestwert von $57 \cdot 10^6$ S/m, der bei gezogenen Drähten bis auf $55 \cdot 10^6$ S/m absinken darf. Kupfer, das dieser Bedingung genügt, hat die Bezeichnung „ECu". Der Zusatz „E" bedeutet hierbei nicht, wie in einem verbreiteten Irrtum angenommen wird, „Elektrolyt", sondern „Elektrotechnik", dient also als Kennzeichen für hochleitfähiges *Kupfer für die Elektrotechnik,* ohne etwas über das Herstellungsverfahren auszusagen.

Bild 5.1 zeigt den Einfluß einer Reihe *von Verunreinigungen* auf das Leitvermögen des Kupfers.

Die diesbezüglichen Angaben in der Literatur sind nicht ganz einheitlich, weil es eine merkliche Rolle spielt, ob die fremden Partikel elementar im Kupfer gelöst oder als Sauerstoffverbindungen eingebettet sind. Es sei darauf hingewiesen, daß gemäß Bild 5.1 auch *Silber,* das wir als das bestleitende Metall kennen, hier den spezifischen Widerstand *erhöht,* weil in jedem Fall die Leitfähigkeit eines Metalls durch Mischkristallbildung mit kleinen Prozentsätzen eines zweiten Partners absinkt. Stark verschlechternd wirken nach Bild 5.1 schon geringe Verunreinigungen durch *Eisen.* Das ist insofern kritisch, als bei der Verarbeitung zu Draht oder Blech die Gefahr des Eindringens von Partikeln aus den Oberflächen der stählernen Walzen und sonstigen Werkzeuge ja häufig gegeben ist. Abgesehen von der dadurch verursachten Verringerung der Leitfähigkeit kann das in der Meßinstrumententechnik von besonderer Bedeutung sein, weil durch Einlagerung des Eisens aus dem diamagnetischen Kupfer ein paramagnetischer Werkstoff wird. In Fällen, wo man das vermeiden muß, wird im allgemeinen nicht mehr als 0,01 % Eisen zugelassen.

Mit *steigender Temperatur* nimmt die Leitfähigkeit, wie bei allen reinen Metallen, *stetig ab,* und zwar beim Kupfer um rund 0,4 % pro Grad. Bei einer Erwärmung auf 150 °C,

---

[1]) S *(Siemens)* ist die Einheit für den elektrischen Leitwert, d.h. den reziproken Widerstand, also gleichbedeutend mit $\frac{1}{\Omega\,(\mathrm{Ohm})}$; $\mathrm{S}\,\frac{\mathrm{m}}{\mathrm{mm}^2}$ ist demnach der auf 1 m Länge und 1 mm^2 Querschnitt bezogene Leitwert eines Leiterstückes, das ist defnitionsgemäß die Leitfähigkeit seines Werkstoffes. Drückt man Länge und Querschnitt beide in m bzw. m^2 aus, so geht die Einheit von $\mathrm{S}\,\frac{\mathrm{m}}{\mathrm{mm}^2}$ über in $\mathrm{S}\,\frac{\mathrm{m}}{\mathrm{m}^2} = \frac{\mathrm{S}}{\mathrm{m}}$. Auch die Einheit $\frac{\mathrm{S}}{\mathrm{cm}}$ oder, in anderer Schreibweise, $\Omega^{-1}\,\mathrm{cm}^{-1}$ ist in älterer Literatur üblich. In der Halbleitertechnik wird für den spezifischen Widerstand fast ausschließlich die Einheit Ω cm verwendet.

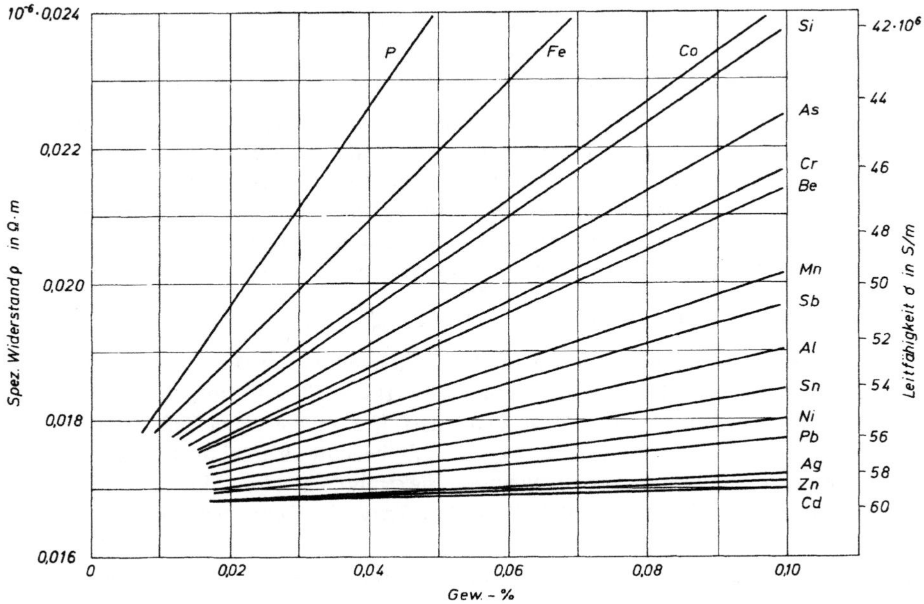

Bild 5.1 Einfluß von Fremdelementen auf spez. Widerstand bzw. Leitfähigkeit von Kupfer

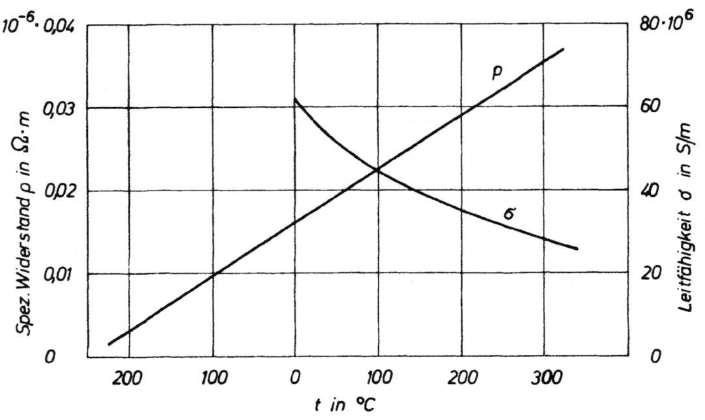

Bild 5.2 Spezifischer Widerstand ρ und Leitfähigkeit σ von Kupfer in Abhängigkeit von der Temperatur

also 130 Grad über Raumtemperatur, wie sie in Maschinen und Apparaten häufig im Betrieb auftritt, bedeutet das einen Rückgang auf weniger als Zweidrittel des Ausgangswertes. In Bild 5.2 ist die Leitfähigkeit und auch ihr reziproker Wert, der spezifische Widerstand, in Abhängigkeit von der Temperatur dargestellt.

Zu der zweiten angenehmen Eigenschaft des Kupfers, der im Vergleich zu Eisen relativ guten *Korrosionsbeständigkeit,* ist einiges einschränkend zu sagen. Erwähnt sei die grüne *Patina,* die sich in feuchter, kohlensäurehaltiger Luft auf Kupfer und Kupferlegierungen bildet. Aber auch in trockener Luft entsteht schon bei Raumtemperatur an der Oberfläche eine *Kupferoxydulschicht* (Cu_2O), die zunächst vor weiteren chemischen Angriffen schützt und sich nach Beschädigung erneuert. Bei etwas über 100 °C erscheint sie als Anlauffarbe, zunächst gelb und rot, schließlich bei hoher Temperatur geht sie über in schwarzes Kupferoxid (CuO), das zum Abplatzen neigt.

Auch im Innern enthält das Metall herstellungsbedingt normalerweise mehr oder minder kleine Mengen von Cu_2O, das mitunter zur sogenannten *Wasserstoffkrankheit* führt. Wird nämlich Kupfer unter wasserstoffhaltigem Schutzgas bei Temperaturen über 500 °C geglüht – was z.B. im Elektromaschinenbau häufig geschieht, um die Stäbe genügend weich zum Wickeln zu machen, oder auch beim Schweißen oder Hartlöten unter reduzierender Atmosphäre – so diffundiert Wasserstoff in das Innere und reagiert mit dem dort befindlichen Kupferoxydul zu metallischem Kupfer und Wasserdampf ($Cu_2O + H_2 = Cu_2 + H_2O$). Jede neue Erwärmung erzeugt dann in den betreffenden Bezirken hohe Drücke des eingeschlossenen Dampfes, die zu Poren und Rissen führen und sich in einer starken *Versprödung* äußern. In kritischen Fällen muß man daher ein Kupfer verwenden, bei dem der Sauerstoff durch verfeinerte Reinigungsmethoden so weit entfernt ist, daß es als oxidfrei anzusprechen ist. Es trägt dann in seiner Bezeichnung den Zusatz „S" (sauerstofffrei), heißt also *„SE-Cu"* und ist um ein Vielfaches teurer.

Eingeschränkt wird die Korrosionsbeständigkeit des Cu weiterhin durch seine Empfindlichkeit gegen *Ammoniak,* die zu völliger Auflösung führen kann, und insbesondere auch gegen *Schwefel,* mit dem es gern Verbindungen eingeht. Dazu bietet sich beispielsweise Gelegenheit, wenn Kupferleitungen unmittelbar mit gummihaltigen Isolierstoffen, die häufig durch ihren Herstellungsprozeß schwefelhaltig sind, in Berührung kommen. Abhilfe gelingt – mit entsprechend höherem Aufwand – durch Verzinnen.

Die gute *Kaltverformbarkeit* des Kupfers, gekennzeichnet durch die große Bruchdehnung von 40...50 %, ist mit dem Nachteil einer *geringen* mechanischen *Festigkeit* gekoppelt. Diese liegt mit ca. 220 N/mm^2 nahe bei der des reinen Eisens. Bild 3.15 zeigt, daß sie bei Reinkupfer durch Kaltverformung etwa verdoppelt werden kann, gleichzeitig aber die Bruchdehnung stark zurückgeht.

5.1.2 Kupferlegierungen

Sie haben, wie alle Legierungen, den Zweck, bestimmte Eigenschaften des Grundmetalls zu verbessern oder abzuwandeln, gegebenenfalls unter Verzicht auf irgendwelche anderen Vorzüge. Dazu bieten sich praktisch alle gemäß Früherem zu erwartenden Möglichkeiten (Abschn. 3.1.5 und 3.2.3), *Mischkristallbildung* mit Steigerung der Härte und Korrosionsbeständigkeit unter gleichzeitiger Einbuße an Leitfähigkeit, *aushärtbare* Legierungen mit Mischungslücke (Abschn. 1.4.4), *intermetallische* Verbindungen (Abschn. 1.4.5) mit gänzlich abweichenden Eigenschaften, schließlich *unlösliche Einlagerungen* zur Erhöhung der Warmfestigkeit oder mit Verbesserung im Hinblick auf sonstige spezielle Forderungen aus der Praxis. Von der Anwendung aus gesehen kommt man zu einer Einteilung in vier Gruppen.

1. Die *hochleitfähigen* Kupferlegierungen, bei denen unter möglichst weitgehender Beibehaltung der guten Leitfähigkeit die mechanischen Festigkeitswerte des für viele Zwecke zu weichen und vor allem in der Wärme wenig standfesten Kupfers angehoben sind (Abschn. 5.1.2.1).
2. Kupferlegierungen als *Konstruktionswerkstoffe* hoher Korrosionsbeständigkeit und mit wesentlich verbesserten mechanischen Festigkeitseigenschaften, bei denen man in Kauf nehmen kann, daß ihr Leitvermögen stark herabgesetzt ist (Abschn. 5.1.2.2).
3. Kupferlegierungen als *Widerstandswerkstoffe* mit absichtlich hohem, von Temperatur und Umgebungseinflüssen möglichst unabhängigem spezifischen Widerstand (Abschn. 12.2).
4. Kupferlegierungen als *Kontaktwerkstoffe* (Kapitel 14).

5.1.2.1 Hochleitfähige Kupferlegierungen

Legierungspartner für *hochleitfähige Kupferlegierungen* sind sinngemäß solche Elemente, die entweder sowieso nur relativ geringen Einfluß auf die Leitfähigkeit haben (s. Bild 5.1) oder von denen schon sehr kleine Beimengungen, die in elektrischer Hinsicht noch harmlos sind, ausreichen, um die mechanische Festigkeit oder sonstige Eigenschaften merklich zu verbessern. In erster Linie wird man hier also an die Elemente *Silber und Cadmium* denken, die nach Bild 5.1 das Leitvermögen am wenigsten verändern und die außerdem in kleinen Prozentsätzen Mischkristalle mit dem Kupfer bilden, was oft zu einer Steigerung der *Festigkeit* bei guter Verformbarkeit führt. Auch *Chrom* ist in diesem Zusammenhang trotz seiner relativ ungünstigen Einwirkung auf die Leitfähigkeit interessant, da es schon in geringen Zusätzen zum Kupfer aushärtbare Legierungen mit guten Festigkeitseigenschaften ergibt.

Bezüglich der Erhöhung der *Warmfestigkeit* liegt die Gruppe *Silber, Cadmium und Chrom* an der Spitze, wesentlich übertroffen jedoch noch vom *Zirkonium.* Während das reine Kupfer bereits bei Temperaturen zwischen 150 °C und 200 °C durch beginnende Rekristallisation entfestigt wird, behindern offenbar Cadmium, Silber, Chrom und Zirkonium schon in Anteiler von 0,05 % diese Vorgänge und verlagern sie in den Bereich oberhalb von 300 °C. Legierungen dieser Art bieten z.B. die Möglichkeit, stromführende Teile elektrischer Maschinen im Sinne einer besseren Materialausnutzung stärker zu belasten, d.h. auf höhere Erwärmung zu dimensionieren. Gesteigerte Warmfestigkeit braucht man aber auch bei Teilen, die nur vorübergehend beim Löten oder anderen Arbeitsvorgängen stark erhitzt werden und dabei keine bleibende Entfestigung erfahren dürfen; Beispiele sind *Kommutatorlamellen* beim Einlöten der Wicklungsanschlüsse oder *Einbauteile* in elektrischen Geräten beim Härten von Vergußmassen, Einbrennen von Lacken und dergleichen.

Im einzelnen ergibt sich, nach abnehmender Leitfähigkeit geordnet, folgendes Bild für die Gruppe der genannten Legierungen mit *Silber, Cadmium, Chrom und Zirkonium,* zu denen in gewissem Sinne noch *Tellur, Beryllium* und einige andere hinzuzurechnen sind:

Silberkupfer mit Anteilen von 0,03...0,2 % Ag, die völlig als *Mischkristalle* im Kupfer gelöst sind, unterscheidet sich bei Raumtemperatur noch nicht nennenswert von Reinkupfer, ist diesem aber bezüglich der Warmfestigkeit erheblich überlegen. Es dient demgemäß zur Herstellung von *Kommutatorlamellen* oder von hartgezogenen *Drähten*, die unter starker Erwärmung verzinnt werden müssen und dergleichen.

Cadmiumkupfer mit Cadmiumanteilen um 1 % liefert Werkstoffe von noch guter Leitfähigkeit, die gegenüber dem reinen Kupfer sowohl in der Wärme wie auch schon bei Raumtemperatur auf höhere *Festigkeitswerte* gebracht werden können, da sie sich in stärkerem Maße durch Kaltverformung verfestigen lassen. Sie werden eingesetzt z.B. für *Freileitungen* von großer Spannweite, wegen ihrer Verschleißfestigkeit auch für *Fahrdrähte* elektrischer Bahnen, auf Grund ihres besseren mechanischen Verhaltens in der Wärme als *Schweißelektroden.*

Chromkupfer mit Chrom-Anteil um 0,5 % zeichnet sich im ausgehärteten Zustand durch besonders hohe mechanische *Festigkeit* bei Raumtemperatur aus. Beispielsweise werden für die Zugfestigkeit Werte um 600 N/mm² angegeben, die also im Bereich guter Stähle liegen. Weiterhin liefert der Chromzusatz die gesteigerte *Warmfestigkeit* dieser Legierungen. Sie sind dadurch in besonderem Maße geeignet für *Kommutatorlamellen, Schweißelektroden* und stromführende Federn. Hier muß man allerdings schon eine *Verminderung der Leitfähigkeit* um ca. 20 % in Kauf nehmen.

Zirkonkupfer mit Zirkoniumanteilen unter 0,3 % ist noch gut leitend, aber auch in mechanischer Hinsicht gegenüber dem reinen Kupfer unter normalen Bedingungen nur wenig verändert. Die Festigkeitswerte sind an sich zwar nicht besonders hoch, fallen dafür aber auch bis zu Temperaturen von 400 °C oder 500 °C kaum weiter ab. Vor allem liefert die Kombination *Kupfer-Chrom-Zirkonium aushärtbare* Legierungen, die hinsichtlich ihrer mechanischen Belastbarkeit sowohl bei Raumtemperatur wie auch nach hoher und lange anhaltender Erwärmung alle vorgenannten übertreffen, allerdings auch wiederum mit *Rückgang der Leitfähigkeit* um etwa 20 %.

Da das Zirkonium noch nicht lange in der Elektrotechnik im alltäglichen Gebrauch ist, sei bei dieser Gelegenheit erwähnt, daß man es in zunehmendem Maße auf den verschiedensten Gebieten der Technik findet. Es dient wegen seiner geringen Neutronenabsorption, verbunden mit hoher Korrosionsfestigkeit, in ausgedehntem Maße als Konstruktionswerkstoff im Reaktorbau, aber auch in elektrotechnischen Bezirken wird es uns im Kapitel 13 als Bestandteil supraleitender Verbindungen wieder begegnen.

Dispersionsgehärtetes Kupfer: Bei den aushärtbaren Kupfer-Chrom- und Kupfer-Zirkonium-Legierungen fällt oberhalb von 400 °C die Festigkeit schließlich ab, insbesondere deshalb, weil die Chrom- oder Zirkonium-Partikel, durch deren Ausscheidung bei Abkühlung der Zustand der Aushärtung entstanden war, bei steigender Temperatur wieder in Lösung gehen. Neuerdings werden *hochleitfähige* Kupferwerkstoffe hergestellt, in denen kleinste Partikel von Metalloxyden (z.B. Al_2O_3, TiO_2 u.a.) im Mengenverhältnis um 0,1 % feinstverteilt eingelagert *(dispergiert)* sind; da sie auch bei starker Erwärmung im Kupfer unlöslich bleiben, behalten sie ihren härtesteigenden Einfluß bis nahe an den Schmelzpunkt des Kupfers. Solche „dispersionsgehärteten" Legierungen (s. Abschn. 3.2.3) scheinen besonders günstige Möglichkeiten zu bieten, um bei geringer Einbuße an Leitfähigkeit gute mechanische Eigenschaften zu erzielen.

Erwähnung verdient unter den hochleitfähigen Kupferlegierungen noch das *Tellurkupfer.* Der Tellurzusatz bringt zwar keine wesentliche Steigerung der Festigkeit, weder bei Raumtemperatur noch in der Wärme, verbessert aber die *Zerspanbarkeit;* denn Tellur löst sich nicht in Kupfer, sondern bildet kleine Einschlüsse, die spanbrechend wirken, ohne die Leitfähigkeit wesentlich zu mindern. (Es wirkt also ähnlich wie der Schwefel beim Stahl und das Blei bei Messing und Aluminiumlegierungen.) Als *Automatenkupfer* hat dieser Werkstoff Bedeutung zur Herstellung gut leitender Schrauben, Muttern und sonstiger Kleinteile.

Berylliumkupfer mit ca. 2 % Beryllium ist eine aushärtbare Legierung mit einer so beachtlichen Steigerung der mechanischen Festigkeit, daß sie trotz des starken Rückgangs der Leitfähigkeit auf $12 \ldots 18 \cdot 10^6$ S/m als Leiterwerkstoff interessant ist, wenn man sie auch streng genommen nicht mehr zu den hochleitfähigen Kupferlegierungen rechnen kann. Es werden Festigkeitswerte von *1200 N/mm*^{2} und mehr angegeben, die also durchaus im Bereich der Werte von guten Federstählen liegen und die auch bei Temperaturen von 200 °C und darüber weitgehend erhalten bleiben. „Berylliumbronzen" finden daher Anwendung für *Schweißelektroden,* vor allem aber auch für hochkorrosionsbeständige sowie thermisch und mechanisch stark beanspruchte *Kontaktfedern.*

Leitbronzen: Unter dieser Bezeichnung sind seit langem einige Legierungen bekannt, die die Forderung, gute mechanische Festigkeit mit brauchbarem Leitvermögen zu verbinden, mehr oder minder zufriedenstellend erfüllen. Das oben genannte Cadmiumkupfer gehört dazu und hat unter ihnen die beste Leitfähigkeit. Durch Zusatz von *Magnesium, Silicium und Zinn,* einzeln oder gemeinsam, zwischen 0,2 und 2 % erhält man Leitbronzen, die in der Festigkeit etwa dem Chromkupfer vergleichbar sind, aber mit Leitfähigkeits-Werten unter $20 \cdot 10^6$ S/mm nur noch *mäßige elektrische Leiter* darstellen. Sie finden in wechselnder Zusammensetzung Verwendung für *Schweißelektroden, Starkstrom- und Fernmeldekontakte,* stromführende *Federn, Freileitungen* und anderes mehr. Auch trifft man Kupfer-*Silicium*-Legierungen als Werkstoffe für *Käfig- und Dämpferstäbe* bei elektrischen Maschinen mit absichtlich herabgesetzten Leitfähigkeitswerten zwischen 40 und $10 \cdot 10^6$ S/m.

Tabelle 5.1 gibt eine Zusammenstellung wichtiger hochleitfähiger Kupferlegierungen mit ihren kennzeichnenden Eigenschaften.

5.1.2.2 Kupferlegierungen als Konstruktionswerkstoffe

Tritt die Forderung nach guter Leitfähigkeit noch weiter in den Hintergrund oder ist sie sogar unerwünscht, so stößt man auf die schwer übersehbare Fülle von *Konstruktionswerkstoffen* auf der Basis von Kupfer. Sie verdanken ihre weite Verbreitung der häufigen Forderung nach einem *korrosionsbeständigen unmagnetischen* Werkstoff mit den *Festigkeitseigenschaften* einfacher bis guter Baustähle; sie sollen gegebenenfalls einigermaßen *elektrisch leiten,* im übrigen aber leicht *verarbeitbar,* gut verformbar und *nicht zu teuer* sein. Die häufigsten Legierungskomponenten sind dabei die Elemente *Arsen, Mangan, Aluminium, Silicium, Zinn, Zink und Nickel,* für besondere Anwendungen evtl. als Zusätze auch Blei, Eisen und Phosphor. Das Kupfer bildet im Kreise dieser zahlreichen Partner damit nicht weniger als das Eisen das Grundmetall für eine große Gruppe von Legierungen, die sich im allgemeinen durch gute Korrosionsfestigkeit auszeichnen, im übrigen je nach Zusammensetzung, Kaltverformungsgrad und Wärmebehandlung ein weites Spektrum von Eigenschaften aufweisen. So überdecken sie hinsichtlich der Werte für die mechanische Festigkeit und Zähigkeit einen Bereich, an dessen einem Ende weiche und ver-

Tabelle 5.1 Elektrische Leitfähigkeit und mechanische Festigkeit von hochleitfähigen Kupferlegierungen[1])

Werkstoff	el. Leitfähigkeit bei 20 °C	Zugfestigkeit (N/mm^2) bei °C						Anwendungen (z.B.)
		20 °C	100 °C	200 °C	300 °C	400 °C	500 °C	
(1) E-Kupfer (weich geglüht)	$57 \cdot 10^6 \frac{S}{m}$	220	200	170	140	100	80	
(2) E-Kupfer (hartgezogen)	$56 \cdot 10^6 \frac{S}{m}$	350	330	300	180	120	90	
(3) Silberkupfer (0,03...0,1 % Ag) (hartgezogen)	$56 \cdot 10^6 \frac{S}{m}$	380	bessere Warmfestigkeit als (1) und (2)					Kommutatorlamellen
(4) Cadmiumkupfer (0,7...1 % Cd) (hartgezogen)	ca. $48 \cdot 10^6 \frac{S}{m}$	480	sehr verschleißfest, Warmfestigkeit etwa wie (3)					Fahrleitungen, Freileitungen großer Spannweite
(5) Chromkupfer (0,4...0,8 % Cr) (warm ausgehärtet und kaltverformt)	ca. $47 \cdot 10^6 \frac{S}{m}$	500	bessere Warmfestigkeit als (3) und (4)					Schweißelektroden, Kommutatorlamellen, stromführende Federn
(6) Zirkonkupfer (0,1...0,3 % Zr) (warm ausgehärtet)	ca. $49 \cdot 10^6 \frac{S}{m}$	ca. 500	*wesentliche* Steigerung der Warmfestigkeit gegenüber (5)					hoch wärmebeanspruchte Teile in Elektrotechnik, Reaktor- und Raketenbau
(7) Zirkon-Chrom-Kupfer	ca. $45 \cdot 10^6 \frac{S}{m}$							

[1]) Zusammengestellt unter Verwendung von Angaben aus *K. Koch* und *R. Reinbach:* Einführung in die Physik der Leiterwerkstoffe. Verlag Franz Deuticke, Wien 1960; *E. Tuschy:* Kupferwerkstoffe für die Elektrotechnik. ETZ-B, **16** (1964), 10, 274–276 und des Deutschen Kupferinstituts.

formbare Werkstoffe mit hervorragender Tiefziehfähigkeit stehen, am anderen dagegen federharte und spröde Qualitäten, wobei die Leitfähigkeit zwischen der des reinen Kupfers und der ausgesprochener Widerstandslegierungen variiert. In Zahlen ausgedrückt, liegen die Grenzen für die Zugfestigkeit bei ca. 220 N/mm^2 auf der einen und über 800 N/mm^2 auf der anderen Seite, die für die Leitfähigkeit bei $57 \cdot 10^6$ S/m und $2 \cdot 10^6$ S/m.

Dieser großen Variationsbreite der Eigenschaften entspricht ein ausgedehntes Feld in der Anwendung, die noch durch eine gegenüber dem Reinkupfer verbesserte *Gießbarkeit* und *Schweißbarkeit* erleichtert wird.

Unter Beschränkung auf die markantesten kennzeichnenden Eigenschaften, die die einzelnen Legierungselemente dem jeweiligen Werkstoff gegenüber dem Reinkupfer verleihen, wird im folgenden versucht, einen gewissen Überblick zu geben. Die Einteilung ist dabei etwas willkürlich so vorgenommen, daß die erste Gruppe solche Legierungen enthält, bei denen das Kupfer den weitaus dominierenden Anteil hat und nur durch relativ kleine Zusätze verbessert wird, während es bei denen der zweiten Gruppe mehr in den Hintergrund tritt und lediglich als einer von mehreren Partnern, vielleicht nicht einmal mit 50 %, vertreten ist.

5.1.2.2.1 Kupferlegierungen mit kleinen Zusätzen von Arsen, Mangan, Silicium, Aluminium

Arsen (0,2 ... 0,5 %), Mangan, Silicium und Aluminium in Anteilen von einigen Prozent bis zu etwa 10 % wirken – meist durch Mischkristallbildung – gemäß Bild 5.1 alle stark verschlechternd auf die Leitfähigkeit; sie erhöhen aber, wenn auch in etwas unterschiedlichem Grade, die Festigkeit im gesamten Temperaturbereich bis hinauf zu 500 °C sowie die Korrosionsbeständigkeit, vor allem auch gegenüber Seewasser und chemischen Agenzien. Dabei liegt z.B. die Stärke des *Mangans* in der Erhöhung der *Warmfestigkeit*, das *Aluminium* steigert durch Bildung von oxydischen Deckschichten die *Zunderfestigkeit* bis etwa 800 °C und verbessert die Beständigkeit gegen *Säuren*. Legierungen aus dieser Gruppe, gegebenenfalls mit geringen Zusätzen von Eisen und Nickel, werden daher verwendet im *Schiffbau*, für Rohrleitungen und dergleichen in *Wasseraufbereitungsanlagen*, in Zuckerfabriken, in der chemischen Industrie, vor allem dort, wo *Erwärmung, erhöhter Druck und chemische Angriffe* zusammenwirken; sie dienen aber auch zur Herstellung verschleißfester Teile von *Getrieben*, als Werkstoff für *Schneckenräder* und dgl.

5.1.2.2.2 Kupferlegierungen mit Zusätzen von Zinn, Zink, Nickel (Zinnbronzen, Rotmetall, Messing, Neusilber) und Blei

Nach üblicher Definition bezeichnet man alle Legierungen, die mehr als 60 % Kupfer enthalten, als *Bronzen*, mit Ausnahme der *Kupfer-Zink-Legierungen* mit starkem Anteil an Zink, für die bekanntlich die Bezeichnung *Messing* bzw. *Tombak* gebräuchlich ist. Demnach fallen alle vorstehend behandelten Kupferwerkstoffe unter den Begriff „Bronzen“ und man spricht demgemäß von *Aluminiumbronzen, Berylliumbronzen, Manganbronzen* usw.

Die *Zinnbronzen*, die ältesten Legierungen dieser Art, mit Zinnanteilen von 2 bis über 20 %, die im unteren Konzentrationsbereich in Form von Mischkristallen im Kupfer gelöst sind, zeichnen sich durch hervorragende *Festigkeit* und *Zähigkeit*, gute *Gleiteigen-*

schaften und hohe *Korrosionsbeständigkeit* aus. Da ihnen zur Vermeidung des schädlichen Einflusses von Sauerstoff beim Erschmelzen, auch zur Verbesserung der Verschleißfestigkeit und der Rückfederung, meist ein geringer Anteil von Phosphor zugesetzt wird, findet man sie häufig unter der Bezeichnung *Phosphorbronzen.* Ihr Anwendungsgebiet teilen sie weitgehend mit den Bronzen der vorigen Gruppe, d.h. sie dienen ebenfalls zur Herstellung von mechanisch und chemisch beanspruchten Teilen auf Schiffen, in Maschinen und Apparaten sowie allgemein als Werkstoffe für *Getriebeteile, Schneckenräder, Zahnräder, Federn* usw. Bei Zinnanteilen um 10 % und mehr sind sie wegen ihrer guten Gießbarkeit als *Gußbronzen* bekannt und beispielsweise zur Fertigung von *Gehäusen* von Pumpen und Turbinen sowie von Armaturen mannigfacher Art gebräuchlich. Zusätze von *Blei,* die gegebenenfalls den Zinnanteil überwiegen können, ergeben *Guß- und Sinterwerkstoffe* für *Lagerbüchsen* oder für *Schleifringe* elektrischer Maschinen, da die feinverteilten, im Kupfer unlöslichen Bleipartikel die Gleiteigenschaften wesentlich verbessern.

Zinnbronzen, in denen *ein Teil* des teuren Zinns durch das billigere *Zink* ersetzt ist, stellen unter der Bezeichnung *Rotmetall bzw. Rotguß* eine Gruppe von Werkstoffen dar, deren Festigkeitseigenschaften zwar etwas geringer sind, die aber sonst in vielen Fällen in sehr ähnlicher Weise verwendet werden können.

Völliger Ersatz des Zinns durch *Zink* führt zum *Messing,* bei Kupferanteilen von mehr als 66 % unter der Bezeichnung *Tombak.* Auch hier handelt es sich im allgemeinen um die Bildung von Mischkristallen. Da diese in Abhängigkeit vom Mischungsverhältnis *unterschiedliche Gitterstrukturen* besitzen, gibt es unter den zahlreichen Messingsorten stark voneinander abweichende Varianten. Im großen und ganzen streuen ihre Eigenschaften und Anwendungsmöglichkeiten – je nach Zinkgehalt und gegebenenfalls kleinen Prozentsätzen von einem oder mehreren der anderen genannten Elemente – etwa im gleichen Bereich wie die der Bronzen. Eine Einschränkung besteht lediglich durch eine für Messing spezifische Korrosionsanfälligkeit: nämlich die bei gleichzeitiger mechanischer Belastung *und* chemischem Angriff auftretende *Spannungsrißkorrosion* (SRK). Das gefährliche chemische Agens sind *Ammoniakdämpfe*, unter deren Einfluß Risse vor allem entlang den Korngrenzen entstehen, in denen die Zerstörung fortschreitet. Da nach starker Kaltverformung das Gefüge immer bis zu einem gewissen Grade verspannt bleibt und da andererseits Ammoniakdämpfe sowohl häufig in Industrieatmosphäre enthalten sind wie auch bei organischen Fäulnisprozessen sich entwickeln, kommt dieser Spannungsrißkorrosion bei Messing eine nicht zu unterschätzende Bedeutung zu.

Ersetzt man einen wesentlichen Teil des Zinks durch *Nickel,* so entstehen Legierungen von silberweißer Farbe, die unter dem Namen *Neusilber* bekannt sind, die also beispielsweise aus ca. 50 % Kupfer, 10...18 % Nickel und dem Rest aus Zink bestehen. Sie zeichnen sich gegenüber dem Messing bei gleicher oder überlegener *Zugfestigkeit* und Härte durch gute *Zähigkeitseigenschaften* aus. Außerdem laufen sie nicht an, sind überhaupt von hoher *Korrosionsbeständigkeit,* die bei Kupfer-Nickel-Legierungen verschiedener Zusammensetzung – vor allem mit steigendem Nickelgehalt – bis an die Qualität hochkorrosionsfester austenitischer Stähle heranreicht.

Von den weit über hundert in den DIN-Normen zusammengestellten Kupferlegierungen gibt die nachstehende Tabelle 5.2 einen kleinen Auszug mit einigen Zahlen, die die Variations-

Tabelle 5.2 Kupferlegierungen (DIN 17 660, 17 662, 17 663)

	Werkstoff	Zusammensetzung %	Zugfestigkeit (N/mm^2)	Bruchdehnung %
	Reines Kupfer	99,9 Cu	200...250	40...50
1	Tombak CuZn10 F24 (weich)	89...91 Cu	240...300	42
	36 (hart)	Rest Zn	⩾ 360	⩾ 9
2	Messing CuZn40 F35 (weich)	59,5...61,5 Cu	⩾ 350	⩾ 43
	F48 (hart)	Rest Zn	⩾ 480	⩾ 12
3	Neusilber CuNi12 Zn24 F42	63...66 Cu 11...13 Ni Rest Zn	420...480	30
	Zinnbronzen (Bänder)			
4	CuSn2 F26	1,0...2,5 Sn, Rest Cu (P < 0,3)	⩾ 260	⩾ 50
5	CuSn6 F35	5,5...7,5 Sn, Rest Cu	350...410	⩾ 55
6	CuSn8 F38	7,5...9,0 Sn, Rest Cu	380...460	60

breite der Eigenschaften verdeutlichen sollen. In den Bezeichnungen findet man – ähnlich wie bei den Stählen – den prozentualen Anteil der wichtigsten Legierungspartner, häufig ergänzt durch die Angabe der Zugfestigkeit (in N mm^{-2}):

So ist:

CuSn8 F38 eine Zinnbronze mit ungefähr 8 % Zinn und einer Zugfestigkeit von mindestens 380 N/mm^2,

CuZn40 F35 ein Messing mit rund 40 % Zink und einer Mindestfestigkeit von 350 N/mm^2.

Dabei ist die Größe der Zugfestigkeit kein typisches Merkmal der jeweiligen Legierung, sondern auch das Ergebnis von Bearbeitungsvorgängen, Glühen und Kaltverformen, je nach dem, ob das Material in Form von Bändern, Blechen, Stäben oder sonstwie vorliegt. Man beachte wiederum, wie stark die Umwandlung vom weichen in den harten *(kaltverfestigten)* Zustand mit einem Rückgang der Bruchdehnung, also mit *Versprödung*, verknüpft ist. Andererseits läßt sich beim Vergleich der drei Zinnbronzen 4 bis 6 erkennen, daß der steigende *Zinngehalt* sowohl die Festigkeit wie die Bruchdehnung anhebt, den Werkstoff also zugleich *fester und zäher* macht. Das gilt allerdings nur im Konzentrationsbereich unterhalb von 14 %, wo sich Mischkristalle bilden. Bei höheren Zinnanteilen, wie man sie mitunter bei Gußbronzen verwendet, entstehen eingelagerte intermetallische Phasen, die zu sehr harten und spröden Werkstoffen führen können.

Die elektrische *Leitfähigkeit* der in Tabelle 5.2 aufgeführten Legierungen, die im einzelnen nicht angegeben ist, liegt durchweg unter $20 \cdot 10^6$ S/m, vielfach auch unter $10 \cdot 10^6$ S/m, also fast eine Größenordnung unter der des Kupfers.

Eine tabellarische Übersicht über die häufigsten Legierungspartner des Kupfers und ihre markantesten Einflüsse auf die Werkstoffeigenschaften findet sich am Schluß von Kapitel 5 in Zusammenhang mit den Aluminiumlegierungen (5.3).

5.1.2.3 Legierungen für elektrische Widerstände und Kontaktwerkstoffe auf der Basis von Kupfer

Die für diese speziellen Zwecke entwickelten Kupferlegierungen seien hier nur der Vollständigkeit halber erwähnt. Sie gehören aber sinngemäß zu den Gesamtgruppen der sehr verschiedenartigen Widerstands- und Kontaktwerkstoffe und sollen daher in entsprechendem Zusammenhang und Gegenüberstellung zu den übrigen im zweiten Teil im Abschn. 12.2 und Kap. 14 behandelt werden.

5.2 Leichtmetalle

Dem *Aluminium* kommt im Rahmen einer Werkstoffkunde der Elektrotechnik neben dem Kupfer ein besonderes Kapitel zu, weil es ebenso wie dieses nicht nur zusammen mit seinen Legierungen eine große Gruppe wichtiger allgemeiner Bau- und Konstruktionswerkstoffe darstellt, sondern auch wegen seines guten *Leitvermögens* von speziellem elektrotechnischem Interesse ist. Die Leitfähigkeit beträgt zwar mit $36 \cdot 10^6$ S/m nur ca. 63 % von der des Kupfers, liegt aber doch höher als bei allen anderen Metallen, wenn man von Silber und Gold absieht. Darüber hinaus gründet sich die breite Anwendung des Aluminiums insbesondere auf seine Eigenschaft als *Leichtmetall* mit einer Dichte von 2,7 kg/dm^3. Es gehört in dieser Hinsicht bekanntlich zu einer Gruppe weiterer Elemente, von denen einige, um die Stellung des Aluminiums innerhalb dieser Reihe zu kennzeichnen, hier kurz besprochen werden sollen.

5.2.1 Magnesium, Titan, Beryllium

Das *Magnesium* – mit seiner Dichte von 1,74 kg/dm^3 noch leichter als das Aluminium – hat als reines Metall wegen seines geringen Verformungswiderstandes kaum technische Bedeutung. Es ist aber das Grundmetall für eine Gruppe von *Legierungen,* vor allem mit Anteilen von Aluminium, die dort Verwendung finden, wo die Forderung nach geringem Gewicht im Vordergrund steht und mäßige Festigkeit und Korrosionsbeständigkeit in Kauf genommen werden oder durch konstruktive Maßnahmen und Korrosionsschutzmittel ausgeglichen werden können. Das ist z.B. der Fall bei vielen *tragbaren Geräten* oder entsprechenden Teilen im *Flugzeug- und Fahrzeugbau.*

Das *Titan* macht dem Aluminium überall da – und nur da – Konkurrenz, wo es auf den Preis weniger ankommt, dagegen auf geringes Gewicht in Verbindung mit hoher mechanischer Festigkeit, z.B. bei besonders beanspruchten Flugzeugteilen. Denn es ist trotz seiner Dichte von 4,5 kg/dm^3 immer noch eines der leichtesten Metalle, erreicht aber im Gegensatz zum relativ weichen Aluminium mit gewissen Legierungszusätzen die Festigkeit von legierten Stählen mit über *1000 N/mm*^{2}. Auch seine gute *Korrosionsbeständigkeit,* z.B. gegen Seewasser, würde das Titan zu einem vielverwendeten Metall machen, wenn nicht der *hohe Preis* dem entgegenstände.

Letzteres ist in noch stärkerem Maße beim *Beryllium* der Fall; mit einer Dichte von 1,8 kg/dm^3 ist es ebenso wie das Magnesium leichter als das Aluminium, dafür aber so teuer, daß es nur für Spezialzwecke, z.B. im Reaktorbau, im übrigen aber meist nur als Legierungspartner in geringen Prozentsätzen Verwendung finden kann, vor allem beim

Kupfer-Beryllium. Daß demgegenüber das Aluminium im Materialpreis unter dem des Kupfers liegt, sein Vorkommen in der Erdrinde aber um drei Größenordnungen reichlicher ist, sind zwei Gründe mehr, sich hier etwas eingehender mit ihm zu beschäftigen.

5.2.2 Reines Aluminium

Das normale technische Aluminium hat einen Reinheitsgrad von 99,5 %, aber auch Qualitäten mit einer Reinheit von 99,99 % sind für spezielle Anwendungen nichts Ungewöhnliches. Mit seinem kubisch-flächenzentrierten Gitter ist es in reinem Zustand gut kaltverformbar. Da es außerdem mit gewissen Einschränkungen bemerkenswert korrosionsfest ist, stehen also vier Eigenschaften im Vordergrund, denen es seine verbreitete technische Anwendung verdankt:

geringes Gewicht	*Korrosionsbeständigkeit*
gute Leitfähigkeit	*Kaltverformbarkeit* (Tiefziehfähigkeit)

Die drei letzteren Eigenschaften sind allerdings in starkem Maße vom *Reinheitsgrad* des Metalls abhängig. Dabei können schon Verunreinigungen von weit unter 1 % sich erheblich auswirken, wie im einzelnen zu besprechen sein wird.

Geringes Gewicht: Daß das Aluminium trotz seiner geringeren Leitfähigkeit mit dem Kupfer als Leiterwerkstoff in Wettbewerb treten kann, liegt nicht nur an den niedrigeren Kosten, sondern kann auch im Hinblick auf seine kleinere Dichte technische Gründe haben. Das zeigt z.B. folgende Überlegung: Die Leitfähigkeit des Aluminiums verhält sich zu der des Kupfers wie $36 : 57 = 0{,}63$. Ein Aluminiumstab muß also, um den gleichen elektrischen Widerstand pro Längeneinheit zu haben wie ein Kupferstab, im Querschnitt um den Faktor $1 : 0{,}63 \sim 1{,}6$ dicker sein; da die Dichten der beiden Metalle sich aber rund wie $2{,}7 : 9 = 0{,}3$ verhalten, so ist die Masse des Aluminiumstabes pro Längeneinheit immer noch nur $1{,}6 \cdot 0{,}3 = 0{,}48$ im Vergleich zu der des Kupferstabes. Daher kann es sinnvoll sein, bei Kurzschlußläufern großer elektrischer Maschinen hoher Drehzahl mit ihren erheblichen Zentrifugalkräften den Käfig aus Aluminiumstangen anstelle von widerstandsgleichen, zwar dünneren, aber doppelt so schweren Kupferstangen herzustellen. Aber auch aus wirtschaftlichen Gründen wird man natürlich in Fällen, wo genügend Raum für den größeren Leiterquerschnitt zur Verfügung steht, das billigere Aluminium anstelle des Kupfers verwenden, z.B. bei Käfigläufern elektrischer Maschinen, in der Kabelindustrie usw.

Die Leitfähigkeit – bei 20 °C nach VDE 0202 für E Al mindestens $36 \cdot 10^6$ S/m – nimmt wie beim Kupfer mit *steigender Temperatur stetig ab,* u. zw. ebenfalls um rund 0,4 % pro Grad. Dem überlagern sich möglicherweise bleibende Veränderungen, die durch *Verunreinigungen* oder *Kaltverformung* und *Glühbehandlung* bedingt sind. Bild 5.3 zeigt die Abhängigkeit vom Reinheitsgrad und von der Wärmebehandlung. Letztere führt offenbar bei Temperaturen um 300 °C zu einem Optimum: Die bei der vorangegangenen Kaltverformung entstandenen Gitterfehler, die die Leitfähigkeit herabsetzen, verschwinden hier durch Kristallerholung und Rekristallisation (vgl. Abschn. 3.3).

(Bei darüber hinausgehenden Glühtemperaturen setzen offenbar Prozesse ein, die wieder ein Absinken der Leitfähigkeit zur Folge haben.)

Die Korrosionsbeständigkeit des Aluminiums ist vor allem bemerkenswert gut gegenüber normalen atmosphärischen Einflüssen, also *Sauerstoff* und *Feuchtigkeit.* Diese Witterungsbeständigkeit beruht darauf, daß es sich infolge seiner großen Affinität zum Sauerstoff in Luft und in Wasser mit einer zwar sehr dünnen (ca. 1 μm dicken), aber dichten Oxidhaut (Al_2O_3) überzieht, die das Innere vor weiterem Angriff schützt und sich bei Verletzung erneuert. Durch elektrochemische Verfahren *(Eloxieren)* läßt sie sich zu einer harten und festhaftenden Schicht verstärken. Auch gegenüber vielen organischen Verbindungen ist sie beständig, so daß das Aluminium und seine Legierungen mannigfache Verwendung für Behälter, Rohre und dergleichen in der Chemie und der *Nahrungsmittelindustrie* sowie auch im *Haushalt* finden.

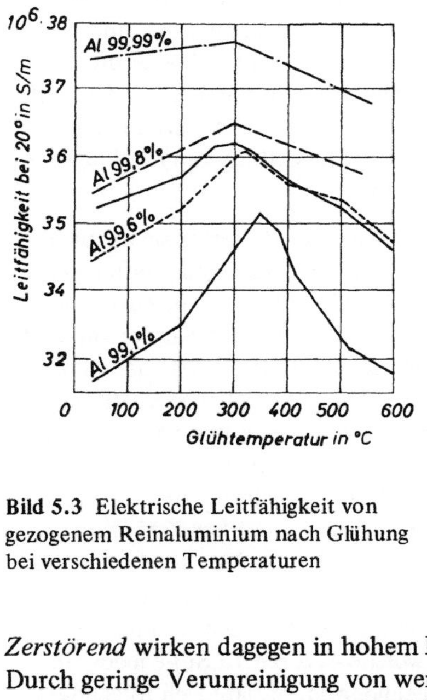

Bild 5.3 Elektrische Leitfähigkeit von gezogenem Reinaluminium nach Glühung bei verschiedenen Temperaturen

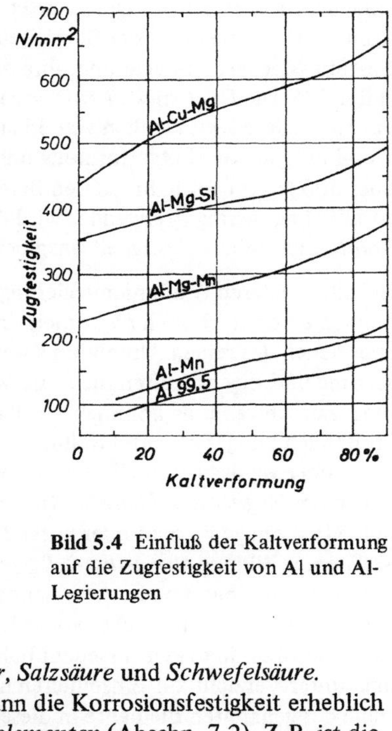

Bild 5.4 Einfluß der Kaltverformung auf die Zugfestigkeit von Al und Al-Legierungen

Zerstörend wirken dagegen in hohem Maße *Seewasser, Salzsäure* und *Schwefelsäure.* Durch geringe Verunreinigung von weniger als 1 % kann die Korrosionsfestigkeit erheblich herabgesetzt werden, meist durch Bildung von *Lokalelementen* (Abschn. 7.2). Z.B. ist die Löslichkeit von 99,5 %igem Aluminium in verdünnter Salzsäure je nach *Art* der Verunreinigungen, die in dem fehlenden Anteil von 0,5 % enthalten sind, bis zu 1000mal größer als bei einem Reinheitsgrad von 99,99 %. Ebenso empfindlich wie gegen die genannten Säuren ist das Metall aber auch gegen *Alkalien, z.B. Natronlauge.* Erwähnt sei schließlich, daß ein Aluminiumgefäß, in das ein Tropfen *Quecksilber* fällt, in kurzer Zeit durch Zerstörung der Oxidhaut (Amalgambildung) löcherig wird. Hierauf gründet sich u.a. die Abneigung gegen die Verwendung von zerbrechlichen Quecksilberthermometern in Flugzeugen.

Die gute *Kaltverformbarkeit* des Aluminiums ist in noch stärkerem Maße als beim Kupfer mit großer *Weichheit*, also geringer Zugfestigkeit verknüpft, die mit 70...80 N/mm^2 (99,5 % Al) etwa bei einem Drittel von der des Kupfers und des reinen Eisens liegt (vgl. Spannungs-Dehnungs-Schaubild Bild 3.5). Sie kann zwar durch Kaltverformung etwa verdoppelt werden (Bild 5.4), ist aber auch damit für viele Zwecke noch zu gering. Bei der Entwicklung von Legierungen wird man also in erster Linie auf eine Steigerung der mechanischen Festigkeit bedacht sein.

5.2.3 Aluminiumlegierungen

Unter den Aluminiumlegierungen gibt es praktisch leider nur *eine*, bei der eine Verbesserung der mechanischen Eigenschaften ohne erhebliche Einbuße an Leitfähigkeit zustande kommt. Es ist die unter der Bezeichnung *ALDREY* bekannte aushärtbare Aluminium-Silicium-Magnesium-Legierung. Ihre Anteile von Silicium und Magnesium liegen jeweils unter 1 %. Die *Leitfähigkeit* wird gegenüber der des reinen E-Aluminiums dabei um ca. 15 % abgesenkt, nämlich von 36 auf 30 bis 33 · 10^6 S/m. Dafür läßt sich aber durch Kombination von Kaltverformung und Aushärtung die Zugfestigkeit dieser Legierung auf über 300 N/mm^2, d.h. bis an den Bereich einfacher Stähle, anheben. Die Warmfestigkeit ist allerdings gering. Verwendet wird ALDREY vor allem zu Herstellung von *Leitungsdrähten* für höhere Festigkeitsansprüche als Ersatz für Kupfer.

Bei allen anderen Aluminiumlegierungen sinkt das Leitvermögen auf Werte, die im allgemeinen elektrotechnisch *nicht* mehr interessant sind, während andere Eigenschaften gegenüber denen des reinen Aluminiums verbessert werden; (hier wird allerdings in Zusammensetzung und Eigenschaften nicht die Mannigfaltigkeit erreicht wie bei den Kupferwerkstoffen). Zur Anwendung kommen sie allgemein da, wo geringes *Gewicht*, *Festigkeitswerte* im Bereich billiger bis guter Stähle, *Korrosionsbeständigkeit* und erträglicher *Kostenaufwand* oder wenigstens ein Teil dieser Merkmale verlangt werden. Legierungspartner sind bevorzugt *Magnesium, Mangan, Kupfer, Zink, Silicium* und *Nickel*, meist in geringen Anteilen (um einige Prozent oder unter 1 %), so daß das niedrige Gewicht erhalten bleibt. Teils unter Bildung *aushärtbarer Legierungen*, teils harter *intermetallischer Verbindungen* mit dem Aluminium und untereinander in Form von Al_2Cu, Al_3Mg_2, Mg_2Si, Mg_2Cu und anderen, wirken sie in wechselvoller Weise verbessernd auf Festigkeit, Zähigkeit und Korrosionsbeständigkeit, in jedem Fall mindernd aber auf die Leitfähigkeit. Versucht man unter Verzicht auf Einzelheiten herauszustellen, welche bevorzugte Rolle jedes einzelne der genannten Elemente in diesem Zusammenspiel übernimmt, läßt sich folgendes Bild skizzieren.

Zunächst erhöhen sie, jedes für sich und auch in Kombination miteinander, als Legierungspartner des Aluminiums seine mechanische Festigkeit (normalerweise nach einer Aushärtungsbehandlung). Bild 5.4 zeigt das an einigen Legierungen im Vergleich zum Reinaluminium. Im allgemeinen ist – außer bei Legierungen mit Kupfer und Zink – damit auch eine Verbesserung der Korrosionsbeständigkeit verbunden, eingeschränkt durch gelegentliches Auftreten von Spannungsrißkorrosion. Im einzelnen ist folgendes zu ergänzen.

Aluminiumlegierungen

mit *Magnesium* (Al-Mg)	sind im besonderen *seewasserfest;* Anwendung finden sie demgemäß vor allem im *Schiffbau,* aber auch als allgemeine Bauwerkstoffe für dekorative Verkleidungen in der *Architektur* und *Fahrzeugen* sowie zur Herstellung von *Haushaltsgeräten* und wegen des guten optischen Reflexionsvermögens des Aluminiums auch von *Reflektoren.* Ihre Korrosionsbeständigkeit kann durch elektrochemische Behandlung der Oberfläche noch wesentlich gesteigert werden.
mit *Mangan* (Al-Mn und Al-Mg-Mn)	anstelle des Magnesiums oder mit ihm zusammen sind darüber hinaus beständig auch gegen *saure* Agenzien sowie erhöht *warmfest.* Sie werden u.a. verwendet in der *chemischen* Industrie und der *Nahrungsmittelindustrie.*
mit *Kupfer* (Al-Mg-Cu)	als Zusatz zu Mg, bekannt unter der Bezeichnung *Duraluminium,* sind mechanisch besonders *fest* mit Zugfestigkeiten um 450 N/mm^2, haben aber durch den Kupferzusatz an Korrosionsbeständigkeit gegen Alkalien und Seewasser verloren. Sie finden häufig Anwendung in *Fahrzeugen* und im *Flugzeugbau.* (Die Kombination Al-Cu wurde in Abschn. 2.3 und 3.1.5 als Muster einer aushärtbaren Legierung behandelt).
mit *Zink* (Al-Mg-Zn und Al-Zn-Mg-Cu)	als Ersatz des Kupfers im Al-Mg-Cu oder als Zusatz dazu sind in der mechanischen *Festigkeit* noch weiter gesteigert bis auf Werte um 650 N/mm^2, in der Korrosionsbeständigkeit aber auch nicht viel besser als das Al-Cu-Mg, im Gegenteil gefährdet durch *Spannungsrißkorrosion.* Ihr Verwendungsbereich ist etwa wie der des Al-Mg-Cu.
mit *Silicium* (Al-Si und Al-Mg-Si)	sind mechanisch weniger fest als Al-Mg-Cu, aber korrosionsbeständiger und *billiger.* Eine für *Gußlegierungen* bemerkenswert hohe Zähigkeit hat das *SILUMIN* ($AlSi_{12}$), das bei Zusatz von Magnesium aushärtbar ist; es stellt mit seinem Anteil von 12 % Silicium ungefähr das Eutektikum in der Legierungsreihe Aluminium-Silicium dar und hat dementsprechend besonders gute Gießeigenschaften (Schmelzpunkt rund 580 °C gegenüber 660 °C beim Reinaluminium).
mit *Nickel* (z.B. Al-Cu-Ni-Mg)	meist als Zusatz zu anderen, sind besonders *warmfest*, also für hohe mechanische Beanspruchung bei hoher Temperatur geeignet und werden dementsprechend z.B. verwendet für Kolben, *Zylinderköpfe* und dgl.

Bemerkt sei, daß besonders warmfeste Aluminiumlegierungen auch durch *Sintern* mit starkem Anteil an *Aluminiumoxid* hergestellt werden (Sinter-Aluminium-Produkt, abgek. SAP).

5.3 Zusammenfassender Überblick über Werkstoffeigenschaften und Zusammensetzung von Kupfer- und Aluminiumlegierungen

In der folgenden Übersicht ist in großen Zügen zusammengestellt, welche Partner – einzeln oder in Kombination – üblicherweise dem Grundmetall Kupfer bzw. Aluminium zulegiert werden, um bestimmte Eigenschaftsänderungen zu erzielen. Ausgenommen sind dabei die Widerstandslegierungen und Kontaktwerkstoffe, deren gesonderte Behandlung in Abschn. 12.2 und Kapitel 14 vorgesehen ist.

Eigenschaftsänderung	Kupferlegierungen	Aluminiumlegierungen
	Legierungspartner	
Festigkeitssteigerung bei guter oder *noch* guter Leitfähigkeit	Ag, Cd, Cr, Zr (Be)	Si, Mg (< 1 %)
Festigkeitssteigerung bei Verzicht auf Leitfähigkeit	Be, As, Mn, Si, Al, Sn, Zn, Ni	Cu, Si, Mg, Mn Ni
Warmfestigkeit	Mn, Ni, Cr, Zr	Mn, Ni
Korrosionsbeständigkeit	Al, Be, Sn, Ni	Mg, Mn
Verbessertes Gleitvermögen	Pb	
Verbesserte Zerspanbarkeit	Te, Pb	Pb

Über Kupferlegierungen für elektr. Widerstände sowie als Kontaktwerkstoffe s. Abschn. 12.2 und Kap. 14. Über Aluminium als Zusatz zu Elektroblechen (zusammen mit Silicium) und als Bestandteil von Permanentmagneten (Alnico) s. Abschn. 20.5.

6 Nichtmetallische Werkstoffe

Nichtmetalle, die speziell für die Elektrotechnik besonders bedeutungsvolle Eigenschaften haben, werden in den einschlägigen Kapiteln dieses Buches unter Halbleitern (Kap. 15), Kohle und Carbiden (Kap. 16), Isolierstoffen (Kap. 17) und Magnetwerkstoffen (Kap. 20) behandelt. Viele von ihnen haben aber auch allgemeine Bedeutung als Konstruktionselemente zur Herstellung mechanisch tragender Bauteile, korrosionsschützender Überzüge und dgl. Zwei Gruppen zeichnen sich hier zwanglos voneinander ab: Die *anorganischen* und die *organischen* Werkstoffe. Die erstere, anorganische Gruppe umfaßt zunächst alles, was man im weitesten Sinne als Glas und Keramik bezeichnet, aber auch Asbest, Glimmer und Beton gehören dazu; in der zweiten, organischen Gruppe finden wir einige in der Natur gewachsene Rohstoffe, vor allem aber den großen Bereich der Kunststoffe.

6.1 Anorganische Werkstoffe

Die Kennzeichen des *glasartigen,* amorphen Zustands gegenüber dem kristallinen Festkörper wurden in Abschn. 1.1 skizziert. Hinsichtlich der chemischen Zusammensetzung sind technische Gläser beispielsweise Gemenge aus Oxiden des Siliciums (SiO_2 = Quarz), des Natriums, Cadmiums, Magnesiums, Bariums und Aluminiums, gegebenfalls mit noch anderen Beigaben. Die Zusammensetzung variiert je nach den gewünschten Eigenschaften: Wärmeausdehnung, Erweichungstemperatur (Transformationspunkt) Verarbeitbarkeit usw.

Als *keramische* Massen bezeichnet man viele anorganische Werkstoffe, die Gemenge aus kristallinen und glasartigen Bestandteilen darstellen. Wichtige Grundbestandteile sind auch hier Verbindungen des Siliciums (Ton, Kaolin) mit Variationen und Zuschlägen zur Erzeugung bestimmter Eigenschaften. Ein Beispiel für viele: „Hartprozellan" ist eine Kombination von Kaolin, Feldspat und Quarz, also zwei Silikaten und SiO_2. Beispiele für Variationsmöglichkeiten in der Zusammensetzung keramischer Massen: Zusatz von Zirkonoxid steigert die Feuerfestigkeit, Ersatz des aluminiumoxidhaltigen Kaolins durch magnesiumoxidhaltige Bestandteile sowie des Feldspats durch Bariumoxid führt zu den Werkstoffen *Steatit* und *Sondersteatit* mit interessanten Eigenschaften besonders für die Hochfrequenztechnik (kleine dielektrische Verluste).

Die Formgebung keramischer Stücke erreicht man entweder durch Aufschlämmen und Gießen der meist pulverförmigen Ausgangsmaterialien oder durch trockene Pressverfahren. Die Festigkeit der fertigen Formteile ergibt sich dann anschließend durch das in Abschn. 2.2 beschriebene Sinterverfahren, gegebenenfalls auch, wenn glasige Teile dabei sind, in Kombination mit Schmelzprozessen.

Das Mineral *Asbest,* ebenfalls eine Siliciumverbindung, ist in erster Linie interessant durch seine hohe Feuerfestigkeit. Es wird also vor allem dort eingesetzt, wo hohe Temperaturen auftreten, z.B. in der Elektrotechnik in der Nähe von Schaltlichtbögen – mit Bindemitteln zu Platten verpreßt – als Material von Lichtbogenkammern bei Leistungsschaltern.

Über *Glimmer* wird im Kapitel Isolierstoffe (Kap. 17) berichtet. Dort findet sich auch einiges über die Keramik auf der Basis von Titan mit ihren elektrotechnisch besonders interessanten Eigenschaften der Ferroelektrizität und Piezoelektrizität.

Alle hier aufgeführten anorganischen Verbindungen zeichnen sich im allgemeinen aus durch gute Beständigkeit gegen Säuren, mehr oder weniger durch hohe Wärmebeständigkeit (Keramik mehr, Gläser weniger) und durch mechanische Festigkeit. Die letztere gute Eigenschaft ist allerdings dadurch stark eingeschränkt, daß sie meist spröde und in der nachträglichen Formgebung schwer zu verarbeiten sind. Auch hinsichtlich der Verbindungstechnik sind sie nicht einfach zu handhaben. Eine Verbesserungsmöglichkeit bieten die sogenannten *Cermets,* das sind keramische Körper mit einer metallischen Komponente. Der keramische Bestandteil gibt große Härte, hohen Schmelzpunkt und Warmfestigkeit, der metallische verbessert Zähigkeit und Schlagfestigkeit.

Bezüglich der Formgebung ist zu ergänzen, daß Gläser in dünnen Schichten oder als Fäden flexibel sind mit sehr beachtlicher Zugfestigkeit. Die Technik macht sich das zunutze zur Herstellung mancher Arten von anorganischen Textilien, Papieren und Überzügen, wie Glasseide, Glasmatten usw. Auch der Asbest ist in Form von Fasern zu Geweben und Umspinnungen verarbeitbar. Auch hierüber und über andere Methoden zur Verarbeitung anorganischer Werkstoff in der Elektrotechnik finden sich weitere Hinweise im Kap. 17 (Isolierstoffe).

6.2 Organische Werkstoffe

Trotz dieser mannigfachen Möglichkeiten, anorganische Werkstoffe hinsichtlich der Formgebung für die Zwecke der Technik nutzbar zu machen, bleibt sicherlich der Wunsch nach vielseitiger Verformbarkeit und leichter Verarbeitung einer der Hauptgründe für die verbreitete Anwendung *organischer* Werkstoffe in der Technik. Als häufig verwendete Vertreter dieser Gruppe seien genannt – ohne auch nur entfernt Vollständigkeit anzustreben – zunächst die Naturprodukte Holz, Kautschuk und Asphalt. Vom Holz ist zu erwähnen, daß es durch Verdichtungs- und Tränkverfahren unter hohem Druck sich zu einem Werkstoff veredeln läßt, dessen Festigkeitswerte denen der Metalle nahe kommen und der auch eine gewisse Leitfähigkeit besitzt, die in manchen Sparten der Elektrotechnik interessant ist. Sodann sind hier zu nennen die Öle und Harze, die als Bestandteile von Lacken zu Überzügen verwendet werden oder in Kombination mit Papier und Textilien als Tränkmittel in Folien, Platten oder Formkörpern dienen.

Eine Fülle von Variationsmöglichkeiten bietet der Bereich der **Kunststoffe.**

Sie alle gruppieren sich in ihrem molekularen Aufbau um den *Kohlenstoff.* Seine Atome treten aber hier im allgemeinen nicht wie bei Diamant oder Graphit zu ausgeprägten Kristallstrukturen zusammen, sondern bilden häufig lange Fäden oder Ketten miteinander, wobei sie seitlich an ihren freien Valenzen Wasserstoffatome oder auch kompliziertere Gruppen tragen. Besonders übersichtlich erscheint das in der Strukturformel des Polyäthylens. Das Mittelfeld des Bildes 6.1 zeigt sie und eine Reihe weiterer daraus abgeleiteter Strukturen: Ist ein Teil der H-Atome durch Methylgruppen (CH_3) oder durch

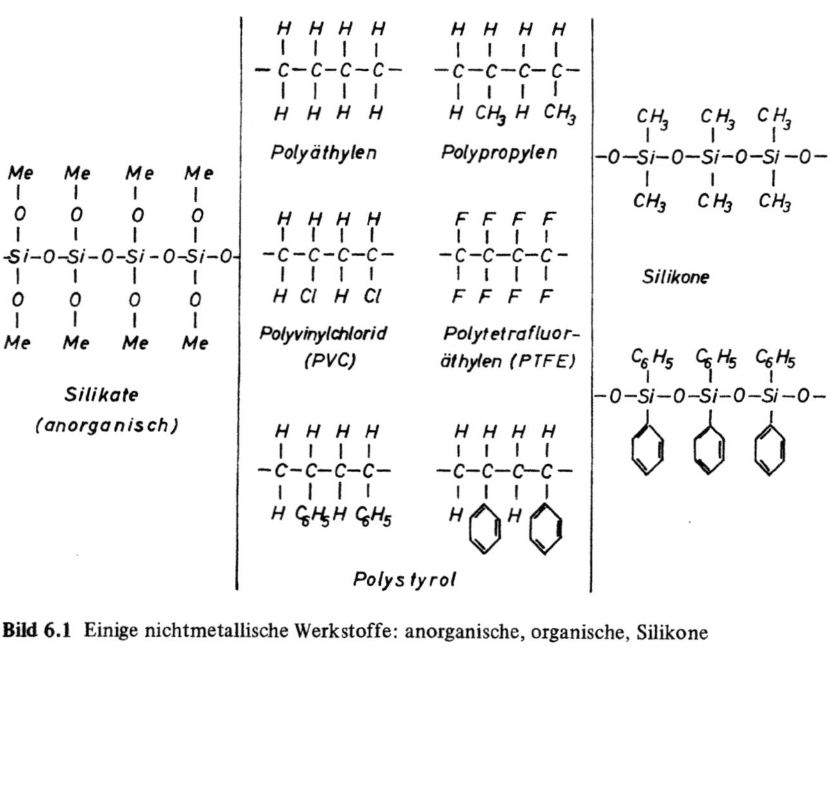

Bild 6.1 Einige nichtmetallische Werkstoffe: anorganische, organische, Silikone

Chloratome ersetzt, so haben wir das Polypropylen bzw. das Polyvinylchlorid, treten Fluoratome in die entsprechenden Plätze, das Polytetrafluoräthylen, und sind es Phenylreste (C_6H_5) mit der Struktur des Benzolringes, so erscheint das Bild des Polystyrols.

Die Werkstoffeigenschaften solcher „Hochpolymeren" hängen natürlich u.a. entscheidend davon ab, wie sich diese – durch wiederholten Anbau gleichartiger Gruppen entstandenen – Makromoleküle weiterhin zu größeren Verbänden zusammenfügen. Je nach Herstellungsbedingungen ergeben sich dabei mannigfache Übergänge zwischen den Strukturen kristalliner Festkörper und dem amorphen Zustand. Ohne auf die Besonderheiten der zahlreichen speziellen Kristallstrukturen hier näher eingehen zu können, seien einige allgemeine Zusammenhänge angedeutet:

Sind die Fäden oder Ketten, z.B. eines Polyäthylens, ohne gegenseitige Querverbindungen einfach regellos miteinander verknäuelt, so haben wir ein Gebilde, das bei zunehmender Temperaturbewegung rasch seinen inneren Zusammenhalt verliert, also erweicht und schmilzt, einen sogenannten *Thermoplasten.* Bestehen aber durch zwischengelagerte weitere Atome, z.B. Sauerstoff, oder Atomgruppen an einzelnen Stellen, Brücken von einer Kette zur anderen, so kommt man je nach der Anzahl solcher Querverbindungen entweder zu den gummiartigen Stoffen, „Elastomeren" oder mit steigender „Vernetzung" schließlich zu den „Duroplasten". Diese verlieren erst bei wesentlich höherer Erwärmung ihre Festigkeit, soweit sie nicht überhaupt schon vorher durch Oxydation oder andere temperaturbedingte Alterungsprozesse zerstört werden. Hierher gehören z.B. die ungesättigten Polyester- und die Epoxidharze (siehe unten).

Kompliziertere Strukturen, bei denen Stickstoffatome und benzolringartige Gruppen als Kettenglieder die Reihe der Kohlenstoffatome unterbrechen und mit Seitenzweigen versehen, führen zu den *Polyamiden, Polyurethanen* und *Polyimiden.* Sie sind elektrotechnisch zum Teil von besonderer Bedeutung, ihre chemische Konstitution sei aber hier nur durch diese Andeutungen gekennzeichnet. Nicht minder wichtig sind die im rechten Feld des Bildes skizzierten *Silikone,* bei denen anstelle des Kohlenstoffs Siliciumatome mit Sauerstoffbrücken die Glieder der Hauptkette darstellen, mit seitlich anhängenden Methyl- oder Phenylgruppen. Je nach Vernetzungsgrad der Ketten untereinander haben wir sie als Öle, Kautschuk oder Harze.

Von den mannigfachen Möglichkeiten, die alle diese Produkte, anorganische und organische, als Isolierstoffe der Elektrotechnik bieten, ist in Kap. 17 die Rede. Auch über ihre Wärmebeständigkeit, die gerade bezüglich ihrer Eignung als Isoliermaterial besondere Bedeutung hat, finden sich dort präzisere Angaben.

Ein Rückblick auf Bild 6.1 möge die Übersicht ergänzen. Zu beiden Seiten der organischen Kunststoffe, von denen in der Mitte einige Vertreter skizziert sind, haben wir rechts die Silikone, links als Bestandteile vieler anorganischen Stoffe die Silikate. Hier sind es Metallatome, die über Sauerstoffbrücken am Silicium hängen, dort organische Gruppen. Der Erfolg ist höhere Wärmebeständigkeit bei den Silikaten, bessere Möglichkeiten der Formgebung bei den Silikonen. Daß es auf beiden Seiten Ausnahmen von der Regel gibt, ändert nichts an der Grundtendenz.

Besondere Kunststoffanwendungen, die Gießharztechnik

Die Formgebung von Kunststoffen geschieht in mannigfacher Weise: Dünne Überzüge erhält man durch Aufstreichen wie auch durch Spritzen oder Tauchen in gelöster Masse mit nachträglichem Verdunsten des Lösungsmittels, dickere durch Aufspritzen von Partikeln, elektrostatische oder elektrophoretische Beschichtung oder Aufsintern pulverförmiger Substanzen auf erhitzten Werkstücken *(Wirbelsintern)*. Zur Herstellung massiver Teile bieten sich ähnliche Möglichkeiten wie bei Metallen durch Gieß- und Spritzverfahren aus geschmolzenem Material oder auch aus Körnern oder Fasern von Preßstoffen unter gleichzeitiger Anwendung von Druck und Temperatur. Zunehmende Bedeutung haben seit einigen Jahren die Gießharze. Um den Mechanismus ihrer Verarbeitung zu verstehen, erinnere man sich daran, daß Öle, Thermoplaste, Elastomere und Duroplaste sich durch die Zahl und Stärke von verbindenden Brücken zwischen den einzelnen Molekülketten unterscheiden. Bei vielen Harzen gelingt es, künstlich solche Querverbindungen im Innern des zunächst flüssigen Materials zu schaffen. Zu diesem Zweck fügt man z.B. eine zweite Komponente, den sogenannten Härter, hinzu, dessen Moleküle mit einzelnen Gliedern nebeneinanderliegender Ketten hüben und drüben reagieren und so eine *Vernetzung* zwischen ihnen herbeiführen. In anderen Fällen genügt die Zugabe eines Katalysators, um benachbarte Ketten unmittelbar zur Bildung verbindender Brücken zu befähigen. Das kann sich im Kalten oder auch bei erhöhter Temperatur abspielen und ist im allgemeinen von mehr oder minder starker Eigenerwärmung begleitet. Je nachdem, wie weit der Prozeß vor sich geht, bis er zum Stillstand kommt, ist das Endergebnis eine kautschukartige Masse oder ein harter Duroplast. Die Verarbeitungstechnik geht also von zwei oder mehr flüssigen Komponenten aus, die jede für sich im allgemeinen stabil und auch bei längerer Lagerzeit unveränderlich sind. Unmittelbar nach ihrer Vermischung beginnen sie jedoch mehr oder minder rasch miteinander zu reagieren im Sinne einer zunehmenden Vernetzung. Diese läßt ohne Zugabe oder Abdampfen von Lösungsmitteln im Laufe von Stunden oder Tagen den elastischen oder auch starren, nicht mehr schmelzbaren Körper aus der Form entstehen.

Bevorzugt geeignet für diese Art von Härtungsreaktionen, also zur Herstellung eines festen Werkstoffes aus flüssigen Komponenten, sind die Polyester- und die Epoxidharze. Bei den ersteren sind es Doppelbindungen zwischen Kohlenstoffatomen, C = C, die durch die Einwirkung eines Katalysators gesprengt werden, so daß Ansatzpunkte zur Anlagerung von Atomen und Atomgruppen mit Brückenschlag zu den Nachbarketten entstehen.

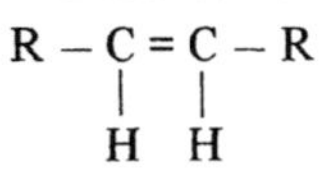

Bei den Epoxidharzen ist es die nebenstehende charakteristische Gruppe, bei der die Sauerstoffbindung zu einem der beiden Kohlenstoffatome aufbricht. Über die so entstehenden freien Valenzen werden dann weitere Molekülverknüpfungen und Vernetzungen möglich.

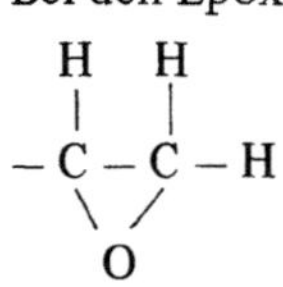

Polyesterharze und Epoxidharze gibt es in vielfältigen Variationen, die sich durch elektrische Eigenschaften, Temperaturbeständigkeit, Verarbeitbarkeit und Preis unterscheiden und dementsprechend eingesetzt werden. Man verwendet sie vielfach in Kombination mit Füllstoffen und Versteifungsmitteln, wie Quarzmehl, Glasgewebe und dergleichen zur Herstellung von Isolierkörpern, zum Ausgießen, Verkleben und Verfestigen von Wicklungen und Bauelementen, aber auch für massive tragende Bauteile in Konkurrenz zu metallischen Werkstoffen. Dabei werden z.B. in Verbindung mit Glasfasern Festigkeitswerte erreicht, die mit denen guter Stähle vergleichbar sind. Die Bilder 6.2 und 6.3 mögen einige Einblicke in die Verarbeitungstechnik bieten. Bild 6.2 zeigt, daß man bei Glasanteilen von 50 % schon in den Festigkeitsbereich hochwertiger Stähle kommt, Bild 6.3 beschäftigt sich mit

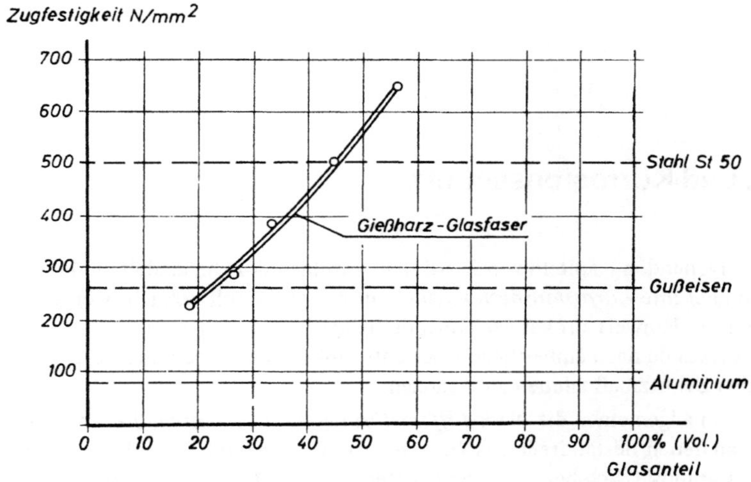

Bild 6.2 Zugfestigkeit von glasfaserverstärktem Gießharz und von Metallen

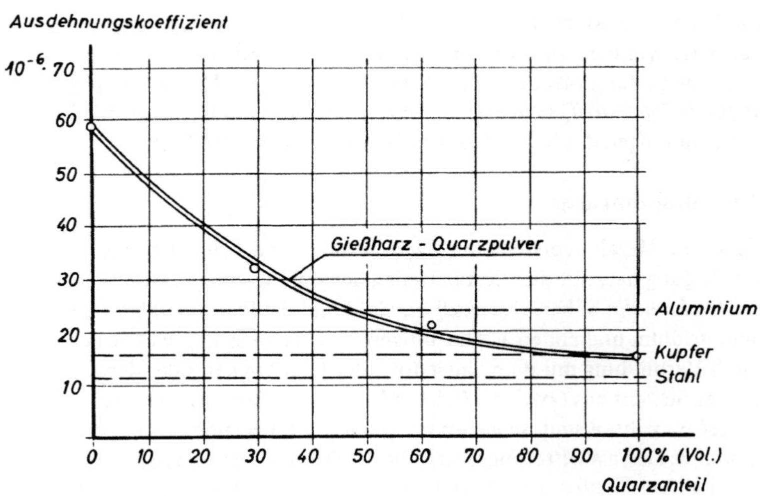

Bild 6.3 Ausdehnungskoeffizient von Gießharz-Quarz-Mischungen und von Metallen

einem vielfach auftretenden Problem der Kombinationstechnik, bei der u. a. metallische Bauteile in Gießharz eingebettet werden: Der Unterschied in den Ausdehnungskoeffizienten führt bei Temperaturwechsel leicht zu Rissen. Man sieht, wie weit sich durch Zugabe von Füllstoffen, z. B. Quarzpulver, die Ausdehnung eines Harzes, die meist um ein Vielfaches größer ist als die von Metallen, den letzteren angleichen läßt.

Die moderne Weiterentwicklung der Gießharztechnik zielt u. a. auf Verkürzung der Härtezeit (um rasch entformen zu können) durch neuartige Verarbeitungsmethoden.

7 Korrosion und Korrosionsschutz

Bereits in den vorhergehenden Kapiteln wurde bei den einzelnen dort behandelten Metallen jeweils etwas über ihre *Korrosionsbeständigkeit* ausgesagt. Es soll versucht werden, diese Einzelheiten unter Hinweis auf kennzeichnende Beispiele auch aus anderen Bereichen der Werkstoffkunde nach einheitlichen Gesichtspunkten zu ordnen und durch Besprechung üblicher Schutzmaßnahmen zu ergänzen.

Korrosion bedeutet im allgemeinen die *Werkstoffzerstörung durch chemische Reaktionen an der Oberfläche,* an denen Bestandteile des Werkstoffs und der angreifenden Umgebung teilnehmen. Sie tritt grundsätzlich bei *allen* Werkstoffen auf, bei *Metallen, Kunststoffen* wie auch bei *mineralischen Baustoffen* u. a., aber bei Metallen hat sie die weitaus größte Bedeutung.

In diesem Kapitel sollen nur die Möglichkeiten der Korrosion betrachtet werden, denen alle Werkstoffe in gleicher Weise durch Witterungseinflüsse, d. h. durch die normalen Bestandteile der ländlichen oder großstädtischen Atmosphäre und der Meeresluft ausgesetzt sind, nämlich durch *Sauerstoff, Feuchtigkeit* und *Kohlensäure* unter gelegentlicher Einbeziehung von Verbindungen des *Schwefels,* des *Stickstoffs* und des *Chlors.*

7.1 Normale Witterungseinflüsse

Witterungsbeständig ist ein Metall in erster Linie dann, wenn es von sich aus geringe oder so gut wie gar keine Neigung hat, mit den Bestandteilen der Luft irgendwie zu reagieren. Dies trifft zu für die *Edelmetalle* Silber, Quecksilber, Gold und die Platinmetalle (außer Platin noch Rhodium, Iridium und andere). Alle übrigen überziehen sich in wesentlich stärkerem Maße durch Verbindung mit dem Sauerstoff, der Feuchtigkeit oder der Kohlensäure der Luft mit einer Schicht aus *Oxiden, Hydroxiden oder Carbonaten.* Je nach dem, wie dicht und fest diese Schichten sind, schützen sie das darunterliegende Metall gegen weiteren Angriff, lassen es also als witterungsbeständig erscheinen. Das ist z. B. schon bei Raumtemperatur der Fall bei *Kupfer* (Kupferoxydul und Kupferoxid, Patina), vor allem aber bei *Chrom, Aluminium* und *Zink.*

Letzteres wäre an sich sehr anfällig gegen Witterungseinflüsse, bildet aber an Luft eine dichte Oberflächenhaut aus Zinkhydroxiden und -carbonaten, die in Wasser fast unlöslich sind und den Korrosionsvorgang zum Stillstand bringen. Dieser Eigenschaft verdankt das Zink seine Hauptanwendungsgebiete, z.B. für Bauzwecke in Form von Blechen, für Dachrinnen und dergleichen sowie als Überzug auf Stahl, sei es galvanisch oder durch *Feuerverzinkung* aufgebracht. Auch *Aluminium* wäre wenig witterungsbeständig ohne seine spontan an Luft entstehende Oxidhaut, die man durch elektrochemische Verfahren *(Eloxieren)* noch wesentlich verstärken kann. *Chrom* dient bekanntlich auf Grund seiner Fähigkeit zu Bildung von *Schutzschichten* als maßgeblicher Legierungspartner in rost- und zunderbeständigen Stählen. Die Wirksamkeit solcher Schichten wird in diesem Fall besonders deutlich, wenn man sie entfernt, z.B. durch fortgesetztes Schaben. Dann bildet sich bekanntlich *Reibrost.*

Nicht immer wächst aus solchen Oxiden und anderen Verbindungen eine zusammenhängende schützende Haut. Klassisches Beispiel ist das *Eisen.* Das beim Rosten an feuchter Luft durch Wasser und Sauerstoff entstehende Eisenhydroxid ist porös und wasseranziehend und fördert damit die tiefer gehende Zerstörung eher, als daß es sie zum Stillstand bringt. Die erwähnte Eigenschaft des Kupfers, als Legierungspartner die Korrosionsbeständigkeit des Eisens zu verbessern, beruht darauf, daß es verdichtend auf die sich bildende Rostschicht wirkt.

7.2 Korrosion durch wäßrige Lösungen, elektrochemische Prozesse

Wasser und wäßrige Lösungen spielen bei der Korrosion eine ausschlaggebende Rolle. Wasser*dampf* jedoch ist im allgemeinen erst bei Temperaturen von einigen 100 Grad und entsprechend hohen Drucken aggressiv.

Bei Raumtemperatur ist in höherem Maße nur flüssiges Wasser gefährlich, besonders wenn es als *Schwitzwasser* oder *Tau* aus der Luft kondensiert (Fehlen des Kalkgehaltes, der Schutzschichtbildung begünstigt).

Wesentlich beschleunigt wird die Korrosion durch den im Wasser gelösten *Sauerstoff.* Wassergefüllte eiserne Rohrsysteme, beispielsweise zu Heiz- oder Kühlzwecken, die gegenüber der Außenluft abgeschlossen sind, rosten bekanntlich im Innern nur so lange, bis der gelöste Sauerstoff verbraucht ist. Dagegen treten in Warmwassergeräten, durch die ständig frisches Wasser fließt, häufig Korrosionsschäden auf.

Die besondere Rolle, die das Wasser bei der Korrosion spielt, wird deutlich, wenn man sich die dabei ablaufenden *elektrochemischen* Vorgänge vor Augen hält.

Zunächst soll betrachtet werden, wie sich ein Metall in wäßriger Lösung verhält. Taucht man z.B. Eisen in eine leicht saure wäßrige Lösung, wie es in Bild 7.1a dargestellt ist (die Kupferelektrode sei vorerst nicht vorhanden), so geht Eisen in Form von zweifach ionisierten *Ionen* in Lösung: $Fe\,(Metall) \rightarrow Fe^{++}\,(gelöst) + 2e^-$.

Die bei diesem Prozeß freiwerdenden Elektronen bleiben im Metall zurück und laden dieses negativ auf. Der Auflösungsvorgang des Metalls kommt fast völlig zum Stillstand, sobald das durch die Trennung von Ionen und Elektronen an der Grenze zwischen Metall und Flüssigkeit hervorgerufene elektrische Feld so stark geworden ist, daß weitere Metallionen die Energie zur Durchquerung nicht mehr aufbringen können. Es entsteht also an

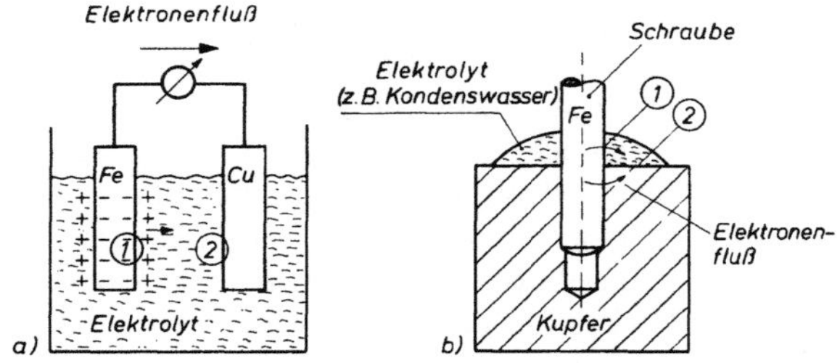

Bild 7.1 Elektrochemische Korrosion am Beispiel Eisen/Kupfer
a) Galvanisches Element, Auflösungsreaktion ① an der unedleren, Reduktionsreaktion ② an der edleren Elektrode
b) Entsprechendes Lokalelement

der Grenze eine *Doppelschicht* (Bild 7.1a) und zwischen dem Innern des Metalls und der Lösung eine *Spannung*, die für die jeweilige Kombination von Metall und Elektrolyt charakteristisch ist. Sie stellt ein Maß für die *Lösungsbereitschaft* des Metalls im Elektrolyten dar. Es ist nicht möglich, die Potentialdifferenz zwischen einem Metall und einer Lösung unmittelbar zu messen. Um aber trotzdem Potentialdifferenzen angeben zu können, setzt man *willkürlich* die Spannung einer mit Wasserstoff umspülten Platinelektrode, einer sog. *Wasserstoffelektrode*, gegen eine 1-normale HCl-Lösung gleich Null.
In Tabelle 7.1, sind in der sog. *elektrochemischen Spannungsreihe* die gegen die Wasserstoffelektrode gemessenen *Normalpotentiale* einiger wichtiger Metalle und die entsprechenden Lösungsreaktionen angegeben. Je positiver die Spannung, umso *edler* sind die Metalle, d.h. umso weniger zeigen sie Neigung, in Lösung zu gehen. Am oberen Ende der Reihe befinden sich demnach die *Edelmetalle Gold, Platin,* während am unteren Ende die *unedlen* Metalle *Zink, Aluminium* und *Magnesium* stehen.

Wird nun, wie in Bild 7.1a gezeigt, dem Eisen eine *Kupferelektrode* gegenübergestellt und eine leitende Verbindung hergestellt, so fließen Elektronen vom Eisen zum Kupfer (Stromrichtung dieses sog. *galvanischen Elementes* entgegengesetzt!). Die vor dem Eisen sich befindende Ionenwolke fließt somit ab, wodurch neue Eisen-Ionen in Lösung gehen können und damit die Korrosion fortschreitet.

Im einzelnen gehen folgende Teilreaktionen vor sich:

① Anodische Reaktion: $Fe\,(Metall) \rightarrow Fe^{++}\,(gelöst) + 2e^-$

② Kathodische Reaktion: $2H^+\,(gelöst) + 2e^- \rightarrow H_2\,(Gas)$ oder

$$\frac{1}{2}\,O_2\,(gelöst) + H_2O + 2e^- \rightarrow 2\,OH^-(gelöst)$$

Eisen wirkt als Anode, Kupfer als Kathode. An der Anode erfolgt ein Oxidationsprozeß (Ionisierung des Eisenatoms), während an der Kathode ein Reduktionsprozeß vor sich geht. Bei diesem wird, handelt es sich um einen sauren Elektrolyten, Wasserstoffgas freigesetzt („Säurekorrosion") oder, vorwiegend in neutralen Lösungen, gelöster Sauerstoff reduziert („Sauerstoffkorrosion"). Letztere Art der Korrosion führt bei Eisen zur Bildung von Rost $Fe(OH)_3$ bzw. FeOOH, einer porigen, nichtschützenden Deckschicht.

Korrosion aufgrund solcher elektrochemischer Vorgänge ist also in erster Linie dann zu befürchten, wenn zwei verschiedene Metalle leitend miteinander in Verbindung stehen und an der Oberfläche in ihrer gegenseitigen Berührungslinie Feuchtigkeit ausgesetzt sind. Bild 7.1b zeigt ein solches *Lokalelement,* bestehend aus einem Kupferblock und einer darin sitzenden Eisenschraube als Elektroden mit einem elektrolytisch verunreinigten Wassertropfen[1], der sie außen gemeinsam überdeckt. Hier liegen die gleichen Verhältnisse vor wie bei der galvanischen Zelle in Bild 7.1a, die beiden Teilreaktionen ① und ② laufen entsprechend ab. Der Kurzschlußstrom im Innern des Blocks führt zur Korrosion der Eisenschraube im Elektrolyten, da das Eisen leichter in Lösung geht als das Kupfer. Denkt man sich andererseits statt des Kupferblocks einen solchen aus *Zink,* so würde der Prozeß in umgekehrter Richtung verlaufen. Zink löst sich *leichter* als Eisen, wird also allmählich zerstört, während das Eisen geschützt wird. Hierauf beruht die verbreitete Anwendung des Zinks als Korrosionsschutz auf Stahlteilen, Blechen usw.

Aus Tabelle 7.1 kann bei zwei sich in Kontakt befindlichen Metallen ganz allgemein entnommen werden, welches Metall als Anode (Auflösung) und welches als Kathode wirkt. Das Metall mit dem *positiveren* Wert des Normalpotentials stellt stets die *Kathode* dar, es wird sich damit nur unwesentlich auflösen. Je weiter die Metalle in der Spannungsreihe voneinander entfernt sind, um so größer ist die *elektromotorische Kraft (EMK)* des galvanischen Elements, um so rascher wird die Korrosion und damit die Auflösung des unedleren Metalls vor sich gehen.

Analog zu den oben betrachteten Verhältnissen der „Kontaktkorrosion" läßt sich auch die geringe Korrosionsbeständigkeit vieler *heterogener Legierungen* elektrochemisch verstehen. Sie setzen sich ja aus zwei oder mehreren Metallen zusammen, die im festen Zustand nicht miteinander löslich sind, sondern z. B. als Eutektikum ein Haufwerk verschiedenartiger aneinandergrenzender Kristallite bilden. Demnach sind sie auch um so

Tabelle 7.1 Spannungsreihe einiger Metalle mit Metallreaktionen und den zugehörigen Normalpotentialen gegen die Wasserstoffelektrode

Metallreaktion	Normalpotential in Volt
$Au \rightarrow Au^{3+} + 3e^-$	+ 1,498
$Pt \rightarrow Pt^{++} + 2e^-$	+ 1,200
$Pd \rightarrow Pd^{++} + 2e^-$	+ 0,987
$Ag \rightarrow Ag^{+} + e^-$	+ 0,799
$Cu \rightarrow Cu^{++} + 2e^-$	+ 0,337
$H_2 \rightarrow 2H^{+} + 2e^-$	0 (Referenzelektrode)
$Pb \rightarrow Pb^{++} + 2e^-$	− 0,126
$Sn \rightarrow Sn^{++} + 2e^-$	− 0,136
$Ni \rightarrow Ni^{++} + 2e^-$	− 0,250
$Co \rightarrow Co^{++} + 2e^-$	− 0,277
$Cd \rightarrow Cd^{++} + 2e^-$	− 0,403
$Fe \rightarrow Fe^{++} + 2e^-$	− 0,440
$Cr \rightarrow Cr^{3+} + 3e^-$	− 0,744
$Zn \rightarrow Zn^{++} + 2e^-$	− 0,763
$Al \rightarrow Al^{3+} + 3e^-$	− 1,662
$Mg \rightarrow Mg^{++} + 2e^-$	− 2,363

[1] Es genügen schon geringfügige Verunreinigungen mit Säuren, Basen oder Salzen.

anfälliger gegen Korrosion, je *weiter* die Partner in der elektrochemischen Spannungsreihe auseinander stehen. Die mangelhafte Korrosionsfestigkeit von Weichloten aus Cadmium, Zink und Zinn zum Löten von Aluminium gehört beispielsweise hierher (Abschn. 8.1). Dagegen sind Legierungen, deren Partner sich in Form von *Mischkristallen* völlig ineinander lösen, als homogen zu betrachten und dementsprechend meist besonders *korrosionsfest.*

Für spezielle Anwendungen hat man neben der oben angegebenen, unter idealen Bedingungen geltenden Spannungsreihe sogenannte praktische Spannungsreihen aufgestellt, die z.B. das Verhalten der verschiedenen Metalle in Seewasser oder im Erdboden kennzeichnen. In der Praxis werden die Verhältnisse dadurch unübersichtlicher, daß mitunter schon kleinste Verunreinigungen von weit weniger als 1 Promille zu Ausgangspunkten von Zerstörungen werden. Auch in einem völlig einheitlichen Metall können Ablagerungen von Oxidationsprodukten, Rostpunkte, Gasblasen oder von der Bearbeitung herrührende lokal begrenzte Gefügeänderungen, ja sogar schon unterschiedlicher Luftzutritt Potentialunterschiede zwischen benachbarten Teilen hervorrufen, die zu elektrochemischer Korrosion führen. Erinnert sei z.B. an die Wirkung geringer Verunreinigungen im Aluminium, die im Abschn. 5.2.2 erwähnt wurde.

7.3 Sonstige Korrosionserscheinungen (Industrie-Atmosphäre und Meerwasser)

Die vorstehenden Betrachtungen, die sich im allgemeinen nur auf die Witterungsbeständigkeit unter dem Einfluß der normalen Bestandteile der Atmosphäre bezogen, seien ergänzt durch einige Hinweise auf andere Korrosionserscheinungen, die in *Industrieluft* und *Meeresluft* sowie in *Seewasser* zusätzlich auftreten können, und zwar bevorzugt durch *Stickstoffverbindungen* (Ammoniak und nitrose Gase), durch *Schwefel und seine Verbindungen und Chlorverbindungen.* Sie sind meist schon in früheren Kapiteln an entsprechender Stelle genannt worden und hier der Vollständigkeit halber nochmals zusammengestellt.

Der für sich allein harmlose *Stickstoff* der normalen Luft kann in äußerst aggressiven Verbindungen auftreten. Die schädigende Wirkung des *Ammoniaks* (NH_3) sowohl auf *Kupfer* wie in der Form der Spannungsrißkorrosion auch auf *Messing* wurde bereits besprochen. Mit seiner Anwesenheit ist ebenso in Industrieluft wie auch in der Nachbarschaft von Fäulnisprozessen zu rechnen. Nicht minder stellen die sogenannten *nitrosen Gase* (NO, NO_2) insbesondere in der Elektrotechnik eine Gefahrenquelle dar. Sie entstehen nämlich u.a. spontan in der hohen Temperatur von *Schaltlichtbögen* an Luft oder in *Glimmentladungen* in der Nähe von Hochspannungsleitungen. Zusammen mit der Feuchtigkeit der Atmosphäre bildet sich daraus Salpetersäure (etwa: $3NO_2 + H_2O \rightarrow 2HNO_3 + NO$), die sowohl Metalle wie auch Isolierstoffe, z.B. in Lichtbogen-Löschkammern und in den Wicklungen von Hochspannungsmaschinen und Transformatoren stark angreift.

Schwefel wirkt vor allem zerstörend auf *Kupfer, Zinn* und *Nickel,* im letzteren Fall meist in Form der auch sonst vorkommenden, längs der Korngrenzen fortschreitenden *interkristallinen* Korrosion, die den mechanischen Zusammenhang der Kristallite lockert. Die Festigkeitseigenschaften werden hierdurch beträchtlich herabgesetzt, ohne daß die innere Schädigung äußerlich erkennbar sein muß.

Verbindungen des Schwefels und des Chlors führen in wäßriger Lösung bei vielen Metallen zu lebhaften Reaktionen und beschleunigtem Abbau, da sie durch ihre *Dissoziation* einmal die *Leitfähigkeit* des Wassers erhöhen, also elektrochemische Vorgänge begünstigen, und zudem in Form von *aggressiven Ionen* vorliegen, die mit den Metallen leicht Verbindungen eingehen. Auch als trockene Ablagerungen wirken sie meist auf die Dauer korrodierend, weil sie häufig stark *hygroskopisch* sind, sich also das zur elektrolytischen Zersetzung nötige Wasser aus der Luftfeuchtigkeit selbst heranziehen. Schon der Salzgehalt von Fingerabdrücken (Schweiß) kann sich in diesem Sinne unangenehm bemerkbar machen.

Von *Spannungsrißkorrosion* als Folge gleichzeitiger mechanischer und chemischer Beanspruchung war bei *Messing* die Rede, und zwar ist das gefährliche chemische Angriffsmittel hier nicht *Ammoniak*, sondern das Chlor *(Chlorionen)*. Aber auch bei gewissen Leichtmetallegierungen wurde Spannungsrißkorrosion erwähnt und sogar bei Edelmetall-Legierungen kann sie unter ähnlichen Voraussetzungen auftreten, wenn einer der Legierungspartner ein unedles Metall ist, z.B. bei Kupfer-Gold-Legierungen.

Indirekt korrosionsfördernd wirken endlich manche *organische Dämpfe*, die z.B. aus Kunststoffen sublimieren können, indem sie die Schutzschichtbildung (Passivierung) auf Metalloberflächen behindern und sie dadurch anfälliger machen.

7.4 Korrosionsschutz

In *luftdicht* abgeschlossenen Räumen kann man das Hauptagens aller Korrosionserscheinungen, die Feuchtigkeit und die bei Anwesenheit von Salzen daraus entstehenden wäßrigen Elektrolyte, durch handelsübliche wasseranziehende Substanzen, wie *Silicagel und dgl., weitgehend beseitigen.* Luftabschluß ohne solche Trocknungsmittel ist nur dann sinnvoll, wenn er wirklich absolut dicht ist. Denn sonst wird allmählich eindiffundierender Wasserdampf sich bei Temperaturwechsel im Innern niederschlagen und in Ermangelung von Luftbewegung nicht mehr verdunsten, sondern an den betreffenden Stellen haften, so daß die zerstörende Wirkung des Kondenswassers unbegrenzt fortdauern kann. *Unvollkommene Abdichtung,* die das Eindringen von Feuchtigkeit nicht ausschließt, fördert daher die Korrosion mehr als freier Zutritt bewegter Luft.

Die Entstehung von Kondenswasser verhindert man häufig, wenn keine andere Möglichkeit besteht, durch Einbau einer *Stillstandsheizung* in Maschinen und Apparaten, die die gefährdeten Teile auf so hoher Temperatur hält, daß keine Betauung auf ihrer Oberfläche einsetzen kann.

Um den Korrosionsangriff in Gegenwart von wäßrigen Lösungen herabzusetzen, müssen die aggressiven Bestandteile aus der Lösung entfernt werden. Wasser soll möglichst *neutral* und *sauerstoffarm* sein!

In allen anderen Fällen bietet Schutz gegen Korrosion zunächst natürlich jede luftdicht abschließende Schicht, die selbst wenig oder gar nicht angegriffen wird, sei es aus *Öl, Lack, Kunststoff, Email* u.a. oder von galvanisch aufgebrachten, aufgeschmolzenen, aufgespritzten oder aufgewalzten Metallen hinreichend guter Beständigkeit. Als solche kommen also bevorzugt *Edelmetalle* oder *Kupfer, Zinn* und *Nickel* in Frage, aber auch relativ unedle, wie *Chrom, Cadmium, Zink* und *Aluminium,* die sich selbst mit genügend sicheren

Schutzschichten überziehen. Solche natürlichen *Schutzhäute* können, ähnlich wie beim Aluminium, auch bei anderen Metallen durch chemische Verfahren, wie Behandlung mit *Chromaten* und *Phosphaten*, wirksam verstärkt werden.

Je nach Nebenbedingungen, wie Kratzfestigkeit, Temperaturbeständigkeit, Aussehen, Kosten u.a., und je nachdem, ob die Oberfläche leitend oder isolierend oder optisch reflektierend sein soll usw., wird man die eine oder andere Art von Überzug wählen. Den billigsten metallischen Schutz für Stahl liefert das *Verzinken* (bei Verzicht auf besonders guten Aussehen); etwas ansehnlicher und vor allem beständiger gegen Seewasser (aber auch teurer) sind *Cadmiumschichten. Zink* hat den Vorteil, daß Poren oder Kratzspuren, die bei anderen Überzügen Ausgangspunkte für beginnendes Verrosten sein könnten, hier weniger stören, da an solchen schadhaften Stellen das frei liegende Eisen immer noch durch die vom benachbarten unedleren Zink ausgehende elektrochemische Wirkung geschützt wird. Den gleichen Zweck verfolgt man z.B. durch Anstrich mit Lacken, die stark mit Zinkstaub pigmentiert sind.

Das soll jedoch nicht heißen, daß die Anwendung des *elektrochemischen Korrosionsschutzes* auf das Paar Eisen-Zink beschränkt sei. Reicht die aufgrund der Spannungsreihe zwischen den Metallen oder auch z.B. zwischen Metall und Kohle spontan auftretende EMK nicht aus, so verbindet man die beiden Partner mit einer entsprechend bemessenen äußeren Spannungsquelle, wobei der zu schützende Teil als Katode geschaltet wird. Natürlich bedingt eine solche Maßnahme höheren Kostenaufwand, der aber mitunter, z.B. zum Schutz gegen Seewasser, in Kauf genommen wird.

8 Verbindungstechnik metallischer Werkstoffe

Bei der Beurteilung der Verarbeitbarkeit eines Werkstoffes kommt der Frage, wie man daraus gefertigte Teile mit anderen Bauelementen verbinden kann, fast immer wesentliche Bedeutung zu. Es ist daher hier noch eine Gruppe von Legierungen zu besprechen, die als *Hartlote* oder *Weichlote* dienen, und zwar soll das im Rahmen etwas weiter gefaßter Betrachtungen über die Verbindungstechnik metallischer Werkstoffe geschehen. Dabei ist nicht beabsichtigt, eine Sammlung von Rezepten aufzustellen, sondern nur einen Einblick in die Vielfalt der Möglichkeiten, aber auch der zu beachtenden Schwierigkeiten zu vermitteln.

In allen Fällen, wo rein mechanisches Zusammenfügen mit Hilfe von Schrauben oder Nieten nicht befriedigt oder nicht durchführbar ist, hat man die Auswahl entweder zu *kleben*, zu *löten* oder zu *schweißen.*

Die Technik der *Klebverbindungen* auch zwischen Metallen hat durch moderne Verfahren und Klebstoffe einen beachtlichen Stand erreicht. Sie ist aber in ihrer Anwendung auf Fälle beschränkt, bei denen die Klebfuge im Betrieb nicht zu *hohen Temperaturen* (Grenze etwa 150 °C) und nicht zu ungünstigen *klimatischen* Bedingungen ausgesetzt wird, außerdem nicht *elektrisch leitend* sein muß. Sie kann also gegenüber dem fugenlosen Verschweißen metallischer Werkstoffe oder dem zwar nicht fugenlos, aber doch immerhin metallisch verbindenden Löten nur in begrenztem Maße in Wettbewerb treten.

8.1 Löten

Beim *Löten* werden bekanntlich feste Metallteile durch ein *schmelzflüssig eingebrachtes Lot, also eine tiefer schmelzende metallische Zwischenschicht,* aneinander befestigt. Die Bindung besteht im einfachsten Fall in reiner Adhäsion des Lotes an den von ihm *benetzten* Flächen; zusätzlich können sich durch Diffusionsvorgänge in den Übergangszonen Legierungen bilden, die den Zusammenhalt verstärken, mitunter aber auch beim Auftreten von intermetallischer Phasen störend wirken. Durch Wärmebehandlung kann unter Umständen die Diffusion bis zum Verschwinden der Lötzone getrieben werden.

Die Materialeigenschaften des Lotes und die Abmessungen der Lötfuge sind maßgebend für die mechanische und thermische Belastbarkeit der Verbindung. Für Betriebstemperaturen unterhalb von 300 °C stehen die nicht sehr festen, aber leicht verarbeitbaren *Weichlote,* für höhere Beanspruchung die *Hartlote* mit ihren Arbeitstemperaturen von 600 °C bis über 1000 °C zur Verfügung. Die Bereiche lassen sich also schematisch etwa wie folgt abgrenzen:

Weichlote: unter 450 °C   *Hartlote:* über 450 °C

Weichlöten. Als *Weichlote* für die gebräuchlichsten Metalle außer Aluminium werden – nach steigender Arbeitstemperatur geordnet – normalerweise *Zinn-Blei*-Legierungen, *Reinzinn, Zinn-Antimon-* oder *Blei-Silber*-Legierungen verwendet. Das Zustandsschaubild der ersteren zeigt Bild 1.29. Ihr Eutektikum liegt mit einem Schmelzpunkt von 183 °C bei einer Zusammensetzung von rund 62 % Zinn / Rest Blei, die sich durch Beimengungen etwas verschieben kann. Aus wirtschaftlichen Gründen wählt man häufig niedrigere Zinn-Gehalte, bleibt also im Bereich links vom Eutektikum. Natürlich nimmt man dabei höhere Liquiduspunkte in Kauf, d.h. die zur endgültigen Verflüssigung des Lotes nötigen Arbeitstemperaturen steigen, ohne daß die Wärmebeständigkeit der Lötverbindung dadurch angehoben wird (häufiger Irrtum); denn die für die Warmfestigkeit der Lötung maßgebende Solidustemperatur liegt ja bei allen Zinn-Blei-Legierungen, unabhängig von der Zusammensetzung, bei 183 °C. Höhere Solidustemperaturen und damit auch bessere Wärmebeständigkeit erreicht man (mit entsprechend höheren Kosten) durch Verwendung von *Reinzinn* (232 °C), *Zinn-Antimon*-Legierungen (ca. 230 °C) und *Blei-Silberloten* mit ca. 2,5 % Silber (304 °C). Auf der anderen Seite sind für Fälle, in denen die zu lötenden Teile nur sehr schonend erwärmt werden dürfen, Lote mit zusätzlichen Anteilen von Wismut und Cadmium entwickelt worden, deren Arbeitstemperaturen um 100 °C und noch darunter liegen. Sie sind allerdings mechanisch nur wenig beanspruchbar.

Für die *Festigkeit von Weichlötverbindungen* werden Zahlen um 40 N/mm² angegeben. Tatsächlich streuen die Werte stark, denn sie hängen nicht nur vom verwendeten Lot, sondern wie gesagt, auch von den Abmessungen der Lötfuge ab. Bei extrem dünnen Lötschichten können sie wesentlich höher liegen. In jedem Fall aber geht die Festigkeit einer

Weichlötung in der Wärme, und zwar bei Zinn-Blei-Loten schon bei Temperaturen oberhalb von 80 °C, stark zurück. Es beginnt eine kriechende, oft sehr langsam verlaufende plastische Verformung der Lötstelle, die schließlich zur Lösung der Verbindung führt. Weichlote dürfen also im Betrieb bei Erwärmung nur mit einem erheblichen Sicherheitsabstand unter ihrer Kaltfestigkeit ausgelastet werden.

Hartlöten. Etwa zehnmal so fest und natürlich in viel geringerem Maße temperaturabhängige Verbindungen erreicht man durch Hartlöten. Für die meistverwendeten Metalle, wiederum mit Ausnahme des Aluminiums, stehen hierzu in erster Linie drei Gruppen von Loten zur Auswahl, die sich hinsichtlich Verarbeitbarkeit, Qualität der Lötstelle und Kostenaufwand unterscheiden:
Messing-Lote (Kupfer-Zink), *Phosphorlote* (Kupfer-Phosphor, Kupfer-Phosphor-Silber) und *Silberlote* (Silber-Kupfer-Zink, evtl.-Cadmium).

Von den beiden ersteren, die sich durch niedrigen Preis auszeichnen, ist das *Messinglot* wegen seines hohen Schmelzpunktes (830 °C ... 1000 °C) in der Verarbeitung *nicht besonders bequem* und kaum noch gebräuchlich. Die *Phosphorlote* dagegen fließen leicht schon bei Temperaturen zwischen 600 °C und 700 °C und geben, vor allem mit Silberzusatz, bei Buntmetallen einwandfreie Lötungen. Bei Eisenwerkstoffen können durch chemische Verbindung von Phosphor und Eisen *spröde* Einlagerungen und Zwischenschichten entstehen, die die Lötstelle schlagempfindlich machen. Die *Silberlote* schließlich vereinigen in sich alle guten Eigenschaften in der Verarbeitbarkeit und der Qualität der Lötung, sind aber teurer. Allerdings werden *phosphorfreie* Lote grundsätzlich nur mit *Flußmittel* verarbeitet, um den bei der hohen Temperatur lebhafteren Sauerstoff-Angriff zu unterbinden und die Werkstücke blank zu halten. Bei den Phosphorloten übernimmt diese Rolle der stark reduzierende (sauerstoffbindende) *Phosphor,* der zugleich die Arbeitstemperatur herabsetzt.

Für die *Festigkeit hartgelöteter Verbindungen* findet man Werte von 250...400 N/mm^2. Auch die Warmfestigkeit reicht im allgemeinen für alle Anwendungsfälle der Elektrotechnik aus. Auf den Einfluß der Gestalt und Abmessung der Lötfuge wurde bereits bei den Weichlötungen hingewiesen.

Im einzelnen ergeben sich manche spezielle Fehlermöglichkeiten, sowohl beim *Hartlöten von Stahl* wie von *Kupferwerkstoffen.* Steht z.B. das Material während des Lötens unter Zugspannung, reißt das Gefüge interkristallin auf und in die Fugen tritt Lot ein. Die Folge ist eine mehr oder weniger starke Versprödung, die sich vor allem bei höheren Betriebstemperaturen äußert. Die Erscheinung wird als *Lötbrüchigkeit* bezeichnet. Bei oxydulhaltigem Kupfer kommt die bereits mehrfach erwähnte Gefährdung durch Wasserstoff *(Wasserstoffkrankheit)* hinzu, wenn dieser z.B. in der Lötflamme im Überschuß vorhanden ist.

Tabelle 8.1 zeigt eine Zusammenstellung gebräuchlicher *Weich- und Hartlote.* Die Liste ist keineswegs vollständig. So gibt es z.B. zum Verbinden von Nickellegierungen *hochnickelhaltige Speziallote* mit Zusätzen von Chrom, Bor, Silicium, Eisen und Phosphor, die nicht aufgeführt sind. In der großen Anzahl der Lote spiegelt sich das in der Werkstoffkunde immer wieder auftretende Problem, die Forderung nach bestimmten Materialeigenschaften zugleich mit dem Wunsch nach möglichst geringen Kosten in optimaler Weise zu erfüllen. Hier sind es also möglichst gute *Festigkeit* der Lötstelle, leichte *Verarbeitbarkeit*

Tabelle 8.1 Einige gebräuchliche Weich- und Hartlote nach DIN 1707 und DIN 8513

Nr.	Bezeichnung		Zusammensetzung %	Schmelzbereich
1	Zinn-Blei	LSn50Pb	50 Pb, 50 Sn	183...215 °C
2	Zinn-Antimon	LSnSb5	5 Sb, 0..1 Ag, Rest Sn	230...240 °C
3	Silber-Blei	LPbAg3	0..1 Sn, 1,5..3,5 Ag, Rest Pb	305...315 °C
4	Phosphor-Kupfer	LCuP8	7,7..8,5 P, Rest Cu	710...770 °C
5	Silphos 2 %	LAg2P	2 Ag, 91,5 Cu, 6,5 P	660...810 °C
6	Silphos 15 %	Lag15P	15 Ag, 80 Cu, 5 P	640...800 °C
7	Silberlot 25	LAg 25	25 Ag, 41 Cu, 34 Zn	680...795 °C
8	Silberlot 44	LAg 44	44 Ag, 30 Cu, 26 Zn	680...740 °C
9	Silber-Cadmiumlot	LAg40Cd	40 Ag, 19 Cu, 21 Zn, 20 Cd	595...630 °C

und niedriger *Preis*, die in der für den jeweiligen Anwendungszweck vorteilhaftesten Weise miteinander kombiniert werden müssen.

In der Tabelle fällt bei näherem Zusehen auf, daß zwischen der höchsten Solidustemperatur der Weichlote von etwa 310 °C und der niedrigsten Arbeitstemperatur der Hartlote von etwas über 600 °C eine *Lücke* klafft. Tatsächlich gibt es in diesem Intervall keine Lote mit befriedigenden Eigenschaften. Das ist mitunter unangenehm, wenn nämlich einmal die Festigkeitseigenschaften der Weichlote nicht ausreichen, andererseits die zu lötenden Werkstücke die hohen Arbeitstemperaturen der Hartlote nicht vertragen. Die Technik hat diese Lücke bisher nicht ausfüllen können.

Das Löten von Aluminium und seinen Legierungen erfordert besondere Maßnahmen. Aluminium überzieht sich, wie wiederholt ausgeführt, schon bei Raumtemperatur und noch mehr in der Wärme mit einer dichten, widerstandsfähigen *Oxidhaut*, der es seine Korrosionsbeständigkeit verdankt, die aber beim Löten die metallische Verbindung erschwert. Als *Weichlote* benutzt man vor allem *Zink-Cadmium-*, auch *Zink-Zinn-Legierungen* als „Reiblote", bei deren Anwendung die besagte Oxidhaut durch Reiben zerstört wird. Letzteres geschieht unter Umständen auch zusätzlich auf chemischem Wege durch sogen. *Reaktionslote*, z.B. bei Anwesenheit von Zink-Chlorid. Alle diese Lötverbindungen sind jedoch wenig fest und korrodieren leicht (Abschn. 7.2). Auch die obengenannten *Hartlote* auf Kupferbasis sind beim Aluminium und seinen Legierungen nicht verwendbar, Standard-Hartlot ist Al Si 12 (Aluminium + 12 % Silicium), evtl. zur Schmelzpunkterniedrigung mit Zinnzusatz. Die Anwesenheit der Oxidhaut und ihre rasche Neubildung bei der hohen Arbeitstemperatur erfordert hier grundsätzlich die Anwendung von *Flußmitteln.* Im übrigen sind auch diese Lötstellen nur *wenig korrosionsbeständig.* Wegen der genannten Schwierigkeiten kommt dem Löten von Aluminium nur geringe praktische Bedeutung zu; Schweißen ist im allgemeinen vorteilhafter.

8.2 Schweißen

Beim Schweißen metallischer Bauteile fehlt die für das Löten charakteristische geschmolzene Zwischenschicht eines anderen Metalls, vielmehr werden die zu verbindenden Werkstücke *unmittelbar* an ihren Grenzflächen vereinigt. Das geschieht entweder, indem man die Teile an ihrer Übergangsstelle bis zur Verflüssigung erhitzt, so daß sie miteinander verschmelzen oder indem man sie mit so starkem Druck zusammenpreßt, daß sie sich noch im festen Zustand in ihren Grenzbereichen bis in die beiderseitigen atomaren Bezirke aneinanderschmiegen und interatomare Kräfte zu einer Bindung führen können. Temperatur und Druck wirken hier also im gleichen Sinne und können sich gegenseitig vertreten. Je heißer die Werkstücke sind, umso geringer ist der aufzuwendende Schweißdruck, der bei der Schmelztemperatur praktisch gleich null wird. Daraus ergibt sich zwanglos folgende Aufgliederung der Schweißverfahren.

Vereinigung unter Druck bei Raumtemperatur: *Kaltpreßschweißen.*

Vereinigung unter Druck bei Schmiedetemperatur: *(Warm-)Preßschweißen.*

Vereinigung ohne Druck bei Schmelztemperatur: *Schmelzschweißen.*

Im letzteren Fall wird häufig das Material in der Schmelzzone durch Zugabe eines – meist artgleichen – Metalls angereichert.

Unter den *Preßschweißverfahren,* die vor allem auch in der Feinwerktechnik vielfach angewendet werden, ist je nach Form der Berührungsflächen an der Schweißstelle die Aufteilung in *Punkt-, Buckel-, Naht- und Stumpfschweißen* gebräuchlich. Zur Ergänzung gehört hierher auch das moderne *Ultraschallschweißen:* Die sehr hohen Drucke der Ultraschallschwingungen und gleichzeitiges Aufeinanderreiben der zu verbindenden Flächen führen zu einer Vereinigung der Grenzschichten.

Bei allen Schweißverfahren, sei es durch Pressen oder Schmelzen, können je nach Druck- und Temperatureinwirkung unerwünschte Gefügeänderungen in der Schweißzone und im benachbarten Grundwerkstoff eintreten, z.B. *Kaltverfestigung, Grobkornbildung, Aufhärtung, Spannungsspitzen* u.a. Sie können mitunter – nicht immer – durch nachträgliches Glühen beseitigt werden. Die Güte einer Schweißverbindung hängt daher nicht so sehr von den Materialeigenschaften der beteiligten Werkstücke im Normalzustand ab, sondern von der Art, wie der Prozeß geführt wird. In vielen Fällen wird es vorteilhaft sein, wenn – wie z.B. beim genannten Ultraschallverfahren – nur möglichst dünne Grenzschichten am Schweißvorgang beteiligt sind und die anschließenden Nachbarbereiche davon unberührt bleiben. Auch beim Erwärmen und Schmelzen ist die Geschwindigkeit des Aufheizens und seine Begrenzung auf eine möglichst schmale Übergangszone von entsprechender Bedeutung. In diesem Sinne kann beispielsweise die Qualität einer Schweißung wesentlich davon abhängen, ob die Erwärmung mit der *Flamme,* durch *Widerstandsheizung* oder im *Lichtbogen* vorgenommen wurde oder mit den modernen Methoden der *Elektronenstrahl- und Laserschweißung,* die in extrem kleiner Schmelzzone zu besonders hochwertigen Verbindungen führen.

Aus der Fülle der Besonderheiten, die bei den einzelnen Werkstoffen auftreten können, seien einige Beispiele genannt: Beim Schmelzschweißen von *unberuhigt vergossenen Stählen,* vor allem Thomasstählen, stellt sich im erwärmten Teil des Werkstücks im Temperaturgebiet zwischen 200 °C und 300 °C *Alterungsversprödung* ein. Weiterhin findet bei Kohlenstoffgehalten über 0,25 % in der Schweißzone bei rascher Abkühlung eine vielfach unerwünschte Aufhärtung statt. Die Folgen sind ebenfalls Versprödung und Risse. Verbesserung gelingt in beiden Fällen durch nachträgliches Glühen bei etwas über 500 °C bzw. bei 600...650 °C. Die Neigung zur Rißbildung läßt sich allerdings nur durch

Vorwärmen des Werkstücks vermindern. Je nach Zusammensetzung des Stahls besteht, insbesondere bei längerem Verweilen im Bereich höherer Temperatur *(Gasschmelzschweißen)*, auch die Gefahr der *Grobkornbildung* oder – speziell bei *austenitischen Stählen* – der Ausscheidung von *Chromcarbiden* an den Korngrenzen, was zu *Korrosionsanfälligkeit* führt (interkristalline Korrosion). Abhilfe bringen Legierungsanteile von Carbidbildnern, wie Titan, Tantal und Niob.

Beim Schmelzschweißen von *Kupfer* erfordert die gute Wärmeleitfähigkeit des Materials einen höheren Aufwand, um die Verbindungsstelle auf die erforderliche Temperatur zu bringen. Bedenklich ist seine Bereitschaft, in flüssigem Zustand Sauerstoff unter Bildung von *Kupferoxydul* (Cu_2O) aufzunehmen, da ja dann, wie in Abschn. 5.1.1 ausgeführt, die Gefahr der *Wasserstoffkrankheit* entsteht. Diese umgeht man natürlich, wenn unter *Schutzgas oder in neutraler Flamme* gearbeitet wird.

Beim Schmelzschweißen von *Aluminium* und seinen Legierungen entstehen die gleichen Schwierigkeiten wie beim Hartlöten durch die Oxidhaut an der Oberfläche. Die Verbindung gelingt daher nur mit *Flußmittelzusatz oder unter Schutzgas* (normalerweise Argon). Bei Legierungen besteht die Gefahr von unerwünschter *Ausscheidungshärtung.*

9 Untersuchungsmethoden und Prüfverfahren

Die für die Prüfung der verschiedenen Werkstoffeigenschaften gebräuchlichen Verfahren wurden zum Teil in den vorausgegangenen Kapiteln im entsprechenden Zusammenhang erwähnt. Sie seien hier nochmals zusammengestellt und die Liste ohne Anspruch auf Vollständigkeit durch Hinweis auf einige weitere, teils zerstörende, teils zerstörungsfreie Methoden ergänzt.

Zusammensetzung und Kristallgefüge

Chemische Analyse, ggf. in Verbindung mit *physikalischen* Methoden, wie Massenspektrograph und Elektronenstrahl-Mikrosonde, d.h. Spektralanalyse im weitesten Sinne, einschließlich Radiochemie, Röntgenfluoreszenz-Analyse, Mößbauer- und Laser-Spektroskopie, wobei im gesamten, der Technik zugänglichen *Strahlenbereich* Emissions- und Absorptionsspektren, angeregte oder spontane Eigenstrahlung der Bestandteile aufgenommen und zu ihrer qualitativen und quantitativen Identifizierung ausgewertet werden.

Grob- und Feinstruktur-Untersuchungen mittels kurzwelliger Strahlen *(Röntgen-, γ-, Elementarteilchen)* aus elektrotechnischen oder radioaktiven Strahlungsquellen.

Mikroskopie, sei es *Lichtmikroskopie* mit sichtbarem Licht (unpolarisiert oder polarisiert) oder mit streng parallelem, monochromatischem, kohärentem Laserlicht; im Ultravioletten oder im Bereich des *Elektronenmikroskops* (Durchstrahlungsmikroskopie (TEM), Feldionenmikroskopie (FIM), Rastermikroskopie (REM)); in Verbindung mit speziellen Methoden der *Metallographie* zum Präparieren von Schliffen, Oberflächenreplicas, durchstrahlbaren dünnen Folien und dgl. sowie Anwendung *quantitativer* Auswerteverfahren bis hin zu halb- oder vollautomatischen Bildauswertegeräten.

Thermische Analyse: Abkühlungs- oder *Erwärmungskurven;* thermische Ausdehnungskurven *(Dilatometrie)* zur Ermittlung von Phasenumwandlungen; *Heiztischmikroskopie,* ggf. in Verbindung mit Laserstrahlen, zur direkten Beobachtung von Schmelz- und Umwandlungsvorgängen.

Mechanische Festigkeit

Zug-, Druck-, Biege-, Torsions-, Scherbeanspruchung in entsprechenden *Belastungs- und Verformungsgeräten* wie (elektronisch gesteuerten) Festigkeitsprüfmaschinen zur Aufzeichnung von Spannungs-Dehnungs-Kurven (zwecks Messung der statischen Elastizitätsmodulen, Streckgrenze, Zugfestigkeit, Verfestigungsverhalten, Bruchdehnung und -Einschnürung); Kriech- bzw. Zeitstandapparaturen zur Aufzeichnung von Kriech- bzw. Zeitstandkurven; Härteprüfgeräte; Pendelschlagwerke zur Bestimmung der Kerbschlagzähigkeit und Brucharbeit; Ermüdungsmaschinen zur Aufzeichnung von Wöhlerkurven.

Risseprüfung, vor allem an Schweiß- und Lötverbindungen

Entweder zerstörende Prüfung durch Zugversuch oder andersartige Gewaltanwendung oder zerstörungsfrei durch:

Das allgemein anwendbare *Farbeindringverfahren,* das in seiner vollkommensten Variante fluoreszierende Farbstoffe benutzt, die beim Aufbringen auf die Oberfläche des Werkstücks durch Kapillarwirkung in die Risse eindringen, nach Aufsprühen eines saugfähigen „Entwicklers" aber teilweise wieder heraustreten, so daß sie – gegebenenfalls unter der Ultraviolettlampe – als leuchtende Striche sichtbar werden.

Das auf ferromagnetische Werkstoffe beschränkte *Magnetpulververfahren,* bei dem das entsprechend aufmagnetisierte Werkstück mit einem Gemenge von Öl und Eisenpulver überflutet wird, worauf die Eisenteilchen sich als magnetische „Brücken" über den Rissen ansammeln und sie relativ leicht erkennbar machen.

Ultraschallprüfung, bei der der Reflex der Strahlung an Rissen oder sonstigen Inhomogenitäten, Schlacken, Lunkern und dergleichen auf dem Oszillographen des Empfängers erscheint und die Lage des Fehlers anzeigt.

Korrosionsbeständigkeit

Freibewitterung in Industrie- oder Meeresluft, Lagerung in *Wasser* mit mehr oder weniger aggressiven, sauren oder alkalischen Zusätzen, im *Klimaschrank* bei wechselnder Temperatur und Feuchtigkeit, mit und ohne Betauung, im Salzsprühtest und dergleichen, Beurteilung der Wirksamkeit *korrosionsschützender Überzüge,* ergänzt durch Schichtdickenmessungen nach chemischen oder physikalischen Methoden.

Diese Zusammenstellung von Prüfverfahren stellt einen Ausschnitt dar. Die unterschiedlichen magnetischen und elektrischen Eigenschaften sämtlicher Werkstoffe bieten weitere Möglichkeiten zum Bewerten, Unterscheiden und Aussortieren. Über einige Verfahren zur Beurteilung spezieller Eigenschaften von Isolierstoffen und ferromagnetischen Werkstoffen wird in späteren Kapiteln berichtet.

II. Die meist verwendeten Werkstoffgruppen der Elektrotechnik nach ihren Haupteigenschaften geordnet

10 Einleitende Übersicht über Zusammenhänge zwischen der Art der interatomaren Bindungen, den mechanischen Eigenschaften und der Elektrizitätsleitung bei festen Körpern

Die Elektrotechnik lebt davon, daß es Stoffe gibt, die den elektrischen Strom gut leiten; gleichermaßen benötigt sie aber auch solche, die ihn praktisch gar nicht leiten, und sie wäre in ihrer heutigen Gestalt und Entwicklung undenkbar, wenn es nicht zwischen diesen beiden Extremen einen breiten, mit einer Unzahl von Werkstoffen angefüllten Übergangsbereich gäbe. Exakte und wohlbegründete Vorstellungen über den Bau der Atome und Moleküle führen zum Verständnis dieser Mannigfaltigkeit und zur Beherrschung der Zusammenhänge. Ohne zunächst darauf näher einzugehen, soll in diesem Kapitel einleitend gezeigt werden, welches Bild wir auf Grund *einfacher, gesicherter* Beobachtungen uns von den im Innern fester Körper wirkenden Kräften und Vorgängen entwickeln können und wie weit die elektrischen sowie auch die mechanischen Eigenschaften der verschiedenartigen Stoffe sich bei dieser Gelegenheit verstehen lassen.

10.1 Positive und negative Ladungen als Bestandteile der Materie

Bei der ersten Beschäftigung mit den Anfangsgründen der Elektrizitätslehre erfährt man, daß jede Materie zwei leicht wahrnehmbare Arten von Ladungen enthält, die üblicherweise als positive und negative bezeichnet werden. Ihre Trennung und Wiedervereinigung sind Beginn und Ende zahlreicher elektrophysikalischer oder elektrochemischer Prozesse. Man lernt in diesem Zusammenhang, daß gleichnamige Elektrizitätsmengen sich gegenseitig abstoßen, ungleichnamige einander anziehen. Eine Ansammlung von Ladungsträgern gleichen Vorzeichens könnte also für sich allein niemals zu einem stabilen Verband eines festen Körpers zusammentreten; vielmehr müssen hierzu zweifellos positive und negative innig miteinander vermischt und gekoppelt sein, so daß die bindenden Kräfte die auseinanderstrebenden überwiegen. Insbesondere sind offenbar in einer neutralen Masse beide Arten von Ladungen in gleicher Anzahl vorhanden, so daß nach außen hin kein elektrisches Feld in Erscheinung tritt.

Eben dieselben positiven und negativen Ladungen, deren Anwesenheit in der Materie sich auf mannigfache Weise verrät, sind dann sicherlich durch die Art und Stärke ihrer gegenseitigen Bindung einerseits für den mechanischen Zusammenhalt eines Stoffes, d.h. seine Festigkeit und Verformbarkeit maßgebend, andererseits aber natürlich zugleich die Grundlage für seine elektrischen Eigenschaften. Das bedeutet, daß sie in dem einen Extrem, den gut leitenden Metallen, zwar bis zu einem gewissen Grad aneinander gebunden sind, damit die Masse nicht zerfällt, aber doch auch wiederum unter dem Einfluß eines äußeren elektrischen Feldes zu einem beträchtlichen Teil leicht verschieblich sein müssen. Im anderen Grenzfall dagegen, beim idealen Isolator, haben sie offenbar alle feste Plätze oder können zumindest nur in Mikrobereichen ihre Lage verändern. Für alle Werkstoffe mittlerer Leitfähigkeit zwischen Metall und Nichtleiter ergibt sich dann zwanglos die Vorstellung, daß hier entweder die *Zahl* der beweglichen Ladungen pro Volumeneinheit oder der Grad ihrer *Beweglichkeit* entsprechend begrenzt sein müssen.

Nähere Auskünfte über die Natur der Ladungsträger erhält man aus einigen weiteren praktischen Erfahrungen: Elektrizitätsleitung in festen Metallen und vielen Halbleitern findet im allgemeinen ohne nachweisbare Bewegung von Massen statt. Fast *masselos* sind aber die als *negative* Elementarladung auftretenden *Elektronen,* die z.B. aus den Untersuchungen an Kathodenstrahlen, radioaktiven Prozessen und anderen Erscheinungen als Bestandteil der Materie bekannt sind und dabei unmittelbar zu Tage kommen. Demgegenüber ist die *positive* Elektrizität normalerweise immer an *Masseteilchen* gebunden; d.h. wir kennen sie nur in Form von geladenen Atomen (Ionen), wie sie u.a. bei der Elektrolyse und bei Gasentladungen beobachtbar sind, wo der elektrische Strom stets mit materiellen Transportvorgängen verknüpft ist. (Lediglich in einem Fall begegnet uns auch die positive Ladung als fast masseloses Elementarteilchen, nämlich das bei Kernspaltungsexperimenten erscheinende „Positron", das also mit umgekehrtem Vorzeichen den Zwillingspartner des Elektrons darstellt. In Gegensatz zu diesem hat es aber erstens eine außerordentlich kurze Lebensdauer und entsteht zweitens nur unter so hohen Energieumsätzen, wie sie sich im Zusammenhang mit der Elektrizitätsleitung in festen Körpern sicherlich nicht abspielen.) Es liegt daher wohl nichts näher, als anzunehmen, daß die am Stromtransport offenbar unbeteiligte Masse eines festen Metalls oder eines Halbleiters Träger der positiven Ladungen ist. Das heißt, die Gitterbausteine, aus denen sie sich zusammensetzt und die wir ja z.B. mittels Röntgenstrahlen an ihren Plätzen wahrnehmen können, sind nicht neutrale Atome, sondern positive Ionen. Die nachweisbar ebenfalls vorhandenen Elektronen werden dann einerseits zur Bindung benötigt, müssen andererseits aber auch beweglich sein, damit sie einen masselos fließenden Strom darstellen können. Aus der Art und Weise, wie sie diese doppelte Aufgabe erfüllen, ergeben sich die mechanischen Eigenschaften, wie Festigkeit, Verformbarkeit, Höhe des Schmelzpunktes usw., zugleich aber auch die Voraussetzungen für das elektrische Leitvermögen.

10.2 Metallische Bindung und metallische Leitung

Die gute Verformbarkeit und das hohe Leitvermögen der meisten Metalle deuten darauf hin, daß hier die Bindung zwischen den Gitterbausteinen durch die Elektronen relativ lose ist und daß auch die letzteren selbst dabei ein erhebliches Maß von Beweglichkeit behalten. Nach dem oben skizzierten Bild stellen gleichartige Metallatome, die zu einem gemeinsamen Kristallgitter zusammentreten, einen Teil ihrer Elektronen einerseits zur Bindung mit den Nachbaratomen, andererseits zur Elektrizitätsleitung ab. Die Atomrümpfe nehmen dann mit ihrer nunmehr überschüssigen positiven Ladung die Gitterplätze ein. Das Kristallgitter eines Metalls besteht also aus positiven Ionen, die in die Gesamtheit der von ihnen abgegebenen oder nur locker gebundenen Elektronen, eine Art „Elektronengas", eingebettet sind. Dieses Elektronengas übernimmt dann die doppelte Funktion, einmal mit der Fülle seiner negativen Ladungen die verbindenden Brücken zwischen den Gitterionen zu bilden und damit mechanische Festigkeitseigenschaften zu erzeugen, zugleich aber bewegliche Elektrizitätsträger für den Stromtransport bereitzuhalten.

Zu quantitativen Aussagen kommt man durch Untersuchung von Leitungsvorgängen im Magnetfeld anhand des *Halleffektes,* über den weiter unten zu sprechen sein wird. Hier sei als gesichertes Ergebnis vorweg genommen, daß z.B. beim bestleitenden Metall, dem Silber, sich im Mittel pro Atom ein Elektron (und nur eines) absetzt, um sowohl zur Bindung mit den Nachbaratomen wie auch zur elektrischen Leitung verfügbar zu sein. Es hat damit zwei Aufgaben zu erfüllen, die auf den ersten Blick schwer miteinander verträglich erscheinen. Eine ins einzelne gehende Erläuterung der sich im Raum zwischen den Gitterbausteinen abspielenden Vorgänge, die exakt nur von quantenmechanischen oder wellenmechanischen Ansätzen aus zu formulieren sind, kann nicht Gegenstand dieser einleitenden Übersicht sein. Hier möge es vielmehr genügen, uns vor Augen zu halten, daß jedes einzelne Elektron unseres Elektronengases durch sein negatives Ladungsvorzeichen im statistischen Mittel eine wechselseitig bindende Kraft auf die positiven Gitterionen ausüben muß, wenn es sich irgendwie zwischen ihnen aufhält, gleichgültig ob es dabei ruht oder sich bewegt. Man erhält ein qualitativ richtiges Bild durch die Vorstellung, daß im Metall die Elektronen alle zusammen in dauernder Bewegung und in stetem zeitlichen und räumlichen Wechsel mal hier, mal dort eine Bindungsfunktion zwischen den Atomrüpfen übernehmen, wobei die individuelle Zugehörigkeit zu einem bestimmten Atom verlorengegangen ist. Als „frei" – nur vorübergehend frei – erscheinen dann diejenigen Elektronen, die sich gerade in einem Übergang von einer soeben aufgegebenen zur nächsten Bindung befinden. In diesem Stadium sind sie einem von außen angelegten elektrischen Feld sozusagen ausgeliefert, das nun den dauernden Austausch- und Platzwechselvorgängen eine alle gleichmäßig erfassende Bewegung, einen Strom, überlagern kann. Es handelt sich bei dieser für Metalle typischen Art des Zusammenhaltes zwischen den Gitterbausteinen also um *nicht lokalisierte* Bindungen im Gegensatz zu den später zu besprechenden „lokalisierten", bei denen die Elektronen jeweils in der Nachbarschaft bestimmter Atome oder Atomgruppen verbleiben.

10.3 Die „Valenzkristalle" des Kohlenstoffs und der halbleitenden Elemente Silicium und Germanium. Die kovalente Bindung

Man wird bestrebt sein, um zu einer einheitlichen Vorstellung über den molekularen Aufbau kristalliner Körper zu kommen, das für die Metalle gültige Bild in modifizierter Form auch auf nichtleitende Elemente, wie Diamant oder Schwefel, zu übertragen. Das offensichtliche Fehlen der Leitfähigkeit kann hier zunächst nichts anderes besagen, als daß die Elektronen in diesem Fall durch ihre Bindungsfunktion voll in Anspruch genommen sind, ohne sich zugleich als Träger eines Leitungsstromes über größere Bereiche hinweg bewegen zu können. Das heißt, sie hängen viel stärker als beim Metall an ihrem jeweiligen Mutteratom, so daß sie dessen Nähe gar nicht oder allenfalls im Austausch mit Elektronen aus der nächsten Nachbarschaft verlassen können. Da im Innern der Materie nirgendwo Ruhe herrscht, wird auch diese Bindung sicherlich unter gleichzeitigem Ablauf von Bewegungsvorgängen zustandekommen, z.B. in der Art, daß im steten Hin und Her ein Elektron von einem Atom zum Nachbarn hinüber und dafür ein anderes herüber wechselt. Die beiden gehören also dann nicht einzeln jeweils zu nur *einem* bestimmten Atom, sondern *paarweise* gemeinsam zu einem festen *Paar* von Atomrümpfen, das sie gemäß ihrem negativen Ladungsvorzeichen zusammenhalten. Man spricht im Sinne dieser Vorstellung, die sich vor allem bei der Deutung von Vorgängen in Halbleitern als sehr fruchtbar erwiesen hat, von *Elektronenpaar-Bindung* oder *kovalenter Bindung.* Sie ist also, im Gegensatz zur metallischen, *lokalisiert,* die beteiligten Elektronen sind jeweils an eine bestimmte Atomgruppe gebunden.

Typisches Beispiel ist der Kohlenstoff in Form des Diamanten. Daß er in seinen chemischen Verbindungen stets als vierwertiges Element erscheint, besagt, daß jedes seiner Atome vier Elektronen („Valenzelektronen") zur Bindung mit Nachbaratomen anzubieten hat. In der Tat kann im Gitter des Diamanten (Bild 10.1a) jedes Kohlenstoffatom als Mittelpunkt eines Tetraeders gelten, dessen Ecken von vier anderen eingenommen werden. Es hat also vier nächste Nachbarn von gleicher Elektronenkonfiguration und damit die Möglichkeit, jedem von diesen ein Valenzelektron hinüberzureichen und von dort im hin- und herwechselnden Austausch gleichzeitig je eines zurückzubekommen. Auf diese Weise entstehen um jedes Atom vier Elektronenpaar-Bindungen, durch die es mit seiner Umgebung zusammenhängt. Bild 10.1b gibt einen fiktiven, räumlich zu denkenden Einblick in das Innere eines solchen Gitters. Hier bestimmen also die Valenzen durch ihre *Anzahl* und ihre *Richtung* sowohl die Zahl der lokalisierten Bindungen wie auch die räumliche Anordnung der Atome im Gitter. Man bezeichnet daher solche Strukturen als „Valenzkristalle". Außer dem Diamant gehören zu dieser Gruppe die Gitter der gleichfalls vierwertigen Elemente Silicium und Germanium.

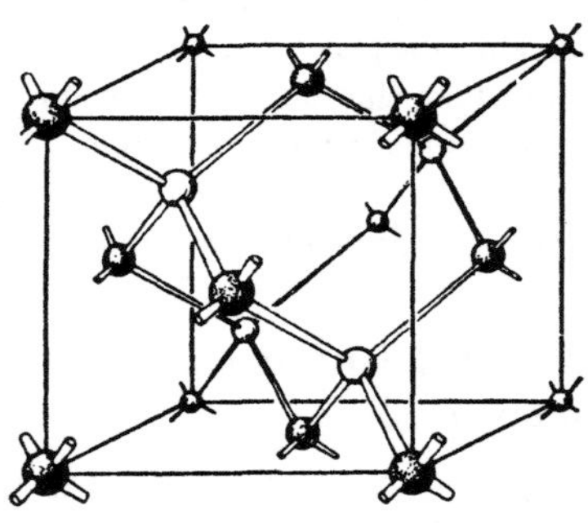

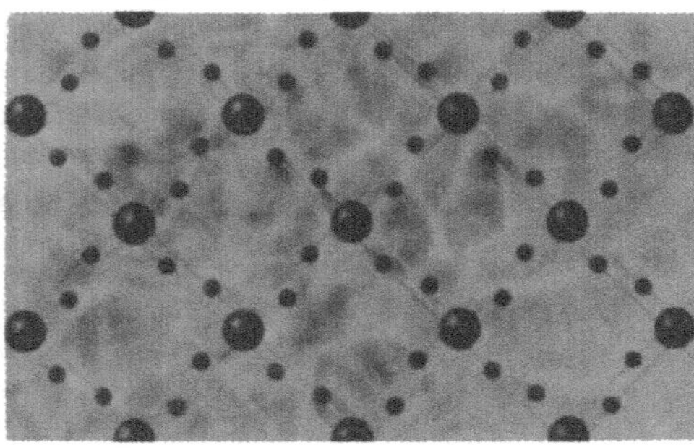

Bild 10.1
a) Diamantgitter des Kohlenstoffs

b) Fiktiver Einblick in das Diamantgitter mit Andeutung der Elektronenpaarbindungen

Als Unterschied zum Metall ergibt sich also hier zunächst, daß die Bindungen lokalisiert sind und freie Elektronen zur Stromleitung fehlen. Unmittelbare Folge ist die größere Härte und Sprödigkeit der Valenzkristalle; denn bei jeder Verformung müssen hier Elektronenpaarbrücken aufgebrochen werden, an deren Stelle nicht immer sofort neue entstehen, während bei der plastischen Verformung von Metallen an ihrem Bindungszustand sich im Grunde nichts ändert. Hinzu kommt endlich, daß in der Struktur des Diamanten jedes Atom von nur vier nächsten Nachbarn umgeben ist und zu deren Bindung vier Elektronen abstellt, selbst also zunächst mit vierfach positiver Ladung zurückbleibt. Das ergibt natürlich in dem Raum um die Atomrümpfe innerhalb des Gitters ein viel intensiveres Kräftespiel zwischen positiven und negativen Ladungen, also festeren Zusammenhalt als z.B. in der kubisch-flächenzentrierten Struktur des Silbers; denn bei dieser hat ja jedes Atom für seine zwölf nächsten Nachbarn alle zusammen nur *ein* Elektron zur Bindung übrig, stellt selbst also auch nur ein einfach positiv geladenes Ion dar. Daraus resultiert die größere Weichheit des Silbers gegenüber dem Diamanten, aber auch für das bindende Elektron im Metall die Möglichkeit, immer wieder ohne große Hemmungen solch schwachen Halt mit einem Seitensprung im Sinne einer Leitfähigkeit zu verlassen und den Platz zu wechseln. Die üblichen Modellvorstellungen über den Aufbau der Atome, die in einem späteren Kapitel behandelt werden, geben weitere Hinweise zum Verständnis dieser Verschiedenheit von Metallen und Valenzkristallen (Abschn. 10.6).

Das Bild des isolierenden Valenzkristalls, wie es hier gezeichnet wurde, ist ein Idealfall. Es wird Übergangszustände geben, wo eben doch nicht jedes Elektron zeitlebens bei seinem engbegrenzten Atomverband bleibt: vielmehr kann durch Störstellen, unter dem Einfluß von Temperaturschwingungen, durch einfallende Strahlen oder eine von außen aufgeprägte elektrische Feldstärke vielleicht jedes millionste oder milliardste Bindungselektron einmal die Chance finden, sich zu befreien und dann in einem elektrischen Feld als beweglicher Ladungsträger einen gewissen Leitungsvorgang zu erzeugen. In diesem Fall entsteht das Bild des elektronischen Halbleiters. Es wird vor allem bei solchen Kristallen auftreten, in denen die interatomaren Bindungen schon im ungestörten Zustand weniger fest sind als im Diamantgitter des Kohlenstoffs. Beispielsweise haben die ebenfalls in der vierten Reihe des Periodischen Systems unter dem Kohlenstoff stehenden Elemente Silicium und Germanium die gleiche Gitterstruktur wie der Diamant. Auch ihre Atome sind vierwertig und bilden nach dem Schema in Bild 10.1b Valenzkristalle mit Elektronenpaarbindungen zu ihren vier Nachbarn. Da sie aber entsprechend ihrer höheren Ordnungszahl komplizierter gebaut sind (Abschn. 10.6), ist hier der Zusammenhalt der vier Valenzelektronen mit dem Mutteratom nicht so fest wie im Kohlenstoff. Bei tiefer Temperatur und auch sonst ungestörtem Gitter verhalten sie sich zwar noch, wie der Diamant, als Isolator, d.h. alle Bindungen sind intakt. Bei Erwärmung oder einfallender Strahlung tritt aber die oben angedeutete Möglichkeit einer gelegentlichen Befreiung von Elektronen und damit einer gewissen Leitfähigkeit ein, über die in Kapitel 15 eingehender zu sprechen sein wird. Auch im Diamant kann ähnliches geschehen, aber erst bei wesentlich höheren Temperaturen.

10.4 Chemische Verbindungen mit elektronischer Halbleitung und mit Ionenleitung. Die ionische Bindung

Feste Metalle, Valenzkristalle und feste Elemente der Gruppen V bis VII (Bild 0.1) sind Gebilde aus jeweils gleichartigen Atomen, d.h. daß die auf den Gitterplätzen sitzenden Atomrümpfe (Ionen) alle die gleiche Ladung tragen. Innerhalb eines solchen Kristalls wird also niemals der Fall eintreten, daß etwa die Bindungselektronen in eindeutiger Richtung von den einen Atomen weg zu den anderen hin streben, sondern es kann nur im räumlichen und zeitlichen Wechsel ein gegenseitiger Austausch zwischen elektrisch gleichwertigen, „*homöopolaren*" Partnern stattfinden. Treten aber verschiedenartige Atome zu einer chemischen Verbindung zusammen, etwa ein Metall mit einem Nichtmetall, so ist es leicht vorstellbar, daß die bindenden Elektronen sich mehr zu der einen Atomart hingezogen fühlen als zu der anderen. In ihrem Wechselspiel wird dann eine gewisse Unsymmetrie entstehen, etwa in dem Sinn, daß sie im zeitlichen Mittel mehr beim Atom A als beim Atom B verweilen. Das braucht zunächst noch zu keiner wesentlichen Abwandlung des Bindungstyps und auch nicht zu einer Änderung des Leitfähigkeitscharakters zu führen. So haben z.B. viele Oxide und Sulfide von Schwermetallen, wie Kupferoxydul (Cu_2O), Zinkoxid (ZnO), Cadmiumsulfid (CdS), Bleisulfid (PbS) und andere im Prinzip ähnliche Halbleitereigenschaften wie die genannten Elemente Silicium und Germanium. Auch die früher erwähnten intermetallischen Verbindungen zwischen Elementen der 3. und 5. Gruppe des Periodischen Systems, wie das Galliumarsenid (GaAs), die wir ebenfalls unter den Halbleitern wiederfinden werden, liegen in dieser Linie. Geht jedoch die elektrische Unsymmetrie innerhalb einer chemischen Verbindung so weit, daß die freigestellten Elektronen ihre ursprüngliche Atomart völlig verlassen, um sich ganz dem Verband der anderen anzuschließen, so erscheinen natürlich die Reste der ersteren nach dem Verlust als positiv, die Atome der letzteren durch den Zugang als negativ geladene Ionen. Die Bindung, die man in diesem Fall in naheliegender Weise als „heteropolar" bezeichnet, darf dann in erster Näherung als Folge der *elektrostatischen* Anziehungskraft zwischen den beiden ungleichnamigen Ladungen aufgefaßt werden. Typisches Beispiel eines solchen „Ionenkristalls" ist das Kochsalz (NaCl), dessen Kristallgitter abwechselnd aus Na^+ und Cl^--Ionen besteht (Bild 1.4f). Dabei hat das Natrium die für Metalle typische Bereitschaft, Elektronen abzugeben, und das Chlor ist als Halogen geneigt, sie einzufangen und anzulagern. „Freie" Ladungsträger zur Elektrizitätsleitung stehen jetzt nicht mehr zur Verfügung; vielmehr kann Stromtransport hier nur noch dadurch erfolgen, daß sich die beiden Ionenarten entsprechend ihren gegensätzlichen Ladungsvorzeichen unter dem Einfluß eines äußeren elektrischen Feldes selbst mit ihrer ganzen Masse nach verschiedenen Richtungen hin auf den Weg machen. Bekannt sind solche Vorgänge[1)] vor allem in wässrigen Lösungen von Säuren, Basen und Salzen, wo durch die Mitwirkung des Wassers die Spaltung der Moleküle in positive und negative Ionen („Dissoziation") sehr gefördert wird und ausreichende Beweglichkeit gegeben ist. Man macht davon Gebrauch z.B. in der Galvanotechnik beim Verkupfern, Vernickeln usw., wie auch allgemein zum Trennen und Abscheiden bei der Herstellung chemischer Produkte.

Ionenleitung dieser Art tritt aber auch in festen Kristallen entsprechender Zusammensetzung auf, wenn es z.B. durch thermische Schwingungen der Gitterbausteine zur Spaltung kommt und Störungen oder Fehler in der Struktur eine Wanderung ermöglichen. Feste Ionenleiter (mitunter mit einem geringen elektronischen Anteil) sind außer dem NaCl z.B. auch andere Halogenverbindungen, wie das Kaliumbromid und Kaliumjodid. Hier gehen unter den genannten Umständen die Natrium- und Kalium-Ionen zur Katode, die Chlor-, Brom- oder Jod-Ionen zur Anode und sind dort nachweisbar. Steigende Temperatur begünstigt diese Art von Leitungsvorgängen, da sie die Beweglichkeit der Masse-

1) als „Elektrolyse"

teilchen und die Möglichkeit zu einem Platzwechsel erhöht. Vollends beim Schmelzen steigt die Leitfähigkeit eines elektrolytisch leitenden Stoffes stark an. Beispielsweise ist Glas als erstarrtes Salzgemenge bekanntlich ein Isolator; schon bei Temperaturen von wenig oberhalb 100 °C, also lange vor einer sichtbaren Erweichung, nimmt aber die Zähigkeit merklich ab, die Beweglichkeit der Ionen dementsprechend zu. Die Leitfähigkeit steigt und mit fortschreitender Erwärmung ist Glas kein Isolierstoff mehr.
Die oben genannten Oxide und Sulfide, die noch nicht in Ionenpaare aufspaltbar sind, bei denen aber doch schon die bindenden Elektronen sich in einer gewissen Unsymmetrie zwischen den verschiedenartigen Atomrümpfen verteilen und bewegen, stellen hinsichtlich der Bindung eine Art Übergang zwischen Ionenkristallen und den Valenzkristallen dar. Oder anders ausgedrückt, es erfolgt ein Übergang von der rein kovalent homöopolaren Bindung über die kovalente mit heteropolarem Anteil zur extrem heteropolaren, der ionischen Bindung.

10.5 Zusammenfassung von Abschnitt 10.2 bis 10.4

Im Hinblick auf die interatomare Bindung im Kristallgitter und die daraus resultierenden elektrischen und mechanischen Eigenschaften wurden 3 Gruppen von Stoffen einander gegenübergestellt:

(1) *Die Metalle; nicht-lokalisierte metallische Bindung* und metallische Leitung durch Elektronen. Jedes oder fast jedes Atom gibt ein Elektron ab; die freigestellten Elektronen bewerkstelligen in ihrer Gesamtheit sowohl den Zusammenhalt der Gitterbausteine untereinander wie auch die Leitung zwischen ihnen hindurch.

(2) *Die Valenzkristalle der Elemente Kohlenstoff, Silicium und Germanium,* kovalente Bindung *(lokalisierte Elektronenpaarbindung).* Keines der Atome gibt spontan ein Elektron völlig ab, sondern zunächst nur im direkten Austausch gegen eines vom Nachbarn: Isolierender Kristall. Störungen dieses Zustandes mit Freisetzung von Elektronen an vereinzelten Gitterstellen führen zur elektronischen Halbleitung.

(3) *Ausgewählte chemische Verbindungen:* Auch unsymmetrische Verteilung der Bindungselektronen zwischen verschiedenen Atomarten in chemischen Verbindungen führt zunächst zu isolierenden oder halbleitenden Kristallen wie unter (2). Bei völliger Lösung von Elektronen von den einen und Anlagerung an die anderen Atome entstehen *heteropolar gebundene Ionenkristalle* mit Ionenleitung *(ionische Bindung).*

In diesen drei Bindungstypen liegen die unterschiedlichen Voraussetzungen zur Elektrizitätsleitung vom Metall über den elektronischen Halbleiter und Ionenleiter bis zum Isolator; aber auch die weit streuenden mechanischen Eigenschaften vom tiefschmelzenden duktilen bis zum hochschmelzenden spröden Werkstoff lassen sich von hier aus verstehen. Daß es Übergänge zwischen isolierenden und halbleitenden Elementen wie auch zwischen elektronisch leitenden Verbindungen und Ionenkristallen gibt, wurde bereits angedeutet. Ebenso finden sich auch im Bereich der Metalle und ihrer Legierungen Mischtypen, in denen neben der metallischen Bindung mehr oder weniger starke Anteile von lokalisierten Elektronenbrücken vorhanden sind mit dem Ergebnis größerer Härte und Sprödigkeit, höherer Schmelzpunkte und natürlich entsprechendem Einfluß auf den Leitfähigkeitscharakter.

10.6 Aufbau der Atome aus Kern und Elektronenhülle

Eine anschauliche Übersicht über die Zusammenhänge liefert das bekannte Schalenmodell des Atoms. Es verbindet die offenkundigen Bestandteile der Materie, nämlich Masse und Elektrizität, in Form von Bewegungsvorgängen miteinander, indem es eine positiv geladene Masse (Proton oder Kombination aus Protonen und Neutronen) als zentralen Kern von so vielen Elektronen umkreisen läßt, daß sie nach außen neutral erscheint. Bleibt man bei diesem Bild und betrachtet das Periodische System in Bild 0.1, so findet man auf Grund einschlägiger Beobachtungen, z.B. am Massespektrographen, folgendes Bauprinzip: Mit steigender Ordnungszahl, also von links nach rechts und von oben nach unten, nimmt die Größe der positiven Ladung der Atomkerne und damit auch die Reichhaltigkeit und Kompliziertheit im Aufbau und in der Besetzung der Elektronenhülle von Stufe zu Stufe zu. Im einzelnen unterscheidet sich in den horizontalen Zeilen des Systems jedes Element von seinem linken Nachbarn durch eine zusätzliche positive Ladungseinheit im Zentrum seines Atoms und dementsprechend ein weiteres Elektron in dessen äußeren Bezirken. Die periodisch wiederkehrende Ähnlichkeit der in den einzelnen Haupt- und Nebengruppen untereinanderstehenden Elemente führt zu der Annahme entsprechender Perioden in ihrem inneratomaren Aufbau. Daraus resultiert die Vorstellung, daß die Elektronenhülle sich in diskrete, nahezu kugelförmige Schalen aufgliedert, die den Kern konzentrisch umgeben und in einer periodisch wiederkehrenden Ähnlichkeit mit Ladungen besetzt sind. Von hier aus liefert nähere Überlegung folgende Einzelheiten: Zunächst sind sicherlich die an der Peripherie befindlichen Elektronen für die Beziehungen zu den Nachbaratomen maßgebend, also in erster Linie für die chemische *Valenz*. Elemente mit gleicher chemischer Wertigkeit werden also irgendwie gleichartig besetzte äußere Elektronenschalen haben. So wird man vermuten, daß die in der ersten Gruppe stehenden, einander nahe verwandten einwertigen Alkalimetalle Lithium, Natrium, Kalium usw. in ihrem Atombau insofern übereinstimmen, als sie alle in ihrer äußersten Schale ein und nur ein Elektron tragen, die zweiwertigen Erdalkalien daneben dementsprechend deren zwei, das dreiwertige Bor und das Aluminium jeweils drei, der vierwertige Kohlenstoff und seine darunter stehenden Verwandten vier usf. Die Weiterführung dieses Gedankengangs führt zu dem Schluß, daß am rechten Ende jeder Zeile bei den Edelgasen der VIII. Gruppe, infolge irgendwelcher Stabilitätsbedinungen im Zusammenspiel der positiven und negativen Ladungen in Kern und Hülle, ein gewisser Bauabschnitt beendet ist, z.B. beim Neon in Form einer mit acht Elektronen „voll" besetzten äußeren Schale. Am linken Anfang der nächsten Zeile beginnt dann beim Natrium in der I. Gruppe der Aufbau einer neuen, weiter außen liegenden Schale, die zunächst mit *einem* Elektron, dann beim Magnesium mit zweien usw. bestückt ist. Natürlich gibt es hierfür z.B. aus spektroskopischen Beobachtungen und der Messung von Ionisierungsspannungen exaktere Beweise als diese Überlegung.

Ähnliches vollzieht sich zusätzlich, wenn auch in der Anordnung und Reihenfolge etwas komplizierter, im Bereich der dazwischenliegenden acht Nebengruppen. So besitzt das einwertige Kupferatom, mit der Ordnungszahl 29 in der 1. Nebengruppe, eine Hülle von insgesamt 29 Elektronen, von denen 28 auf 3 voll besetzten Schalen angeordnet sind, während das 29. sich allein auf der am weitesten vom Kern entfernten äußeren Position befindet. Letzteres hat als Einzelgänger noch keine rechte Beziehung zu dem übrigen Verein, zumal es durch die Gesamtheit der anderen Elektronen weitgehend gegen die anziehende positive Ladung des Kerns abgeschirmt wird. Daher ist es geneigt, sich abzusetzen, also sein Mutteratom als positives Ion zurückzulassen. Wie oben ausgeführt, steht es dann, zusammen mit den ebenfalls auf Wanderschaft gegangenen äußeren Elektronen der umliegenden Atome, als bindendes Medium zwischen den ionisierten Atomrümpfen oder auch als vorübergehend frei bewegliche Ladung für Leitungsvorgänge zur Verfügung.

Ein anderes Beispiel für die Rolle, die den an der Peripherie befindlichen „Valenzelektronen" im Zusammenspiel mit Nachbaratomen zufallen kann, liefert die Verbindung des einwertigen Natriums mit irgendeinem Nichtmetall auf der rechten Seite des Periodischen Systems, etwa dem in der VII. Gruppe stehenden Chlor. Beim Chlor ist nämlich die äußerste Schale mit 7 Elektronen bis auf einen freien Platz besetzt. Es ist daher bereit, sich des einsamen Elektrons im äußeren Bezirk des Natriumatoms, das dort sowieso nicht sehr fest gebunden ist, anzunehmen, um seinen eigenen Bestand damit aufzufüllen und abzurunden. So kommt es zur Verlagerung dieser einen Ladungseinheit vom Natrium hinüber zum Chloratom und zu der beschriebenen heteropolaren Bindung zwischen dem nun positiv ionisierten Natrium und dem zum negativen Ion gewordenen Chlor.

Nach diesem Bild leuchtet es ein, daß zu heteropolaren (ionischen) Bindungen bevorzugt Paarungen von metallischen Ionen aus der linken mit nichtmetallischen aus der rechten Hälfte des Periodischen Systems prädestiniert sind. Die Elemente des mittleren Bereichs, also in erster Linie die der IV. Gruppe mit dementsprechend vier Valenzelektronen in der äußeren Schale (C, Si, Ge), werden weder zur Elektronenabgabe noch zur -Aufnahme besonders geneigt sein, d.h. ebenso wenig zum Zustand der metallischen Bindung und Leitfähigkeit wie zur Bildung von Ionen der einen oder anderen Polarität. Vielmehr ist hier bevorzugt jener Bindungstyp zu erwarten, bei dem die Elektronen den Bereich ihres Mutteratoms nicht oder nur im unmittelbaren Austausch mit solchen aus den Nachbaratomen verlassen, so daß sich lokalisierte Brücken von Elektronenpaaren ausbilden (kovalente Bindung).

Dabei vollzieht sich in dieser vertikalen Reihe von oben nach unten ein fortschreitender Übergang vom Isolator (Kohlenstoff als Diamant) zum Halbleiter (Si und Ge) und schließlich zum Metall (Sn). Das heißt, je reichhaltiger und komplizierter mit steigender Ordnungszahl die Atomhüllen dieser 4 untereinander stehenden Elemente werden, umso mehr gewinnen die an der Peripherie befindlichen Valenzelektronen Bewegungsfreiheit, um sich aus dem Verband zu entfernen, zunächst im Sinne einer Halbleitung beim Silicium und Germanium, dann in Form von metallischer Bindung und Leitung beim Zinn und beim Blei.

10.7 Das Bändermodell

Die Vorstellung der in bestimmten Abständen vom Atomkern angeordneten Schalen, auf denen eine genau begrenzte Anzahl von Elektronen unterzubringen ist, bedarf für die folgenden Betrachtungen einer Erweiterung hinsichtlich ihrer Charakterisierung durch bestimmte Energiewerte. Ganz allgemein läßt sich als Ergebnis quantenmechanischer Überlegungen feststellen, daß Lage und Bewegungszustände jedes Elektrons gegenüber dem Kern durch einen definierten Energiebetrag gekennzeichnet sind, d.h. alle Elektronen befinden sich auf ganz bestimmten Energieniveaus, die z.B. durch spektroskopische

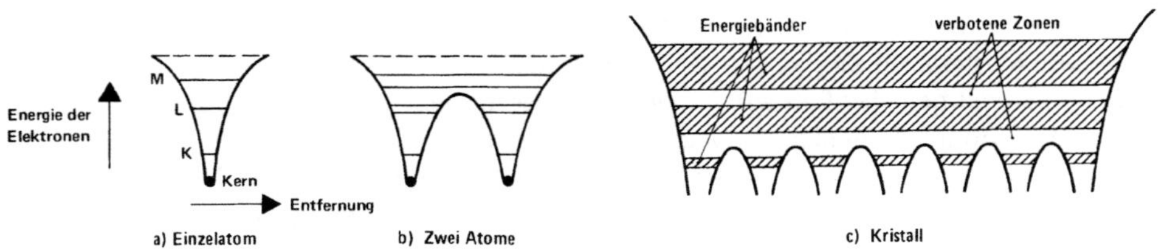

Bild 10.2
Schematische Darstellung des Übergangs vom Energieniveauschema des Einzelatoms zum Bänderschema des Kristalls.
a) Im Einzelatom liegen diskrete Energieniveaus vor.
b) Im zweiatomigen Molekül spalten diese in jeweils zwei Niveaus auf.
c) Im Kristall mit N Atomen erfolgt Aufspaltung in N Niveaus, die zu Energiebändern zusammengefaßt werden. Die Bänder sind durch verbotene Zonen (Bandlücken) getrennt.

Beobachtung oder durch Messung der Ionisierungsenergie quantitativ anzugeben sind.

Im Bild 10.2a sind die Verhältnisse im Einzelatom dargestellt, wobei als Abszisse der Abstand vom Atomkern, als Ordinate die Energie der Elektronen aufgetragen ist. Der Kern ist von einem Potentialtrichter umgeben, in dem die Elektronen gebunden sind. Die horizontalen Linien stellen die Energieniveaus dar, die mit Elektronen besetzt werden können (sie entsprechen den Schalen K, L, M, ...). Je tiefer sich ein Elektron in der Potentialmulde befindet, umso fester ist es an den Atomkern gebunden. Die Bindungsenergie des Elektrons bzw. die Ionisierungsenergie wird somit dargestellt durch den Abstand des betreffenden Energieniveaus vom oberen Rand des Potentialtrichters, der dem Niveau der freien, nicht mehr an das Atom gebundenen Elektronen entspricht. Energiewerte, die zwischen den eingezeichneten diskreten Niveaus liegen, sind nicht erlaubt, d.h. es gibt keine Elektronen in der Atomhülle, die diese Energiewerte besitzen.

Tritt nun ein zweites Atom hinzu (Bild 10.2b), so treten die Elektronenhüllen der beiden Atome infolge ihrer räumlichen Nachbarschaft miteinander in Wechselwirkung, die Energiebarriere zwischen den Atomen wird niedriger. Die Elektronenbahnen hat man sich quantenmechanisch als stehende Wellen oder Schwingungen vorzustellen, die keineswegs auf geometrische Bahnen beschränkt sind, sondern in ihre Umgebung hinausgreifen. Mit geringer werdendem Abstand zwischen den beiden Atomen beginnen sich also ihre einzelnen Elektronen-Wellenfunktionen zu überlappen. Das „Pauli Prinzip" fordert aber, daß in einem gegebenen System zwei Elektronen nie denselben Quantenzustand, d.h. die gleiche Energie, besitzen dürfen. Deshalb muß nach dem Zusammentritt eine Aufspaltung der diskreten Energieniveaus der isolierten Atome in zwei neue dicht beieinanderliegende Energieniveaus erfolgen. Anschaulicher läßt sich diese Aufspaltung an einem Beispiel aus der Elektrotechnik, der Kopplung von zwei Schwingkreisen gleicher Eigenfrequenz oder an einem Beispiel aus der klassischen Mechanik, dem gekoppelten Pendel deutlich machen. In beiden Fällen liegt, wie bei den miteinander in Wechselwirkung tretenden Elektronenwellen, eine Kopplung zweier schwingungsfähiger Systeme vor. Statt der einen Eigenfrequenz vor der Kopplung treten nach der Kopplung zwei nahe benachbarte Eigenfrequenzen auf. Da die Frequenz ν mit der Energie E nach der Beziehung $E = h \cdot \nu$ (h Plancksches Wirkungsquantum) verknüpft ist, bedeutet dies, daß man auch zwei verschiedene Energiewerte erhält. Verständlicherweise ist diese Aufspaltung am größten bei den kernfernen Elektronenbahnen infolge der stärkeren Wechselwirkung der Außenelektronen. Die inneren Niveaus dagegen werden nur wenig beeinflußt.

Treten sehr viele Atome zusammen, wie es im Kristall der Fall ist, so entstehen ebensoviele Eigenfrequenzen und damit Energieniveaus wie Atome vorhanden sind. Diese Niveaus liegen aber sehr dicht beisammen, so daß schließlich ein ganzes Band von Energieniveaus vorliegt, wie es im Bild 10.2c an einer Atomreihe dargestellt ist. Die Elektronen einer bestimmten Schale können nun jeden Energiewert innerhalb des Energiebandes annehmen, man spricht deshalb von *erlaubten Bändern.* Wie beim Einzelatom gibt es auch im idealen Kristall noch Energiewerte, die von keinem Elektron angenommen werden können. Diese Bereiche werden als *verbotene Zonen* oder auch *Energielücken* bezeichnet.

Für die elektronischen Eigenschaften sind jeweils nur zwei Energiebänder maßgebend. Das höchstgelegene Energieband, in dem beim absoluten Nullpunkt (T = 0 K) im idealen Kristall alle Niveaus mit Elektronen besetzt sind, bezeichnet man als *Valenzband* (die Energiewerte entsprechen dem Zustand gebundener Valenzelektronen). Das darauffolgende nicht oder nur teilweise besetzte Energieband wird als *Leitungsband* bezeichnet, da Elektronen dieser Energie als im Kristallgitter frei bewegliche Elektronen zur Leitung des elektrischen Stromes beitragen.

10.8 Metall, Halbleiter und Isolator im Bändermodell

Die Leitung des elektrischen Stromes beruht auf der gerichteten Bewegung von Elektronen durch das Kristallgitter unter dem Einfluß eines elektrischen Feldes. Demnach ist ein Stromfluß nur möglich, wenn man Elektronen in Bewegung setzen, ihnen also kinetische Energie erteilen kann. Im Bänderschema bedeutet dies, die Elektronen müssen in der Lage sein, neue höhere Energiezustände einzunehmen. Dies setzt natürlich voraus, daß höhere Energiezustände vorhanden sind und diese nicht schon mit Elektronen besetzt sind. Voll besetzte Bänder tragen nicht zur elektrischen Leitfähigkeit bei, da keine Bewegung von Elektronen möglich ist. Ein leeres oder nur teilweise gefülltes Band dagegen erlaubt den Elektronen höhere Energieniveaus einzunehmen und damit zum Stromfluß beizutragen.

Aufgrund dieser Überlegungen ist es auf einfache Weise möglich, anhand des Bänderschemas zwischen Metallen, Halbleitern und Isolatoren zu unterscheiden bzw. ihre elektrischen Eigenschaften zu deuten. In Bild 10.3 sind jeweils die beiden *obersten Energiebänder* (*Valenzband* und *Leitungsband*) mit der entsprechenden *verbotenen Zone (Bandlücke)* eingezeichnet, während, wie allgemein üblich, die tieferliegenden vollbesetzten Energiebänder weggelassen wurden. Das Bänderschema eines *Isolators* besteht aus einem bei T = 0 K voll besetzten Valenzband, in dem kein Ladungstransport möglich ist, einer relativ breiten verbotenen Zone E_G und einem unbesetzten Leitungsband. Da sich in letzterem keine Elektronen befinden, kann auch hier kein Ladungstransport stattfinden. Die verbotene Zone ist im allgemeinen bei Nichtleitern so breit, daß sie selbst bei sehr hohen Temperaturen nur von einer verschwindenden Zahl von Elektronen aus dem Valenzband überwunden werden kann.

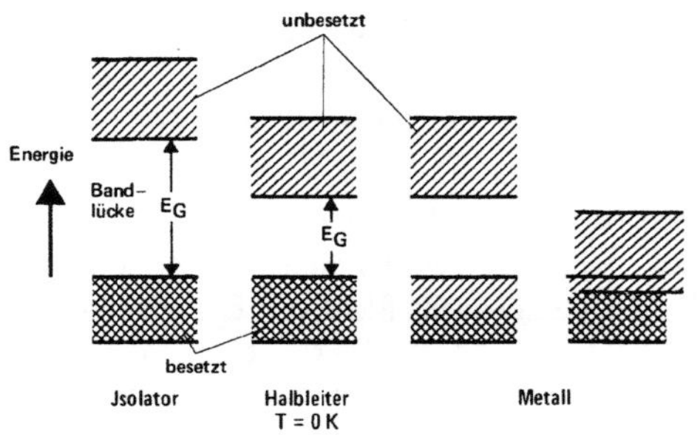

Bild 10.3
Bänderschema von Isolatoren, Halbleitern und Metallen. Isolator und Halbleiter unterscheiden sich nur durch die Breite der Bandlücke

Für den Fall des *Halbleiters* sieht das Bänderschema ähnlich aus, ein voll besetztes Valenzband und eine leeres Leitungsband bei T = 0 K. Der Unterschied besteht nur in der Breite der verbotenen Zone, die bei Halbleitern geringer ist als bei Isolatoren. Ein typisches Beispiel für einen Halbleiter ist Silicium mit E_G = 1,1 eV, während Siliciumdioxid als Isolator eine Bandlücke der Breite E_G = 8 eV besitzt. Die Grenze zwischen Halbleiter und Isolator ist nicht genau festzulegen, sie liegt etwa bei E_G = 3 eV. Bei T = 0 K ist aber auch der Halbleiter ein Isolator! Durch Aufnahme von thermischer Energie oder Strahlungsenergie gelingt es jedoch beim Halbleiter einer gewissen Zahl von Elektronen, aus dem Valenzband ins Leitungsband zu gelangen und damit eine bestimmte Leitfähigkeit zu bewirken. Dieses Verhalten der Halbleiter wird ausführlicher in Kap. 15 behandelt.

Bei *Metallen* schließlich gibt es zwei Möglichkeiten der Darstellung im Bänderschema. Entweder ist ein Band nur halb gefüllt (z.B. Cu, einwertiges Metall), oder Valenzband und Leitungsband grenzen unmittelbar aneinander bzw. überlappen sich (Bild 10.3 rechts), so daß die Elektronen, ohne eine verbotene Zone überwinden zu müssen, direkt ins Leitungsband gelangen können. In beiden Fällen wird damit die hohe Leitfähigkeit der Metalle verständlich.

11 Der Halleffekt und seine Bedeutung zum Studium der Leitungsvorgänge in Metallen, Halbleitern und festen Ionenleitern

Das Leitvermögen eines Werkstoffes hängt in jedem Fall davon ab, *wieviel* Ladungsträger zum Stromtransport zur Verfügung stehen und *wie schnell* sie sich unter dem Einfluß eines elektrischen Feldes bewegen können. Ihre Geschwindigkeit ist dadurch begrenzt, daß sie auf ihrem Wege innerhalb des Gitters zwischen den Atomrümpfen und durch deren Potentialfelder hindurch Widerstände finden. Das bedingt, wie die Überwindung mechanischer Reibung, einen gewissen Verbrauch an Energie, der sich als die bekannte Joulesche Wärme bemerkbar macht. Dabei ist es für eine qualitative Beschreibung der Vorgänge gleichgültig, ob man nach klassischer Anschauung die Elektronen als Teilchen auffaßt, die mit solchen Hindernissen zusammenstoßen oder ob man sie als Wellenbewegung ansieht und von Streuprozessen dieser Elektronenwellen durch die Schwingungen der Atomrümpfe spricht.

Um zu vergleichenden Aussagen zu kommen, bedarf der Begriff der *Beweglichkeit* einer exakteren Definition: Die *Anzahl* der den Stromtransport darstellenden Ladungsträger sei zunächst als konstant angenommen. Dann ist im Geltungsbereich des Ohmschen Gesetzes ihre mittlere Strömungsgeschwindigkeit proportional der angelegten Feldstärke E, also: $v = \mu \cdot E$. Die Konstante μ, die auf die Feldstärkeneinheit bezogene Geschwindigkeit v/E, bezeichnet man als die Beweglichkeit. Drückt man v in m/s und E in V/m aus, so hat μ die Einheit $\frac{m/s}{V/m} = \frac{m^2}{Vs} = 10^4 \frac{cm^2}{Vs}$. Eine der wichtigsten Methoden, Art, Zahl und Beweglichkeit der Ladungsträger zu bestimmen und damit dem Verständnis unterschiedlicher Leitungsvorgänge näher zu kommen, ist die Untersuchung des Halleffektes, der auch von später zu besprechender technischer Bedeutung ist. Er sei hier kurz skizziert: Bild 11.1 zeigt ein Stück Metallband mit der Dicke d und der Breite b, das vom Strom I durchflossen wird und dessen Fläche außerdem von einem Magnetfeld mit der Flußdichte B von unten nach oben durchsetzt ist. Die in der Grundtendenz von rechts nach links fließenden Leitungselektronen erfahren dann durch die sogenannte Lorentzkraft eine Ablenkung senkrecht zu ihrer ursprünglichen Bewegungsrichtung und senkrecht zum Magnetfeld. Nach den bekannten Gesetzen der Elektrodynamik ist diese Kraft in unserem Fall von 1 nach 2 (hinten nach vorne) gerichtet und hat die Größe:

$$F = e \cdot v \cdot B,$$

wobei e die Ladung des einzelnen bewegten Elektrons, v seine Geschwindigkeit und B die Flußdichte des Magnetfeldes ist.

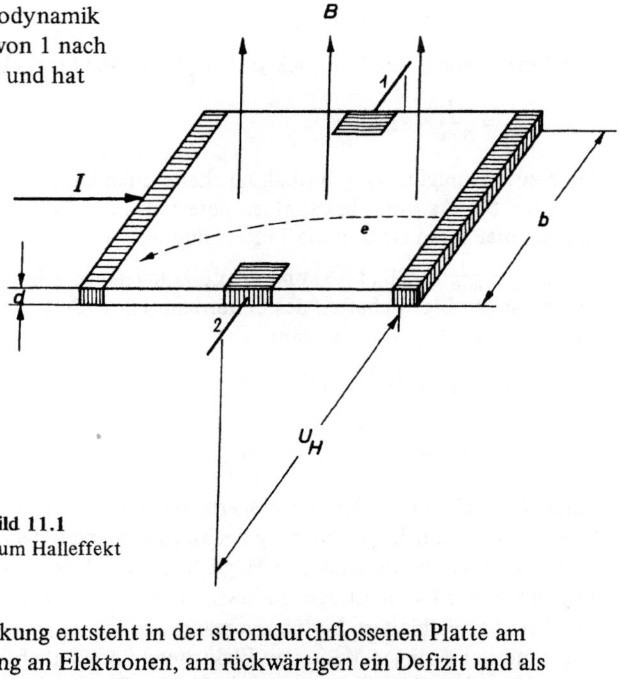

Bild 11.1
Zum Halleffekt

Im Zuge dieser seitlichen Ablenkung entsteht in der stromdurchflossenen Platte am vorderen Rand eine Anreicherung an Elektronen, am rückwärtigen ein Defizit und als Folge davon zwischen den beiden Elektroden 1 und 2 eine meßbare Spannung, die sogenannte *Hallspannung* U_H. Mit ihrer Feldstärke $E_H = U_H/b$ übt sie elektrostatisch auf jedes Elektron eine Kraft $\frac{U_H}{b} \cdot e$ aus, die mit der Lorentz-Kraft im Gleichgewicht stehen muß:

$$\frac{U_H}{b} \cdot e = e \cdot v \cdot B \quad \text{oder} \quad \frac{U_H}{b} = v \cdot B \tag{11.1}$$

Die Elektronengeschwindigkeit v drücken wir durch die oben definierte Beweglichkeit μ aus und schreiben wieder $v = \mu \cdot E$, wobei E die Feldstärke in der Längsrichtung des Bandes, also der eigentlichen Stromrichtung ist. Damit wird aus Gl. (11.1)

$$U_H = \mu \cdot E \cdot B \cdot b. \tag{11.2}$$

Nimmt man dazu das Ohmsche Gesetz in der Form $j = \sigma \cdot E$ mit Stromdichte j und der Leitfähigkeit σ, so geht Gl. (11.2) über in

$$U_H = \frac{\mu}{\sigma} \cdot j \cdot B \cdot b \tag{11.3}$$

j, B, und b sind meßbar, für ein bestimmtes σ ergibt also U_H die *Elektronenbeweglichkeit* μ. Benutzt man einige weitere bekannte Beziehungen, findet sich auch n, die *Zahl* das Ladungsträger pro m^3. Zunächst ist nämlich die Stromdichte das Produkt aus Ladungsdichte und Geschwindigkeit:

$$j = (n \cdot e) \cdot v = n \cdot e \cdot \mu \cdot E \tag{11.4}$$

Setzt man daraus den Ausdruck $\mu \cdot E = \frac{j}{n \cdot e}$ in Gl. (11.2) ein, so folgt

$$U_H = \frac{1}{n \cdot e} \cdot j \cdot B \cdot b \tag{11.5}$$

Da e aus mannigfachen physikalisch-chemischen Untersuchungen als Elementarladung $e = 1{,}6 \cdot 10^{-19}$ As exakt bekannt ist, liefert also die Hallspannung U_H zusammen mit den übrigen meßbaren Größen die Trägerzahldichte n.

Die Größe $\frac{1}{n \cdot e}$ in Gl. (11.5) und die ihr äquivalente $\frac{\mu}{\sigma}$ in Gl. (11.3), die, wie man sieht, die speziellen Eigenschaften des Leitermaterials enthalten, bezeichnet man als dessen *Hallkonstante* R_H, hat also dann

$$U_H = R_H \cdot j \cdot B \cdot b \quad \text{mit}$$

$$R_H = \frac{\mu}{\sigma} = \frac{1}{n \cdot e}$$

Handelt es sich bei den Ladungsträgern statt um Elektronen um Träger von positiver Ladung, ist natürlich die Richtung der Hallspannung umgekehrt. Durch ihre Messung ergibt sich also grundsätzlich die Möglichkeit, das Vorzeichen, die Anzahl und die Beweglichkeit der Ladungsträger zu bestimmen. So findet man bei einigen Metallen und vor allem bei Halbleitern Leitungsvorgänge, bei denen scheinbar auch positive Ladungsträger mit der geringen Masse von Elektronen und ähnlicher Beweglichkeit ins Spiel treten, die es unter diesen Bedingungen nach den Ausführungen in Abschn. 10.1 nicht geben sollte. Es handelt sich aber hier um die sogenannten Defektelektronen, bei deren Anwesenheit die Zusammenhänge sich nicht ganz so einfach und anschaulich darstellen, wie in den vorstehenden Gleichungen (s. Abschn. 15.1).

Bei Ionen als Ladungsträgern erweist sich die Beweglichkeit ihrer relativ großen Masse im allgemeinen als so gering, daß die Hallspannung unmeßbar klein wird. Gerade dadurch hat man aber im konkreten Fall die Möglichkeit, zu unterscheiden, ob es sich um Elektronen- oder Ionenleitung handelt. Andererseits kann der Halleffekt bei Halbleitern infolge der dort mitunter auftretenden extrem hohen Elektronenbeweglichkeit unmittelbar technische Bedeutung erhalten.

So dient besonders das Indiumantimonid (s. Kap. 15), aber auch das Indiumarsenid als Werkstoff für die Herstellung von „Hallsonden" zur Ausmessung von Magnetfeldern, zur kontaktlosen Aufnahme von magnetischen Steuerimpulsen, zur Gleichstrommessung und dgl.

12 Metallische Leiter- und Widerstandswerkstoffe

12.1 Reine Metalle

12.1.1 Einige Zahlenwerte für die Leitfähigkeit

Um die Größenordnung zu kennzeichnen, in der wir uns bei Besprechung der Leitfähigkeit gebräuchlicher Metalle bewegen, sind in Tabelle 12.1 einige Zahlen zusammengestellt:

Tabelle 12.1 Leitfähigkeit einiger reiner Metalle in 10^6 Siemens/m (abgerundete Zahlen)

Silber	63	Zink	16
Kupfer (Mindestwert)	57	Nickel	14
Gold	46	Eisen	10
Aluminium (Mindestwert)	37	Platin	10
Molybdän	19	Quecksilber	1
Wolfram	18		

Für Kupfer und Aluminium wurden bereits in früheren Kapiteln die nach VDE-Bestimmungen festgelegten Mindestwerte genannt, und zwar $57 \cdot 10^6$ S/m bzw. $37 \cdot 10^6$ S/m. Das Silber liegt mit $63 \cdot 10^6$ an der Spitze und das Gold mit ca. $46 \cdot 10^6$ dazwischen. Am gegenüberliegenden Ende finden wir unter den besonders schlecht leitenden reinen Metallen das Quecksilber mit $1 \cdot 10^6$. Innerhalb dieser Grenzen von $63 \cdot 10^6$ und $1 \cdot 10^6$ S/m liegen fast alle metallischen Elemente.

12.1.2 Konzentration und Beweglichkeit der Leitungselektronen in reinen Metallen

Beim bestleitenden Metall, dem Silber, ist lt. Messung und Auswertung der Hallspannung die Anzahl n der Leitungselektronen etwa 10^{29} pro m^3, unabhängig von der Temperatur.

Man erinnere sich hier aus der Chemie an die Loschmidtsche Zahl, die besagt, daß die Anzahl von Molekeln im Kilomol eines jeden Stoffes rund 10^{27} ist (1 Kilomol hat soviel kg, wie das Molekular- bzw. Atomgewicht angibt, im Fall des Silbers mit seinem Atomgewicht 108 also 108 kg); wir haben demnach in rund 100 kg Silber etwa 10^{27} Atome. Bezogen auf den m^3 (10^4 kg, da die Dichte des Silbers ~ 10 kg/dm^3 ist) kommen wir damit auf 10^{29} Atome, also die gleiche Zahl, die der Halleffekt für die Leitungselektronen liefert. Das heißt, wie in den Überlegungen des Abschn. 10.2 bereits vorweggenommen, rund jedes Silberatom stellt *ein* Elektron für die Elektrizitätsleitung zur Verfügung. Bei schlechter leitenden Metallen ergeben sich kleinere Werte, die angeben, daß nur jedes 5. oder jedes 10. Atom wirklich ein Elektron freistellt; in Übergangsfällen zwischen Metallen und Nichtmetallen, z. B. beimWismut, liegen die Zahlen der Leitungselektronen sogar noch um zwei bis drei Größenordnungen darunter.

Die gute Leitfähigkeit der üblichen Leitermetalle könnte zu dem Schluß verführen, daß auch die Elektronen*beweglichkeit* hier sehr hoch sein müsse. Tatsächlich finden wir aber z. B. für Kupfer bei Raumtemperatur mittels Halleffekt nur einen Wert von etwa

$$\mu = 4 \cdot 10^{-3}\,\mathrm{m^2/Vs}. \qquad (12.1)$$

Das ist in der Tat überraschend wenig, wenn man sich überlegt, mit welcher Geschwindigkeit $v = \mu \cdot E$ sich demnach die Elektronen im praktischen Falle bewegen: Die höchste Stromdichte j, mit der man einen Kupferdraht belasten kann, ohne im allgemeinen zu unzulässigen Erwärmungen zu kommen, liegt etwa bei 6 A/mm^2, also $j = 6 \cdot 10^6$ A/m^2. Die nach dem Ohmschen Gesetz dazu gehörige Feldstärke E ist bei einer Leitfähigkeit des Kupfers von $= 60 \cdot 10^6$ S/m

$$E = \frac{j}{\sigma} = \frac{6 \cdot 10^6\,\mathrm{A/m^2}}{60 \cdot 10^6\,\mathrm{A/Vm}} = 0{,}1\,\frac{\mathrm{V}}{\mathrm{m}}. \quad \left(1\ \mathrm{Siemens} = \frac{1}{\Omega} = 1\,\frac{\mathrm{A}}{\mathrm{V}}\right) \qquad (12.2)$$

Für die Elektronengeschwindigkeit im Kupfer ergibt sich damit aus den Gln. (12.1) und (12.2) bei Raumtemperatur der Höchstwert

$$v = \mu \cdot E = 4 \cdot 10^{-3} \cdot 0{,}1\,\frac{\mathrm{m}}{\mathrm{s}} = 0{,}4\,\frac{\mathrm{mm}}{\mathrm{s}}.$$

Verglichen mit der hohen Ausbreitungsgeschwindigkeit des elektrischen Feldes geht also die dadurch ausgelöste Bewegung der Leitungselektronen hier relativ sehr langsam vor sich.

Die Metalle liegen mit dieser Beweglichkeit ihrer Ladungsträger zwischen den Elektrolyten und den Halbleitern. Daß bei ersteren die Ionenbeweglichkeit infolge der hier beteiligten trägen Massen um einige Größenordnungen geringer ist, wurde bereits bemerkt. Demgegenüber werden wir bei den Halbleitern Elektronenbeweglichkeiten finden, die mehr als tausendmal größer sind als in den Metallen; offenbar wandern im Halbleitergitter die Elektronen, die sich durch Energiezufuhr aus ihren paarweise geschlossenen Bindungen befreien konnten, wesentlich ungestörter durch die übrigen, noch intakten Brücken zwischen den fest verankerten Atomrümpfen hindurch. Noch größere Unterschiede können in den Absolutgeschwindigkeiten $v = \mu \cdot E$ auftreten, da man beispielsweise beim Silicium nicht nur eine relativ große Beweglichkeit μ findet, sondern gerade wegen seiner viel geringeren

Leitfähigkeit auch noch wesentlich höhere Feldstärken anlegen kann als etwa beim Kupfer.

Das gute Leitvermögen metallischer Werkstoffe beruht also nicht auf einer besonders großen Beweglichkeit ihrer Leitungselektronen, sondern auf deren großer Anzahl. Diese erweist sich weiterhin als eine für jedes reine Metall charakteristische Größe, die in weiten Grenzen, unabhängig von der Temperatur und sonstigen äußeren Einflüssen, konstant ist. Zunahme oder Abnahme der Leitfähigkeit eines Metalls gehen demnach im allgemeinen auf Veränderung der *Bewegungsfreiheit* seiner Elektronen zurück, die durch die Wechselwirkung mit den Atomrümpfen behindert ist. Die dabei auftretenden Widerstände sind durch den Zustand des Gitters und Vorgänge in seinem Innern bedingt; sie lassen sich in mannigfacher Weise von außen beeinflussen, sei es durch mechanische Verformungen, Temperaturänderung oder äußere Magnetfelder. Im einzelnen ergeben sich folgende Zusammenhänge:

12.1.3 Einfluß von Verunreinigungen und anderen Gitterdefekten im Kristallgefüge auf das Leitvermögen von Metallen

Zunächst ist, wie nicht anders zu erwarten, die Leitfähigkeit umso größer, also der Widerstand umso kleiner, je ungestörter das Gitter ist. Denn ein Leitungsvorgang durch Bewegungen von Elektronen wird sich in großen Kristalliten oder gar Einkristallen leichter vollziehen als in einem feinkristallinen Material, in dem Punktfehler, Versetzungen, Korn- und Phasengrenzen zu überwinden sind. Demnach muß durch Kaltverfestigung, bei der viele Versetzungen entstehen, die Leitfähigkeit abnehmen. Umgekehrt wird bei Rekristallisation das Material wieder weicher und zugleich besser leitend. (Abschn. 3.3) Aus diesem Grunde ist das Leitvermögen gezogener Kupferdrähte bis zu einigen Prozent schlechter als das des weichgeglühten Ausgangsmaterials. Beispiele für derartige Einflüsse von Kaltverformung und gefügeverändernder Glühbehandlung beim Aluminium wurde im Bild 5.3 gebracht. Wie stark sich Verunreinigungen bemerkbar machen, vor allem wenn sie in atomarer Verteilung innerhalb von Mischkristallen gelöst oder chemisch gebunden sind, zeigt Bild 5.1 am Beispiel des Kupfers. Schon Fremdbeimengungen von weniger als 0,1 % mindern die Leitfähigkeit erheblich. Selbst ein Zusatz des an sich besser leitenden Silbers wirkt hier nur verschlechternd. Offenbar kann schon der Ersatz einzelner Gitterbausteine durch Fremdatome von abweichender Größe und unterschiedlicher Elektronenkonfiguration den Bindungsmechanismus innerhalb des Gitters und damit die Bewegungsmöglichkeit von Leitungselektronen in einem weiten Umgebungsbereich stören. Auch bei der Ausscheidungshärtung (Abschn. 3.1.5) oder der Martensitbildung des Eisens (Abschn. 4.2.1) ist die für die Steigerung der Festigkeit verantwortliche lokale elastische Verspannung des Gitters mit einer weiteren Verminderung der Leitfähigkeit verbunden.

12.1.4 Einfluß der Temperatur auf die metallische Leitfähigkeit, Widerstandsthermometer

Bleiben wir bei dem Bild, daß die Elektronen auf ihrem Weg im Kristallgitter durch die Atomrümpfe behindert werden; die Wahrscheinlichkeit für Kollisionen wird dann umso höher sein, je lebhafter die temperaturbedingten Bewegungen sind, die die Gitterbausteine in Form von Schwingungen um ihre Gleichgewichtslage ausführen. Dementsprechend ist bei tiefen Temperaturen, wo die thermische Unruhe innerhalb des Gitters relativ gering ist, die Leitfähigkeit eines Metalls größer als z.B. bei Raumtemperatur, und sie nimmt bei Erwärmung stetig ab (der Widerstand zu). Dieser Temperatureffekt kommt umso stärker zum Ausdruck, je weniger er von sonstigen Gitterdefekten durch Korngrenzen oder Verunreinigungen überlagert ist. So fällt der Widerstand von sehr reinem Aluminium (Fremdbeimengungen unter 1/100 Promille) bei Abkühlung bis zur Temperatur des flüssigen Heliums (4,2 K) auf weniger als 1/1000 seines Wertes bei Raumtemperatur ab. Die Verhältnisse bei technischem Leitkupfer im Bereich zwischen − 200 °C und + 300 °C zeigte bereits Bild 5.2. Der spezifische Widerstand ρ wächst hier mit steigender Temperatur nahezu linear: $\rho = \rho_0(1 + \alpha\vartheta)$ (mit dem Temperaturkoeffizienten $\alpha = \frac{1}{\rho_0} \cdot \frac{d\rho}{d\vartheta}$). Ähnliches haben wir in Bild 12.1 bei Platin, Wolfram und Molybdän. Abweichend verhält sich das Eisen mit stärker nach oben gekrümmter Kurve: hier macht sich sein Ferromagnetismus bemerkbar (ebenso bei der Eisen-Nickel-Legierung NiFe 30); denn die charakteristischen Ordnungszustände innerhalb des Kristallgitters, auf denen die besonderen Eigenschaften ferromagnetischer Stoffe beruhen, werden mit steigender Temperatur bei Annäherung an den Curie-Punkt (beim Eisen 768 °C) zunehmend aufgelockert und schließlich gelöst (Kap. 20). Dieser Vorgang ist mit einer stärkeren Behinderung der Elektronenbeweglichkeit, also steilerem Anstieg des Widerstandes verbunden (wachsende Unruhe und Unordnung im metallischen Gitter heißt wachsender elektrischer Widerstand). Im allgemeinen aber unterscheiden sich die Temperaturkoeffizienten des Widerstandes $\frac{1}{\rho_0} \cdot \frac{d\rho}{d\vartheta}$ reiner Metalle nur wenig voneinander und liegen bei Raumtemperatur um + 0,5 % pro Kelvin.

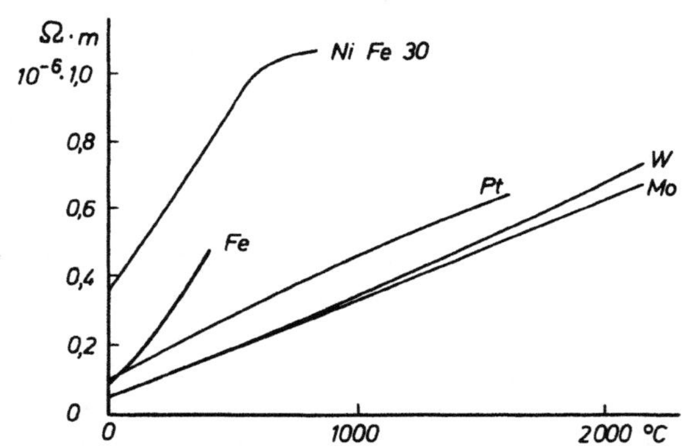

Bild 12.1
Temperaturabhängigkeit des spezifischen Widerstandes einiger Metalle

Beim Schmelzen steigt der spezifische Widerstand eines Metalls entgegen der Anschauung sprunghaft an, nach einer Faustformel etwa auf das Doppelte; denn nicht die beweglich gewordene, aber immer noch träge Masse transportiert den Strom (wie bei einem Ionenleiter), sondern die Elektronen, die durch dieses in Aufruhr geratene Gewimmel hindurch müssen.

Technische Bedeutung hat der Temperaturkoeffizient des Leitvermögens reiner Metalle in mannigfacher, teils hinderlicher, teils nützlicher Weise. Zunächst führt das steigende Bestreben nach möglichst hoher Materialausnutzung zu raum- und gewichtssparenden Konstruktionen von Maschinen, Transformatoren und sonstigem elektrotechnischem Gerät, unter anderem auch zu möglichst kleinen Kupferquerschnitten in Wicklungen und Spulen.

Die Folge ist gesteigerte Betriebstemperatur. Einer der Gründe, warum man mit der Verringerung der Abmessungen bald an eine Grenze kommt, ist der mit der Erwärmung zunehmende Widerstand des Kupfers; er bedeutet wachsende Verluste und Minderung der Nutzleistung oder größeren Aufwand zur Wärmeabfuhr. In der Tat zeigt Bild 5.2 daß in Geräten, deren Betriebstemperatur um 150 °C liegt, mit einem um 50 % erhöhten Kupferwiderstand zu rechnen ist, verglichen mit dem Wert bei 20 °C; laufende Messung und Kontrolle des Widerstandes bietet damit andererseits ein naheliegendes Hilfsmittel zur Überwachung des Erwärmungszustandes von Wicklungen, z.B. im Hinblick auf die thermische Belastung der eingebauten Isolierstoffe.

Noch eindrucksvoller wird das Bild bei Vorgängen, die sich innerhalb größerer Temperaturintervalle abspielen. So zeigt z.B. ein Blick auf Bild 12.1, daß der Wolframdraht einer Glühlampe bei seiner Betriebstemperatur, die um 2000 °C liegt, einen um rund das Zehnfache höheren Widerstand hat als bei Raumtemperatur. Die zu solchen Lampen gehörigen Schaltgeräte müssen also für einen Einschaltstromstoß bemessen sein, der das Fünf- bis Zehnfache des normalen Betriebsstromes betragen kann. Bei in Reihe liegenden Glühdrähten unterschiedlicher Kennlinien führt das mitunter zur Notwendigkeit, strombegrenzende Widerstände in den Kreis einzubauen.

Die Technik macht sich diese Zusammenhänge zunutze z.B. bei der Verwendung sogenannter Eisen-Wasserstoffwiderstände zur Stabilisierung von Strömen bei Schwankungen der Netzspannung: Eisendrähte in einer mit Wasserstoff gefüllten Glasröhre sind so dimensioniert, daß sie durch den Strom bei Nennleistung auf Temperaturen in der Nähe des Curie-Punktes, also um 800 °C, erhitzt werden. Dort ist, wie erwähnt, die Temperaturabhängigkeit des Widerstandes bei ferromagnetischen Metallen besonders groß. Dadurch ergibt sich eine Strom-Spannungskennlinie gemäß Bild 12.2, d.h. innerhalb eines gewissen Bereiches kann die Spannung in weiten Grenzen schwanken, ohne daß es zu entsprechender Änderung der Stromstärke kommt: jeder beginnende Anstieg des Stromes wird sofort durch die damit einsetzende Temperaturerhöhung und gleichzeitige Vergrößerung des Widerstandes automatisch begrenzt, so daß damit in Reihe liegende Verbraucher gleichmäßig belastet bleiben. In der technischen Anwendung haben Eisenwasserstoff-Widerstände durch moderne Halbleiterbauelemente Ergänzung und zum Teil auch Konkurrenz gefunden, sind jedoch nicht verdrängt.

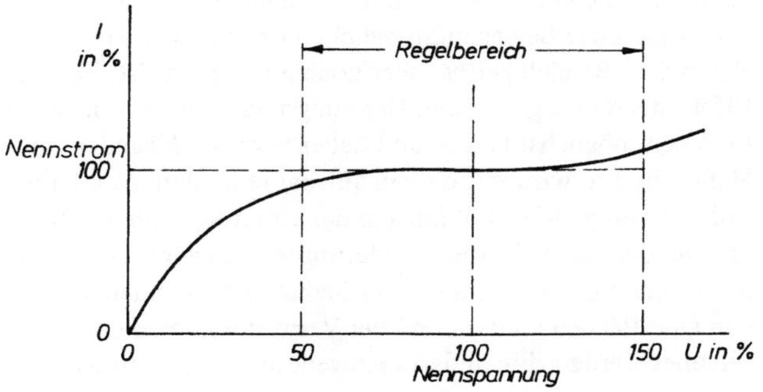

Bild 12.2
Kennlinie eines Eisenwasserstoffwiderstandes

Vor allem aber bedient sich die Meßtechnik sogenannter *Widerstandsthermometer* in mannigfachen Ausführungsformen zur Temperaturmessung in Öfen, Heizungsanlagen etc. oder auch als Temperaturüberwachungsorgane, z.B. in Wicklungen von Maschinen und dergleichen. Der Meßdraht, dessen Widerstand ein Maß für die Temperatur und dementsprechend geeicht ist, wird auf eine isolierende Unterlage aufgewickelt oder in flachen Mäandern aufgeklebt. Sein Werkstoff muß dabei eine Reihe von Anforderungen erfüllen, die nicht ganz leicht miteinander zu vereinbaren sind. Wichtig ist:

1. großer Temperaturkoeffizient des Widerstandes im Sinne hoher Meßgenauigkeit;
2. über lange Gebrauchsdauer hin gute Konstanz dieser Widerstands-Temperaturabhängigkeit, die ja leicht durch Verunreinigungen, Strukturänderungen im Werkstoff oder Korrosion Schwankungen unterworfen sein kann;
3. möglichst linearer Zusammenhang zwischen Widerstand und Temperatur zur Erleichterung der Eichung und Interpolation von Zwischenwerten.

Für höchste Ansprüche hinsichtlich der Erfüllung dieser Forderungen kommt praktisch nur Platin in Frage, das für Temperaturmessungen im Bereich von − 200 °C bis oberhalb von + 500 °C geeignet ist. Die Anwendung von Nickel hat ihre Grenzen bei ca. + 200 °C, da darüber hinaus die geringere Korrosionsbeständigkeit und sein bei 360 °C liegender Curie-Punkt stören können. Dagegen ist die Nickellegierung NiFe 30 (70 % Nickel, 30 % Eisen) bis etwa 500 °C einsetzbar. Ihren bemerkenswert hohen Temperaturkoeffizienten zeigt Bild 12.1. Für tiefste Temperaturen unterhalb − 220 °C (ca. 50 K) sind Speziallegierungen entwickelt worden. Vor allem für den mittleren Bereich haben aber die metallischen Widerstandsthermometer Konkurrenz in der modernen Halbleitertechnik. Abschn. 15.1.3 bringt dementsprechende Ergänzungen.

12.1.5 Einfluß gerichteter mechanischer Spannungen, Dehnungsmeßstreifen

Viel unscheinbarer als die Beeinflussung des Widerstandes durch die thermische Bewegung im Gitter, aber doch für die Meßtechnik interessant ist die Widerstandserhöhung durch die gerichtete Verlagerung der Atome bei plastischer oder elastischer Verformung (Abschn. 3.1.1.1). Am übersichtlichsten sind die Zusammenhänge bei der Dehnung eines gespannten Drahtes. Längenänderung Δl und die damit verbundene Querschnittsverkleinerung ΔF bedingen an sich schon aus rein geometrischen Gründen eine Widerstandserhöhung entsprechend der Vergrößerung des Verhältnisses l/F. Darüber hinaus verursacht aber die bei der Verformung entstehende Verschiebung der Gitterbausteine und die Änderung ihrer Bewegungsmöglichkeit noch einen zusätzlichen Betrag, der zwar im elastischen Bereich gering, aber doch gut meßbar ist. Technisch angewendet wird dieser Effekt bei den sogenannten Dehnungsmeßstreifen: eine Kunststoffolie dient als Träger für einen möglichst langen und daher in engen Mäanderwindungen gebogenen dünnen Meßdraht und wird mit diesem auf Bauteile, deren Verhalten unter Last gemessen werden soll, fest aufgeklebt. Dehnungen der Unterlage teilen sich auf diese Weise dem Draht mit und werden als Widerstandsänderungen angezeigt. Durch entsprechende Anordnung einer hinreichend großen Zahl solcher Meßstreifen können komplizierte Verformungsvorgänge von Oberflächen statisch und bei Verwendung von Oszillographen auch dynamisch aufgezeichnet werden. Ein anderes Anwendungsbeipiel findet sich bei Druckmeßdosen, deren

Membran man mit Dehnungsmeßstreifen versieht, um ihre Durchbiegung an einem elektrischen Anzeigegerät ablesen zu können.

Als Werkstoff für die Meßdrähte verwendet man im allgemeinen nicht reine Metalle, weil bei diesen die temperaturbedingten Widerstandsänderungen die von der Dehnung herrührenden viel kleineren Effekte überdecken würden. Die im nächsten Abschnitt zu behandelnden Legierungen mit besonders kleinem Temperaturkoeffizienten, wie Konstantan und Manganin, sind hier geeigneter. Gedehnte Manganindrähte z.B. zeigen eine Widerstandserhöhung, die etwa um 50 % größer ist, als man auf Grund der Veränderung der geometrischen Abmessungen, also des Verhältnisses l/F, erwarten würde. In neuerer Zeit sind aber auch auf diesem Gebiet der Meßtechnik Halbleiter in Wettbewerb zu den metallischen Werkstoffen getreten. Dehnungsmeßstreifen, die nicht mit Metalldrähten, sondern z.B. mit Siliciumschichten als Meßorgan ausgerüstet sind, haben sich in der Praxis bewährt bewährt.

12.2 Legierungen als Werkstoffe für elektrische Widerstände

12.2.1 Die Leitfähigkeit von Legierungen

Wie bedeutsam es für die Technik ist, daß man Metalle miteinander legieren kann und damit zu Werkstoffen kommt, deren Eigenschaften entweder aus denen ihrer Bestandteile in voraussehbarer Weise kombiniert sind oder aber auch völlig neuartig sein können, kam in früheren Kapiteln zum Ausdruck. Verbundstoffe im Sinne des Abschn. 1.4.1 oder auch Legierungen mit Eutektikum gemäß Abschn. 1.4.3, die aus einem mehr oder minder groben Gemenge von selbständig gewachsenen Kristalliten des einen und solchen des anderen Partners bestehen, stellen für den elektrischen Strom komplizierte Systeme von hintereinander- und nebeneinandergeschalteten Teilwiderständen dar. Ihr resultierender Gesamtwiderstand und damit auch die Leitfähigkeit läßt sich bei gleichmäßiger Verteilung aus dem Mischungsverhältnis abschätzen und liegt irgendwo im mittleren Bereich zwischen den entsprechenden Werten der reinen Ausgangsstoffe. Interessanter als Legierungen dieser Art sind aber als Widerstandswerkstoffe im allgemeinen solche mit Mischkristallbildung gemäß Abschn. 1.4.2. Ihr Leitvermögen läßt sich in einem weit gesteckten Rahmen variieren und in Verbindung mit anderen angenehmen Eigenschaften bestimmten Wünschen der Technik anpassen.

Vielen Legierungen dieser Art ist gemeinsam, daß ihr spezifischer Widerstand infolge der massiven Störungen der ursprünglichen Struktur durch den Einbau der Fremdatome um ein bis zwei Größenordnungen angestiegen ist. Daneben fällt dann der Einfluß der temperaturabhängigen ungeordneten Wärmebewegung der Gitterbausteine prozentual nur noch wenig ins Gewicht. Sie haben also durchweg einen im Vergleich zu den reinen Metallen kleinen Temperaturkoeffizienten des Widerstandes. Bild 12.3 zeigt das am Beispiel der lückenlosen Mischkristallreihe der als Widerstandswerkstoffe wichtigen Kupfer-Nickellegierungen (Zustandsdiagramm Bild 1.24). Bei 50-%iger Mischung hat der spezifische Widerstand einen Spitzenwert, der eine runde Zehnerpotenz höher liegt als bei den reinen Metallen. Der Temperaturkoeffizient ist dabei auf ein Minimum abgesunken. Besonderheiten gibt es bei Legierungen ähnlicher Art unter Umständen in begrenzten Temperaturbereichen, wo durch Platzwechselvorgänge innerhalb des Gitters eine geordnete Verteilung der Atome der Legierungspartner in eine ungeordnete übergeht oder umgekehrt. Dabei können durch Überlagerung mehrerer Effekte sowohl extrem kleine – sogar negative – wie auch überraschend große Temperaturkoeffizienten auftreten. Beispiele für den ersten Fall sind die Widerstandslegierungen Manganin und Gold-Chrom, für den zweiten wiederum die ferromagnetischen Eisen-Nickellegierungen bei Annäherung an die Curie-Temperatur.

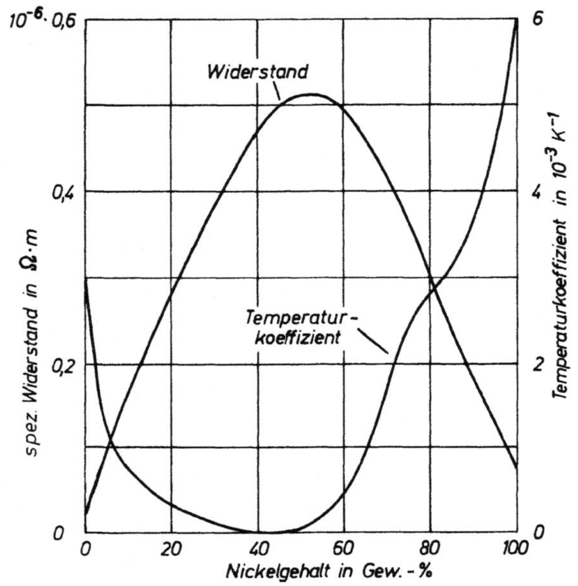

Bild 12.3
Spezifischer Widerstand und Temperaturkoeffizient des Widerstandes der Kupfer-Nickel-Legierungen bei Raumtemperatur

12.2.2 Werkstoffe für Präzisions-, Regel- und Heizwiderstände

Sowohl für Kupfer wie für Aluminium wurde in Abschn. 5.1.2.1 und 5.2.3 eine Reihe von Legierungen angegeben, bei denen die Absenkung der Leitfähigkeit zugunsten anderer Eigenschaften noch in mäßigen Grenzen bleibt und die daher als hochleitfähige Legierungen angesprochen werden können (Tabelle 5.1). In den meisten Fällen handelt es sich dabei um Mischkristalle mit ein oder zwei zulegierten Metallen in Anteilen bis höchstens 1 %. Offengeblieben war jedoch die Behandlung derjenigen Kupferwerkstoffe, bei denen durch Zugabe größerer Anteile eines oder mehrerer Partner bewußt auf die Erzielung hoher spezifischer Widerstände hingearbeitet wird. Sie sollen hier im Zusammenhang mit anderen Widerstandslegierungen behandelt werden.

Die Elektrotechnik benötigt Widerstandswerkstoffe auf drei verschiedenen Anwendungsgebieten, deren Grenzen allerdings fließend sind; und zwar zum Bau von:

1. Präzisionswiderständen für die Meßtechnik, die meist schwach belastet sind;
2. veränderbaren Widerständen in der Steuer- und Regeltechnik oder Anlaßwiderständen mit im allgemeinen mäßiger Belastung;

3. hochbelastbaren Widerständen zur Umsetzung großer Energiebeträge, z.B. Bremswiderständen bei elektrischen Bahnen oder Heizwiderständen zur Erzeugung Joulescher Wärme in Öfen und sonstigen Heizgeräten.

In allen drei Fällen ist häufig großer spezifischer Widerstand erwünscht, da vor allem hochohmige Geräte sonst nur mit unbequem dünnen oder allzu langen Drähten herstellbar wären, d.h. mit erhöhtem Aufwand an Fertigungskosten oder an Material, Raum und Gewicht. Zusätzliche Forderung mit je nach Verwendungsart unterschiedlicher Dringlichkeit ist sodann die nach weitgehender Konstanz des einmal eingestellten Widerstandswertes. Sie steht natürlich bei Präzisionswiderständen für Meßzwecke im Vordergrund, wird aber auch in allen anderen Fällen in gewissen Grenzen angestrebt. Die Meßtechnik verlangt daher in erster Linie einen Werkstoff, dessen Widerstand bei schwacher Belastung durch Temperatur und Umgebungseinflüsse möglichst wenig verändert wird, d.h. mit kleinem Temperaturkoeffizienten und hoher Korrosionsbeständigkeit. Diese Forderung beschränkt sich hier aber auf den Einsatz bei Raumtemperatur oder nur mäßiger Erwärmung. Im anderenExtremfall, bei Heizwiderständen, ist die Forderung nach Konstanz nicht so kritisch, zur guten Korrosionsbeständigkeit muß jedoch noch Zunderfestigkeit und Standfestigkeit bei Glühtemperatur hinzukommen.

Werkstoffe für *Präzisionswiderstände* und mäßig belastete Regelwiderstände, die weitgehend temperaturunabhängig und korrosionsbeständig sind, gruppieren sich – wenn wir von einigen Speziallegierungen, wie AuCr absehen – im wesentlichen um das *Kupfer* als Grundmetall. Die andere Gruppe dagegen für *hochhitzebeständige Widerstände* enthält mit *Eisen* als Hauptlegierungsbestandteil Chrom-Aluminium-Stähle und Chrom-Nickel-Stähle sowie auch andere Cr-Ni-Legierungen mit unterschiedlicher Resistenz gegen Verzunderung und Versprödung, aber auch unterschiedlichem Preis. Bild 12.4 bringt eine Zusammenstellung der Temperaturabhängigkeit des Widerstandes von den beiden genannten Grundmetallen Kupfer und Eisen in reiner Form zusammen mit einigen typischen,

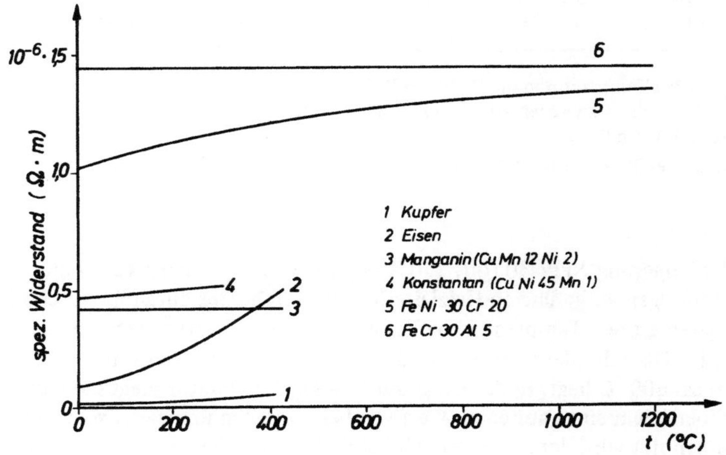

Bild 12.4 Temperaturabhängigkeit des elektrischen Widerstandes einiger reiner Metalle und Legierungen

auf ihrer Basis hergestellten Legierungen. Bei Erwärmung von 0...400 °C steigt der Widerstand des Kupfers demnach auf etwa das 3fache, der des Eisens im gleichen Bereich auf das 5fache; bei Konstantan dagegen sind es nur 6 %, noch weniger bei Manganin. Auch die hochhitzebeständigen Eisen-Chrom-Nickel- und Eisen-Chrom-Aluminium-Legierungen ändern ihren Widerstand bei Erwärmung von Raumtemperatur bis hinauf zu Temperaturen um 1000 °C, wo diese Legierungen meist eingesetzt werden, nur in geringem Maße. Die Tabellen 12.2 und 12.3 geben einige Beispiele und Daten.

Tabelle 12.2 Werkstoffe für Meß- und Regelwiderstände [1)]

	Einfache Meß- und Regelwiderstände		Präzisionswiderstände		
Kupfer	CuNi 45 Mn 1 (Konstantan)	CuMn 13 Al 3 (Isabellin)	CuMn 12 Ni 2 (Manganin)	CuMn 12 AlFe (Novokonstant)	AuCr 2
ρ 0,017	0,5	0,5	0,43	0,45	0,33
α $4{,}3 \cdot 10^{-3}$	$3 \cdot 10^{-5}$	$2 \cdot 10^{-5}$	ca. 10^{-5}	ca. $0{,}2 \cdot 10^{-5}$	ca. $0{,}1 \cdot 10^{-5}$

ρ spezifischer Widerstand bei 20 °C (in $10^{-6}\ \Omega \cdot m$)
α Temperaturkoeffizient bei Temperaturen um 20 °C (in K^{-1})

1) Unter Verwendung von Angaben aus *K. Koch* und *R. Reinbach:* Einführung in die Physik der Leiterwerkstoffe, Wien 1960

Tabelle 12.3 Werkstoffe für Heizdrähte und Bänder

Eisen	FeNi 30 Cr 20	FeCr 30 Al 5 FeCr 8 Al 5	NiFe 30
ρ 0,1 α $6{,}6 \cdot 10^{-3}$ 1)	1,04 $2{,}5 \cdot 10^{-4}$ 2)	1,45 – 1,25 10^{-5}–10^{-4} 2)	0,4 $3 \cdot 10^{-3}$ 3)

Nach internationaler Sprachregelung wird die Einheit der Temperatur*differenz* mit 1 Kelvin (K) bezeichnet. Die Einheit des Temperaturkoeffizienten heißt K^{-1}.

1) Temperaturkoeffizient bei Temperaturen um 20 °C (in K^{-1})
2) Mittlerer Temperaturkoeffizient zwischen 20 °C und 1200 °C (in K^{-1})
3) zwischen 20 °C und 500 °C (in K^{-1})
ρ spezifischer Widerstand bei 20 °C (in $10^{-6}\ \Omega \cdot m$)

Die ferromagnetische Legierung Ni Fe 30 (60...70 % Ni, 30 % Fe) in Tabelle 12.3 fällt aus dem Rahmen der übrigen aufgeführten Heizleiterlegierungen heraus durch ihren schon in Bild 12.1 erkennbaren großen Temperaturkoeffizienten, der mit $3 \cdot 10^{-3}$ fast den des reinen Kupfers erreicht. Das gilt allerdings nur für den Bereich unterhalb des Curie-Punktes, der hier bei ca. 600 °C liegt. In der Umgebung dieser Temperatur biegt die Kurve ab, der Temperaturkoeffizient sinkt auf einen Wert wie bei normalen unmagnetischen Metallen. Technisch ausgenutzt wird der steile Bereich bei Widerstandsthermometern und in Fällen, wo eine besonders kurze Anheizzeit erwünscht ist: Der bei Raumtemperatur niedrige Widerstand ermöglicht einen hohen Einschaltstrom mit kurzzeitig starker Überbelastung, die mit ansteigender Erwärmung des Heizdrahtes entsprechend dem steilen Anstieg seines Widerstandes absinkt und auf ein ungefährliches Maß begrenzt wird.

Für Heizwiderstände im Temperaturbereich oberhalb von 1500 °C kommen nur noch die hochschmelzenden Metalle, wie Molybdän (2600 °C) und Wolfram (3400 °C) in Betracht. Sie werden, um die Gefahr des Verzunderns auszuschließen, meist unter Vakuum oder Schutzgas oder in luftdichten Einbettungen verwendet. Als Ergänzung zu den metallischen Widerstandswerkstoffen seien sodann noch die auf der Basis von Kohle und von Carbiden erwähnt (Kapitel 16).

12.3 Metallische Thermoelemente

Die vorausgegangenen Abschnitte behandeln die Elektrizitätsleitung im Innern einheitlicher metallischer Werkstoffe und ihre Anwendung. Sie sind zu ergänzen durch Betrachtung von technisch bedeutsamen Vorgängen an den Grenzflächen zweier aneinanderstoßender Metalle oder verschiedenartiger Legierungen.

Gut leitende und weniger gut leitende metallische Werkstoffe müssen sich entweder in der Konzentration ihrer Leitungselektronen oder in deren Beweglichkeit oder in beiden unterscheiden. Durch ein äußeres elektrisches Feld erhalten diese Ladungsträger nur eine zusätzliche Bewegungskomponente, im übrigen sind sie aber schon ohnehin durch die thermische Unruhe im Gitter in dauernder Bewegung und in stetem Platzwechsel zwischen den Atomen, also auf bestimmten Energie-Niveaus. Stehen nun zwei verschiedene Metalle miteinander in enger Berührung, so werden aus dem Gewimmel beiderseits der Kontaktstelle Elektronen durch diese hindurch diffundieren. Wegen der unterschiedlichen Lage und Besetzung der Energie-Niveaus hüben und drüben wird aber die Zahl der Grenzübertritte in der einen Richtung größer sein als in der anderen. Es kommt also zu einer spontanen gegenseitigen Aufladung, die den überwiegenden Zustrom abbremst und einen Gleichgewichtszustand herstellt; d.h. es entsteht ein Potentialgefälle zwischen den beiden Seiten der Grenzschicht bis zu solcher Höhe, daß im stationären Zustand die Zahl der übertretenden Elektronen in beiden Richtungen gleich groß ist. Da weiterhin die kinetische Energie der Elektronen in den einzelnen Metallen in unterschiedlichem Maße von der Temperatur abhängt, muß diese als „Galvani-Spannung" bezeichnete Potentialdifferenz an der Verbindungsstelle sich bei Erwärmung oder Abkühlung ändern. Die Ausnutzung dieses Effektes zur Messung von Temperaturen in Ergänzung zu den in Abschn. 12.1.4 behandelten Widerstandsthermometern liegt nahe und soll im folgenden kurz beleuchtet werden.

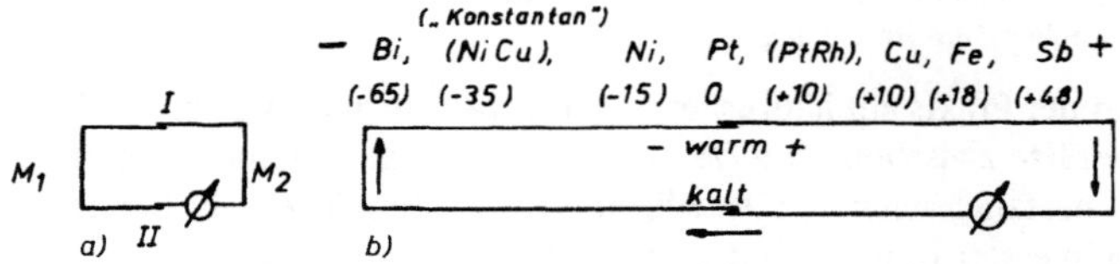

Bild 12.5 a) Thermoelement, b) Thermoelektrische Spannungsreihe (Auszug)

Ein Stromkreis gemäß Bild 12.5a bestehe aus zwei verschiedenen Metallen M 1 und M 2, die an den Kontaktstellen I und II leitend miteinander verbunden, verlötet oder verschweißt sind. Solange I und II gleiche Temperatur haben, fließt kein Strom, da die dort auftretenden Galvani-Spannungen einander entgegengesetzt gleich sind. Ist aber I wärmer oder kälter als II, so entsteht als Differenz zwischen ihnen die sogenannte Thermospannung mit einem entsprechenden Strom. Ihre Größe (Bruchteile von Volt) ist in nicht zu weiten Bereichen meist etwa dem Temperaturunterschied der beiden Verbindungsstellen proportional, im übrigen von den spezifischen Eigenschaften der beiden Partner M 1 und M 2 abhängig. Die auf eine Temperaturdifferenz von 1K bezogene Thermospannung bezeichnet man als die Thermo*kraft* des betreffenden Paares.

Technisch angewendet werden solche Thermoelemente bekanntlich in der Weise, daß man die eine Lötstelle auf eine festliegende Temperatur (z.B. in schmelzendes Eis) bringt und die andere an die Meßstelle. Bei mäßigen Ansprüchen an Genauigkeit dient in der Praxis als kalte Lötstelle einfach die Schraubverbindung an den Klemmen des bei Raumtemperatur aufgestellten Millivoltmeters, dessen Skala häufig im Hinblick auf ein bestimmtes Metallpaar unmittelbar in Temperaturgraden geeicht ist.

Die Fähigkeit metallischer Werkstoffe, paarweise miteinander Thermoelemente zu bilden, ist quantitativ erfaßt in der sogenannten thermoelektrischen Spannungsreihe. Einen Auszug davon zeigt Bild 12.5b. In der Reihenfolge der Aufstellung geben je zwei Partner gemeinsam ein Thermoelement, bei dem der weiter links stehende den negativen, der rechts stehende den positiven Pol der heißen Verbindungsstelle bildet. Der Strom fließt also an der kalten Verbindungsstelle bzw. im Meßinstrument in Pfeilrichtung von rechts nach links. Um exakte Zahlen angeben zu können, bezieht man die Thermokraft aller Elemente und Legierungen in der Spannungsreihe willkürlich auf das etwa in der Mitte stehende Platin. Die im Bild angegebenen Werte bedeuten demnach in Mikrovolt die mittlere Thermokraft im Temperaturbereich zwischen 0 °C und 100 °C für ein Thermoelement, dessen einer Schenkel jeweils aus dem betreffenden Material und dessen zweiter aus Platin besteht. Für jedes andere Paar ergibt sich dann die Thermokraft aus der Differenz der angegebenen Zahlen, also z.B. für Konstantan gegen Nickel zu $-20\ \mu V/K$, für Konstantan gegen Kupfer zu $-45\ \mu V/K$ usw.

Diese thermoelektrische Spannungsreihe ist nicht zu verwechseln mit der elektrochemischen Spannungsreihe, die für die EMK galvanischer Elemente maßgeblich ist und von der in Abschn. 7.2 im Zusammenhang mit Korrosionserscheinungen die Rede war. Zwar bestehen zwischen dem chemischen Charakter eines Metalls und seinen Eigenschaften als elektrischer Leiter gewisse Beziehungen, die gelegentlich angedeutet wurden; die Zusammenhänge sind jedoch zu kompliziert und zu stark von anderen Parametern abhängig, als daß man erwarten dürfte, bei einer Ordnung der Metalle nach ihrem Verhalten gegenüber wässrigen Elektrolyten die gleiche Reihenfolge zu finden wie in der Temperaturabhängigkeit ihrer Galvanispannungen. Zwischen der thermoelektrischen und der elektrochemischen Spannungsreihe besteht also kein übersichtlicher Zusammenhang.

Bei den Metallpaaren, die in der Praxis am häufigsten zur Temperaturmessung verwendet werden, liegen die Thermokräfte zwischen $10\ \mu V/K$ und $60\ \mu V/K$. Im einzelnen richtet sich die Werkstoffauswahl zusätzlich nach den jeweiligen Nebenbedingungen, im Bereich höherer Temperaturen also in erster Linie nach der Zunderfestigkeit und dem Schmelzpunkt. Am gebräuchlichsten sind folgende Paare:

Tabelle 12.4 Genormte Thermoelemente (Auswahl aus DIN 43 710)

Thermopaar	Norm-Bez.	mittlere Thermokraft in μV/K [1]	obere Grenztemp. in °C [2]
Eisen-Konstantan	Fe-Konst	ca. 55	700 (900)
Nickelchrom-Nickel	NiCr-Ni	ca. 41	1000 (1300)
Platinrhodium-Platin	PtRh-Pt	ca. 7	1300 (1600)

[1] Zwischen 0 °C und 100 °C

[2] Die eingeklammerten Werte gelten für kurzzeitige Benutzung

Für Messungen bei tiefsten Temperaturen sind Speziallegierungen entwickelt worden, vornehmlich auf der Basis Silber-Gold; oberhalb von 2000 °C bleiben natürlich nur Kombinationen aus den höchstschmelzenden Metallen Molybdän, Tantal und Wolfram.

Kombinationen aus Halbleitern, deren Thermokräfte im allgemeinen mehr als eine Größenordnung höher liegen, die aber dafür wesentlich größere ohmsche Widerstände besitzen, werden im Abschn. 15.5 behandelt.

12.4 Zusammenfassung von Abschnitt 12.1 bis 12.3 (s. auch Abschn. 15.7)

Wie die Messung der Hallspannung in Verbindung mit anderen Untersuchungen lehrt, beruht das gute elektrische Leitvermögen der Metalle auf der *großen Anzahl* von Leitungselektronen (maximal eines pro Atom beim Silber), während deren Beweglichkeit relativ klein ist.

Alle Arten von Störungen der Ordnung im Metallgitter setzen bei Metallen den elektrischen Widerstand herauf, insbesondere also Verunreinigungen, Erwärmung und mechanische Spannungen. Wichtige Anwendungen dieser Abhängigkeit: Widerstandsthermometer, Dehnungsmeßstreifen usw.

Legierungen haben im allgemeinen höheren spezifischen Widerstand und kleineren Temperaturkoeffizienten als reine Metalle. Wichtige Widerstandslegierungen:

Für Meß- und Regelzwecke auf der Basis von *Kupfer,* vorwiegend mit Nickel und Mangan,

für Heizwiderstände auf der Basis von *Eisen,* vorwiegend mit Chrom, Aluminium und Nickel (Tabelle 12.3 und Bild 12.4)

Grenzflächeneffekt: Thermoelemente (Bild 12.5 und Tabelle 12.4).

13 Supraleiter

Der Versuch, Wesen und Entstehung des supraleitenden Zustandes von Metallen und Halbleitern zu erklären, kann und soll im Rahmen einer allgemeinen Behandlung der elektrotechnisch wichtigsten Werkstoffe hier nicht unternommen werden. Trotzdem bietet die Entwicklung der letzten Jahre hinreichend Anlaß, die supraleitenden Werkstoffe in unseren technischen Horizont mit einzubeziehen und einen Blick auf bisherige Anwendungen und sich abzeichnende Möglichkeiten zu werfen.

Die gut leitenden Metalle haben bei Raumtemperatur einen spezifischen Widerstand von der Größenordnung $10^{-8}\,\Omega\cdot m$. Bei Abkühlung bis auf die Temperatur des flüssigen Heliums oder des flüssigen Wasserstoffs (< 20K) müßte, wenn wir den uns bekannten Temperaturkoeffizienten von ca. 0,5 % pro Kelvin zugrunde legen, der Widerstand um 100 % fallen, d.h. auf Null absinken. Das tut er bekanntlich im allgemeinen nicht ganz, bei vielen Metallen bleibt auch bei den tiefsten erreichten Temperaturen ein gewisser Restwiderstand übrig. Er liegt z.B. bei Kupfer, Silber, Gold, Nickel und anderen etwa bei $10^{-10}\ldots10^{-11}\,\Omega\cdot m$, macht also einige Promille des Wertes bei Raumtemperatur aus. Seine exakte Größe hängt stark von kleinsten Verunreinigungen und Gitterstörungen ab. Bei einer Reihe von Metallen und Verbindungen tritt dagegen etwas völlig anderes hinzu: Bei Unterschreiten der Temperatur des flüssigen Wasserstoffs oder auch bei noch tiefer liegenden Temperaturen fällt der Widerstand innerhalb eines Bereichs von wenigen Hundertstel Grad, also praktisch sprunghaft, um viele weitere Größenordnungen ab, nämlich auf einen Wert von weniger als $10^{-22}\,\Omega m$. Solche Widerstände sind durch Strom- und Spannungsmessungen nicht mehr erfaßbar, demnach strenggenommen auch gar nicht zu definieren. Das ist beim Quecksilber der Fall, auch beim Blei, Zinn, Cadmium und anderen. Die Temperatur, bei der diese *Supraleitung* eintritt, der sogenannte Sprungpunkt, ist für jeden Supraleiter typisch. Sie liegt jeweils irgendwo zwischen 0 K und 20 K, also einige Grad oberhalb des absoluten Nullpunktes.

Bild 13.1 zeigt einige Kurven der Temperaturabhängigkeit des Widerstandes in diesem Bereich bei supraleitenden und nichtsupraleitenden Metallen.

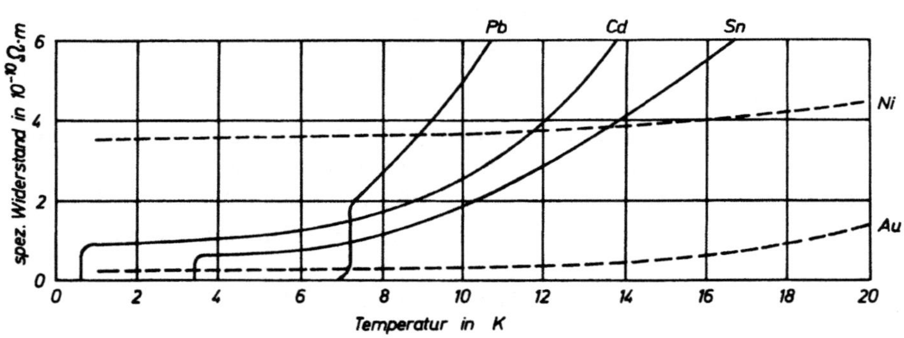

Bild 13.1 Supraleitung und Restwiderstand bei einigen Metallen (Blei, Cadmium, Zinn, Nickel, Gold)

Unter den mehr als 1000 Supraleitern, die wir kennen, gibt es zunächst eine Reihe von metallischen Elementen, von Legierungen und intermetallischen Verbindungen, aber auch halbleitende Elemente sowie Verbindungen mannigfacher Art.

Element-Supraleiter aus dem Bereich der *Metalle* sind (ohne Anspruch auf Vollständigkeit) z.B.

Al, Zn, Cd, Ti, Hg, Sn, Pb, In, Nb, Ga, Zr, U.

An Legierungen und Verbindungen seien genannt:

$NbTi, Nb_3Sn, V_3Ga, PbS, PbSe, CuS, TiC, NbC, WoC, NbN,$

außerdem Verbindungen von Wismut mit Ni, Na, Li, Ba, Ca, Sr oder von Blei mit Bi, Ag, Li, Au, Ca und viele andere. Es sei vermerkt, daß die einzelnen Komponenten solcher Verbindungen häufig nicht als Supraleiter bekannt sind. (Übrigens findet man ferromagnetische und ferrimagnetische Stoffe grundsätzlich nicht in der Reihe der Supraleiter.) Von besonders interessanten supraleitenden Legierungen und Verbindungen wird weiter unten die Rede sein.

Auch *halbleitende Elemente*, vor allem Germanium und Silicium können Eigenschaften von Supraleitern annehmen und zwar unter hohem äußeren Druck.

Vom Ausmaß der bei Supraleitung auftretenden Widerstandsänderungen um mehr als 12 Größenordnungen bekommt man einen Begriff durch die Überlegung, daß das etwa der gleiche Unterschied ist wie unter den uns gewöhnten normalen Verhältnissen zwischen einem Metall und einem guten Isolator. Ein normalleitender Kupferstab würde also z.B. zwei supraleitende Drähte mit seinem um 12 Größenordnungen höheren Widerstand gegeneinander isolieren.

Die Antwort auf die Frage, wieweit eine technische Anwendung der Supraleitung wirtschaftlich von Nutzen oder jedenfalls erschwinglich sein könnte, hängt wesentlich davon ab, ob man die entsprechenden elektrisch leitenden Systeme mit erträglichem Aufwand auf so tiefe Temperaturen bringen und dort halten kann. Sicherlich gibt es aber auch Fälle, wo der Gesichtspunkt der Wirtschaftlichkeit zurücktritt, z.B. bei der Aufgabe, für kernphysikalische Forschung so starke Magnetfelder bereitzustellen, wie man sie mit normalen stromdurchflossenen Leitern ohne enormen zusätzlichen Aufwand nicht bekommt. Viel hemmender als mangelnde Wirtschaftlichkeit und Schwierigkeit der Kältetechnik war aber bis vor wenigen Jahren die Tatsache, daß bei allen bis dahin bekannten supraleitenden Metallen und Verbindungen die Eigenschaft der Supraleitung verlorengeht, wenn man sie in ein Magnetfeld von einer bestimmten, nicht einmal sehr hohen Flußdichte bringt. Dieses „kritische" Magnetfeld hat eine für jeden Supraleiter spezifische Größe. Sie liegt häufig weit unterhalb von 1 Tesla und ist damit so klein, daß eine technische Verwendung der Supraleitung nicht besonders interessant erschien. Denn bei fast allen elektrotechnischen Vorgängen der Energieumwandlung und Energienutzung ist ja irgendwie die Wechselwirkung zwischen Stromkreisen und möglichst starken Magnetfeldern entscheidend. Die Schwierigkeit wird umso größer, da auch das eigene Magnetfeld der Leitungsströme dabei mit zur Geltung kommt. Infolgedessen gibt es nicht nur ein kritisches Magnetfeld, sondern auch eine „kritische Stromdichte" im Leiter selbst, von der an der Supraleiter sprunghaft wieder zum Normalleiter wird. Sie liegt umso tiefer, je stärker sich ein eventuell vorhandenes äußeres Magnetfeld überlagert.

Seit einigen Jahren haben sich die Aussichten für eine technische Verwendung entscheidend geändert, als man weitere Arten von Supraleitern, die man als harte Supraleiter („Hochfeld-Supraleiter") bezeichnete, in ihrer Bedeutung erkannt und weiterentwickelt hat. Ihre kritische Magnetfeldstärke liegt um zwei bis drei Größenordnungen höher als bei denen der ersten Art. Bevorzugt seien hier genannt die Legierung NbTi, sowie die

Verbindungen Nb_3Sn und V_3Ga. Die dazu gehörigen kritischen magnetischen Flußdichten liegen bei 13 bzw. 22 bzw. 23 Tesla. Diese Werte sind bezogen auf eine Temperatur von 4,2 K, den Siedepunkt des flüssigen Heliums, das hier normalerweise als Kühlmittel verwendet wird. Die kritischen Stromdichten liegen hierbei zwischen 10^9 A/m^2 und 10^{10} A/m^2. Spulen aus diesen Werkstoffen werden inzwischen laufend gefertigt und dienen zur Erzeugung von Magnetfeldern höchster Stärke für Forschungszwecke, z.B. in Teilchenbeschleunigern oder zum Zusammenhalt des hocherhitzten Plasmas bei der Kernfusion, wo die Temperaturen zu hoch für irgendwelche materiellen Wände sind. Auch Möglichkeiten zur Anwendung bei der Energieumwandlung („Flußpumpen") oder der Energieverteilung (supraleitende Kabel) sowie in der Meßtechnik und Hochfrequenztechnik zeichnen sich ab oder werden jedenfalls diskutiert. Dabei sind allerdings die oben angegebenen Daten nicht ohne weiteres auf dynamische Vorgänge im Wechselfeld übertragbar.

Die meisten der bisher verwendeten Supraleiter haben Sprungtemperaturen um etwa 10 K. Man ist also praktisch in erster Linie auf flüssiges Helium als Kühlmittel angewiesen. Die Möglichkeit einer wirtschaftlicheren Nutzung der Supraleitung wäre gegeben, wenn supraleitende Werkstoffe mit Sprungtemperaturen oberhalb von 20 K (Siedepunkt des Wasserstoffs) eingesetzt werden könnten. Denn flüssiger Wasserstoff ist wesentlich billiger und unbegrenzt verfügbar. Die moderne Entwicklung bemüht sich daher u.a. um die Herstellung von Supraleitern mit derart hohen Sprungtemperaturen. Solche Werkstoffe sind grundsätzlich bekannt, z.B. Nb_3Ge, ihre Fertigung in einem technisch interessanten großen Maßstab ist ein angestrebtes Ziel.

14 Kontaktwerkstoffe

Die Kapitel über Leiterwerkstoffe und Widerstandsmaterial seien abgeschlossen mit einem kurzen Einblick in ein wichtiges Spezialgebiet, das der Kontaktwerkstoffe. Es soll hier von den Gesichtspunkten der sehr verschiedenartigen Anforderungen der Praxis aus betrachtet werden.

Ein elektrischer Kontakt hat bekanntlich die Aufgabe, Stromkreise entweder zu öffnen oder zu schließen. Dabei soll er natürlich auch nach längerer Schaltpause oder nach längerer Stromführung uneingeschränkt betriebsbereit bleiben. So einfach das klingt, macht es doch in der Praxis soviele Schwierigkeiten, daß von den rund 100 Elementen des Periodischen Systems mehr als die Hälfte als Bestandteile von Kontaktmaterial vorgeschlagen und ein großer Teil davon auch praktisch eingesetzt ist. In der Tat funktioniert ja sowohl das Öffnen wie das Schließen keineswegs immer einwandfrei und das Versagen geht vorwiegend auf das Konto der beteiligten Kontaktwerkstoffe. Daß es deren so viele gibt, wird verständlich, wenn man sich die unterschiedlichen Einsatzbedingungen vor Augen hält: In der Nachrichtentechnik sollen kleine Ströme bei niedrigen Spannungen zuverlässig geschaltet werden, in der Energietechnik große Ströme und hohe Spannungen, speziell in der Schweißtechnik große Ströme und kleine Spannungen und in Anwendungsgebieten der Hochspannungstechnik kleine Ströme und große Spannungen. Zu diesen Variationsmöglichkeiten kommen Randbedingungen, wie Einsatz in Freiluft oder in schmutzigen Betrieben, in chemisch aggressiver Atmosphäre usw., zu allem die Forderung, daß die technisch günstigste Lösung für jeden Fall auch die billigste sein soll. Ohne im einzelnen die Vielzahl der Aufgaben und Lösungen aufzuzählen, sollen doch hier kurz die wichtigsten Gesichtpunkte zusammengestellt werden, nach denen man für jeden Anwendungsfall den passenden Kontaktwerkstoff aussucht, was man von ihm verlangt und worauf ein eventuelles Versagen zurückgehen kann.

An erster Stelle steht im allgemeinen die Forderung nach guter Leitfähigkeit, denn im geschlossenen Zustand soll ja der Kontakt den Strom ebenso gut leiten wie ein homogenes Leiterstück. Die nächstliegende Lösung, Kupfer oder Kupferlegierungen zu verwenden, ist normalerweise in vielen Fällen richtig, wo es sich um mäßig belastete Kontakte handelt, die relativ selten betätigt werden; das gilt umso mehr, wenn man durch konstruktive Maßnahmen die Kontaktstücke bei jedem Öffnen und Schließen etwas aufeinander gleiten läßt, so daß sauerstoffhaltige oder schwefelhaltige Schichten, die sich ja leicht auf Kupfer bilden, immer wieder abgeschabt werden und die Kontaktflächen blank bleiben. Durch diese Einschränkungen – mäßige Belastung, geringe Schalthäufigkeit, Sauberhaltung der Kontaktflächen – deuten sich die ersten Schwierigkeiten an, von denen wir einige typische hier aufführen wollen, zusammen mit den Forderungen, die sich daraus für den Kontaktwerkstoff je nach Beanspruchungsart ergeben. Ihre Bedeutung wächst natürlich mit der verlangten Schalthäufigkeit.

1. Beim *Einschalten kleiner* Spannungen und Ströme stören Oxid- oder andere sperrende Oberflächenschichten, vor allem wenn die Kontaktdrücke klein sind, wie bei empfindlichen Relais. Oberste Forderung an den Kontaktwerkstoff ist also hier: hohe *Korrosionsbeständigkeit.*

2. Beim *Ausschalten großer* Ströme bei mittleren und hohen Spannungen besteht die Gefahr des Schmelzens und Abbrennens der Kontaktstücke. Bei der Ausbildung und dem Abreißen des Schaltlichtbogens kommt es zu ungleichmäßiger Ablagerung geschmolzener und wiedererstarrter Masse auf den beiden Elektroden (Grobwanderung). Nicht minder unangenehm ist es, wenn sie beim *Einschalten* miteinander *verschweißen,* falls nämlich der Kontakt prellt, d.h. vor dem endgültigen Schließen nochmals kurz aufgeht. Dies ist dann sein letztes Öffnen, es sei denn, daß beim nächsten Mal die Betätigungskraft ausreicht, um ihn gewaltsam aufzureißen. Hier ergeben sich also Forderungen nach großer *Abbrandfestigkeit* und *geringer Schweißneigung,* zusätzlich nach guter mechanischer Festigkeit, da im allgemeinen große Kontaktdrücke angewandt werden müssen. Die Korrosionsbeständigkeit ist demgegenüber in diesem Fall weniger wichtig, da Oxidhäute und dergleichen durch Spannung und Druck zerschlagen werden.

3. *Beim Ausschalten von Gleichströmen,* auch im Bereich relativ kleiner Stromstärken und Spannungen bei fehlendem Schaltlichtbogen, ist eine häufige Störungsquelle die sogenannte *Feinwanderung* oder Brückenwanderung. Sie entsteht durch kleine Schmelzprozesse beim Auseinanderziehen der Kontaktstücke, wobei sich die Schmelzprodukte

unsymmetrisch nach beiden Seiten verteilen, und zwar bevorzugt auf Kosten der Anode an der Katode ansammeln, so daß sie deren Oberfläche verunstalten. Durch passende Werkstoffauswahl läßt sich diese Feinwanderung weitgehend vermeiden.

Die Problematik liegt also bei *kleinen* Spannungen und Strömen im *Einschaltvorgang,* bei Gleichstrom auch im Ausschalten; bei *großen* Leistungen dagegen ergeben sich besondere Anforderungen an den Werkstoff vor allem im Hinblick auf das *Öffnen*, beim Schließen dagegen nur, wenn der Kontakt prellt (also doch kurzzeitig wieder öffnet). Man könnte glauben, im ersteren Fall durch die Verwendung von Edelmetallen, im letzteren von möglichst hochschmelzenden Kontaktwerkstoffen zu befriedigenden Lösungen zu kommen. Abgesehen davon, daß das bei großen Schaltern sehr teuer würde, mögen einige Beispiele zeigen, welche zusätzlichen Schwierigkeiten auftreten können: Das sehr abbrandfeste und schweißsichere Wolfram beispielsweise, das auch entsprechend hoch belastbar ist, erhält durch Oxidschichten einen ziemlich hohen Kontaktwiderstand, ist daher nicht für kleine Spannungen von unterhalb 6 V zu gebrauchen. Ähnlich verhält sich das Molybdän. Das hochwertige Gold ist vielfach für große Schalthäufigkeit zu weich und neigt zu starker Materialwanderung. Sogar das reine Platin ist zwar mechanisch und elektrisch außerordentlich verschleißfest, kann aber unter dem Einfluß gasförmiger Abspaltungen von in der Nachbarschaft untergebrachten Kunststoffen Sperrschichten an seiner Oberfläche bilden (was auch bei weniger edlen Metallen auftritt).

Tabelle 14.1 zeigt als Beispiel für die *Kontaktwerkstoffe auf der Basis von Kupfer und der von Silber* einige Möglichkeiten, im Hinblick auf unterschiedliche Arbeitsbedingungen bestimmte Eigenschaften durch Zusatz von Legierungsbestandteilen zu verbessern. Man beachte etwa die Steigerung der Abbrandfestigkeit und die Minderung der Verschweißneigung durch Wolfram (W) und Wolframcarbid (WC), im Fall des Silbers auch durch Cadmiumoxid (CdO) und Zinnoxid (SnO_2). Auch werden Kontaktstoffe mit flüssiger

Tabelle 14.1 Kontaktwerkstoffe auf der Basis von Kupfer und Silber

Arbeitsbedingungen	Vordringliche Forderungen an den Kontaktwerkstoff	Bevorzugte Werkstoffgruppen
kleiner Strom kleine Spannung (kein Lichtbogen) kleine Kontaktkraft	kleiner Kontaktwiderstand, also gute Leitfähigkeit und Korrosionsbeständigkeit	(Ag), Ag-Pd, Ag-Cu-Ni, Ag-Ni (Au), Au-Ag, Au-Pt (Rh)
	dazu bei Gleichstrom geringe Materialwanderung („Feinwanderung")	Au-Ag-Ni, Au-Ni (in etwa auch nur Ag-Ni)
großer Strom	geringer Preis, da großer Materialeinsatz	Kupfer
große Spannung (Lichtbogen)	höhere mechanische Festigkeit	Ag-Cu (Hartsilber) Cu-Ag-Cd
große Kontaktkraft	gesteigerte Abbrandfestigkeit	W-Cu, WC-Cu Ag-Ni, Ag-CdO, Ag-W, Ag-WC
	verringerte Schweißneigung	Ag-Ni, Ag-W, Cu-Pb, Ag-CdO, Ag-SnO_2, Ag-Graphit

Phase im Bereich zwischen 200 °C und 400 °C, wie z. B. das Sinterverbundmetall Cu Pb 10, als besonders sicher gegen Verschweißen, speziell für Kleinselbstschalter empfohlen. Natürlich handelt es sich bei alledem nur um einen kleinen Ausschnitt aus einer Fülle von Varianten. Bei ihrer Herstellung bedient man sich vielfach der in Abschn. 2.2 erwähnten Sintertechnik, um auch die Eigenschaften von Werkstoffen, die keine engeren Bindungen miteinander eingehen, wie das gute Leitvermögen des Kupfers und den hohen Schmelzpunkt des Wolframs, oder die von Silber und Graphit, kombinieren zu können. Über die Eignung des Graphits als Kontaktwerkstoff wird in Abschn. 16.1 einiges ausgesagt.

Wenn auch für das einwandfreie Arbeiten eines Schalters die Forderung nach richtiger Werkstoffauswahl im Vordergrund steht, so sei doch noch eine Reihe von *zusätzlichen Möglichkeiten* genannt, mit denen es gelingt, den Kontaktwerkstoff zu entlasten und dadurch die Schaltvorgänge sicherer zu beherrschen. Bei Anordnungen für kleine und kleinste Leistungen wird das nicht immer vordringlich sein, da man sich in Anbetracht der kleinen Abmessungen die teuersten Edelmetallkontakte leisten kann. Aber auch hier macht man bis herab zu den Miniaturabmessungen moderner Schaltkreise gegebenenfalls von der Möglichkeit Gebrauch, die beim Öffnen zu Funkenbildung führenden Spannungsspitzen durch Parallelschaltung von spannungsbegrenzenden Bauelementen abzufangen. Sehr hohe Schalthäufigkeit vertragen darüber hinaus Kontakte, die zum Schutz gegen Verschmutzung, Oxidation und sonstige chemische Angriffe im abgeschlossenen Raum unter Vakuum oder unter Schutzgas arbeiten. Beispiele sind die *Quecksilberschalter* und die quecksilber-benetzten Schalter, in denen das auseinander- und zusammenströmende Quecksilber bei jedem Schaltvorgang neue Oberflächen bildet und also sehr verschleißfrei und prellfrei arbeitet. Weiterhin wurden die sogenannten *Dry-Reed-Schalter* entwickelt, bei denen paarweise kleine „Zungen" aus Eisen-Nickel in Glasröhren eingeschmolzen sind und miteinander Kontakte bilden, die von außen magnetisch betätigt werden können. Die Kontaktflächen selbst „ertüchtigt" man z. B. durch Eindiffundieren von Gold oder Silber-Palladium; auch Rhodiumschichten sowie andere Platinmetalle sind gebräuchlich, ebenso Kontaktfolien aus Hartsilber oder Wolfram. Solche Bauelemente können eine große Anzahl von Schaltspielen in rascher Aufeinanderfolge, z. B. mit Tonfrequenz, einwandfrei überstehen.

Beim Schalten großer Ströme und Spannungen und den entsprechend aufwendigen Apparaturen kann man es sich im allgemeinen leisten, zusätzliche Hilfsvorrichtungen einzubauen, um den Lichtbogen magnetisch oder auch durch Preßluft auszublasen. Ähnliche Aufgaben der Lichtbogenlöschung und Abfuhr der Wärme aus der Schaltzone hat die beim Schalten *unter Öl* oder anderen Flüssigkeiten entstehende Dampfblase. Endlich ist es gebräuchlich, Hochspannungsschalter unter *Schwefelhexafluorid* (SF_6), einem stark elektronegativen Gas, arbeiten zu lassen, das freie Elektronen aus der Umgebung herausfängt und dadurch die Durchschlagfestigkeit der Schaltstrecke erhöht, gleichzeitig beim Ausschaltvorgang wiederum die Aufgabe einer Kühlung hat.

15 Elektronische Halbleiter

15.1 Eigenleitung

15.1.1 Valenzelektronen, Leitungselektronen, Leitungsmechanismus, Defektelektronen

Der Zusammenhang zwischen dem molekularen Aufbau und der Bereitschaft zu einer gewissen elektronischen Leitfähigkeit bei nichtmetallischen chemischen Elementen und Verbindungen wurde bereits in Abschn. 10.3 und 10.4 skizziert. Als technisch wichtiges Beispiel sei Germanium angeführt, das ebenso wie der heute am meisten verwendete Halbleiterwerkstoff Silicium im Diamantgitter des Kohlenstoffs (Bild 10.1a) kristallisiert. Bild 15.1a zeigt schematisch die auf eine Ebene projizierte gegenseitige Lage der Gitterbausteine mit Andeutung der zwischen ihnen wirkenden Elektronenpaarbindungen. Gegenüber dem Diamant jedoch besteht ein wesentlicher Unterschied, der in der Zeichnung nicht zum Ausdruck gebracht werden kann:

Das Kohlenstoffatom mit der Ordnungszahl 6 und der Wertigkeit 4 hat zwischen seinem zentralen Kern und den an der Peripherie befindlichen 4 Valenzelektronen nur noch eine innere mit 2 weiteren Elektronen besetzte Schale, während das ebenfalls vierwertige Germaniumatom mit der Ordnungszahl 32 drei wohlgefüllt innere Schalen mit insgesamt 28 Elektronen enthält und erst außerhalb davon seine 4 Valenzelektronen trägt. Diese sind also hier gegenüber der positiven Ladung des Kerns stark abgeschirmt und wesentlich weiter von ihm entfernt als die 4 Valenzelektronen des Kohlenstoffs.

Dadurch wird verständlich, daß beim Germanium im Vergleich zum Diamant die Vorgänge an der Peripherie der Atome, insbesondere die zwischen ihnen gebildeten Elektronenpaarbindungen, in viel stärkerem Maße anfällig gegen Störungen durch eine äußere

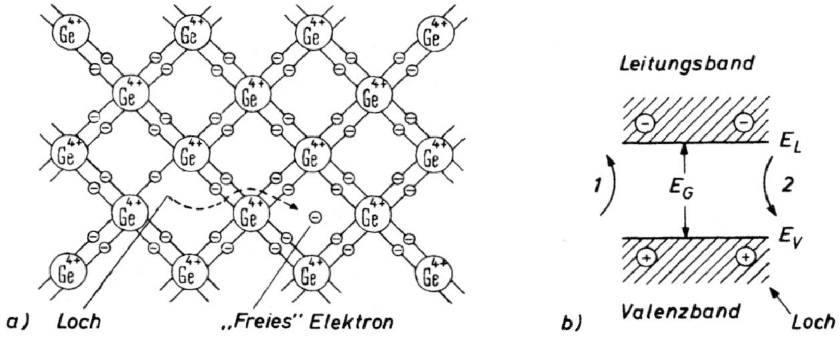

Bild 15.1

Entstehung von Eigenleitung in Halbleitern (T > 0 K)

a) Ebene Darstellung des Germaniumgitters mit aufgebrochener Bindung (Bildung eines Elektron-Loch-Paares)

b) Vorgang im Bänderschema: Pfeil 1 deutet den Vorgang der Paarbildung durch die Anhebung eines Elektrons aus dem Valenzband ins Leitungsband an. Im Valenzband entsteht dadurch ein Loch. Pfeil 2 stellt den umgekehrten Vorgang der Rekombination zwischen einem Elektron und einem Loch dar.

elektrische Feldstärke, einfallende Strahlung oder durch thermische Gitterschwingungen sind. Gehen diese Störungen schließlich so weit, daß Bindungen aufgebrochen werden, so wird das Valenzelektron zum frei im Kristallgitter beweglichen Leitungselektron (Bild 15.1a).

Das aus seiner Bindung befreite Valenzelektron löst zwei verschiedenartige Leitungsvorgänge aus: einmal kann es selbst als „freies" Elektron den ganzen Kristall unter dem Einfluß eines äußeren elektrischen Feldes von der Kathode bis zur Anode hin durchwandern und ihn dort gegebenenfalls durch Übergang in einen metallischen Kontakt verlassen. Es stellt dann während dieses Weges vom Minus- zum Plus-Pol einen Stromtransport dar, wie ein Leitungselektron in einem Metall. Andererseits hinterläßt es aber natürlich an seinem Ausgangsort eine Lücke; d.h. in dem sonst neutralen, gleich stark mit positiven Atomrümpfen und negativen Bindungselektronen besetzten Gitter entsteht an dieser Stelle ein Defizit an negativer oder – anders ausgedrückt – ein Überschuß an positiver Ladung. In dieses „Loch" kann aus einer benachbarten Paarbindung ein Elektron mit oder ohne Einwirkung eines äußeren Feldes hinüberwechseln, um dort seinen kurzen Weg zu beenden. Dessen ursprünglicher Platz ist dann wiederum frei für ein nächstes Elektron, das dann eine neue Lücke für ein weiteres hinterläßt usf. Das schrittweise Nachrücken der Elektronen, von denen jedes einzelne nur einen kurzen Weg bis zum nächsten „Loch" zurücklegt, ist also verbunden mit einem in entgegengesetzter Richtung vorrückenden schrittweisen Schließen der einen und Öffnen der nächsten Lücke. Diese „Bewegung" der Löcher, die sehr anschaulich in Bild 15.3 dargestellt ist, ist im neutralen Gitter elektrisch gleichbedeutend mit der fortschreitenden Verlagerung eines Defizits an negativer oder ebenso gut eines Überschusses an positiver Ladung. In der Tat kann man mittels Halleffekt und durch ergänzende Untersuchungen beide Arten von „Ladungsträgern" nachweisen und getrennt voneinander erkennen: einmal die über größere Strecken hin beweglichen negativ geladenen Elektronen und zum anderen die mit positiven Ladungen äquivalenten Löcher. Die wandernden Löcher bezeichnet man als *Defektelektronen* und unterscheidet also bei Halbleitern zwischen *Elektronenleitung* und *Defektelektronenleitung* oder auch zwischen *n-Leitung* und *p-Leitung* (n negative, p positive Ladungsträger). Durch die Lösung des Elektrons aus seiner Bindung wurde also ein Ladungsträgerpaar (Leitungselektron und Defektelektron) geschaffen. In Bild 15.1b ist dieser Vorgang im Bänderschema (vgl. Abschn. 10.7) wiedergegeben. Wie allgemein üblich ist nur die Unterkante des Leitungsbandes (E_L) und die Oberkante des Valenzbandes (E_V) eingezeichnet. Das Aufbrechen der Bindung bedeutet, daß das Elektron aus dem Valenzband (gebundener Zustand) über die Bandlücke E_G hinweg ins Leitungsband („frei" beweglich) gehoben wird und damit zur Leitfähigkeit beiträgt (Pfeil 1 in Bild 15.1b, Paarbildung).

Im Valenzband wird dabei ein Loch- bzw. Defektelektron zurückgelassen, das seinerseits innerhalb des Valenzbandes beweglich ist und damit ebenfalls zur Leitfähigkeit beiträgt. Die Breite der verbotenen Zone (E_G) stellt ein Maß für die Bindungsenergie des Elektrons dar. Großes E_G bedeutet demnach, daß die Bindungen sehr fest sind, es muß viel Energie aufgewandt werden, um die Bindung zu zerstören, d.h. um ein Elektron aus dem Valenzband ins Leitungsband zu bringen. Bei Silicium ist die Bandlücke (E_G = 1,1 eV) größer als bei Germanium (E_G = 0,7 eV), da die vier Valenzelektronen des Siliciums nur durch zwei innere Schalen mit insgesamt 10 weiteren Elektronen gegenüber dem positiven Kern abgeschirmt und damit stärker gebunden sind als bei Germanium (Ordnungszahl 32).

Je nach der Höhe der Temperatur findet in mehr oder minder starkem Maße eine thermische Erzeugung von Trägerpaaren laufend statt. Sie steht im statistischen Gleichgewicht mit Rekombinationsvorgängen, wie im Bild 15.1b durch den Pfeil 2 angedeutet ist. Elektronen fallen aus dem Leitungsband ins Valenzband zurück und vereinigen sich mit Defektelektronen („rekombinieren"). Die dabei freiwerdende Energie wird zum Teil in Strahlung umgewandelt (bei Silicium z.B. liegt diese Rekombinationsstrahlung im Infraroten). Im Strukturmodell (Bild 15.1a) bedeutet Rekombination, daß ein freies Elektron in eine unvollständige Bindung des Gitters zurückkehrt und damit wieder örtlich gebunden ist.

15.1.2 Die Leitfähigkeit von Eigenhalbleitern – Konzentration und Beweglichkeit der Ladungsträger

Legt man an den Halbleiterkristall eine elektrische Spannung, so erfolgt unter dem Einfluß des Feldes eine gerichtete Bewegung der beiden Ladungsträgersorten, d.h. die Leitungselektronen werden sich entgegen der Feldrichtung, die Defektelektronen in Feldrichtung bewegen. Es sind somit zwei Stromanteile, herrührend von den Elektronen im Leitungsband und den Löchern im Valenzband zu berücksichtigen. Für die Stromdichte (s. Gl. (11.4)) ergibt sich folgende Beziehung:

$$j = n e v_n + p e v_p \tag{15.1}$$

n, p Ladungsträgerkonzentration von Elektronen bzw. Löchern
v_n (negativ!), v_p Driftgeschwindigkeit von Elektronen bzw. Löchern
$-|e|$ Elektronenladung, $+|e|$ Löcherladung

Da $j = \sigma \cdot E$ und $v = \mu \cdot E$ (s. Kap. 11), so ergibt sich für die elektrische Leitfähigkeit des Halbleiters:

$$\sigma = n e \mu_n + p e \mu_p \tag{15.2}$$

wobei μ_n die Beweglichkeit der Elektronen und μ_p die der Löcher bedeutet. Für den Eigenhalbleiter ($n = p = n_i$) gilt schließlich:

$$\sigma_i = e\, n_i (\mu_n + \mu_p) \tag{15.3}$$

Im Gegensatz zu den Metallen hat man es bei den Halbleitern also mit zwei verschiedenen Beweglichkeiten zu tun, der *Elektronenbeweglichkeit* μ_n und der *Löcherbeweglichkeit* μ_p. Es ist einzusehen, daß die Beweglichkeit der Löcher geringer sein muß als die der Leitungselektronen, da es sich bei der Löcherleitung im eigentlichen Sinne um die Bewegung gebundener Valenzelektronen handelt (vgl. Abschn. 15.1.1). Für Silicium gilt: $\mu_n \approx 3\, \mu_p$.

In Tabelle 15.1 sind für einige wichtige Halbleitermaterialien die Werte der Leitfähigkeit, der Eigenleitungskonzentration, der Beweglichkeit sowie der Breite der verbotenen Zone angegeben. Zum Vergleich sind die entsprechenden Daten für Kupfer als typisches Metall aufgeführt. Wie hieraus ersichtlich, liegen die Elektronenkonzentrationen von Halbleitern bei Raumtemperatur wesentlich niedriger als die von Metallen, während die Beweglich-

Tabelle 15.1 Kennwerte für die Halbleitermaterialien Silicium, Germanium, Indiumantimonid und Galliumarsenid

Zum Vergleich entsprechende Daten für das Metall Kupfer.
Es gilt: n_i(Halbl.) $\ll$ n(Metall); μ_n(Halbl.) > μ_n(Metall).

	E_G (eV)	n_i (cm^{-3})	μ_n	μ_p ($cm^2/V \cdot s$)	σ ($\Omega^{-1} cm^{-1}$) 1)
Si	1,1	$1{,}5 \cdot 10^{10}$	1350	480	$5 \cdot 10^{-6}$
Ge	0,7	$2{,}4 \cdot 10^{13}$	3900	1900	$2{,}2 \cdot 10^{-2}$
InSb	0,2	$1{,}1 \cdot 10^{16}$	$8 \cdot 10^4$	750	10^2
GaAs	1,4	$9 \cdot 10^6$	8500	400	10^{-8}
Cu	–	$8{,}7 \cdot 10^{22}$	40	–	$6 \cdot 10^5$

Bandabstand E_G
Eigenleitungskonzentration n_i ($n = p = n_i$) bei 300 K
Elektronenbeweglichkeit μ_n
Löcherbeweglichkeit μ_p
Leitfähigkeit σ

1) s. Fußnote S. 71

keiten bei Halbleitern die bei Metallen weit übertreffen (s. auch Abschn. 12.1.2). Es werden bei den Halbleitern Beweglichkeitswerte bis zu 80 000 cm^2/Vs (für InSb) erreicht, also bis zu 2000mal höher als bei Kupfer. Wie jedoch weiter aus der Tabelle 15.1 hervorgeht, vermag diese hohe Beweglichkeit die geringere Anzahl von Ladungsträgern nicht auszugleichen, so daß die Leitfähigkeit von Halbleitern im allgemeinen um Größenordnungen hinter der von reinen Metallen zurückbleibt.

15.1.3 Temperaturabhängigkeit der Leitfähigkeit und einige Anwendungen

Bei den Halbleitern zeigt die Ladungsträgerkonzentration eine starke Temperaturabhängigkeit, während die Beweglichkeit sich nur wenig mit der Temperatur ändert. Bei T = 0 K verhält sich der Halbleiter wie ein Isolator, mit steigender Temperatur werden in zunehmendem Maße Bindungen aufgebrochen, die Zahl der thermisch erzeugten Elektron-Loch-Paare nimmt zu und demzufolge auch die Leitfähigkeit.

Die Temperaturabhängigkeit der Eigenleitungskonzentration läßt sich durch folgende Exponentialfunktion beschreiben:

$$n_i = N^* \cdot e^{-E_G/2kT} \tag{15.4}$$

E_G bedeutet die Breite der verbotenen Zone und k die Boltzmann-Konstante ($k = 8{,}62 \cdot 10^{-5}$ eV/K). N* ist ein für das jeweilige Halbleitermaterial spezifischer Faktor, der nur eine geringe Temperaturabhängigkeit aufweist (Beispiel Silicium bei 300 K : $N^* = 1{,}7 \cdot 10^{19}\ cm^{-3}$).

Setzt man den obigen Ausdruck in Gl. (15.3) ein, so ergibt sich schließlich folgende endgültige Beziehung für die Eigenleitfähigkeit in Halbleitern:

$$\sigma_i = N^* \cdot e(\mu_n + \mu_p)\, e^{-E_G/2kT} \tag{15.5}$$

Im Bild 15.5 (gestrichelte Kurve) ist die Temperaturabhängigkeit der Eigenleitungskonzentration n_i von Silicium wiedergegeben. Hieraus geht deutlich die starke Zunahme von n_i und damit der Leitfähigkeit ab etwa 500 K hervor. Entsprechend dem geringeren Bandabstand setzt dieser Anstieg bei Germanium schon wesentlich früher ein (Abschn. 15.2.3). Dieses Verhalten ist für die Anwendung der Werkstoffe bei höheren Temperaturen von erheblicher Bedeutung. Aus Gl. (15.5) geht auch die schon öfter erwähnte und aus Tabelle 15.1 ersichtliche Eigenschaft der Halbleiter hervor, daß mit zunehmendem Bandabstand E_G die elektrische Leitfähigkeit abnimmt.

Ein Vergleich mit der in Abschn. 12.1.4 behandelten Temperaturabhängigkeit der Leitfähigkeit bei Metallen zeigt den grundlegenden Unterschied, daß nämlich bei diesen mit steigender Temperatur die Leitfähigkeit abnimmt infolge der Abnahme der Beweglichkeit der Elektronen bei gleichbleibender Konzentration, während bei den Halbleitern die Leitfähigkeit mit steigender Temperatur zunimmt infolge einer Erhöhung der Ladungsträgerkonzentration bei wenig sich ändernder Beweglichkeit.

Diese typische Halbleitereigenschaft wird bei den *Heißleitern* oder *Thermistoren* technisch angewandt. Dies sind Widerstände, die mit zunehmender Erwärmung, sei es von außen oder durch die eigene Stromwärme, besser leiten. Sie besitzen wesentlich höhere Temperaturkoeffizienten als die Metalle in umgekehrter Richtung. Eingesetzt werden sie z.B. als veränderliche Widerstände zum Anlassen und Regeln, zur Dämpfung der Stromspitzen bei Einschalt- und Lastwechselvorgängen oder als Verzögerungsglieder. Im Wettbewerb zu den schon erwähnten Metall-Widerstandsthermometern, denen sie an Empfindlichkeit weit überlegen sind, werden sie auch als Temperaturmeß- und Überwachungsorgan eingesetzt.

Außer durch thermische Energie können Ladungsträgerpaare auch durch Einstrahlung von Licht oder anderer energiereicherer Strahlung (γ-, Elektronen-, Röntgenstrahlen, u.a.) erzeugt werden. Die Energie der einfallenden Quanten muß dabei stets größer sein als der Bandabstand des Halbleiters. Die Erhöhung der Leitfähigkeit durch Licht (Fotoleitfähigkeit, innerer lichtelektrischer Effekt) wird in den *Fotowiderständen* technisch genutzt.

Je nach der Breite ihrer verbotenen Zone sind Halbleiter geeignet als Empfänger für Infrarot-, Licht-, Ultraviolett-, Röntgen- oder Gammastrahlen. Eingebaute Störstellen und Absorptionszentren können die Empfindlichkeit wesentlich erhöhen. So sinkt bei Fotowiderständen aus Cadmiumsulfid (CdS, $E_G = 2{,}6$ eV) mit Störstellen aus Kupferchlorid (CuCl) der Widerstand bei Belichtung mit Tageslicht um 6 Zehnerpotenzen im Vergleich zum Dunkelwiderstand. Gleichartige Effekte liefern auch Cadmiumselenid (CdSe, $E_G = 1{,}7$ eV), Silicium, Germanium u.a.

Ist die Temperatur genügend hoch oder die einfallende Strahlung hinreichend intensiv und von solcher Art, daß sie die Energie auf die angetroffenen Elektronen zu übertragen vermag, so kann es nicht nur zur Bildung von Leitungs- und Defektelektronen im Inneren des Kristalls kommen; vielmehr können die übermittelten Energiebeiträge ausreichen, um Elektronen zum Verlassen der Oberfläche zu befähigen. Die hierzu nötige „Austrittsarbeit" ist bei Halbleitern häufig wesentlich geringer als bei Metallen, also die Elektronenemission an der Oberfläche bei hoher Temperatur oder bei Strahlungseinfall entsprechend höher. Man verwendet demgemäß z.B. in der Fertigung von Verstärkerröhren nicht unmittelbar die Oberfläche des glühenden metallischen Kathodendrahtes (meist Wolfram) als Elektronenquelle, sondern umgibt ihn mit einer indirekt aufgeheizten Schicht aus halbleitenden Verbindungen, meist einem Gemisch aus Barium-, Strontium- und Calziumoxid.

Als Gegenstück zu dieser thermischen Elektronenemission tritt auf der Seite der lichtelektrischen Empfänger neben den oben beschriebenen *Fotowiderstand* die *Fotokathode* mit Elektronenaustritt aus der Oberfläche durch einfallende Strahlung (äußerer lichtelektrischer Effekt). Auch hier besteht die emittierende, für Licht- oder Infrarotstrahlen empfindliche Schicht aus Substanzen mit Halbleitercharakter, vor allem auf der Basis von Cäsium (C_s) als Cäsiumantimon-Verbindung oder Cäsiumoxid. Bild 15.17 zeigt die Anwendung dieses Effektes in der *Fotokathodenröhre,* wobei durch die lichtelektrisch ausgelösten Elektronen im äußeren Leiterkreis ein meßbarer Strom erzeugt wird.

15.2 Störstellenleitung

15.2.1 Leitungsmechanismus – n-Leitung, p-Leitung, Donatoren, Akzeptoren

Die in Tabelle 15.1 genannten Elektronenkonzentrationen von etwa $10^7/\text{cm}^3$ bis $10^{16}/\text{cm}^3$ liefern in Gegenüberstellung zu dem entsprechenden Wert von $10^{23}/\text{cm}^3$ beim Kupfer oder Silber einen wichtigen Hinweis auf die Besonderheiten des Leitungsvorganges in Halbleitern, wie auch auf die Anforderungen an die Verfahrenstechnik bei ihrer Herstellung. Die Zahl $10^{23}/\text{cm}^3$ besagt (Abschn. 12.1.2), daß etwa jedes Kupferatom ein Leitungselektron abgibt. Bei Silicium z.B. mit einer Elektronenkonzentration von $10^{10}/\text{cm}^3$ ist das nur bei jedem 10^{13}ten Atom der Fall. Die Angabe dieser Zahl hat aber nur dann einen Sinn, wenn man von der Werkstoffseite her tatsächlich mit entsprechenden Reinheitsgraden arbeiten kann, wie wir sie sonst in der Technik kaum kennen und die im allgemeinen auch bedeutungslos wären. 99,999 %iges Aluminium beispielsweise gilt mit einer Verunreinigungsquote von 1/100 Promille schon als sehr reines Produkt. In der Halbleitertechnologie müßte aber offenbar ein Material mit diesem Reinheitsgrad als grob verunreinigt gelten. Denn es wäre sinnlos, zu sagen, daß beispielsweise in einem Siliciumblock jedes 10^{13}. Atom ein Leitungselektron abgibt, wenn schon jedes 10^5te Atom gar kein Silicium-, sondern ein Fremdatom ist. In diesen Zahlen deuten sich die Schwierigkeiten an, mit denen man in der Halbleiterphysik und -technik jahrzehntelang zu kämpfen hatte, um zu bewiesenen Aussagen und sicherer Handhabung in der Praxis zu kommen. Erst als es gelang, beispielsweise Germanium von solcher Reinheit herzustellen, daß tatsächlich auf 10^{10} Germaniumatome nur ein Fremdatom kommt, konnten die zahlreichen „Dreckeffekte" als solche erkannt, die Einblicke vertieft und zu einer verbreiteten technischen Anwendung genutzt werden.

Bisher war ausschließlich von der Eigenleitung in Halbleitern die Rede, die in möglichst perfekten Kristallen ohne Verunreinigungen und Gitterbaufehler auftritt. Nach Erreichen der hohen Reinheitsgrade war es nun auch möglich, und hierauf beruht die große Bedeutung der Halbleiter, zusätzlich zu den thermisch erzeugten Elektron-Loch-Paaren des Eigenhalbleiters Ladungsträger durch gezielt in den Kristall eingebrachte Verunreinigungen zu erzeugen. Durch diesen Prozeß des „Dotierens" kann die Leitfähigkeit des Halbleiters in weiten Grenzen verändert werden. Er ist damit zum *Störstellenhalbleiter* geworden (engl. *extrinsic semiconductor;* dagegen *intrinsic semiconductor* = Eigenhalbleiter).

Wie die Störstellenleitung zustande kommt, soll am Beispiel des Germaniumkristalls, in dem einige Gitterbausteine durch Arsen bzw. Indiumatome ersetzt sind, und anhand des Bänderschemas erläutert werden (Bilder 15.2, 15.3, 15.4).

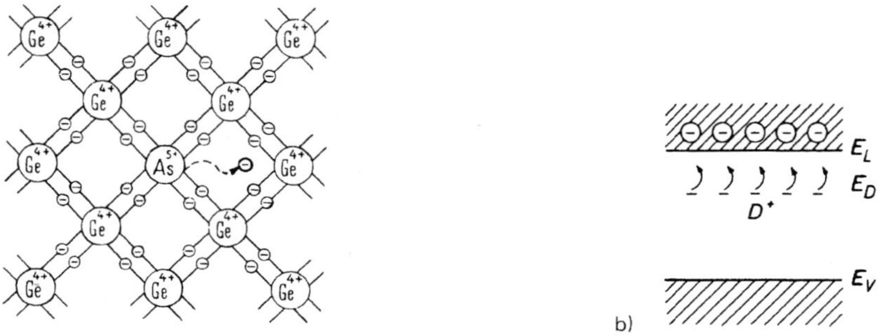

Bild 15.2

Entstehung von n-Leitung in Halbleitern

a) Darstellung des ebenen Germaniumgitters, wobei ein Ge-Atom (vierwertig) durch ein fünfwertiges Arsenatom ersetzt ist: das fünfte Valenzelektron des Arsens wird bei $T > 0$ K zum Leitungselektron.

b) Vorgang im Bänderschema: Bei $T > 0$ K gehen Elektronen vom Donatorniveau E_D ins Leitungsband über. Die Donatoratome D (z.B. Arsen) werden zu positiven Ionen D^+

Das Arsen hat entsprechend seiner Stellung in der V. Gruppe des Periodischen Systems ein Valenzelektron mehr als das Germanium, nämlich 5. Zur Bindung innerhalb des Germaniumgitters werden aber nur vier benötigt, das fünfte ist nur schwach an den As-Rumpf gebunden. Schon bei niedrigen Temperaturen löst es sich (Bild 15.2a) und steht als Leitungselektron im Sinne einer n-Leitung zur Verfügung. Der Rumpf des As-Atoms bleibt mit einer überschüssigen positiven Ladung an seinem Gitterplatz zurück. Im Gegensatz zur Paarerzeugung im reinen Halbleiter (Eigenleitung) ist durch diese As-Dotierung aber kein Defektelektron entstanden, durch den Einbau der As-Atome wurde nur die Zahl der Leitungselektronen erhöht. Man nennt derartige Fremdatome (z.B. P, As, Sb zur Dotierung von Ge und Si) *Elektronenspender* oder *Donatoren.* Da die Leitfähigkeit überwiegend durch Elektronen bewirkt wird, spricht man auch von n-leitendem Germanium (n-Ge).

Bild 15.2b zeigt den Einbau von Donatoren und die Entstehung der n-Leitung im Bänderschema. Da das fünfte Elektron des Arsens, wie oben erwähnt, schon duch geringen Energieaufwand zum Leitungselektron gemacht, also ins Leitungsband gehoben werden kann, muß es zwangsläufig aus einem Energieniveau kommen, das dicht unterhalb des Leitungsbandes in der verbotenen Zone liegt. Es wird also durch die Dotierung mit Atomen der V. Gruppe ein neues Energieniveau E_D nahe am Leitungsband geschaffen, das sog. *Donatorniveau.* Der Abstand des Donatorniveaus von der Unterkante des Leitungsbandes, E_L-E_D, stellt die Ionisierungsenergie des Donatoratoms dar. Diese Energiewerte liegen im Bereich von 0,01...0,05 eV, sind also im Vergleich zum Bandabstand der Halbleiter (z.B. 0,7 eV für Ge, 1,1 eV für Si) sehr gering.

Bild 15.3 zeigt das ebene Germaniumgitter, in dem statt eines vierwertigen Germaniumatoms ein Indiumatom eingebaut ist, das der III. Gruppe des Periodischen Systems angehört und demgemäß nur 3 Valenzelektronen besitzt. Es fehlt ein Elektron zur vollstän-

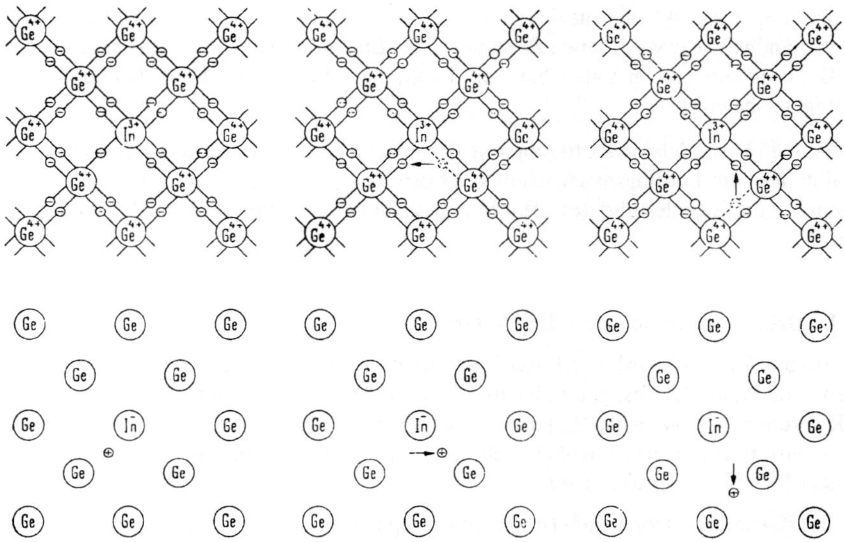

Bild 15.3 Substitution eines Ge-Atoms durch ein In-Atom. Es fehlt ein Valenzelektron. Andere Valenzelektronen können nachrücken (obere Darstellung). Dadurch wandert der Valenzelektronendefekt oder das „Defektelektron" (untere Darstellung) in entgegengesetzter Richtung

digen Bindung, wodurch ein Loch oder Defektelektron entstanden und damit die Voraussetzung zur p-Leitung gegeben ist. Wie bei der Eigenleitung kann nun durch geringe Energiezufuhr (thermische Bewegung) ein Elektron aus einer benachbarten Valenzbindung in dieses Loch springen, wobei das Loch in entgegengesetzte Richtung wandert. Diese der Wanderungsrichtung der Elektronen entgegengesetzte Bewegung der Löcher durch das Germaniumgitter und ihre Darstellung als positive Ladungen (Defektelektronen) geht aus Bild 15.3 sehr anschaulich hervor. Durch die Aufnahme des Elektrons aus einer Nachbarverbindung ist das Indiumatom zu einem negativ geladenen Ion geworden, das fest in das Kristallgitter eingebaut ist. Derartige Fremdatome (z.B. B, Al, Ga, In zur Dotierung von Ge und Si) bezeichnet man als *Elektronenfänger* oder *Akzeptoren,* der Halbleiter ist dadurch zum p-Halbleiter geworden. Im Energiebandschema, das in Bild 15.4 skizziert ist, entspricht dieser Vorgang der Elektronenaufnahme durch das Akzeptoratom

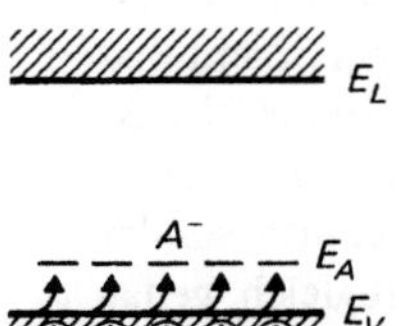

Bild 15.4
Entstehung von p-Leitung in Halbleitern, Vorgang im Bänderschema: Bei $T > 0$ K gehen Elektronen vom Valenzband ins Akzeptorniveau E_A über, wodurch Löcher im Valenzband gebildet werden. Die Akzeptoratome A (z.B. Indium) werden zu negativen Ionen A^-.

einer Anhebung des Elektrons aus dem Valenzband in ein nur wenig über der Oberkante des Valenzbandes in der verbotenen Zone liegendes Energieniveau E_A, das *Akzeptorniveau.* Dadurch entsteht im Valenzband ein Loch, das infolge seiner Beweglichkeit die p-Leitfähigkeit bewirkt.

Durch die oben beschriebene Dotierung mit Fremdatomen läßt sich grundsätzlich bei allen Halbleitern ein Leitungsmechanismus in Form von p- oder n-Leitung erzeugen, demgegenüber die Eigenleitung des Grundmaterials bei Raumtemperatur weitgehend zurücktritt.

15.2.2 Leitfähigkeit von dotierten Halbleitern

Wie im vorigen Abschnitt diskutiert, existieren im dotierten Halbleiter bei Raumtemperatur neben den räumlich fest gebundenen positiven Donator- bzw. negativen Akzeptorionen (Konzentration N_D bzw. N_A) die frei beweglichen Elektronen und Defektelektronen (Konzentration n bzw. p), wobei auch die thermisch erzeugten Eigenleitungs-Ladungsträger (n_i) mit inbegriffen sind.

Enthält der Kristall nur Donatoren (n-Leitung), so gilt unter der Voraussetzung $N_D \gg n_i$: $n = N_D$, d.h. die Konzentration der Leitungselektronen ist etwa gleich der Donatorenkonzentration, da jedes Donatoratom ein Elektron abgibt und die Eigenleitungselektronen demgegenüber zu vernachlässigen sind. Die Elektronen stellen im n-Halbleiter die Majoritätsladungsträger dar, während die nur in geringer Konzentration vorhandenen Löcher ($p = n_i^2/n$) als Minoritätsladungsträger bezeichnet werden.
Die Leitfähigkeit eines n-Halbleiters bei Raumtemperatur kann demnach durch folgende Beziehung angenähert dargestellt werden:

$$\sigma = e \cdot N_D \cdot \mu_n \tag{15.6}$$

Entsprechend gilt für den p-Halbleiter ($N_A \gg n_i$): $p = N_A$, d.h. die Konzentration der Defektelektronen ist etwa gleich der Akzeptorenkonzentration, da durch jedes Akzeptoratom ein Defektelektron erzeugt wird. In diesem Fall stellen die Löcher die Majoritäts- und die Elektronen die Minoritätsladungsträger dar. Für die Leitfähigkeit eines p-Halbleiters bei Raumtemperatur gilt:

$$\sigma = e \cdot N_A \cdot \mu_p \tag{15.7}$$

Den exakten Zusammenhang zwischen den Konzentrationen der Elektronen, der Löcher, der Donatoren und Akzeptoren im Halbleiter erhält man aus der Neutralitätsbedingung. Da nämlich der Kristall insgesamt elektrisch neutral sein muß, muß die Summe der positiven Ladungen gleich der der negativen Ladungen sein: $p + N_D = n + N_A$. Zieht man noch die sehr wichtige, für Eigenhalbleiter wie auch für Störstellenhalbleiter gültige Beziehung $n \cdot p = n_i^2$ hinzu, so können die Majoritäts- und Minoritätsladungsträgerkonzentrationen und damit die Leitfähigkeit für sämtliche vorkommenden Fälle, insbesondere auch für die Dotierung des Halbleiters mit Donatoren und Akzeptoren zugleich, genau ermittelt werden.

15.2.3 Temperaturabhängigkeit der Leitfähigkeit von dotierten Halbleitern

Auch bei dotierten Halbleitern ist es zum besseren Verständnis der Eigenschaften und zum richtigen Einsatz des Werkstoffes vorteilhaft, die Abhängigkeit der Leitfähigkeit von der Umgebungstemperatur zu kennen. Da es weniger die Beweglichkeit als vielmehr die Konzentration der Ladungsträger ist, die die Temperaturabhängigkeit der Leitfähigkeit bestimmt, soll sich die Diskussion auf die Ladungsträgerkonzentration beschränken. In Bild 15.5 ist die Elektronenkonzentration von n-leitendem Silicium über der absoluten Temperatur aufgetragen. Bei T = 0 K ist das fünfte Valenzelektron noch an das Donatoratom gebunden, deshalb verhält sich auch der dotierte Halbleiter wie ein Isolator. Mit steigender Temperatur gehen Elektronen vom Donatorniveau E_D ins Leitungsband über (vgl. Bild 15.2), n steigt exponentiell an:

$$n = N_D \cdot e^{-(E_L - E_D)/kT} \quad (15.8)$$

(für p-Leitung: $p = N_A \cdot e^{-(E_A - E_V)/kT}$).

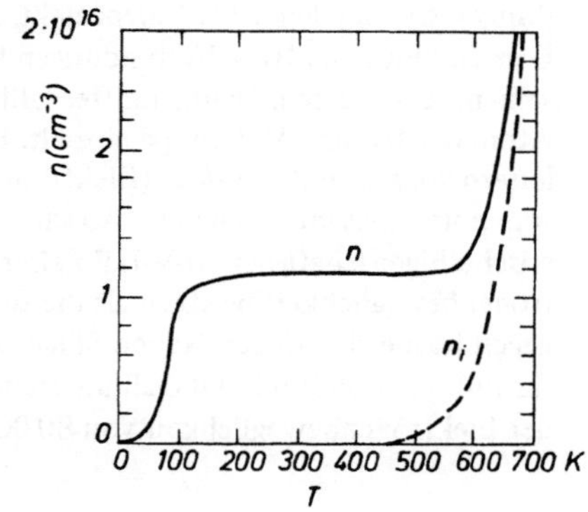

Bild 15.5
Temperaturabhängigkeit der Ladungsträgerkonzentration in n-leitendem (durchgezogene Kurve) sowie in eigenleitendem Silicium (gestrichelte Kurve)

Dies ist zunächst der Bereich der Störstellenreserve, in dem die thermische Energie noch nicht ausreichend ist, um alle Donatoren zu ionisieren. Bei Temperaturen, für die die Bedingung $kT \gg E_L - E_D$ (bzw. $kT \gg E_A - E_V$ bei p-Leitung) erfüllt ist (in den meisten Fällen ist dies für Raumtemperatur der Fall), ergibt sich $n = N_D$ (bzw. $p = N_A$), d.h. alle Donatoratome (bzw. Akzeptoratome) sind ionisiert. Es liegt eine *Erschöpfung* der Störstellen vor, die den horizontalen Kurvenverlauf über ein relativ breites Temperaturgebiet bedingt. Erreicht die Temperatur schließlich höhere Werte, so daß der Prozeß der Eigenleitung vorherrschend wird, so steigt die Ladungsträgerkonzentration nach der in Gl. (15.4) wiedergegebenen Exponentialfunktion an. Zum Vergleich ist in Bild 15.5 der Verlauf der Eigenleitungskonzentration n_i (gestrichelt) eingezeichnet. Bei diesen Temperaturen verhält sich also der dotierte Halbleiter wie ein Eigenhalbleiter, weil die Eigenleitungskonzentration die Störstellenkonzentration übertrifft.

Im allgemeinen werden die Halbleiter in der Erschöpfungsphase ($n = N_D$) betrieben, bei der die Ladungsträgerkonzentration und damit die Leitfähigkeit weitgehend konstant und durch die Höhe der Dotierung gegeben ist. Sollen die Störstellenhalbleiter jedoch bei erhöhten Temperaturen eingesetzt werden, so ist insbesondere bei niedriger Dotierung und geringerem Bandabstand der Halbleiter der störende Einfluß der Eigenleitung zu berücksichtigen. Nach Bild 15.5 setzt für n-Silicium mit einer Donatorkonzentration $N_D = 1{,}2 \cdot 10^{16}\ cm^{-3}$ der Anstieg bei etwa 530 K ein. Für Germanium mit $n = 10^{16}\ cm^{-3}$ ist dies schon bei etwa 380 K der Fall!

15.3 Verbindungshalbleiter

Die bisher im wesentlichen behandelten und technisch am meisten verwendeten Halbleiter Silicium und Germanium (IV. Gruppe) sowie Selen (VI. Gruppe) werden als *Elementhalbleiter* bezeichnet, da sie, abgesehen von einer möglichen Dotierung, nur aus *einer* Atomsorte aufgebaut sind. Daneben konnten die bereits wiederholt genannten *Verbindungshalbleiter,* insbesondere die durch *H. Welker* und Mitarbeiter bekanntgewordenen III-V-Verbindungen an Bedeutung gewinnen, die je aus einem Element der III. und der V. Gruppe des Periodischen Systems zusammengesetzt sind. Der jeweilige Partner aus der III. Gruppe hat 3, der aus der V. Gruppe 5 Valenzelektronen zur gegenseitigen Bindung beizusteuern, insgesamt also 8 Elektronen. Damit ergeben sich ähnliche Voraussetzungen zum Aufbau der Kristallstruktur und für die darin existierenden Bindungen wie bei den 4 + 4 Valenzelektronen um die Atome im Gitter des Siliciums oder Germaniums. Die III-V-Verbindungen kristallisieren im Zinkblendegitter, welches in seinem Aufbau dem Diamantgitter (Bild 10.1a) entspricht, jedoch abwechselnd je ein Atom der III. und V. Gruppe enthält. Der Bindungstyp ist wie bei den Elementhalbleitern vorwiegend *kovalent* (Elektronenpaarbindung), es kommt jedoch ein geringer Ionenbindungsanteil hinzu (s. Abschn. 10.3 und 10.4). Hierauf beruht die charakteristische Eigenschaft der III-V-Halbleiter, daß sie im allgemeinen höhere Werte der Elektronenbeweglichkeit besitzen als die Elementhalbleiter. Die Löcherbeweglichkeit dagegen ist meist geringer. Neben Silicium und Germanium sind in Tabelle 15.1 einige Daten für Indiumantimonid und Galliumarsenid aufgeführt. Man beachte den sehr hohen Wert der Elektronenbeweglichkeit von 80 000 cm^2/Vs bei InSb!

Tabelle 15.2 Verbindungshalbleiter

Links: Einige Elemente der II. bis VI. Gruppe des Periodischen Systems.
Mitte: Anordnung der III-V-Halbleiter nach dem Rautenschema
Rechts: Tendenz einiger Eigenschaften der III-V-Halbleiter im Rautenschema. In Pfeilrichtung nimmt der Wert der betreffenden Eigenschaft zu.

II	*III*	*IV*	*V*	*VI*
Be	*B*	*C*	*N*	*O*
Mg	*Al*	*Si*	*P*	*S*
Zn	*Ga*	*Ge*	*As*	*Se*
Cd	*In*	*Sn*	*Sb*	*Te*

III-V-Halbleiter

AlP
AlAs GaP
AlSb GaAs InP
GaSb InAs
InSb

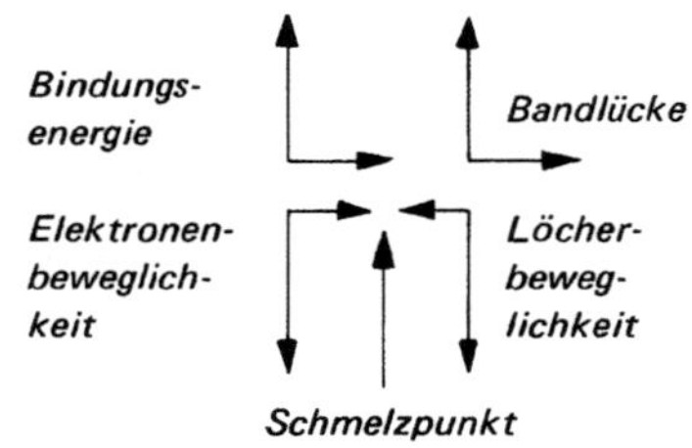

In Tabelle 15.2 ist ein Ausschnitt aus dem Periodischen System von der II. bis zur VI. Gruppe wiedergegeben. Bildet man sämtliche Kombinationen der Elemente der III. Gruppe (Al, Ga, In) mit denen der V. Gruppe (P, As, Sb) und ordnet diese nach dem in der Mitte gezeigten Rautenschema an, so lassen sich die daneben durch Pfeile angedeuteten Gesetzmäßigkeiten feststellen. Die Bindungsenergie nimmt beispielsweise von unten nach oben und von links nach rechts zu. Zunahme der Bindungsenergie bedeutet zwangsläufig auch eine Zunahme der Breite der verbotenen Zone (Bandlücke). Die Löcherbeweglichkeit zeigt ein gegenläufiges Verhalten.

Ebenso wie die Elementhalbleiter lassen sich auch die Verbindungshalbleiter dotieren. Um zusätzlich Leitungselektronen in den III-V-Halbleitern zu erzeugen, kann man sie beispielsweise mit Selen oder Tellur (VI. Gruppe) dotieren. Diese Atome besitzen ein Elektron mehr als die Elemente der V. Gruppe und wirken daher als Donatoren (n-Leitung). Entsprechend stellen Elemente der II. Gruppe wie Zink oder Cadmium auf dem Gitterplatz eines Elementes der III. Gruppe Akzeptoren dar und führen zur p-Leitung.

Von Bedeutung sind außerdem noch weitere Verbindungshalbleiter, die sich durch Kombination der Elemente der folgenden Gruppen ergeben (s. Tabelle 15.2): II-VI, IV-IV, II-IV, IV-VI und V-VI.

Aufgrund des breiten Spektrums an Eigenschaften – Variation der Bandlücken, Elektronen und Löcherbeweglichkeiten (s. Tabelle 15.2) – finden die Verbindungshalbleiter auf zahlreichen Gebieten Anwendung. So werden sie beispielsweise als Leuchtdioden und Lasermaterialien (GaAs, GaP), als Infrarot- und Magnetfelddetektoren (InSb, InAs) sowie in Form der Fotowiderstände als Detektoren für sichtbares Licht (CdS, CdSe) eingesetzt, um nur einige zu nennen.

15.4 Das Fermi-Niveau und seine Lage im Bänderschema der Halbleiter

Wie schon in Abschn. 10.7 bei der Einführung des Bändermodells hervorgehoben wurde, besitzt jeder Festkörper eine bestimmte Anzahl von Energiezuständen je Energie- und Volumeneinheit, die mit Elektronen besetzt werden können. Diese sog. *Zustandsdichte* N(E) kann nach den Gesetzen der Quantenmechanik berechnet werden. Um aber die in den Energiebändern tatsächlich vorhandene Ladungsträgerkonzentration und damit z.B. die Leitfähigkeit bestimmen zu können, genügt es nicht, nur die Dichte der Energiezustände zu kennen, es muß auch bekannt sein, ob und in welchem Maße diese Zustände mit Elektronen besetzt sind. Eine Aussage hierüber liefert die *Fermi-Diracsche-Verteilungsfunktion* f(E), hier kurz *Fermi-Funktion* genannt, die die Wahrscheinlichkeit für die Besetzung eines bestimmten Zustandes angibt. Die Elektronenkonzentration errechnet sich durch Multiplikation der beiden Funktionen f(E) und N(E) und eine entsprechende Integration über den in Frage kommenden Energiebereich. Für die Elektronenkonzentration im Leitungsband gilt:

$$n = \int_{E_L}^{\infty} f(E) \cdot N(E)\, dE \tag{15.9}$$

wobei E_L den Energiewert an der unteren Kante des Leitungsbandes darstellt. Der Ausdruck N(E) dE gibt die Zahl der im Energiebereich zwischen E und E + dE verfügbaren Zustände an.

Im Rahmen dieses Buches sollen aber nicht die Elektronenkonzentrationen berechnet werden, sondern nur qualitativ anhand der Fermi-Funktion und ihrer Lage im Bänderschema die Verhältnisse im Eigenhalbleiter sowie im n- und p-Halbleiter diskutiert und dabei der zur Charakterisierung dieser Materialien wichtige Begriff des *Fermi-Niveaus* eingeführt werden.

Für die Besetzungswahrscheinlichkeit eines Zustandes der Energie E bei der absoluten Temperatur T ergibt sich nach der Fermi-Dirac-Statistik folgende Beziehung:

$$f(E) = \frac{1}{1 + e^{(E - E_F)/kT}} \qquad (15.10)$$

E_F wird als *Fermi-Energie* oder *Fermi-Niveau* bezeichnet.

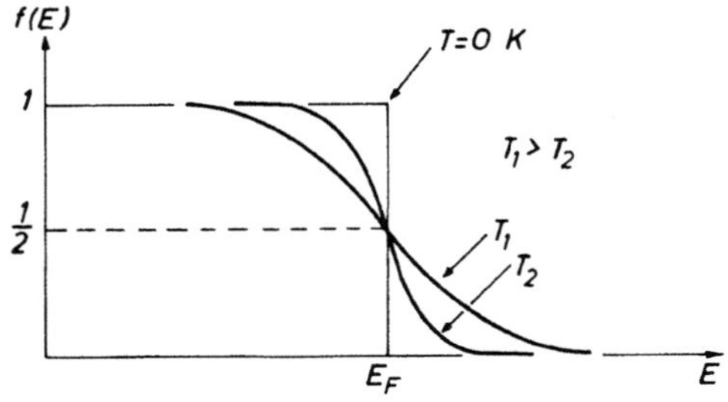

Bild 15.6

Der Verlauf der Fermi-Funktion f(E) für drei verschiedene Temperaturen. Mit steigender Temperatur erfolgt eine zunehmende Verschmierung der Kurve symmetrisch zur Lage des Ferminiveaus E_F. Für $E = E_F$ ist $f(E) = \frac{1}{2}$

In Bild 15.6 ist diese Funktion über der Energie aufgetragen. (f(E) = 1 bedeutet, daß alle verfügbaren Zustände besetzt sind.) Für T = 0 K erhält man die im Bild gezeigte Rechteckfunktion, d.h. alle besetzbaren Energiezustände unterhalb E_F sind besetzt, diejenigen oberhalb E_F sind unbesetzt. Bei Temperaturen größer als 0 K besteht eine gewisse Wahrscheinlichkeit für Energiezustände oberhalb E_F, mit Elektronen besetzt zu werden, entsprechend der Verschmierung der Fermi-Funktion für die Temperatur T_1 und T_2 in Bild 15.6. Damit besteht eine entsprechende Wahrscheinlichkeit [1 – f(E)], daß Zustände unterhalb E_F unbesetzt sind (Besetzungswahrscheinlichkeit für Löcher!)

Für $E = E_F$ und $T > 0$ ergibt sich aus Gl. (15.10): f(E) = 1/2. Dies führt zur Definition des Fermi-Niveaus: Die Fermi-Energie E_F stellt die Energie dar, bei der die Besetzungswahrscheinlichkeit eines Zustandes 1/2 ist, oder anders ausgedrückt, bei der alle möglichen Energiezustände gerade zur Hälfte mit Elektronen besetzt sind.

Wendet man diese Fermi-Verteilung auf Halbleiter an, so ist zu beachten, daß f(E) die Besetzungswahrscheinlichkeit für einen erlaubten Zustand der Energie E darstellt. Ist also kein erlaubter Zustand vorhanden (N(E) = 0) wie es im verbotenen Band des Halbleiters der Fall ist, so kann sich dort auch kein Elektron befinden, auch wenn eine hohe Besetzungswahrscheinlichkeit besteht. Dies geht auch aus Gl. (15.9) hervor: für N(E) = 0 ergibt sich n = 0. Im Valenz- und Leitungsband dagegen liegen relativ hohe Zustandsdichten vor, während die Besetzungswahrscheinlichkeiten in vielen Fällen, insbesondere beim Eigenhalbleiter, sehr klein sind (vgl. Bild 15.7a). Schon geringe Änderungen von f(E) können infolge dieser relativ hohen Werte von N(E) bedeutende Änderungen der Ladungsträgerkonzentration n zur Folge haben (vgl. Gl. (15.9)). Dies ist bei den folgenden Betrachtungen zu beachten. Man macht sich am besten den Zusammenhang zwischen f(E) und dem Bänderschema klar, indem man die Fermi-Funktion (Bild 15.6) um 90° dreht, so daß die Energieskalen zusammenfallen. Im Bild 15.7 wurde dies für den Eigenhalbleiter sowie für n- und p-dotierte Halbleiter durchgeführt.

Da beim Eigenhalbleiter (Bild 15.7a) die Elektronenkonzentration im Leitungsband gleich der Defektelektronenkonzentration im Valenzband ist, folgt wegen der Symmetrie von f(E) zu E_F, daß das Fermi-Niveau in der Mitte der verbotenen Zone liegen muß. Dann ist nämlich die im Leitungsband vorliegende geringe Besetzungswahrscheinlichkeit f(E) für Elektronen gleich der im Valenzband vorliegenden Besetzungswahrscheinlichkeit [1 – f(E)]

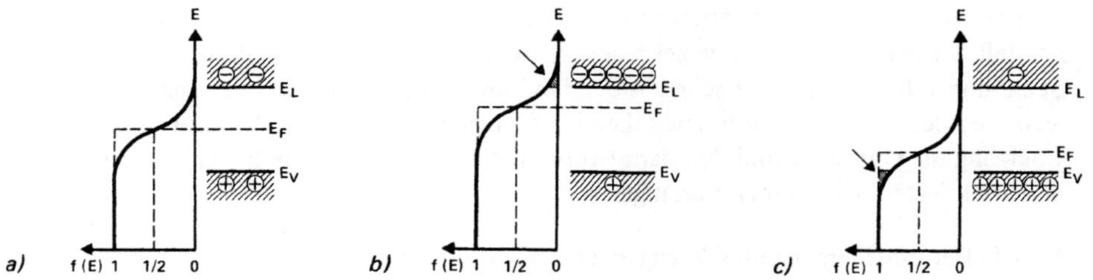

Bild 15.7 Die Fermi-Funktion f(E) und die Lage des Ferminiveaus E_F im Bänderschema
a) beim Eigenhalbleiter liegt E_F in der Mitte der Bandlücke
b) beim n-Halbleiter liegt E_F in der oberen Hälfte und
c) beim p-Halbleiter in der unteren Hälfte der Bandlücke
Die Pfeile deuten auf eine erhöhte Besetzungswahrscheinlichkeit für Elektronen im Leitungsband bei n-Leitung (b) sowie für Löcher im Valenzband bei p-Leitung (c) hin.

für Löcher. Auch die Zunahme der Ladungsträgerkonzentration mit steigender Temperatur geht aus dieser Darstellung infolge der symmetrischen Verschmierung der Fermi-Funktion (s. Bild 15.6) hervor.

Beim n-Halbleiter ist die Konzentration der Elektronen im Leitungsband höher als die der Löcher im Valenzband. Das bedeutet, daß die Fermi-Funktion zu höheren Energiewerten hin verschoben sein muß, so daß die Werte von f(E) für die Energieniveaus im Leitungsband (Pfeil in Bild 15.7b) und damit nach Gl. (15.9) die Elektronenkonzentration n größer sind als diejenigen von [1 − f(E)] im Valenzband. Das entsprechende Fermi-Niveau E_F liegt also näher am Leitungsband. Der Abstand des Fermi-Niveaus E_F von der Leitungsbandunterkante E_L stellt ein Maß für die Elektronenkonzentration im Leitungsband dar. Je geringer dieser Abstand ist, umso höher ist die Dotierung des n-Halbleiters.

Beim p-Halbleiter schließlich ist die Fermi-Funktion f(E) und damit das Fermi-Niveau E_F weiter zum Valenzband hin verschoben, so daß die Werte von [1 − f(E)] im Valenzband (Pfeil in Bild 15.7c) größer sind als diejenigen von f(E) im Leitungsband. Je näher E_F an der Valenzbandoberkante E_V liegt, um so höher ist die p-Dotierung des Halbleiters. Im allgemeinen beschränkt man sich darauf, die jeweilige Lage des Fermi-Niveaus E_F ins Bänderschema einzutragen, wie es im Bild 15.7 durch die gestrichelte Linie (in der verbotenen Zone) dargestellt ist. Dadurch sind Leitungstyp und Höhe der Dotierung des Halbleiters festgelegt.

Besondere Bedeutung kommt dem Begriff des Fermi-Niveaus beim pn-Übergang zu, der im folgenden behandelt werden soll.

15.5 Der pn-Übergang

Die Technik einer gezielten Einbringung von Elektronen oder Defektelektronen durch Donatoren oder Akzeptoren gipfelt in der künstlichen Herstellung von unmittelbar aneinandergrenzenden Schichten mit wechselndem Leitungsmechanismus, dem sog. pn-Übergang. Über Einzelheiten der hierbei angewendeten Verfahren wird in Abschn. 15.8.3 berichtet. Die Eigenschaften solcher pn-Übergänge seien hier schon vorweggenommen, nachdem die Grundlagen zu ihrem Verständnis in den vorhergehenden Abschnitten behandelt wurden. In erster Linie zeigt der pn-Übergang einen von der Polung der angelegten Spannung abhängigen elektrischen Widerstand und wirkt somit als Gleichrichter. Eine weit über den Gleichrichter hinausgehende überragende technische Bedeutung hat der pn-Übergang im Transistor und den damit verbundenen Anwendungen bis hin zu den modernen integrierten Schaltkreisen erlangt.

15.5.1 Der pn-Übergang im Gleichgewicht, das Kontaktpotential

Nach Bild 15.8a geht man von zwei getrennten, nach außen hin neutralen Bereichen des Kristalls aus, von denen der eine n-leitend ist, also eine relativ hohe Konzentration von Leitungselektronen *(Majoritätsladungsträger)* und wenige Löcher *(Minoritätsladungsträger)* neben positiv geladenen ortsfesten Donator-Ionen besitzt, während der ander Teil p-leitend ist und damit einen hohen Überschuß an Löchern (Majorität) gegenüber den Leitungselektronen (Minorität) neben den negativ geladenen ortsfesten Akzeptor-Ionen aufweist.

Bringt man beide Teile in Kontakt, so setzt aufgrund des hohen räumlichen Konzentrationsunterschiedes für Ladungsträger an der Grenzfläche eine *Diffusion* über die Grenze hinweg ein. Es diffundieren Elektronen vom n-Halbleiter in den p-Halbleiter und lassen auf der n-Seite positiv geladene Donator-Ionen zurück. Löcher dagegen diffundieren in die entgegengesetzte Richtung und lassen auf der p-Seite negative Akzeptor-Ionen zurück. Der *Diffusionsstrom* kann jedoch nicht beliebig zunehmen. Durch die Bildung der aus ortfesten Ladungen bestehenden Raumladungszone in der Nähe der Grenzfläche entsteht nämlich ein elektrisches Feld, das, von der positiven zur negativen Ladung gerichtet, eine weitere Zunahme des Diffusionsstromes verhindert. Vielmehr setzt unter dem Einfluß der Feldstärke ein Strom in entgegengesetzter Richtung, der sog. *Feldstrom,* ein (Ladungsträger-Driftbewegung). Befindet sich der pn-Übergang im Gleichgewicht, so müssen sich Diffusions- und Feldstrom für beide Ladungsträgerarten kompensieren. Es gilt:

$$I_n\,(\text{Feld}) + I_n\,(\text{Diff.}) = 0$$

$$I_p\,(\text{Feld}) + I_p\,(\text{Diff.}) = 0.$$

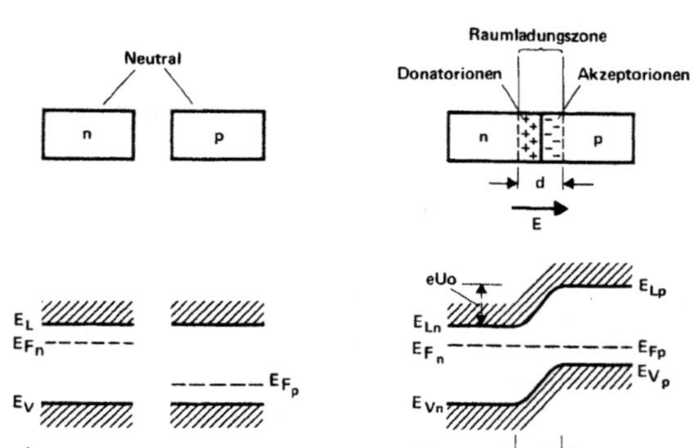

Bild 15.8
Der pn-Übergang
a) n- und p-Halbleiter getrennt, darunter das jeweilige Bänderschema mit den entsprechenden Lagen des Ferminiveaus E_{Fn} und E_{Fp}.
b) Der pn-Übergang mit der Raumladungszone der Breite d und der Feldstärke $\vec{E}$. Darunter das zugehörige Bänderschema, das die Entstehung des Kontaktpotentials U_0 veranschaulicht.

Wie diese vier Stromkomponenten bzw. der entsprechende Teilchenfluß gerichtet sind, ist in Bild 15.9a unten durch Pfeile dargestellt. Es sei daran erinnert, daß nach Definition die Stromrichtung der Elektronenwanderung (Teilchenfluß) entgegengerichtet ist, während bei Löchern Teilchenfluß und Strom stets die gleiche Richtung besitzen. Während der Diffusionsstrom von den Majoritätsladungsträgern getragen wird, kommt der Feldstrom durch die durch thermische Energie auf beiden Seiten des pn-Überganges erzeugten Minoritätsladungsträger zustande (s. Abschn. 15.1.2).

Nach dieser Darstellung soll der pn-Übergang im Bänderschema erläutert werden. Dazu ist in Bild 15.8a unter dem jeweiligen Halbleiter das zugehörige Bänderschema mit dem Fermi-Niveau E_F aufgezeichnet. Im n-Teil liegt das Fermi-Niveau höher als im p-Teil, d.h. der Besetzungsgrad gleich hoher Energiezustände im Leitungsband ist im n-Teil wesentlich größer als im p-Teil (s. Abschn. 15.4). Bringt man nun die bisher getrennten Kristalle miteinander in Berührung, so werden so lange Elektronen vom n- in den p-Halbleiter und Löcher vom p- in den n-Halbleiter fließen, bis an der Kontaktstelle die Besetzungswahrscheinlichkeit der Energiezustände mit Elektronen gleich groß geworden ist, d.h. bis sich ein in beiden Teilen gleich hohes durchgehendes Fermi-Niveau eingestellt hat. Die in den p-Teil einfließenden Elektronen und die in den n-Teil einfließenden Löcher rekombinieren, so daß nur noch die festen *Raumladungen* übrig bleiben. Damit verhält sich der Werkstoff in der Nähe der Kontaktstelle wie ein Eigenhalbleiter (hoher elektrischer Widerstand der *Raumladungszone!*), mit dem Fermi-Niveau in Bandmitte (Bild 15.8b). Je größer die Entfernung von der Kontaktstelle ist, desto mehr sind die ursprünglichen Dotierungen erhalten

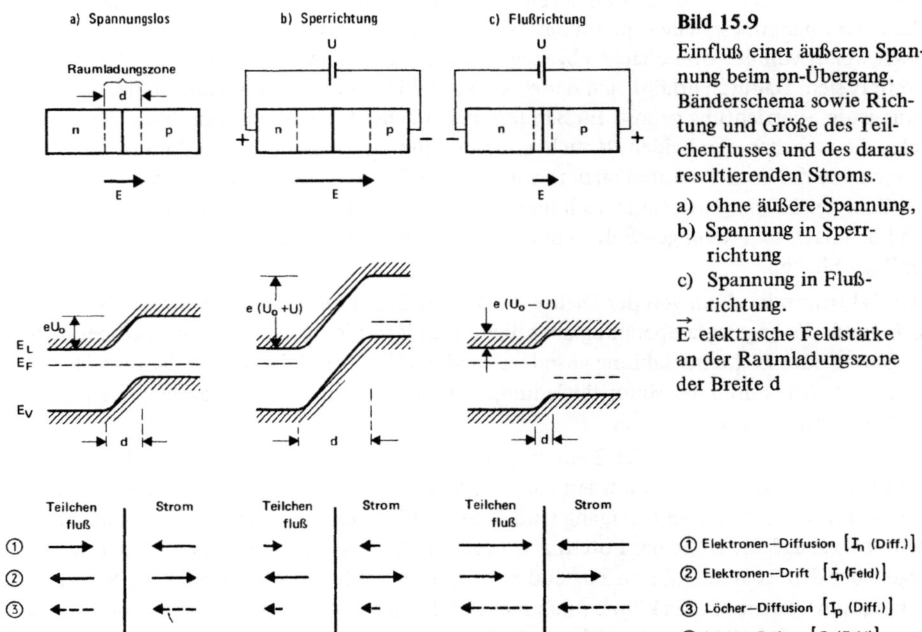

Bild 15.9
Einfluß einer äußeren Spannung beim pn-Übergang. Bänderschema sowie Richtung und Größe des Teilchenflusses und des daraus resultierenden Stroms.
a) ohne äußere Spannung,
b) Spannung in Sperrrichtung
c) Spannung in Flußrichtung.
$\vec{E}$ elektrische Feldstärke an der Raumladungszone der Breite d

geblieben, d.h. im Volumen des n- und p-Halbleiters liegen die Fermi-Niveaus nach wie vor so wie im getrennten Zustand. Die Bedingung des durchgehenden Fermi-Niveaus führt also dazu, daß man die Bandkanten E_L und E_V des n- und p-Teils relativ zueinander verschieben muß. Aus Bild 15.8b wird dadurch die Entstehung des Kontaktpotentials U_0 ersichtlich. Im ungestörten p-Teil liegt der untere Rand des Leitungsbandes um den Energiebetrag $E_0 = E_{Fn} - E_{Fp}$ (E_{Fn}, E_{Fp} Fermi-Niveaus im n- bzw. p-Teil) höher als im ungestörten n-Teil. Es hat sich also am Übergang der Breite d (Raumladungszone) eine Potentialdifferenz, das sog. *Kontaktpotential* $U_0 = E_0/e$ aufgebaut. Für die Majoritätsladungsträger im n- und p-Teil stellt dies eine Barriere dar. Nur wenigen Elektronen gelingt es aufgrund ihrer thermischen Energie, von links nach rechts diese Potentialschwelle zu überwinden, wie es wenigen Löchern gelingt, von rechts nach links zu gelangen, (Diffusionsstrom, siehe oben). (Man merke sich: Im Bänderschema „rollen" Elektronen den Potentialberg hinunter und Löcher, Luftblasen im Wasser vergleichbar, „hinauf"!)

Für die Minoritätsladungsträger (Elektronen im p-Teil, Löcher im n-Teil) ist demnach keine hindernde Schwelle vorhanden, sie stellen den oben erwähnten Feldstrom dar, der vom Diffusionsstrom für beide Ladungsträgerarten kompensiert wird.

Schon bei dieser Behandlung des pn-Überganges im spannungslosen Zustand wird deutlich, wie exakt und übersichtlich sich die Verhältnisse durch die Einführung des Bänderschemas und des Fermi-Niveaus darstellen lassen.

15.5.2 Der pn-Übergang in Sperr- und Flußrichtung

Legt man nach Bild 15.9b an den n-Teil den positiven und an den p-Teil den negativen Pol einer Spannungsquelle (Spannung U), so werden die beweglichen Ladungsträger noch weiter von der Grenzfläche abgezogen, die schlechtleitende Raumladungszone verbreitert sich. Dadurch erhöht sich der elektrische Widerstand der pn-Anordnung, der Übergang ist in Sperrichtung gepolt. Im Bänderschema bedeutet dies eine Erhöhung der Potentialschwelle zwischen den beiden Bereichen um den Betrag eU. Nun hat die Zahl der Elektronen, die die hohe Potentialbarriere von links nach rechts überschreiten können, bzw. die Zahl der Löcher von rechts nach links, stark abgenommen. Die Diffusionsströme sind demnach sehr klein geworden (Bild 15.9b, unten), während die Feldströme unbeeinflußt bleiben.

Der Feldstrom ist allein von der Dichte der Minoritätsladungsträger abhängig, diese hat sich durch die angelegte Spannung aber nicht geändert. Sie kann z.B. durch Temperaturerhöhung oder Lichteinstrahlung geändert werden (Photodiode!). In Sperrichtung überwiegen also die durch die Minoritätsladungsträger bedingten Feldstromanteile, die jedoch im Normallfall sehr gering sind.

Legt man den positiven Pol der Spannungsquelle an den p-Teil, den negativen Pol an den n-Teil (Bild 15.9c, oben), so werden von beiden Seiten Ladungsträger in die Raumladungszone geschwemmt, der pn-Übergang wird leitend (Flußrichtung). Im Bänderschema bedeutet dies, daß die Höhe der Potentialschwelle in der Übergangszone um den Betrag eU gegenüber dem spannungslosen Zustand abnimmt und sich damit die Breite der Raumladungszone verringert. Es können nun mehr Elektronen von links nach rechts und Löcher von rechts nach links gelangen, d.h. die Diffusionsstromanteile nehmen stark zu. Man beachte, wie in Bild 15.9c im unteren Teil gezeigt ist, daß diese beiden Stromanteile, die von Elektronen und Löchern getragen werden, die gleiche Richtung besitzen und sich somit addieren. Die geringen entgegengesetzt gerichteten Feldstromanteile können dagegen vernachlässigt werden.

15.6 Einige Anwendungen des pn-Überganges

15.6.1 Gleichrichterdioden

Die einfachste Anwendung des pn-Überganges stellt die Gleichrichterdiode dar. Ihre Strom-Spannungskennlinie läßt sich durch folgende Beziehung darstellen:

$$I = I_s \cdot e^{eU/kT} - 1 \qquad (15.11)$$

wobei U die angelegte Spannung, I_s der Sättigungssperrstrom und T die absolute Temperatur bedeuten (positives U = Durchlaßrichtung, negatives U = Sperrichtung). Aus Gl. (15.11) geht hervor, daß die oben diskutierte starke Zunahme des Stromes bei Polung in Flußrichtung (+Pol am p-Teil, −Pol am n-Teil) nach einer Exponentialfunktion erfolgt. Im Bild 15.10 unten ist dieser Stromverlauf, als Nennstrom I_N über der Durchlaßspannung U_D, für einige Beispiele wiedergegeben. Bei Polung in Sperrichtung wird nach Gl. (15.11) sehr bald der konstante Wert $I = -I_s$ erreicht, es fließt also nur der meist geringe Sättigungssperrstrom I_s in entgegengesetzter Richtung (vgl. Bild 15.9b). Legt man an die Diode eine Wechselspannung an, so wird die in die Sperrichtung fallende Halbwelle weitgehend unterdrückt, während die andere Halbwelle durchgelassen wird. Es entsteht ein pulsierender Gleichstrom. Groß- und kleinflächige Dioden dieser Art sind vor allem auf der Basis von dotiertem Silicium, Germanium oder Selen in allen Stromstärkebereichen der Technik eingesetzt.

Bild 15.10 zeigt Abschnitte einiger Stromspannungskennlinien von Dioden aus Kupferoxydul, Selen, Germanium und Silicium, zugleich mit den wichtigsten Daten für ihre optimale Verwendung. Möglichst hoher, spannungsfester Widerstand in Sperrichtung

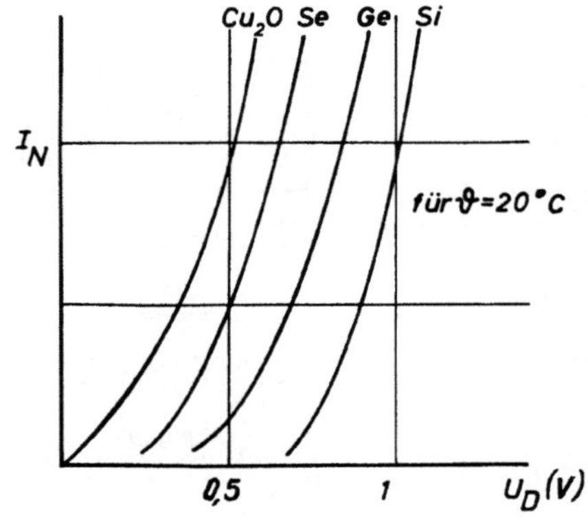

	Cu_2O	Se	Ge	Si
Sperrspannung (V) Größenordnung	10^1	10^1	10^2	10^3
Stromdichte (A/cm^2) Größenordnung	10^{-1}	10^{-1}	10^2	10^2
Kapazität (pF/cm^2)	~ 3000	3000	–	400
t_{max} (°C)	75	85 kurz 150	75	150
t_{min} (°C)		-40	-50	-65

Bild 15.10 Kennzeichnende Daten von Halbleiter-Gleichrichtern
J_N Nennstrom, U_D Spannung in Flußrichtung (Durchlaßrichtung)

und möglichst kleiner in Durchlaßrichtung sind natürlich die primären Forderungen. An erster Stelle stehen daher die Maximalwerte der Sperrspannung und der Durchlaß-Stromdichte, die ohne Einbuße an Funktionsfähigkeit ertragen werden. Die Darstellung legt weniger Wert darauf, den letzten Stand der Technik wiederzugeben, der gerade auf diesem Gebiet raschen Wandlungen unterworfen ist, als vielmehr auf die Gesichtspunkte hinzuweisen, die für die Auswahl dieser oder jener Type maßgebend sind. Natürlich wird man bei höheren Ansprüchen an Sperrspannung und Strombelastbarkeit nach dem Silicium greifen. Das schließt nicht aus, daß für spezielle Anwendungsfälle einer der anderen Werkstoffe günstiger liegt. So wird man unter Umständen für Meßzwecke eine Kennlinie, wie sie hier für das Kupferoxydul angegeben ist, bevorzugen, da sie fast vom Nullpunkt aus relativ steil ansteigt, also schon bei sehr kleinen Spannungen gut meßbare Ströme durchgelassen werden. Demgegenüber liegt diese „Schwellspannung" oder „Schleusenpsannung" bei den drei anderen Kurven wesentlich höher. Daneben spielt in der Praxis natürlich auch der Preis eine entscheidende Rolle und liefert einen der Gründe, warum sich Werkstoffe von unterschiedlichem technischen Wert zumindest zeitweise nebeneinander halten.

Bild 15.11 zeigt schematisch ein Beispiel vom Aufbau moderner Gleichrichterzellen aus Silicium und Selen. Die Übergangsschicht zwischen p und n hat nur eine Ausdehnung von 0,1 ... 1 μm. Die in dem Bild erkennbare Abstufung von besser leitendem zu schwächer dotiertem Material vor dem pn-Übergang hat eine optimale Einstellung von Gleichrichtereigenschaften und Belastbarkeit zum Ziel: Durch die schwache Dotierung wird der pn-Übergang verbreitert, bei gegebener Spannung also die darin wirksame Feldstärke, die zum Durchbruch führen könnte, herabgesetzt, die Sperrspannung dementsprechend erhöht. In Flußrichtung dagegen wirken die dahinterliegenden hochdotierten Schichten als Reservoir von Ladungsträgern, die bei Durchlaßpolung in die schwachdotierte Zone und den pn-Übergang einströmen, damit also den Flußwiderstand verkleinern. Natürlich dürfen an den Grenzflächen zwischen Metallelektroden und Halbleitern keine zusätzlichen Sperrschichten auftreten. Hier entstehen Kontaktierungsprobleme, die sich durch Oberflächenbehandlung der Elektroden sowie entsprechend bemessene Dotierung der Grenzbereiche lösen lassen.

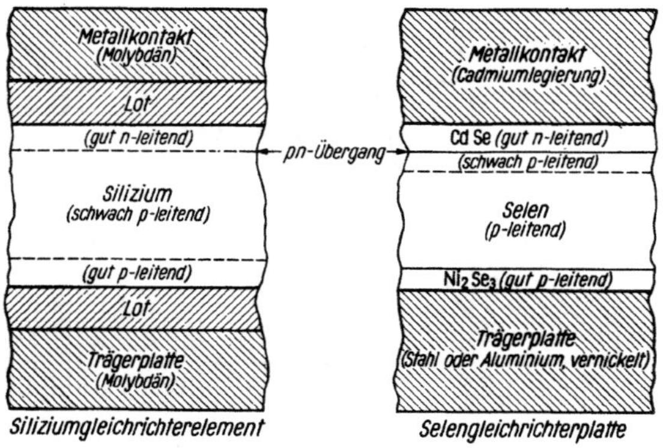

Bild 15.11
Querschnitt durch Siliciumgleichrichter-Element und Selengleichrichterplatte

Wirkliche Dicke der Halbleiterschichten insgesamt: Siliziumgleichrichter 0,25 mm; *Selengleichrichter* 0,08 mm

15.6.2 Zenerdioden und spannungsabhängige Kondensatoren

Wird ein p-n-Übergang in Sperrichtung über eine gewisse Spannungsgrenze hinaus beansprucht, so werden unter dem Einfluß der Feldstärke innerhalb der Sperrschicht Valenzelektronen aus ihren Bindungen gelöst. Die Trägerzahldichte steigt dementsprechend an, der Widerstand nimmt ab bis zu einem kleinen Endwert. Dabei handelt es sich nicht um einen Durchbruch, also eine Zerstörung der Gleichrichterzelle, sondern um reversible Prozesse der Trägerbildung. Hier tritt die obenerwähnte Möglichkeit ein, daß außer durch Wärme und durch Strahlung auch durch Mitwirkung einer äußeren Feldstärke Elektronen aus dem Valenzband in das Leitfähigkeitsband übergehen können („Zener-Effekt"). Innerhalb eines mehr oder weniger großen Spannungsbereiches, der unter anderem von der Dotierung abhängt, dient eine solche „Zenerdiode", also eine in Sperrichtung gepolte Gleichrichterzelle parallel zum Verbraucher, als eine Art Überlaufgefäß zum Abfangen von Überspannungen und zur Spannungsstabilisierung. Bild 15.12 möge die Anwendung veranschaulichen. Das Schaltzeichen ▲ soll andeuten, daß bei Überschreiten einer bestimmten Sperrspannung die Sperre mehr oder weniger durchlässig wird. Bei weiterer Erhöhung oder bei Minderung der Eingangsspannung U_e verkleinert oder vergrößert sich automatisch der Sperrwiderstand der Zenerdiode, so daß die davon abgegriffene Ausgangsspannung U_a konstant bleibt.

Praktische Ausführungen solcher Dioden aus Silicium hat man für Spannungsbereiche von 1 V bis zu einigen 100 V. Allerdings ist oberhalb von etwa 10 V der eigentliche Zenereffekt hier überlagert von sekundären Prozessen der Stoßionisation, die zu einer lawinenartigen – aber immer noch reversiblen – Vermehrung der Ladungsträger führen (Avalanche-Effekt).

Eine weitere Eigenschaft und Verwendungsmöglichkeit des pn-Übergangs sei erwähnt. Die Kombination von zwei Leitfähigkeitsbereichen zu beiden Seiten einer trennenden, mehr oder minder isolierenden Schicht (Bild 15.9), stellt ja in Sperrichtung einen Kondensator dar. Werden also durch das Anlegen der Sperrspannung die Ladungsträger auseinandergezogen, so bedeutet das eine Veränderung einer Kapazität. Es liegt nahe, solche spannungsabhängigen Kondensatoren (Varactoren), deren Kennlinien sich durch Dimensionierung und Dotierung des Materials dem Verwendungszweck anpassen lassen, in der Hochfrequenz- und Nachrichtentechnik zur Abstimmung und Modulation zu verwenden.

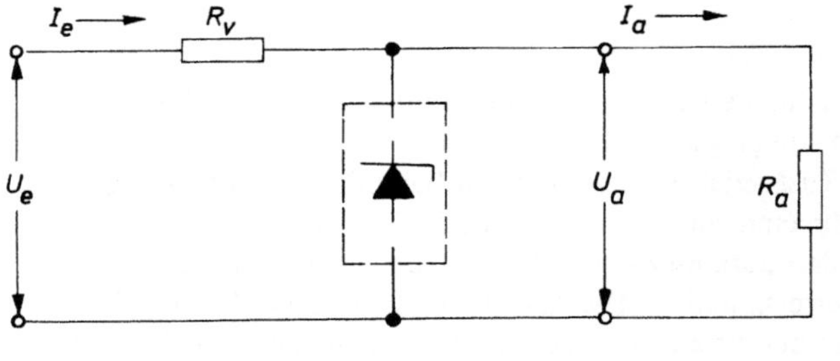

Bild 15.12 Spannungsstabilisierung mittels Zenerdiode ▲

15.6.3 Der bipolare Transistor

Durch Kombination von drei und mehr abwechselnd aufeinanderfolgenden pn-Schichten entstehen bekannte Verstärker-, Schalt- und Steuerelemente, der Transistor und der Thyristor. Ein schematisches Bild des ersteren zeigt Bild 15.13. In der angegebenen Schaltung liegt der linke pn-Übergang, 1, für die Hauptspannungsquelle U_1 in Flußrichtung, der rechte, 2, dagegen sperrt. Im Verbraucher R fließt also von U_1 allein kein Strom. Kommt jedoch das kleine U_2 mit Anschluß B hinzu, so fließen Elektronen aus dem linken n-Bereich, der „Emitter"-Zone E, durch den Übergang 1 in die p-leitende „Basis"-Zone B. Ist diese hinreichend dünn, so wird ihr Leitfähigkeitscharakter in der ganzen Breite verändert, vor allem diffundieren die darin sich anreichernden injizierten Elektronen durch den Übergang 2 in das rechte n-Gebiet, die „Kollektor"-Zone C, hinüber und füllen den dort bestehenden Verarmungsbereich teilweise auf. Infolgedessen verliert der pn-Übergang 2 seinen Sperrcharakter, der Transistor ist für die negativen Ladungen vom Emitter über die Basis zum Kollektor hin mehr oder weniger durchlässig geworden (für den Strom im konventionellen Sinne also in umgekehrter Richtung): Damit steuert der von der kleinen variablen Spannung U_2 herrührende Basis-Emitter-Strom einen Strom im höheren Spannungsbereich der Quelle U_1 mit entsprechend größerer Leistung. Wir haben also ein Bauelement, das ähnlich wirkt wie eine Verstärkerröhre, nur werden die Steuerimpulse hier nicht in Form einer Spannung am Gitter, sondern eines relativ leistungsschwachen Stromes im niederohmigen Emitter-Basiskreis zugeführt.

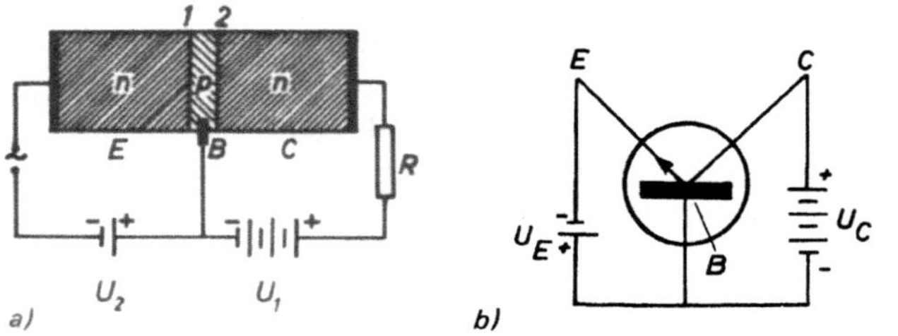

Bild 15.13
Bipolarer Transistor
a) schematische Darstellung eines npn-Transistors
b) Schaltsymbol

Die Bezeichnung „bipolar" besagt, daß Elektronen *und* Löcher eine wesentliche Rolle spielen, während beim unten behandelten Feldeffekt-Transistor nur eine Ladungsträgerart (unipolar) beteiligt ist.

15.6.4 Der Thyristor

Ist der Transistor das Analogon zur Verstärkerröhre mit ihrer kontinuierlich durch die Gitterspannung veränderlichen Ausgangsleistung, so entspricht der *Thyristor* mit seinen vier Schichten einer über eine Zusatzelektrode gezündeten Gasentladung mit sprunghaftem Anstieg vom stromlosen Zustand zum Nennstrom. Bild 15.14 gibt eine schematische Darstellung. Zwischen den beiden stark n-bzw. p-dotierten Bereichen links und rechts befinden sich zwei schwach dotierte s_p und s_n. Die Anordnung sperrt zunächst in jeder Richtung; über eine Steuerelektrode St an einer der mittleren Zonen läßt sich dieser Zustand jedoch auflösen: Nach Zuschalten einer entsprechend gepolten Spannung U_2 flie-

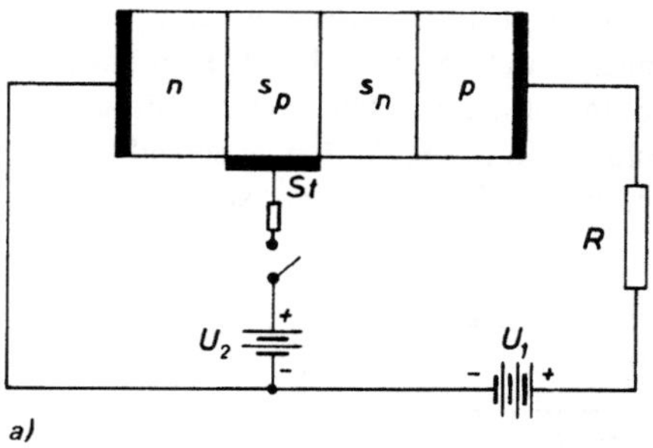

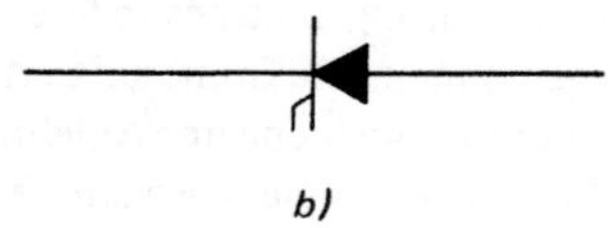

Bild 15.14
Thyristor
a) schematische Darstellung
b) Schaltzeichen

ßen Ladungsträger in die s_p- oder s_n-Schicht, in diesem Fall primär Elektronen aus dem Emitter n nach s_p. Das läßt sich so weit treiben, daß das gesamte schwach dotierte Mittelstück einschließlich des s_p-s_n-Übergangs überschwemmt und dessen Sperrwirkung überspült wird. Durch diesen Vorgang und das anschließend verstärkte Einströmen von Ladungsträgern aus den beiden reichlich dotierten Außenbezirken n und p wird der Thyristor für die Stromrichtung von p nach n durchlässig und bleibt es auch nach Abschalten der Steuerelektrode. Er hat „gezündet", nicht im Sinne eines zerstörenden Durchbruchs, sondern einer reversiblen Vermehrung von Ladungsträgern.

Während man also beim Transistor durch Stromänderungen im Steuerkreis eine stärkere Ausgangsleistung stetig vergrößern oder verkleinern kann, ist der Thyristor ein durch Steuerimpulse betätigtes, sprunghaft wirkendes Einschaltorgan. Zahllose Anwendungsbeispiele für beide Bauelemente finden sich bei Steuerungs- und Regelungsaufgaben als Verstärker, Schalter, Umrichter usw. in Ausführungsformen für kleinste und große Leistungen. Bild 15.15 zeigt die Außenansicht eines einbaufertigen Thyristors, daneben den aktiven Teil, die Silicium-Tablette, in ihren realen Abmessungen.

Der Thyristor „zündet" nach vorstehender Erläuterung in nur einer Stromrichtung, nutzt also an Wechselspannung nur eine Halbwelle aus. Zwei antiparallel geschaltete Thyristoren würden in beiden Richtungen funktionieren. Ein ähnliches Bauelement ist in der Leistungselektronik als „Triac" gebräuchlich.

Schaltsymbol:

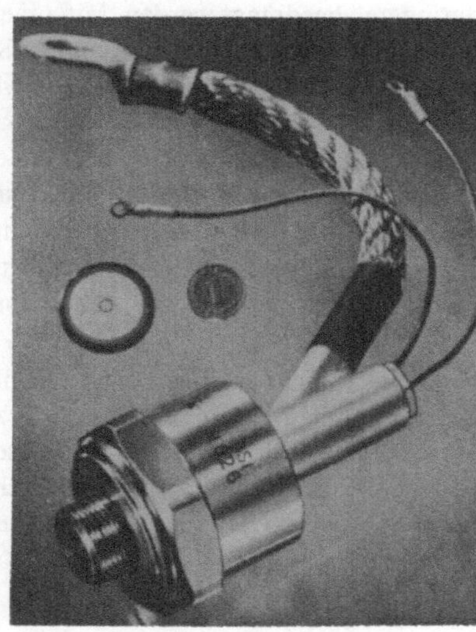

Bild 15.15
Thyristor, 200 A, 900 V

5.6.5 Der MOS-Feldeffekt-Transistor

n neuerer Zeit haben neben den bipolaren Transistoren die Feldeffekttransistoren in verchiedenen Ausführungen insbesondere als Speicher für Elektronenrechner erheblich an ›edeutung gewonnen. Die Steuerung erfolgt hier nicht durch injizierte Elektronen bzw. ,öcher, sondern in noch engerer Anlehnung an die Verhältnisse im Gitter einer Röhre urch die Wirkung eines elektrischen Feldes. Im Bild 15.16 ist der Aufbau eines Feldffekttransistors am Beispiel des n-Kanal MOS (Metall-Oxid-Silicium)-Transistors sche- ıatisch dargestellt.

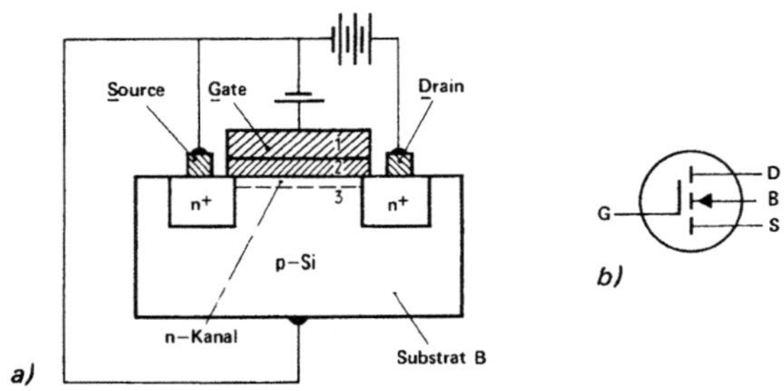

ild 15.16 MOS-Transistor
chematische Darstellung eines ı-Kanal MOS-Transistors (a) und chaltsymbol (b). Es bedeuten: Metall, 2 Oxid, 3 Silicium oder llgemein Semiconductor

n relativ niedrig dotiertem p-Silicium als Substrat befinden sich zwei hochdotierte n-Beeiche, die durch ein Metall (meist Aluminium) kontaktiert sind und die beiden Elektroden *ource* und *Drain* (engl.) darstellen. Zwischen diesen beiden befindet sich das Kernstück es Transistors, bestehend aus der *Gate*elektrode (M), einer dünnen Oxidschicht – meist iO_2 – als Isolator (O) sowie dem darunterliegenden Silicium (S). Legt man zwischen ource und Drain eine Spannung an, so wird zunächst zwischen diesen beiden kein ennenswerter Strom fließen, da stets einer der beiden vorhandenen pn-Übergänge Source-Substrat und Drain-Substrat) in Sperrichtung gepolt ist. Eine hinreichend hohe ositive Spannung an der Gate-Elektrode bewirkt aber, daß sich im p-Halbleiter eine Verrmungszone (an Löchern) ausbildet, da die Löcher als Majoritätsladungsträger ins Halbeiterinnere abgedrängt werden. Mit zunehmender positiver Gate-Spannung kommt es chließlich so weit, daß in einer dünnen Schicht an der Oberfläche des Siliciums die Elekronen als Minoritätsladungsträger überwiegen. Source und Drain sind damit durch einen -leitenden Kanal (Inversionskanal) verbunden, wodurch ein Stromfluß ermöglicht wird. ⁄lit zunehmender Spannung an der Gateelektrode nimmt auch der Strom zwischen Source nd Drain zu. Es wird hier also in nahezu exakter Analogie zur Elektronenröhre durch ie niedrige Gate-Spannung der Strom im Kanal gesteuert. Weil die Steuerelektrode urch eine Isolatorschicht vom Kanal getrennt ist, liegt ähnlich wie bei der Röhre ein oher Eingangswiderstand vor, der eine nahezu leistungslose Steuerung ermöglicht.

›ei den MOS-Transistoren spielt sich der gesamte Leitungsvorgang in einer sehr dünnen)berflächenschicht ab. Dies bringt erhebliche Probleme bei der Herstellung der Tranistoren und integrierten Schaltungen bezüglich der Reinheit der Oberflächen mit sich. nsbesondere spielen dabei oft unerwünschte Ladungen an der Grenzfläche Silicium/Oxid ine große Rolle. Im Rahmen dieses Buches würde es aber zu weit führen, auf diese zahleichen Schwierigkeiten im einzelnen einzugehen.

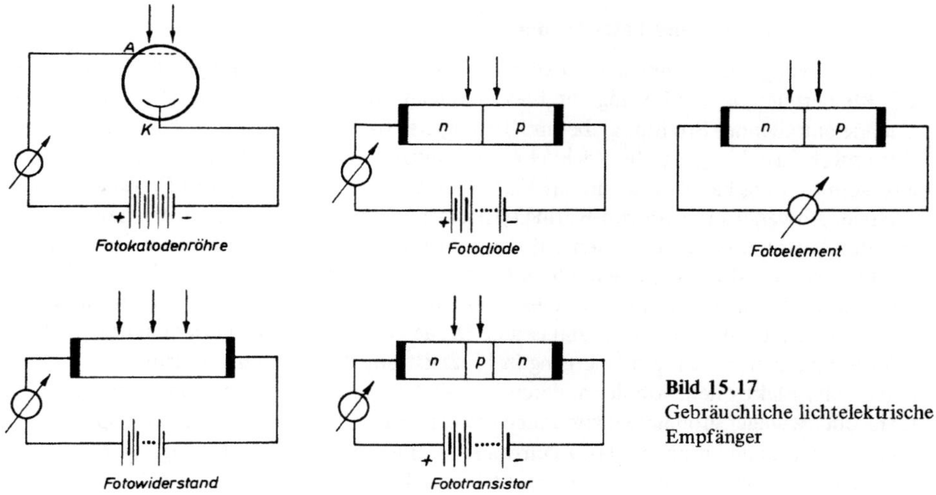

Bild 15.17
Gebräuchliche lichtelektrische Empfänger

15.6.6 Fotodioden, Fototransistoren, Fotoelemente

In Abschn. 15.1.3 wurden bereits Bauelemente zur Umwandlung von Strahlung in elektrische Impulse erörtert, der Fotowiderstand und die Fotokatode, die hier zu einer vollständigen Übersicht ergänzt werden sollen (s. Bild 15.17). In Anbetracht der Empfindlichkeit, mit der die Eigenschaften des *pn-Übergangs* auf den Zu- oder Abfluß von Ladungsträgern reagieren, liegt es nahe, auch diese Anordnung so auszubilden, daß durch Einfall von Licht oder anderer Strahlung lichtelektrisch Elektronen ausgelöst (vom Valenzband in das Leitungsband gehoben) werden können. Die „Fotodiode" ist in diesem Sinne ein in Sperrichtung geschalteter pn-Übergang, dessen zunächst sehr kleiner Sperrstrom bei Bestrahlung stark ansteigt. Beim „Fototransistor" setzt als Folgeerscheinung ein Zustrom von Trägern aus der Emitter- in die Basiszone ein, der den Effekt auf das 20- bis 30fache verstärkt. Übliche Werkstoffe sind das Germanium, das Silicium und einige III-V-Verbindungen. Endlich können an einem pn-Übergang durch fotoelektrisch ausgelöste Ladungsträger die Vorgänge der Diffusion und Ladungstrennung so beeinflußt werden, daß auch ohne Anlegen einer äußeren Spannung spontan eine gut meßbare eigene EMK entsteht. Ähnliches vollzieht sich vielfach an Grenzschichten zwischen Halbleitern und Metallen. „Fotoelemente" dieser Art liefern z.B. als Belichtungsmesser vor allem das Kupferoxydul, das Selen, das Silicium, das Galliumarsenid für den sichtbaren, das Germanium, das Bleisulfid (PbS), das Bleiselenid (PbSe) und andere für den infraroten Spektralbereich. Solarbatterien aus Galliumarsenid (GaAs)- oder Silicium-Fotoelementen dienen zur Direktumwandlung der Sonnenstrahlung in elektrische Energie und damit z.B. zur Energieversorgung von Erdsatelliten. Aber auch Strahlungen aus ganz anderen Bereichen können fotoelektrisch aufgenommen und verarbeitet werden; so werden Bauelemente aus Galliumarsenid als Röntgendosimeter, solche aus Silicium außer als Empfänger für sichtbares Licht unter anderem auch als Teilchenzähler, z.B. für die Bestimmung des Neutronenflusses in Reaktoren, angegeben.

15.6.7 Lumineszenz- und Laser-Dioden

Der Grundvorgang, auf dem alle vorstehend beschriebenen Anwendungen fotoelektrischer Effekte beruhen, ist die Lösung von Elektronen aus ihren Bindungen durch Aufnahme der Energie einfallender Strahlung, die im Kristallgitter bzw. an Störstellen absorbiert wird. Der umgekehrte Vorgang, die Rückkehr von Elektronen in ihren alten Bindungszustand, also vom Leitungsband zurück in das Valenzband, muß zwangsläufig mit Freisetzung von Energie, entweder in Form von Wärme (Gitterschwingungen) oder in Form einer Ausstrahlung, verbunden sein. Zu den seit langem bekannten, durch Strahlungseinfall erregten Lumineszenz-Erscheinungen, vor allem am Cadmiumsulfid und am Zinksulfid (Material für Bildschirme), kommt auf diese Weise die „Elektrolumineszenz" hinzu. Sie wird z.B. angewendet in Form der Lumineszenz-Diode aus Galliumarsenid oder anderen III-V-Verbindungen: Ist ein p-n-Übergang in Flußrichtung durchströmt, so dringen von der einen Seite Elektronen, von der anderen Defektelektronen in die Übergangszone ein. Ein mehr oder weniger großer Teil von ihnen „rekombiniert", d.h. die Elektronen springen vom Leitungsband zurück in das Valenzband (s. Bild 15.1b). Unter Bedingungen, deren Erörterung hier zu weit führen würde, entsteht dabei eine im Roten oder nahen Infraroten liegende steuerbare Strahlung von hoher Energieausbeute, die für Zwecke der optischen Signalübertragung zunehmende Bedeutung hat. Auch hier spielt die Einlagerung geeigneter Fremdatome eine große Rolle.

Geht man einen Schritt weiter, indem man den pn-Übergang der Galliumarsenid-Diode durch reflektierende Grenzflächen als optischen Resonator ausbildet und die Strominjektion so stark macht, daß optische Selbsterregung eintritt, so kommt man zum Prinzip des *Lasers*. Die optische Selbsterregung bedeutet, daß es sich jetzt im Gegensatz zur einfachen Lumineszenz-Diode um eine kohärente, stark bündelungsfähige Strahlung handelt. Über denkbare und ausgeführte Anwendungen des Lasers – sei es auf Halbleiterbasis, sei es auf der von Gasentladungen – zur Nachrichtenübermittlung sowie auch zur Energieübertragung ist in der fachlich orientierten und nichtorientierten Presse hinreichend die Rede.

15.6.8 Piezo-Widerstände

Zum Abschluß der Halbleiteranwendungen sei an einen Hinweis in Abschn. 12.1.5 erinnert, in dem angedeutet wurde, daß die Beeinflussung der Leitfähigkeit durch äußeren Druck und Verformung nicht nur bei Metallen, sondern auch bei Halbleitern zu Anwendungen in der Meßtechnik geführt hat (Dehnungsmeßstreifen). In der Tat wird z.B. beim Silicium die große Trägerbeweglichkeit durch äußeren Druck in gut reproduzierbarem und wesentlich stärkerem Maße als bei den Metallen verändert, so daß Dehnungsmeßstreifen mit Schichten aus Silicium zu den metallischen in Wettbewerb treten können.

15.7 Zusammenfassung von Abschnitt 15.1 bis 15.6

mit Rückblick auf die verschiedenartigen Leitungsvorgänge in Metallen, Ionenleitern und elektronischen Halbleitern.

Metalle leiten den elektrischen Strom auf Grund ihrer spontan bereitgestellten verhältnismäßig großen *Anzahl* beweglicher Elektronen. Diese Elektronenkonzentration ist unabhängig von Gitterstörungen, Temperatur usw.. Veränderungen des elektrischen Widerstandes durch solche Einflüsse gehen bei Metallen daher nicht auf eine Änderung der *Zahl*, sondern der *Beweglichkeit* der Leitungselektronen zurück. Da sie auf ihrem Weg zwischen den an ihren Gitterplätzen verankerten Ionen hindurch müssen, bedeuten Störstellen, Korngrenzen oder die bei Erwärmung zunehmende thermische Unruhe im Gitter eine *Behinderung* des Stromtransportes. Der Temperaturkoeffizient des Widerstandes von reinen Metallen ist also *positiv*.

Bei reinen Ionenleitern, in denen bewegliche Leitungselektronen fehlen, kann ein Strom nur durch die ionisierten Masseteilchen selbst transportiert werden. Das setzt aber die Möglichkeit zu materiellen Bewegungen und Platzwechselvorgängen voraus, die durch Störstellen und Temperaturerhöhung *begünstigt* werden. Der Temperaturkoeffizient des elektrischen Widerstandes ist bei Ionenleitern also *negativ*.

Bei elektronischen Halbleitern fehlen die Voraussetzungen für Ionenleitung, da die Masseteilchen zu fest an ihren Gitterplätzen verankert sind, und auch die Elektronen sind zu stark von ihrer Bindungsfunktion in Anspruch genommen, um als Leitungselektronen ohne weiteres verfügbar zu sein. Halbleiter leiten daher erst, nachdem Valenzelektronen aus ihren Bindungen durch äußere Einflüsse, Temperatur, Strahlung oder Feldstärke befreit und beweglich geworden sind. Die gleichen Störungen, die bei Metallen die Leitfähigkeit herabsetzen, weil sie die Beweglichkeit der *vorhandenen* Elektronen behindern (Temperatur, Störstellen, Verunreinigungen etc.), wirken bei klassischen Halbleitern *fördernd* auf das Leitvermögen, da sie die Freisetzung der zunächst gebundenen Elektronen begünstigen. Der Temperaturkoeffizient des Widerstandes ist also *negativ*, im Absolutbetrag oft zehnmal so groß wie bei Metallen. Dabei entstehen im Halbleiter zwei Arten von Leitungsmechanismen: durch Leitungselektronen (n-Leitung) und durch Defektelektronen (p-Leitung). Letzteres kann es bei Metallen nicht geben, da die Leitungselektronen hier nicht bestimmten Atomen angehören, bei ihrer Bewegung also auch keine definierten „Löcher" hinterlassen. Demgegenüber kann man in Halbleitern durch Dotierung mit Fremdatomen (Donatoren oder Akzeptoren) künstlich Ausgangszentren für n-Leitung oder p-Leitung schaffen. Vergleichende Zahlen für Konzentration und Beweglichkeit der Elektronen in Metallen und Halbleitern siehe Tabelle 15.1.

Typische Halbleiteranwendungen

Ausnutzung der Steigerung des Leitvermögens infolge Erhöhung der Trägerzahl durch Temperatur und Strahlung: Heißleiter, Fotowiderstände;

Austritt von Elektronen aus der Oberfläche durch Temperatur und Strahlung: Glühkatoden, Fotokatoden;

Ausnutzung der Eigenschaften von pn-Übergängen: Gleichrichterdioden, Zenerdioden, Transistoren, Thyristoren, Fotodioden, Fototransistoren, Fotoelemente, Lumineszenz- und Laser-Dioden.

Einige weitere, hier nicht behandelte Halbleiteranwendungen

Ausnutzung der Einwirkung eines Magnetfeldes auf die Bewegung von Elektronen und Defektelektronen: Hallspannung (Hallgenerator) und Widerstandsänderung im Magnetfeld (Feldplatte).

Ausnutzung des *Gunn*-Effektes (entdeckt 1963) in Bauelementen aus GaAs zur Erzeugung von Mikrowellen: Ein GaAs-Kristall wird in bestimmtem Feldstärkebereich zum negativen Widerstand (abnehmende Stromdichte bei steigender Feldstärke infolge verringerter Elektronenbeweglichkeit). Das ermöglicht Anregung von Schwingungen ähnlich wie beim negativen Widerstand von Lichtbögen oder entsprechend geschalteten Elektronenröhren.

15.8 Halbleitertechnologie

Die im vorhergehenden Kapitel gebrachte Aufstellung von Halbleiteranwendungen soll nicht vollständig sein, aber doch einen Eindruck von der Fülle und Verschiedenartigkeit der sich hier bietenden Möglichkeiten vermitteln, zu denen in lebhafter Weiterentwicklung ständig neue hinzukommen. Kennzeichen dieser Technik ist eine bis zur höchsten Perfektion fortgeschrittene Kunst in der Reinstdarstellung, Kristallzüchtung, Dotierung und Verkleinerung der Bauelemente. Ohne hier im einzelnen Rezepte geben zu können und zu wollen, sollen einige typische Verfahrensschritte der Halbleitertechnologie skizziert werden.

15.8.1 Höchstreinigung von Halbleiterwerkstoffen, das Zonenschmelzverfahren

Um die Bedeutung der Reinstdarstellung der Halbleiterwerkstoffe zu erkennen, genügt der Hinweis, daß ein Germanium, bei dem auf 10^6 Atome nur ein Fremdatom, z.B. Eisen, Kupfer oder Nickel kommt, zur Herstellung von Transistoren schon nicht mehr zu verwenden ist. Höchste Reinheitsgrade erzielt man durch das sogenannte Zonenschmelzverfahren; ihm liegt folgende Überlegung zugrunde: Jeder absolut reine Kristall hat eine auf Bruchteile von Graden genau festliegende Schmelztemperatur. Enthält er kleinste Verunreinigungen, sei es nur in Form einzelner Atome, so werden diese in ihrer Umgebung den Schmelzpunkt auf jeden Fall verändern, entweder erhöhen oder erniedrigen. Die Praxis zeigt, daß im allgemeinen das letztere der Fall ist.

Dies läßt sich am besten anhand eines Ausschnittes aus dem Zustandsdiagramm erläutern, wie in Bild 15.18 gezeigt wird. Der Ausgangsstoff A soll der reine Halbleiter sein und die Verunreinigungskonzentration ist auf der Abszisse aufgetragen. Bei einer bestimmten Temperatur ist nach diesem Diagramm die Schmelze stets reicher an Verunreinigungen als der sich bildende Kristall. Kühlt man z.B. die Schmelze mit der Verunreinigungskonzentration C_L ab, so scheidet sich bei der Temperatur T_1 ein fester Mischkristall aus, der die weit geringere Konzentration C_S an Fremdatomen aufweist, also wesentlich reiner ist als die Ausgangsschmelze. Eine wichtige Größe stellt der Verteilungskoeffizient dar, das Verhältnis der Fremdatomkonzentration im festen zu der im flüssigen Zustand: $K = C_S/C_L$.

Im obigen Fall ist $K < 1$. Sein Wert ist jeweils dem Zustandsdiagramm zu entnehmen. Reichern sich die Fremdatome bevorzugt im festen Kristall an, so ist $K > 1$.

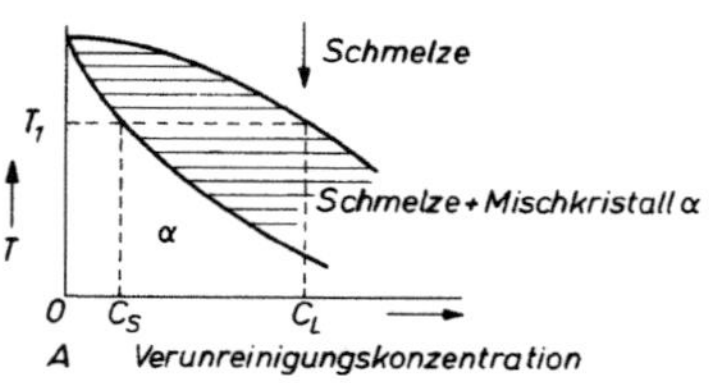

Bild 15.18

Teil des Phasendiagramms eines binären Systems zur Erläuterung des Prinzips des *Zonenschmelzverfahrens* zur Höchstreinigung von Halbleiterwerkstoffen. Die Komponente A sei der reine Halbleiter, z.B. Si, die zweite Komponente sei die Verunreinigung

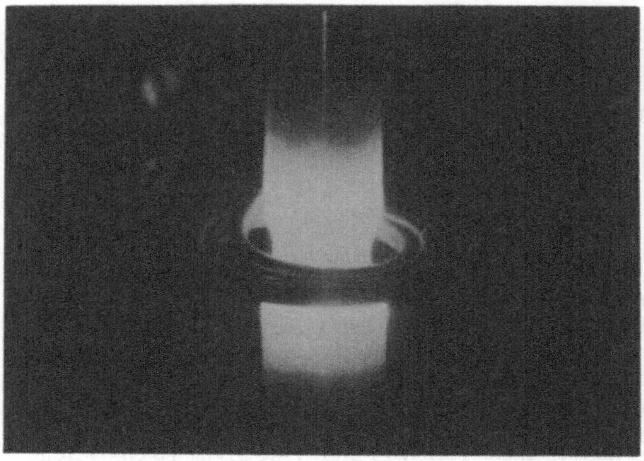

Bild 15.19
Schmelzzone beim Erschmelzen von Reinstsilicium in der Zonenziehanlage

Das auf diesem Prinzip beruhende Zonenschmelzverfahren geht nun folgendermaßen vor sich: Ein nach konventionellen Methoden sorgfältig vorgereinigter Stab des Halbleitermaterials wird mit einer flachen Hochfrequenz-Heizspule umgeben und bis zur Verflüssigung erhitzt. Diese Schmelzzone läßt man durch Bewegung der Spule oder des Stabes langsam z.B. von unten nach oben durch die ganze Stablänge hindurchwandern. Bild 15.19 zeigt die Hochfrequenzspule mit der Schmelzzone. Ist $K < 1$, so werden die Fremdatome vorwiegend in der Schmelze angereichert und mit dieser bis zum oberen Stabende mitgeführt. Fremdatome, die eine höhere Löslichkeit im Kristall besitzen ($K > 1$), reichern sich am unteren Stabende an. Wird dieser Vorgang mehrmals durchgeführt, so erhält man schließlich im Bereich der Stabmitte einen Halbleiterwerkstoff höchster Reinheit.

15.8.2 Herstellung von Einkristallen – Tiegelziehen, Zonenziehen, Epitaxie

Der rasante Fortschritt auf dem Gebiet der Halbleiterelektronik seit der Erfindung des Transistors wurde erst durch die Züchtung von hochreinen und weitgehend fehlerfreien Einkristallen ermöglicht. Mit der Kompliziertheit der Bauelemente steigen zudem die Anforderungen bezüglich der Reduzierung des Fremdatomgehalts und der Kristallbaufehler, so daß die Einkristallherstellung zu einem äußerst wichtigen Faktor in der Halbleitertechnologie geworden ist.

Im wesentlichen sind es zwei Verfahren, die heute weite Verbreitung gefunden haben. Im Bild 15.20a ist das Prinzip des Tiegelziehverfahrens (Czochralski-Verfahren) skizziert. In einem elektrisch beheizten Tiegel wird eine bestimmte Menge des Halbleitermaterials aufgeschmolzen und ein dünner Impfkristall, ein Einkristall gewünschter Struktur und Orientierung, der an einer Ziehstange befestigt ist, wird mit der Schmelze in Kontakt gebracht. Bei richtig eingestellter Temperatur bauen sich durch langsames Herausziehen aus der Schmelze an diesen Einkristall weitere Atome in der vorgegebenen Orientierung an. Zur besseren Durchmischung und zur Aufrechterhaltung einer symmetrischen Temperaturverteilung in der Schmelze läßt man den wachsenden Kristall und evtl. auch den

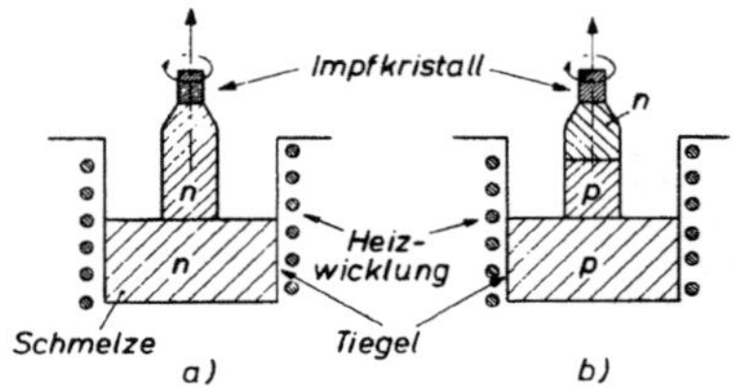

Bild 15.20

a) Einkristallherstellung nach dem Tiegelziehverfahren (Czochralski-Methode)

b) Herstellung eines pn-Übergangs während des Kristallziehens

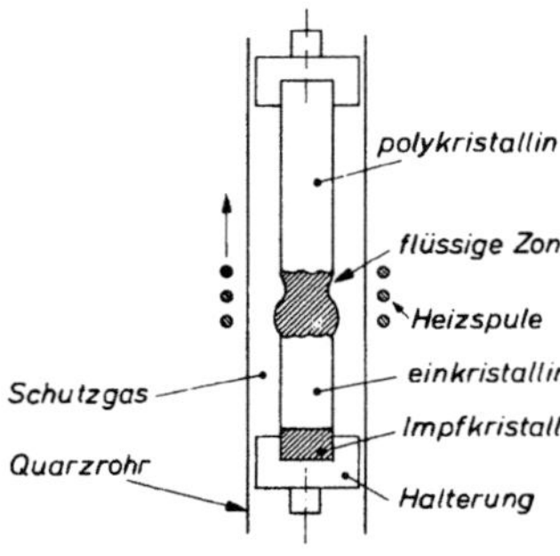

Bild 15.21

Einkristallherstellung durch tiegelfreies Zonenziehen

Tiegel rotieren. Auf diese Weise erhält man stabförmige Einkristalle bis zu 10 cm Durchmesser.

Soll der Kristall dotiert werden, so wird vor Beginn der Züchtung der Schmelze der gewünschte Fremdstoffgehalt zugesetzt. Die einfachste Art, einen pn-Übergang herzustellen, besteht darin, daß man während des Ziehens plötzlich die Zusammensetzung der Schmelze ändert, wie es im Bild 15.20b dargestellt ist. Dies wird durch Dotierpillen erreicht, die man der Schmelze zusetzt.

Ein Nachteil des Czochralski-Verfahrens liegt in der Gefahr der Verunreinigung der Schmelze durch das Tiegelmaterial. Zur Vermeidung dieser unerwünschten „Dotierung" wurde das tiegelfreie Zonenziehen entwickelt, das in seinen Grundzügen dem Zonenschmelzverfahren entspricht. Der schematische Aufbau einer Zonenziehanlage ist in Bild 15.21 wieder gegeben. In einem vertikal angeordneten Stab aus polykristallinem Material, der nur an seinen Enden in Halterungen befestigt ist, wird mittels einer Heizspule eine schmale Zone aufgeschmolzen und von unten nach oben durch den Kristall geführt. Befindet sich am unteren Ende ein Einkristallkeim, so erhält man nach dem Durchgang der Schmelzzone einen einkristallinen Stab mit der durch den Keim vorgegebenen Orientierung. Die Schmelzzone selbst wird durch die Oberflächenspannung gehalten.

Einkristalline Schichten erhält man durch das sog. Epitaxie-Verfahren. Dabei läßt man auf Einkristallscheiben aus gleichem oder verschiedenem Material als Unterlage durch Gasphasenreaktion (z.B. $SiCl_4 + 2\,H_2 \rightarrow Si(fest) + 4\,HCl$) dünne Einkristallschichten aufwachsen, wobei die Dotierung während der Abscheidung durch Zugabe von Dotiergasen erfolgt.

15.8.3 Herstellung von pn-Übergängen und die Planartechnologie

Nachdem die Funktionsweise des pn-Überganges als Grundbestandteil der meisten Halbleiterbauelemente relativ ausführlich in Kap. 15.5 dargelegt wurde, sollen anschließend noch die wichtigsten Herstellungsverfahren für pn-Übergänge und im Zusammenhang damit die Planartechnologie skizziert werden, die die Grundlage zur Herstellung integrierter Schaltungen bildet.

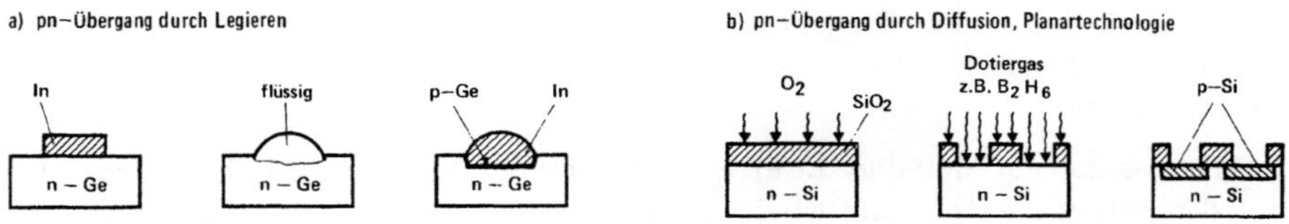

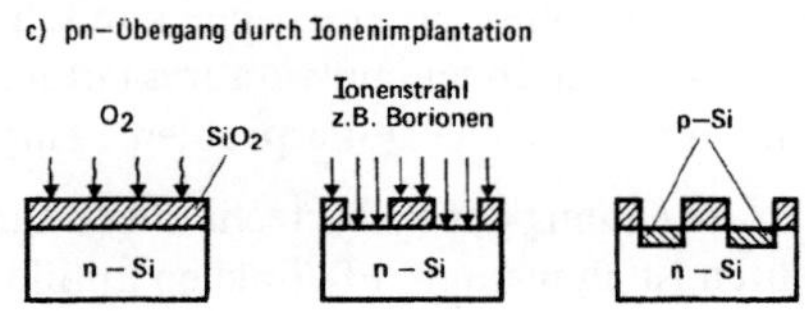

Bild 15.22
Herstellungsverfahren für pn-Übergänge und die Grundlagen der Planartechnologie

Eine Methode, die besonders in den Anfängen der Halbleitertechnologie angewandt wurde, ist die der gezogenen pn-Übergänge. Sie wurde schon bei der Einkristallherstellung nach dem Czochralski-Verfahren (Bild 15.20) behandelt. Für eine Massenproduktion ist diese Methode nicht geeignet. Drei andere Verfahren zur Erzeugung von pn-Übergängen sind in Bild 15.22 dargestellt.

Das Legierungsverfahren (Bild 15.22a), das heute fast nur noch bei Germanium (Dioden und Transistoren) angewendet wird, besteht darin, daß ein Metall, das die Dotieratome enthält, mit einem Halbleiter legiert wird. Man bringt z.B. auf n-leitendes Germanium ein Stück Indium (Akzeptor!) auf und erhitzt unter Schutzgas bis zum Schmelzen des Indiums, das sich auf der Oberfläche ausbreitet und mit dem Germanium legiert. Beim Abkühlen des Kristalls bildet sich an der Grenze zum Ge-Kristall eine rekristallisierte Zone aus mit Indiumatomen angereichertem und damit p-dotiertem Geramnium. Mit diesem Verfahren erhält man sehr abrupte pn-Übergänge.

Das in Bild 15.22b skizzierte und heute wohl am häufigsten angewendete Verfahren der Diffusion besteht darin, daß das Halbleitermaterial bei Temperaturen von 800...1100 °C einer Dotiergasatmosphäre ausgesetzt wird (zur p-Dotierung wird z.B. das gasförmige Diboran B_2H_6 verwendet), wobei die Dotieratome in den Halbleiter eindiffundieren. Je nach Diffusionstemperatur und -dauer wird ein mehr oder weniger tief im Halbleitermaterial liegender pn-Übergang gebildet.

Nachdem man erkannt hatte, daß das durch Oxidation als dünne Schicht auf der Siliciumoberfläche entstehende Siliciumdioxid gegen die Eindiffusion der meisten wichtigen Dotierstoffe maskiert, war es möglich, genau lokalisierte pn-Übergänge herzustellen. Diese Erkenntnis und die daraus entstandene sog. *Planartechnologie* erst hat die Entwicklung der integrierten Schaltungen ermöglicht.

Wie schematisch in Bild 15.22b skizziert, erzeugt man auf der gesamten Siliciumscheibe zunächst eine dünne Oxidschicht, indem man bei Temperaturen von 900...1200 °C Sauerstoff oder Wasserdampf mit dem Silicium zur Reaktion bringt:

$$Si + O_2 \rightarrow SiO_2 \quad \text{oder} \quad Si + 2\,H_2O \rightarrow SiO_2 + 2H_2.$$

Nach einer bestimmten Vorlage werden mittels hochentwickelter Photolack- und Ätztechnik Fenster im Oxid freigelegt. Wird nun das Diffusionsverfahren angewandt, so können die Dotieratome nur im Bereich der exakt definierten Oxidfenster ins Silicium eindiffundieren. Die pn-Übergänge befinden sich somit an den vorher festgelegten Stellen auf der Halbleiterscheibe.

Eine interessante neue Methode zur Erzeugung von pn-Übergängen stellt die Ionenimplantation dar, bei der die Dotierstoffe bei Raumtemperatur als hochbeschleunigte Ionen (Hochspannung bis zu einigen MeV!) in den Halbleiter eingeschossen werden (Bild 15.22c). Es lassen sich hiermit sehr flache und scharf begrenzte pn-Übergänge erzeugen. Gegenwärtig wird die Ionenimplantation mit ihrem beträchtlichen apparativen Aufwand hauptsächlich für spezielle Dotierprobleme eingesetzt.

Die Anwendung der Planartechnologie zur Herstellung von integrierten Halbleiterbauelementen ist an mehreren Beispielen in Bild 15.23 schematisch dargestellt. Das in Bild 15.22b gezeigte Grundschema der Erzeugung von Fenstern im Oxid und anschließender Diffusion ist in sämtlichen angeführten Beispielen wiederzufinden, wobei die Diffusionsgebiete noch mit Aluminiumkontakten versehen sind, die durch eine spezielle Aufdampftechnik aufgebracht werden. Alle die hier getrennt dargestellten Bauelemente werden gleichzeitig auf einer Halbleiterscheibe als integrierte Schaltungen in schon fast unvorstellbarer Miniaturisierung erzeugt.

Bild 15.24 zeigt als eindrucksvolles Beispiel die Aufsicht auf einen modernen hochintegierten Schaltkreis, der als Speicher hoher Kapazität zum Einsatz in Elektronenrechnern

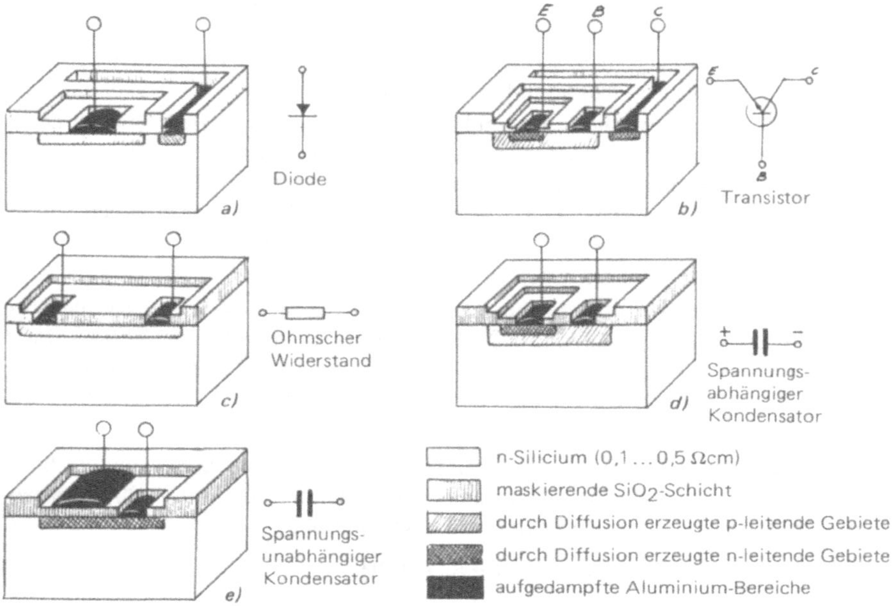

Bild 15.23 Aufbau einer Halbleiterschaltung auf einem Silicium-Kristall

bestimmt ist. Auf einem wenige Quadratmillimeter großen Siliciumplättchen befinden sich dabei mehrere tausend durch metallische Leiterbahnen untereinander verbundene MOS-Transistoren (s. Abschn. 15.6.5), Kondensatoren und Widerstände. Am Rande der Schaltung sind als helle Quadrate die zur Kontaktierung erforderlichen Anschlußflecken aus Aluminium zu erkennen.

Bild 15.24
Integrierter Halbleiter-Schaltkreis. Originalgröße 19 mm^2 (4096 bit MOS-Speicherschaltung)

16 Der Kohlenstoff und seine Verbindungen als Werkstoffe der Elektrotechnik

Kohlenstoff spielt in der Technik eine so verbreitete Rolle, daß ein besonderes Kapitel ihm auch im Rahmen dieses Buches eingeräumt sei. Er ist uns bisher begegnet als wichtiger Legierungsbestandteil des Eisens, dessen Eigenschaften (z.B. als Stahl oder Gußeisen, als hartes und sprödes oder weiches und zähes Material) in erster Linie durch den Anteil an Kohlenstoff bestimmt sind. Dabei tritt er je nach Herstellungsbedingungen und Nachbehandlung entweder als chemischer Verbindungspartner des Eisens im Zementit (Eisencarbid, Fe_3C) auf oder auch in reiner Form als Graphit (Kap. 4). In einem der späteren Kapitel werden wir ihn weiterhin als Zentralatom zahlreicher organischer Isolierstoffe finden. Unmittelbar von elektrotechnischem Interesse ist darüber hinaus seine Eigenschaft als mehr oder minder guter elektrischer Leiter. In der Form des Diamanten gehört er gemäß Abschn. 10.3 grundsätzlich in die Gruppe der halbleitenden Elemente Silicium und Germanium mit der Einschränkung, daß er auf Grund seines atomaren Aufbaus in einem Gitter mit sehr starker Elektronenbindung kristallisiert, in der Sprache des Bändermodells eine sehr breite verbotene Zone und ein leeres Leitungsband hat. Es bedarf also entsprechender Energieeinstrahlung oder hoher Temperaturen, um eine Leitfähigkeit durch Freisetzung von Valenzelektronen zu erzeugen. Wichtiger aber ist folgendes:

16.1 Graphit und „amorpher" Kohlenstoff

Als Diamant kristallisiert der Kohlenstoff bekanntlich nur unter außergewöhnlichen Bedingungen, vor allem unter sehr hohem Druck, wie er auch bei der Herstellung von Industriediamanten angewendet wird. Normalerweise bildet er aber das Graphitgitter gemäß Bild 16.1, d.h. eine ausgesprochene Schichtstruktur: parallel liegende Ebenen, innerhalb deren die Atome in aneinanderstoßenden Sechsecken angeordnet sind. Jedes Atom des vierwertigen Kohlenstoffs hat in einer solchen Ebene also drei unmittelbare Nachbarn, an die es durch jeweils ein Valenzelektron gebunden ist, während es das vierte zunächst übrig hat. Dieses dient einmal zu der viel lockereren Bindung an die Gitterbausteine der nächsten Schicht, zugleich aber als mehr oder minder freies Leitungselektron. Dabei kann es allerdings das Mutteratom nicht so leicht verlassen wie die alleinstehenden Valenzelektronen bei ein- und zweiwertigen Metallen. Dadurch ergibt sich für den Graphit eine Stellung zwischen Metall und Halbleiter: mit dem Absolutbetrag seiner Leitfähigkeit kommt er den Werten der Metalle bis auf eine Zehnerpotenz nahe, zugleich aber zeigt er seine Verwandtschaft mit den Halbleitern dadurch, daß sein Leitvermögen mit steigender Temperatur durch Erhöhung der Trägerzahl ansteigt, wenn auch nicht in so starkem Maße. Etwa ab 700 °C kehrt sich dieser Verlauf um; bei weiterer Erwärmung beginnt die Leitfähigkeit wie bei den Metallen abzusinken, offenbar wiegt jetzt die Verringerung der Beweglichkeit schwerer als die zunehmende Freisetzung von Ladungsträgern.

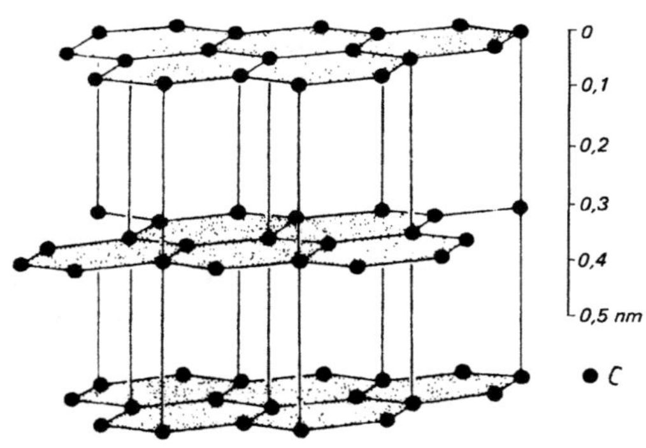

Bild 16.1
Graphitgitter

Die Ausbildung dieses idealen ungestörten Graphitgitters zu größeren Kristalliten kann nur unter entsprechend günstigen Bedingungen vor sich gehen. Ein Mikrogefüge ähnlicher Art, aber doch weniger geordnet, findet man bei der sogenannten amorphen Kohle, (die in kleinsten Bezirken aber gar nicht amorph ist) insbesondere beim Ruß. Auch hier zeigen sich, wenn auch nur in feinsten Mikropartikeln, noch die Ebenen mit Sechseckstruktur. Es sind die Reste des Benzolrings, der seine 6 Wasserstoffatome durch Oxydation, d.h. Verbrennung, verloren hat, so daß die Sechsecke, wie in Bild 16.1, näher aneinanderrücken. Allerdings liegen bei dieser amorphen Kohle die Netzebenen nicht einander parallel wie im Graphitgitter, sondern regellos gegeneinander geneigt und verkantet. Die technischen Produkte sind häufig ein Gemenge aus dem reinen grobkörnigen Graphit, eingelagertem Ruß und sonstigen amorphen Kohlepulvern; sie haben je nach dem Mischungsverhältnis sehr unterschiedliche Eigenschaften sowohl in der mechanischen Festigkeit wie auch in elektrischer Hinsicht.

Die Leitfähigkeit solcher Werkstoffe, die in ihrem Wert also zwischen Metallen und Halbleitern liegt, macht sie geeignet für die Herstellung von elektrischen Widerständen. Dabei wird z.B. Kohle auf Porzellan- oder Keramikkörpern niedergeschlagen. Solche „Kohleschicht-Widerstände" sind mit Werten zwischen 1 Ohm und mehr als tausend Megohm bekannt in der Schwachstromtechnik, vor allem bei Hochfrequenz wegen ihrer geringen Induktivität gegenüber aufgewickelten Widerstandsdrähten. In Form von Ruß ist die Kohle geeignet als Beimengung zu Isolierstoffen, um diesen ein gewisses, wenn auch geringes Leitvermögen zu geben, z.B. zur Ableitung gefährlicher oder schädlicher Aufladungen, insbesondere auch als Zugabe zum Gummi.

Die Schicht- oder Blättchenstruktur des Graphits hat eine Richtungsabhängigkeit seiner Eigenschaften zur Folge; vor allem sind Leitfähigkeit und mechanische Festigkeit längs der Schichtebenen anders als senkrecht dazu. Die relativ leichte Verschiebbarkeit der Gitterebenen gegeneinander bedeutet, daß die Oberflächen sich leicht glätten lassen und dann mit nur sehr geringem Verschleiß aufeinander gleiten. Graphitlager haben daher den Vorteil, daß sie ohne Schmiermittel betrieben werden können. Das bei trocken laufenden Metalllagern auftretende Fressen, also das Verschweißen von durch Reibung erhitzten Flächenelementen, ist hier sowieso nicht zu befürchten, da Kohle ja nicht schmilzt. Allerdings ist die Anwendung von Graphitlagern auf Fälle von mäßiger mechanischer Belastung begrenzt.

Die Kombination dieser beiden Eigenschaften, der immerhin brauchbaren Leitfähigkeit und des guten Gleitvermögens, macht den Graphit zum gegebenen Werkstoff in der Elektrotechnik für solche Arten von Kontakten, die einen elektrischen Strom über die Trennschicht von zwei sich gegeneinander bewegenden Flächen zu- oder abführen sollen. Man verwendet ihn daher als Material für *Kohlebürsten* auf Schleifringen und Kommutatoren elektrischer Maschinen, von Regeltrafos und Regelwiderständen oder Potentiometern, als Stromabnehmer an elektrischen Bahnen usw. Beimengungen von Metallpulvern, mit denen zusammen Graphit zu Blöcken gepreßt und gesintert wird, dienen zur Verringerung des Widerstandes und zur Steigerung der Strombelastbarkeit. Ganz allgemein bietet die Kohle als Kontaktwerkstoff den Vorteil, daß ihre Sauerstoffverbindungen gasförmig sind (CO, CO_2), also verschwinden. Die Oberflächen bleiben demnach frei von Oxidschichten, die bei Metallkontakten den Stromübergang behindern können. Im Gegenteil kann bei Kombination von Kohle gegen Metall die reduzierende Wirkung des Kohlenstoffs zum Abbau störender Metalloxide führen.

Der relativ kleine Elastizitätsmodul des Graphits kommt zur Geltung bei der Herstellung druckabhängiger Widerstände. Er hat nämlich zur Folge, daß aufeinanderliegende Graphitscheiben ihre gegenseitigen Berührungsflächen bei verhältnismäßig geringem Druck stark vergrößern, wodurch der elektrische Übergangswiderstand zwischen ihnen entsprechend absinkt. Man benutzt das zum Bau der sogenannten Kohledruckregler, in denen eine mehr oder minder große Anzahl von Kohleplatten übereinander geschichtet ist. Der Widerstand solcher Säulen läßt sich durch technisch beherrschbare Druckänderungen leicht im Verhältnis 1 : 10 oder 1 : 100 reversibel variieren, so daß sie sich zu Regelwiderständen, die z.B. magnetisch gesteuert werden, ausgestalten lassen. Die Halbleitertechnik und andere Möglichkeiten drängen allerdings Kohledruckregler in ihrer Bedeutung zurück. Sie werden aber immer noch in Spezialfällen angewandt. Der gleiche Effekt liegt bekanntlich dem Kohlekörner-*Mikrophon* zugrunde, das zwar ebenfalls z.B. durch das Kristallmikrophon mit seinen verbesserten Übertragungsmöglichkeiten an Bedeutung etwas verloren hat, aber doch u.a. in unseren Fernsprechern verbreitet weiter lebt. Die Schicht aus Kohlekörnern zwischen einer festen Metallplatte und einer Metallmembran ändert ihren Widerstand entsprechend den tonfrequenten Druckschwankungen, von denen die Membran beaufschlagt wird.

Schließlich sind es noch zwei weitere Eigenschaften, die die Kohle in der Elektrotechnik interessant machen: Erstens ihre Widerstandsfähigkeit gegen chemische Angriffe und zweitens ihr sehr hoher Verdampfungspunkt von über 4000 °C (ohne vorheriges Schmelzen). Wir finden daher Kohle als Werkstoff für Behälter und *Elektroden* bei chemischen und elektrochemischen Fabrikationsprozessen, z.B. zur Schmelzelektrolyse bei der Aluminiumgewinnung, wir haben Graphitanoden in galvanischen Elementen, die *Bogenlampenkohlen* in Lichtbogenöfen zur Erzeugung höchster Temperaturen für mannigfache industrielle Schmelzvorgänge, die Schweißelektroden aus Kohle und vieles andere. Der Kohlelichtbogen für reine Beleuchtungszwecke hat den modernen Leuchtstofflampen oder auch den Quecksilber- oder Xenon-Hochdrucklampen mit Wolframelektroden weichen müssen. In der Spektralanalyse wird er jedoch wegen seiner leichten Handhabung und der Möglichkeit, sehr reine Lichtbogenkohlen für analytische Zwecke herzustellen, weiter verwendet. Daß der Graphit in der Reaktortechnik als *Moderator* zur Abbremsung von Neutronen einen neuen weiteren Anwendungsbereich gefunden hat, sei am Rande vermerkt. Auch hierbei hat seine Reinstdarstellung besondere technische Bedeutung.

16.2 Carbide

Nicht nur als reines Element hat Kohlenstoff seinen Platz unter den Leiterwerkstoffen der Elektrotechnik, sondern auch in chemischer Bindung an Metalle. Wichtig ist z.B. das Siliciumcarbid (SiC), zunächst wegen seiner großen Temperaturbeständigkeit, da es nicht nur einen sehr hohen Schmelzpunkt hat, sondern auch, im Gegensatz zur Kohle selbst, bei höheren Temperaturen in Luft nicht verbrennt. Es ist daher in Mischung mit Kohlenstoff und Aluminiumsilikaten ein gebräuchlicher Werkstoff für Widerstände, insbesondere auch für Heizstäbe in Hochtemperaturöfen bis 1500 °C. Bedeutung haben Massen auf der Basis von Siliciumcarbid weiterhin durch die sehr ausgeprägte Spannungsabhängigkeit ihres elektrischen Widerstandes, der mit steigender Spannung stark absinkt (Varistoren). Dadurch eignen sie sich zur Herstellung von Bauelementen in Form von Platten oder Stäben, die, im Nebenschluß geschaltet, zur Unterdrückung von Spannungsspitzen dienen. Das findet Anwendung z.B. bei der Funkenlöschung an Kontakten, weiterhin als Blitzschutz oder überhaupt als Spannungsbegrenzer und Überspannungsableiter in elektrischen Anlagen. Der Widerstand kann dabei bis auf etwa 1/100 seines Ausgangswertes zusammenbrechen. Diese Abhängigkeit zeigt Bild 16.2. Es sei bemerkt, daß es sich dabei nicht um einen Erwärmungseffekt, sondern um einen fast trägheitsfrei vor sich gehenden Feldeffekt handelt.

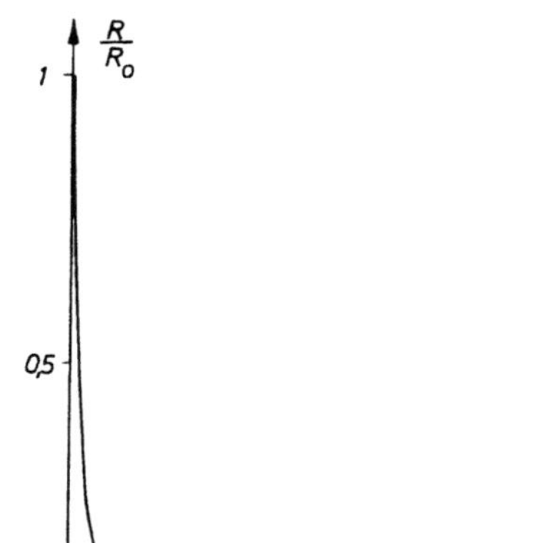

Bild 16.2
Spannungsabhängigkeit des Widerstandes eines Siliciumcarbid-Werkstoffes (Varistors)

Die große chemische und thermische Beständigkeit, Härte und hoher Schmelzpunkt sind Kennzeichen auch anderer Carbide. Von der Anwendung z.B. des Wolframcarbids ist in Tabelle 14.1 die Rede. Den vielen nützlichen Eigenschaften als beständiges Widerstands- und Kontaktmaterial steht der Nachteil gegenüber, daß es sich bei der Kohle wie bei den Carbiden um sprödes Material handelt. Es macht in der Formgebung, der Bearbeitung und vor allem der Kontaktierung, also der Anbringung von Zuführungsdrähten usw. Schwierigkeiten; dadurch wird die Verwendbarkeit auch dieser schönen Werkstoffe merklich eingeschränkt. Andererseits hat die einschlägige Industrie viele Wege gefunden, um die Eigenschaften solcher Kohleprodukte durch wechselnde Zusammensetzung, Art der Herstellung, Glühbehandlung usw. mannigfachen Zwecken anzupassen, wobei Härte, Gleiteigenschaften, Leitfähigkeit etc. in weiten Grenzen variieren.

17 Isolierstoffe

17.1 Überblick über die spezifischen Widerstände aller elektrotechnischen Werkstoffe

Als Rückblick auf die Leiter und Halbleiter und als Vorausschau auf die Isolierstoffe ist in Tabelle 17.1 der Gesamtbereich aller bekannten spezifischen Widerstände von den Supraleitern über die Metalle und Halbleiter bis zu den Isolatoren dargestellt. Dabei sind z.B. die Metalle bei Raumtemperatur eingegrenzt zwischen ihrem bestleitenden Vertreter, dem Silber, mit $\rho \sim 10^{-8}$ Ωm und den Widerstandslegierungen mit $\rho \sim 10^{-6}$ Ωm. Den letzteren Wert hat auch ungefähr das reine Wolfram bei 2000 °C. Die Größe des Sprunges zwischen den tiefgekühlten Normalleitern bis hinab zu den Supraleitern ist evident. Nach der anderen Seite klafft zum Graphit hin eine Lücke zwischen 10^{-6} und 10^{-5}, die bei tiefen Temperaturen noch größer würde, indem die Metalle dann nach unten, Graphit etc. nach oben rutschen, ebenso wie die Halbleiter. Bei diesen lassen sich die Grenzen von 10^{-4} bis 10^{+7} nicht bestimmten technisch interessanten Werkstoffen zuordnen, da die spezifischen Widerstände hier ja bei ein- und derselben Grundsubstanz durch Reinheitsgrad und Dotierung um Zehnerpotenzen verändert werden können. Der Bereich der Halbleiter überlappt sich bei Raumtemperatur und erst recht in der Kälte mit dem der Isolatoren.

Letzterer soll uns im folgenden beschäftigen. Er beginnt etwa bei 10^{6} Ωm, z.B. mit dem Schiefer, und enthält an seinem oberen Ende ohne exakte Grenze den Glimmer mit $\rho \sim 10^{15}$ Ωm und noch darüber das Quarzglas und manche organische Verbindungen. Aus der großen Zahl verfügbarer Isolierstoffe sollen hier bevorzugt solche betrachtet werden, die sich als Musterbeispiele eignen, um zu erläutern, nach welchen Gesichtspunkten und Methoden man sie beurteilt, was man von ihnen verlangt und was sie leisten können. Ein geeignetes Objekt, um damit zu beginnen, ist die Luft. Sie ist der billigste Isolierstoff, den wir haben, und glücklicherweise gar nicht mal so schlecht. Noch besser isoliert das Vakuum, ist dafür aber teurer; denn um auch bei großen Spannungen wirklich diesen Zweck zu erfüllen, muß es ein sehr hohes Vakuum sein, dessen Herstellung und Erhaltung aufwendiger Mittel bedarf.

Tabelle 17.1 Spezifische Widerstände von Metallen, Halbleitern und Isolatoren in Ωm

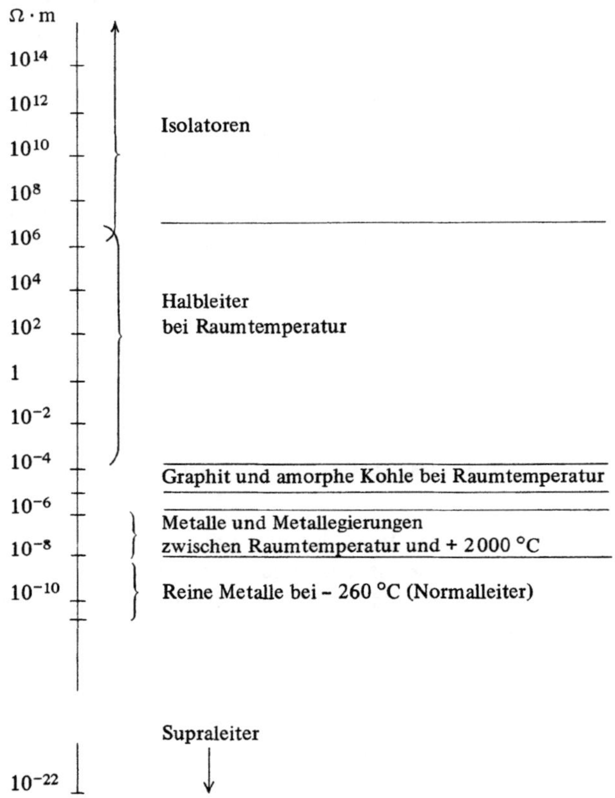

17.2 Die Luft als Isolierstoff

Die Isolierfähigkeit der Luft kann begrenzt sein durch den Einfluß ionisierter Beimengungen, z.B. von Feuchtigkeit mit Kohlensäure, aber auch durch Ionenbildung infolge von Strahlung, vor allem aus dem Bereich des Ultravioletten oder des Röntgenspektrums. Deren ionisierende und damit die Leitfähigkeit der Luft steigernde Wirkung läßt sich unmittelbar als Maß für ihre Intensität verwenden. Insbesondere können aber unter dem Einfluß hoher Feldstärken durch Stoßionisierung – also Spaltung von Luftmolekülen in positive und negative Ladungen durch den Aufprall beschleunigter Teilchen – gut leitende Kanäle mit hoher Stromdichte entstehen, wie beim Blitz und anderen Hochspannungsüberschlägen. Die den Leitungsvorgang beherrschenden Elektronen haben dabei kurz vor dem Durchschlag relativ hohe Beweglichkeiten, nämlich rund 500 $cm^2/V \cdot s$, liegen damit also im unteren Bereich der Werte von Halbleitern (vgl. Tab. 15.1, S. 141).

17.3 Die Durchschlagfestigkeit von Gasen

Offenbar genügt es demnach nicht, wenn ein Isolierstoff, wie die trockene Luft, einen hohen spezifischen Widerstand hat, vielmehr muß dieser auch in weiten Grenzen unabhängig von äußeren Einflüssen sein; insbesondere muß die *Durchschlag*spannung U_D einen von den Einsatzbedingungen her bestimmten Mindestwert haben. Wenn man annimmt, daß sie in erster Näherung proportional dem Elektrodenabstand, also der Schichtdicke d des Isolierstoffes ist, liegt es nahe, den Quotienten $U_D : d = E_D$ als *Durchschlagfestigkeit* einzuführen und in kV/mm oder kV/cm anzugeben. E_D hat also die Dimension einer Feldstärke; sie gibt mit ihrem Zahlenwert die elektrische Beanspruchung an, bei der der Widerstand zusammenbricht. Bild 17.1 zeigt jedoch, daß diese Durchbruch-Feldstärke keineswegs eine Materialkonstante ist. An 1 mm Luftschicht z.B. beträgt sie unter den in Bild 17.1 angegebenen Bedingungen 4 ... 5 kV/mm, bei anderer Elektrodenform meist etwas weniger, steigt aber jedenfalls mit abnehmender Schichtdicke stark an. Das ist insofern verständlich, als die Ausbildung leitender Kanäle durch Stoßionisation ja nicht nur eine gewisse Mindestfeldstärke zur *Beschleunigung der vorhandenen* Ladungsträger, sondern zunächst einmal eine *genügende Anzahl* beschleunigungsfähiger Teilchen und eine *hinreichend lange Wegstrecke* voraussetzt, auf der Sekundärprozesse mit lawinenartiger Vermehrung der Träger sich entfalten können. Da letzteres umso weniger gegeben ist, je dünner die Luftschichten werden, steigt gleichzeitig die zum Durchbruch benötigte Feldstärke E_D entsprechend an; die dazugehörige Spannung $U_D = E_D \cdot d$ kann also mit abnehmender Schichtdicke d nicht

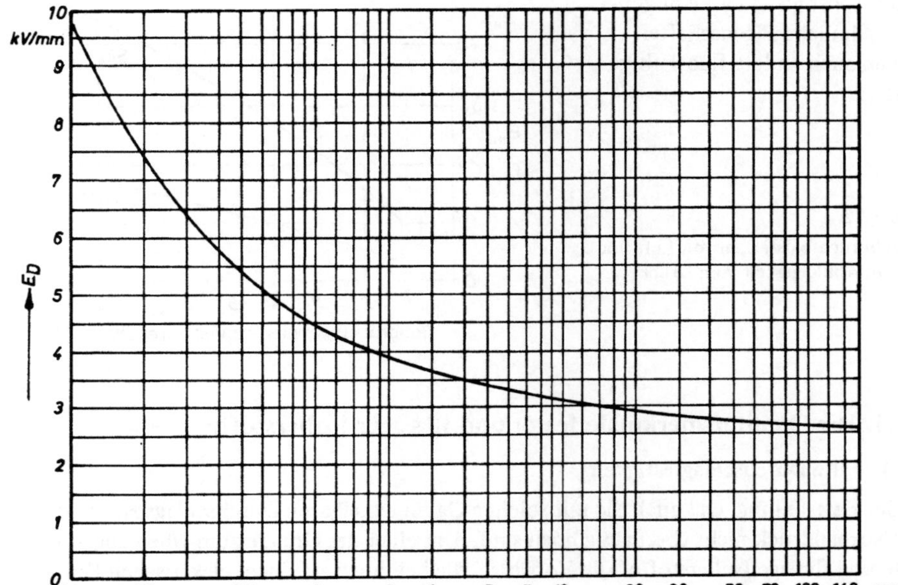

Bild 17.1 Durchbruchfeldstärke von Luft zwischen ebenen Elektroden in Abhängigkeit vom Elektrodenabstand bei 20 °C und Normaldruck. Mittelwerte von Messungen verschiedener Autoren

beliebig klein werden. Das führt unter anderem zu der praktischen Folgerung, daß man zur Prüfung der Isolierung in elektrischen Geräten stets gewisse Mindestspannungen aufwenden muß, auch wenn die Betriebsspannung vielleicht weit darunter liegt; sonst täuschen u.U. kleinste Luftspalte einwandfreie Isolation vor, weil die Feldstärke zum Durchschlag nicht reicht. Solche Spalte können z.B. an schadhaften Stellen lackisolierter, zu Spulen gewickelter Dähte und nach mangelhaftem Eindringen von Öl oder Tränklack mitunter zurückbleiben, sich dann später im Betrieb durch Erwärmung oder Erschütterung schließen und zu Kurzschlüssen oder Erdschlüssen führen. Auf Grund von Überlegungen und Erfahrungen dieser Art fordern die VDE-Bestimmungen relativ hohe Prüfspannungen auch für solche Fälle, wo im späteren Betrieb nur wesentlich niedrigere Spannungen zu erwarten sind.

Die Durchschlagfestigkeit der Luft läßt sich erhöhen durch Steigerung des Druckes, weil dadurch die Teilchenbewegung behindert wird, also zur Stoßionisierung höhere Feldstärken benötigt werden. Es liegt daher z.B. nahe, Luftkondensatoren für hohe Spannungsbeanspruchung mit Preßgas zu füllen. Andererseits braucht es, wenn man schon an gasförmige Isolationsschichten denkt, nicht bei Luft zu bleiben. Bereits bei Besprechung der elektrischen Kontakte war das Gas SF_6 (Schwefelhexafluorid) erwähnt worden. Es hat auf Grund seines elektronegativen Charakters die Neigung, freie Elektronen anzulagern und sie damit der Entladungsstrecke zu entziehen, also unter sonst gleichen Umständen die Durchschlagspannung zu erhöhen. Bild 17.2 veranschaulicht dies durch Gegenüberstellung der Durchbruchfeldstärken von Luft und SF_6, bei erhöhtem Druck unter sonst gleichen Bedingungen. Ähnliche Eigenschaften haben auch andere fluorhaltige Gase.

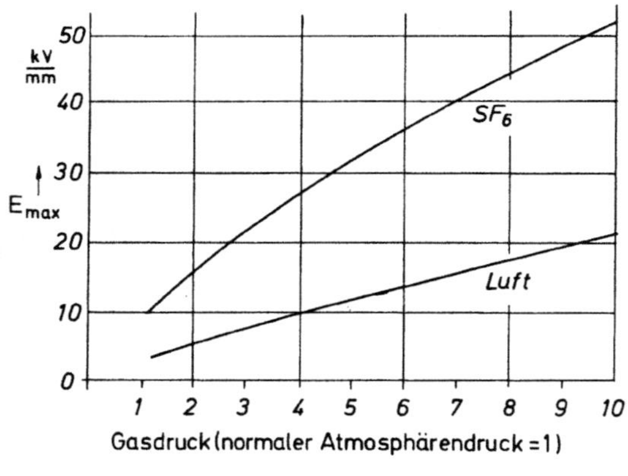

Bild 17.2
Durchbruchfeldstärken von Luft und SF_6 in Abhängigkeit vom Druck

17.4 Die Qualitätsmerkmale fester und flüssiger Isolierstoffe

17.4.1 Die Durchschlagfestigkeit

In der Feststellung, daß auch die mit solchen Gasen erzielbaren Durchschlagspannungen bei Normaldruck nicht übermäßig hoch sind, liegt einer der Gründe zum Übergang auf feste und flüssige Isolierstoffe. Die Vorgänge, die bei ihnen zu einem elektrischen Durchbruch führen, sind denen beim Durchschlag von Gasen in mancher Hinsicht ähnlich. Vor allem zeigt Bild 17.3 am Beispiel einer Cellulosetriacetatfolie, daß auch hier die Durchschlagfeldstärke in hohem Maße von der Schichtdicke abhängt. Von einer Durchschlag-

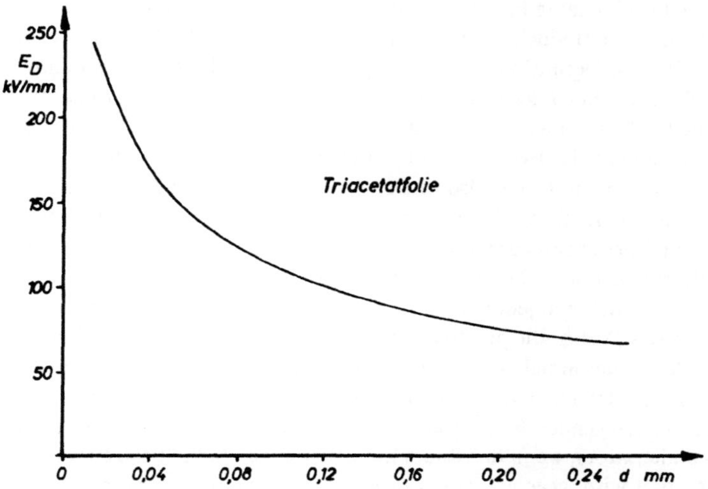

Bild 17.3 Durchschlagfeldstärke einer Cellulosetriacetatfolie in Abhängigkeit von der Dicke

festigkeit als einer Materialkonstanten des Werkstoffes kann also hier erst recht nicht gesprochen werden; vielmehr ist die Angabe der Schichtdicke, an der gemessen wurde, unerläßlich oder gegebenenfalls der ganze Kurvenverlauf interessant. Überdies ist bei flüssigen und festen Isolierstoffen die *Dauer* der Belastung häufig von wesentlichem Einfluß. Auch bei guten Isolatoren kann nämlich durch vagabundierende Ionen (z.B. Feuchtigkeit) oder durch vereinzelte freie Elektronen bei hoher Spannung ein – wenn auch sehr schwacher – lokal begrenzter Strom einsetzen, der zu örtlicher Erwärmung führt und dadurch in seiner Umgebung eine zunehmende Leitfähigkeit hervorruft. Da diese mit steigender Temperatur durch Freisetzung weiterer Träger rasch anwächst, besteht die Gefahr, daß die Vorgänge lawinenartig anschwellen und es zu einem „Wärmedurchschlag" kommt. Parallel laufende temperaturbedingte chemische Veränderungen des Werkstoffes können diese Entwicklung beschleunigen. Sie kann sich in Minuten, in Stunden, aber auch in Jahren vollziehen. Demnach ist eine exakte Spannungsprüfung durch Angabe des zeitlichen Ablaufs der Beanspruchung zu ergänzen. Man findet dementsprechend in einschlägigen Vorschriften Formulierungen wie: „Steigerung der Spannung um jeweils 1 kV/s bis zum Durchschlag" oder es ist von der 1-, 5-, 10- oder 30-Minuten-Stehspannung usw. die Rede. Schließlich kann die Prüfung mit Wechselspannung zu anderen Ergebnissen führen als die mit Gleichspannung, da die Bedingungen für das Auftreten und den Ablauf von Sekundärprozessen in beiden Fällen unterschiedlich sind (Abschn. 17.4.5).

17.4.2 Die elektrische Polarisation und die Dielektrizitätszahl

Auch ein idealer Isolator, dessen Widerstand praktisch unendlich und der weit unterhalb seiner Durchbruchfeldstärke belastet ist, zeigt sich in einem elektrischen Feld keineswegs indifferent. Die üblichen Formulierungen zur Beschreibung elektrischer Felder und ihrer

Einwirkung auf Materie haben exakte Parallelen mit der Darstellung von Magnetfeldern und vom Verhalten der darin befindlichen verschiedenartigen Werkstoffe. In Abschn. 20.1 sind die analogen Begriffe und Definitionen einander gegenübergestellt. Ausgangspunkt der Betrachtungen und materieller Träger des Feldes ist in formal gleichartiger Weise dort die stromdurchflossene Spule und hier der aufgeladene Kondensator. In der Tat hat ja bei allen praktischen Anwendungen der Isolierstoff die Aufgabe, zwei Leiter verschiedenen Potentials voneinander zu trennen. Er übt also immer die Funktion des Dielektrikums in einem Kondensator aus und wird als solches beansprucht, auch wenn er nur die Isolationsschicht zwischen über- und nebeneinanderliegenden Drahtbündeln in einer Maschine, zwischen Wicklung und Blechpaket eines Transformators, einer Spule gegenüber ihrem Gehäuse usw. darstellt. Er wird dabei in jedem Fall im elektrischen Feld zwischen spannungsführenden Teilen „polarisiert": d.h. die positiven und negativen Ladungen in den Kernen und Elektronenhüllen seiner Moleküle werden in ihrer räumlichen Verteilung bzw. auf ihren Bahnen reversibel gegeneinander verschoben. Diese Verschiebung führt zu einer inneren Elektrisierung, die der erregenden Feldstärke entgegengerichtet ist. Daher erhöht sich die Kapazität eines Kondensators, wenn der Raum zwischen seinen Metallbelägen mit einem Isolierstoff ausgefüllt wird, gegenüber dem Leerzustand um einen bestimmten Faktor; denn die Polarisation des Dielektrikums wirkt der Feldstärke im Kondensatorinneren entgegen, setzt also bei gleicher Ladungsmenge die Spannung zwischen den Metallbelägen herab. Dieser Faktor der Kapazitätssteigerung ist die *Dielektrizitätszahl* ϵ_r. Sie ist bei Gleichspannung für die meisten Stoffe eine charakteristische Materialkonstante, unabhängig von der Höhe der Spannung. Bei Wechselspannung treten Abhängigkeiten von Frequenz und Temperatur auf, von denen in Abschn. 17.4.5 die Rede sein wird.

Von der Größenordnung der Dielektrizitätszahlen aus betrachtet, zeichnen sich in der Gesamtheit der Isolierstoffe drei verschiedenartige Gruppen voneinander ab, die wir kurz skizzieren wollen:

17.4.2.1 Stoffe aus unpolaren Molekülen

Hier sind die positiven und negativen Ladungen im innermolekularen Aufbau so verteilt und angeordnet, daß ihre elektrischen Schwerpunkte zusammenfallen, also ihr Moment gleich Null ist. Durch das Feld im aufgeladenen Kondensator werden sie zwar nicht voneinander getrennt, aber immerhin auseinandergespreizt, so daß sich die besagte innere Elektrisierung bildet, die die Kapazität erhöht. Die das Maß dieser Kapazitätssteigerung zeigenden Dielektrizitätszahlen ϵ_r liegen bei gebräuchlichen Isolierstoffen dieser Art zwischen 2 und 10. Beispiele sind:

Öl	Clophen	Gläser	Porzellan	Bernstein	Asphalt
2 ... 2.5	~ 5	5 ... 10	~ 6	~ 3	~ 3

Kautschuk	Schellack	Glimmer
2 ... 3	3 ... 4	6 ... 8

Je nach Verwendungszweck wird das eine oder das andere erwünscht sein: Beispielsweise bei Kondensatoren möglichst *große* Dielektrizitätszahl ϵ_r im Sinne geringer Baugröße, bei Erdkabeln zur Begrenzung der kapazitiven Verluste möglichst *kleine.*

17.4.2.2 Stoffe aus polaren Molekülen (Dipolen)

Wesentlich höhere Werte für ϵ_r, nämlich von der Größenordnung 100 erhält man bei einer Gruppe von Stoffen, in deren molekularem Aufbau die positiven und negativen Ladungen schon im Normalzustand unsymmetrisch verteilt sind. Z.B. ist das Wassermolekül aus den beiden H-Atomen und dem O-Atom so aufgebaut, daß der positive und der negative Ladungsschwerpunkt auseinander liegen, es stellt also elektrisch einen *Dipol* dar. Das äußere Feld des Kondensators braucht in einem solchen Fall nicht mehr die Arbeit aufzubringen, die Polarisation im Innern des Dielektrikums durch Auseinanderspreizen der Ladungen erst zu erzeugen, sondern es hat dazu lediglich die bereits vorhandenen Dipole durch Drehprozesse auszurichten, wobei sie natürlich zusätzlich etwas gestreckt werden. Das Ergebnis ist eine sehr ausgeprägte Erhöhung der Kapazität, d.h. eine besonders große Dielektrizitätszahl. Beim Wasser ist $\epsilon_r \sim 80$, beim Titandioxyd (TiO_2) beispielsweise etwa 100.

17.4.2.3 Ferroelektrische Stoffe, auch in ihrer Anwendung als Kaltleiter

Eine weitere wesentliche Steigerung der Dielektrizitätszahlen findet sich bei einer Gruppe von Stoffen, bei denen nicht nur die einzelnen Moleküle Dipolcharakter haben, sondern größere Kristallbereiche spontan einheitlich ausgerichtet sind, die im äußeren elektrischen Feld ihre Größe und ihren Orientierungszustand ändern. Dadurch ergeben sich Dielektrizitätszahlen von weit über 1000. Bekannter und technisch wichtiger Vertreter ist das Bariumtitanat. Da Aufbau und Eigenschaften dieser Verbindungen Ähnlichkeiten mit denen der ferromagnetischen Stoffe haben (Weiss'sche Bezirke, Hysterese etc., s. Kapitel 20), und da sie im elektrischen Feld die entsprechende Rolle spielen wie z.B. Eisen und Nickel im magnetischen, bezeichnet man sie als ferroelektrisch. Ihr ϵ_r ist abhängig von Spannung und Temperatur, ähnlich wie das μ_r der Ferromagnetica in Kapitel 20.

Daß die große Dielektrizitätszahl für die Herstellung von Kondensatoren mit kleinen äußeren Abmessungen von besonderem Interesse ist, liegt auf der Hand. Im Laufe der Zeit haben spezielle Stoffe dieser Art zusätzliche Bedeutung in der Meßtechnik gefunden als sogenannte *Kaltleiter.* Sie stellen in der Anwendung das Gegenstück zu den in Abschn. 15 behandelten Heißleitern dar, d.h. ihr Widerstand ist bei Raumtemperatur relativ niedrig, steigt aber bei Erwärmung, z.B. auf 150 °C, innerhalb eines ganzen kleinen Temperaturintervalls fast sprunghaft an; sie sind daher als Überwachungsorgan für thermisch beanspruchte Teile, Wicklungen etc. zur Auslösung eines Signals oder Abschaltvorgangs besonders geeignet. Dieses Verhalten beruht darauf, daß die ferroelektrischen Stoffe ebenso wie die ferromagnetischen einen Curie-Punkt haben, d.h. eine charakteristische Temperatur, bei der die spontanen Ordnungszustände innerhalb des Gitters, die zu gemeinsamer Ausrichtung ganzer Kristallbezirke im elektrischen Feld und damit zu der extrem hohen Dielektrizitätszahl führen, sich plötzlich auflösen. Dort fällt dann ϵ_r fast schlagartig um mehrere Größenordnungen auf den Normalwert von etwa 10 und darunter. Entscheidend ist nun, daß man einem solchen Stoff, bevorzugt dem Bariumtitanat, durch Dotierung Halbleitercharakter verleihen kann, sowohl im Sinne einer p- wie einer n-Leitung. Besteht das Materials aus einer Vielzahl kleiner Kristallite, so bilden sich in den Grenzbezirken aneinanderstoßender Körner Raumladungszonen aus, die in wiederholt erläuterter Weise eine Sperrwirkung haben. Die dadurch entstehenden Potentialschwellen, die die Elektronen und Defektelektronen an diesen Grenzen überwinden müssen, sind nach der bekannten Poissonschen Gleichung $\Delta\phi = \rho/\epsilon_r \cdot \epsilon_0$, wenn ρ die angesammelte Raumladungsdichte ist. Der abrupte Rückgang von ϵ_r beim Curie-Punkt setzt demnach diese sperrenden Potentiale entsprechend herauf und erhöht damit schlagartig den Widerstand der polykristallinen Masse.

17.4.2.4 Elektrostriktion und Piezoelektrizität

Alle dielektrischen Stoffe ändern im elektrischen Feld durch die Polarisation ein wenig ihre äußeren Abmessungen (Elektrostriktion). Bei einigen tritt dazu der umgekehrte „Piezo"-Effekt ein, d.h. eine Dehnung oder Kompression ruft eine elektrische Polarisation hervor. Solche Substanzen bieten damit Möglichkeiten zur Umwandlung elektrischer Impulse in mechanische Bewegung und umgekehrt. Bekanntes Beispiel in der technischen Anwendung ist wiederum das Bariumtitanat, außerdem u.a. der Quarz. Bemerkt sei, daß alle ferroelektrischen Werkstoffe auch diesen piezoelektrischen Effekt zeigen, nicht aber umgekehrt jedes piezoelektrische Material ferroelektrisch sein muß (Quarz). Hinsichtlich des magnetischen Analogons, der Magnetostriktion, siehe Abschn. 20.3.1.2.

17.4.3 Entstehung und Definition der dielektrischen Verluste, der Verlustfaktor tanδ

Da der spezifische Widerstand auch des besten Isolierstoffs nicht unendlich hoch ist, hat ein Kondensator mit Dielektrikum ein Ersatzschaltbild gemäß Bild 17.4a. Hier ist der Tatsache, daß gewisse, wenn auch kleine Leitungsströme fließen, durch einen parallel geschalteten Widerstand Rechnung getragen. Bei Beanspruchung mit Wechselspannung kommen zu diesen Verlusten durch Leitungsströme noch diejenigen hinzu, die durch den ständigen Vorzeichenwechsel der Polarisation innerhalb des Dielektrikums entstehen. Denn da es sich hierbei um materielle Verschiebungen in Form von linearen Oszillationen oder Drehschwingungen innerhalb eines festen oder flüssigen Mediums handelt, können sie nicht reibungsfrei und nicht ohne Erwärmung vor sich gehen. Die dabei verbrauchte Leistung muß elektrisch gedeckt werden, d.h. auch bei unendlich hohem spezifischen Widerstand des Dielektrikums könnte der Kondensator an Wechselspannung nicht völlig verlustfrei sein. Beide Verlustarten, sowohl die durch Leitungsströme bedingten, wie die mit der Umpolarisation im Wechselfeld verbundenen, treten als Wirkleistung in Erscheinung und können demgemäß symbolisch gemeinsam durch den Parallelwiderstand R in Bild 17.4a dargestellt werden. Es liegt nahe, das Verhältnis der in diesem Nebenschluß verbrauchten Wirkleistung $P = U^2/R$ zu der Blindleistung des Kondensators $P_q = U^2 \omega C$ als ein relatives Maß für die im Dielektrikum entstehenden Verluste anzugeben, also

$$P/P_q = \frac{U^2}{R \cdot U^2 \cdot \omega C} = \frac{1}{R\omega C}$$

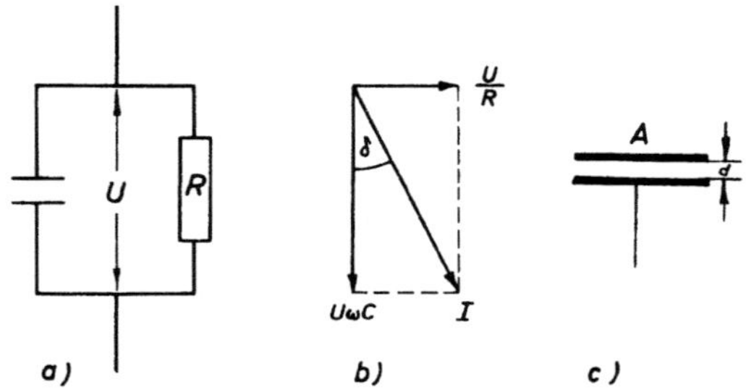

Bild 17.4
Der Verlustwinkel δ

Da weiterhin der Phasenwinkel zwischen Strom und Spannung jetzt nicht mehr 90° ist, wie am idealen Kondensator, wird man die Verluste auch durch einen Winkelbetrag darstellen können. Ist im üblichen Vektordiagramm (Bild 17.4b) der mit der Spannung in

Phase liegende Wirkstrom mit U/R, der um 90° verschobene kapazitive Strom mit $U\omega C$ eingetragen, so hat der resultierende Strom I einen um den Betrag δ von 90° abweichenden Phasenwinkel. Man bezeichnet δ als den Verlustwinkel und den $\tan\delta = \frac{U/R}{U\omega C} = \frac{1}{R\omega C}$ als den Verlust*faktor*. Wie wir sehen, ist $\tan\delta$ identisch mit der oben angegebenen Definition des Verhältnisses P/P_q (Wirkleistung zu Blindleistung) als relatives Maß für die Verluste.

Offenbar läßt sich der Parallelwiderstand R in Bild 17.4a als Ausdruck einer von Null verschiedenen Leitfähigkeit σ des Dielektrikums auffassen; sie setzt sich zusammen aus der Summe der tatsächlichen Gleichstrom-Leitfähigkeit σ_0 und einer scheinbaren Leitfähigkeit σ', die durch die Verluste bei den Polarisationsänderungen im Wechselfeld bedingt ist. Letztere ist frequenzabhängig, wie wir im einzelnen sehen werden.

Dieses $\sigma = \sigma_0 + \sigma'$ ist der Berechnung des Parallelwiderstandes R zugrunde zu legen. Ist d in Bild 17.4c die Dicke der Dielektrikumsschicht und A die Fläche eines Kondensatorbelages, so wird $R = \frac{1}{\sigma} \cdot \frac{d}{A}$. Andererseits gilt für die Kapazität des Kondensators bekanntlich $C = \epsilon_0 \cdot \epsilon_r \cdot \frac{A}{d}$, wo ϵ_0 eine das Maßsystem festlegende dimensionsbehaftete Konstante, die „elektr. Feldkonstante" (Influenzkonstante) ist. Damit ergibt sich für obigen Ausdruck von $\tan\delta = P/P_q = \frac{1}{R\omega C}$ folgendes:

$$\tan\delta = \frac{\sigma \cdot A \cdot d}{d \cdot \omega \cdot \epsilon_0 \cdot \epsilon_r \cdot A} = \frac{\sigma}{\omega \cdot \epsilon_0 \cdot \epsilon_r}.$$

In dieser Gleichung tritt die Kapazität C des Kondensators nicht mehr auf, sondern außer ϵ_0 und der Frequenz ω nur noch die für die Eigenschaften des Dielektrikums kennzeichnenden Größen σ und ϵ_r. Tan δ ist demnach von der Größe des zufällig bei der Messung verwendeten Kondensators unabhängig. Legt man sich durch Übereinkunft auf eine bestimmte Meßfrequenz ω fest, so liefert also die $\tan\delta$-Messung eine reine Materialkonstante und eine eindeutige Aussage über ein wichtiges Qualitätsmerkmal des Isolierstoffs, seinen *Verlustfaktor*. Je nach Anwendungsbereich bezieht man sich dabei als Meßfrequenz auf 50 Hz oder auch 800 ... 1000 Hz oder auf Frequenzen im Megahertzbereich.

Für gebräuchliche Isolierstoffe (Glas, Quarz, Glimmer, Keramik, Kunststoff) liegt $\tan\delta$ zwischen 10^{-4} und 10^{-1} bei Meßfrequenzen um 800 Hz. Er ist aber nicht einfach der Frequenz ω umgekehrt proportional, wie man nach obiger Gleichung annehmen könnte; denn auch in der Leitfähigkeit σ, so wie sie hier definiert ist, steckt durch den Anteil σ' eine zusätzliche Frequenzabhängigkeit, desgleichen in der Dielektrizitätszahl ϵ_r (s. Abschn. 17.4.5

17.4.4 Die Messung des Verlustfaktors und der Dielektrizitätszahl

Die praktische Bedeutung der Bestimmung von $\tan\delta$ und ϵ_r in Abhängigkeit von den Betriebsbedingungen soll weiter unten an einigen Beispielen erläutert werden. Vorher aber sei zur besseren Veranschaulichung einiges über die gebräuchlichen Meßverfahren gesagt: Meßobjekt ist ein Kondensator, der den zu untersuchenden Isolierstoff als Dielektrikum enthält. Das kann ein schulmäßiger Plattenkondensator im Laborversuch sein, aber auch z.B. der aktive Teil einer Maschine oder eines Transformators, deren Isolationssystem geprüft werden soll. Hier stellt das Wicklungskupfer den einen Metallbelag des Kondensators dar, das Blechpaket den anderen, mit der Isolierung als Dielektrikum dazwischen.

Zur Ermittlung des $\tan\delta$ genügt gemäß seiner Definition als Quotient von Wirkleistung P und Blindleistung P_q im Prinzip einfach die Feststellung dieser beiden Größen. Strom- und Spannungsmessungen sowie die Bestimmung der im Kondensator umgesetzten Wirkleistung mittels Wattmeter liefern alle hierzu benötigten Werte. In der Praxis, wo häufig große Genauigkeit bei einfachster Handhabung gefordert wird, bedient man sich vielfach einer Meßbrücke, die speziell in der Ausgestaltung für Hochspannungszwecke als „Schering-brücke" bekannt ist (Bild 17.5). Sie arbeitet im Prinzip wie folgt: Wären die Kondensatoren C_1 und C_2 beide verlustfrei (also $R_3 = \infty$) und C_3 nicht vorhanden, so könnte man durch Veränderung des Widerstandes R_2 den Brückenabgleich, d.h. Spannungslosigkeit zwischen A und B, einstellen und hätte dann die Beziehung

$$\frac{1}{\omega \cdot C_1} : R_1 = \frac{1}{\omega \cdot C_2} : R_2.$$

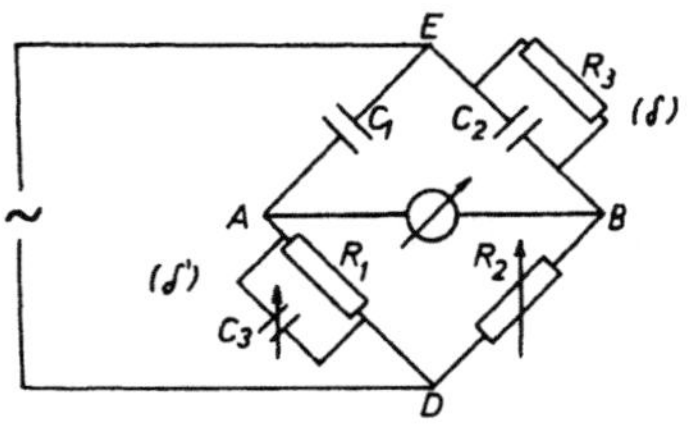

Bild 17.5
$\tan\delta$-Meßbrücke

Sie liefert z.B. die Kapazität von C_2, wenn C_1 bekannt ist. C_2 werde nun mit einem verlustbehafteten Dielektrikum von der Dielektrizitätszahl ϵ_r gefüllt. Dadurch vervielfacht sich also seine Kapazität mit dem Faktor ϵ_r. Die Verluste sind durch den Parallelwiderstand R_3 dargestellt, der jetzt nicht mehr als ∞ zu betrachten ist. Infolge der Kapazitätsvergrößerung von C_2 wird zunächst der Brückenabgleich grob gestört. Außerdem ist durch R_3 die Voreilung vom Strom gegenüber der Spannung zwischen E und B, die im verlustfreien Fall 90° wäre, um den Verlustwinkel δ verringert, die Phasenlage des Stroms also um diesen Betrag zurückgesetzt. Im gleichen Maße trifft das als Folgeerscheinung auch für die Spannung im Widerstand R_2 zwischen B und D zu, die ja mit dem Strom in Phase liegt. Um zwischen A und B wieder Phasengleichheit zu bekommen, d.h. die Brücke durch Änderung von R_2 exakt auf 0 abstimmen zu können, muß dann auch im Zweig R_1 zwischen A und D die Spannung um denselben Betrag δ gegenüber dem Strom in der Brückenhälfte E A D zurückgeschoben werden. Das geschieht am elegantesten durch Parallelschalten des verlustfreien, meßbar veränderlichen Kondensators C_3. Daß er die Spannung am Widerstand R_1 gegenüber dem Strom um den Phasenwinkel δ' mit $\tan\delta' = R_1 \cdot \omega \cdot C_3$ zurückschiebt, darf als bekannt vorausgesetzt werden. Verändert man C_3 und R_2 so lange, bis der Brückenabgleich wieder erreicht ist, also Spannungs- und Phasendifferenz zwischen A und B gleich Null sind, so muß $\delta' = \delta$ sein. Der dann eingestellte Wert von C_3 ergibt demnach den gesuchten Verlustfaktor $\tan\delta = R_1 \cdot \omega \cdot C_3 = \dfrac{1}{R_3 \cdot \omega \cdot C_2}$.

Ist die Leerkapazität von C_2 durch die vorhergegangene Messung bekannt, so liefert die neue, zum Brückenabgleich gehörende Stellung von R_2 zugleich das Maß für die Kapazitätsvergrößerung von C_2, d.h. für die Dielektrizitätszahl ϵ_r.

17.4.5 Abhängigkeit der Dielektrizitätszahl ϵ_r und des Verlustfaktors $\tan\delta$ von Frequenz und Temperatur

Die Vorgänge, die sich nach Anlegen einer Spannung im Dielektrikum des Kondensators abspielen, erfordern zu ihrem Ablauf eine gewisse, wenn auch sehr kleine Zeit, die „Relaxationszeit". Das gilt sowohl für die Erzeugung von Dipolen durch innermolekulare Verzerrungen wie auch für die Drehung bereits vorhandener Dipole und Dipolgruppen im elektrischen Feld. Diese Zeit hängt natürlich ab von der Größe der zu bewegenden Moleküle oder Molekülteile und von der Stärke der Kräfte, durch die sie elastisch aneinander gebunden sind. Sie liegt z.B. bei der Ausrichtung der Dipole des Wassers im elektrischen Feld in der Größenordnung von 10^{-11} s. Bei entsprechend hohen Frequenzen wird es demnach eine Grenze geben, wo diese Bewegungen dem raschen Wechsel des Feldes nicht mehr ohne merkliche Verzögerung folgen können. Das muß sich zunächst in einem Rückgang der Dielektrizitätszahl äußern. Zugleich aber wird dabei bemerkbar, daß die bewegten Moleküle und Molekülteile durch ihre elastischen gegenseitigen Bindungen schwingungsfähige Gebilde darstellen, die naturgemäß eine Eigenfrequenz besitzen. Werden sie mit dieser durch ein äußeres Wechselfeld angeregt, kommt es zur Resonanz, d.h. zu extrem lebhaften Bewegungen und einem Spitzenwert der dielektrischen Verluste. Der $\tan\delta$ durchläuft also in einem solchen Schwingungsbereich bei stetig sich ändernder Frequenz eine Resonanzkurve mit einem ansteigenden und einem fallenden Ast sowie einem dazwischenliegenden Maximum, bei dem die Erregerfrequenz und die Eigenfrequenz der Dipole sich decken. Je nach dem molekularen Aufbau des betreffenden Dielektrikums und je nach dem, ob es sich dabei um Drehschwingungen oder Oszillationen handelt, liegt dieses Maximum im nieder- bis mittelfrequenten oder im optischen Bereich. Bild 17.6 zeigt solch einen Verlauf der Dielektrizität und des Verlustwinkels eines organischen Isolierstoffs, aufgetragen über der Frequenz.

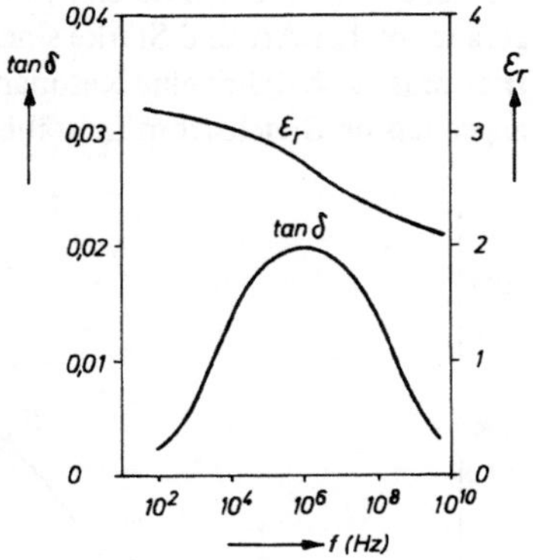

Bild 17.6
Frequenzgang der Dielektrizitätszahl ϵ_r und des Verlustfaktors $\tan\delta$ eines organischen Isolierstoffs (Polyester-Folie)

Die Kenntnis dieser Kurven im jeweils interessierenden Frequenzbereich ist die Grundlage für zahlreiche Anwendungen von Isolierstoffen in Wechselfeldern. Verluste hat im allgemeinen niemand gern. Wie weit man aber deshalb in der Forderung nach möglichst kleinen $\tan\delta$-Werten geht, wird im Einzelfall davon abhängen, welche Rolle die dielektrischen Verluste in Kondensatoren, Koaxialkabeln, eingegossenen Spulen und dergleichen neben andersartigen Verlusten des Schaltkreises spielen, z.B. solchen im Eisen und in den Ohmschen Widerständen. Andererseits wird man zu einer gezielten Erwärmung, z.B. von geschichteten Medien im Kondensatorfeld, Frequenz und Werkstoffdaten im Sinne möglichst *großer* Verluste, also großer Wärmeentwicklung, aufeinander abstimmen. Aber auch in Fällen, wo der Absolutwert der dielektrischen Verluste, wie z.B. in elektrischen Maschinen, hinter Kupfer- und Eisenverlusten weit zurücktritt, liefert die $\tan\delta$-Bestimmung in Abhängigkeit von der Frequenz eine wichtige Prüfmethode zur Auswahl geeigneter Isolierstoffe. Die Lage des Maximums der Resonanzkurve, d.h. der Eigenfrequenz der angeregten Moleküle, sagt nämlich etwas aus über Zustände und Bindungskräfte in den innersten Bereichen der Isolierung. Insbesondere erhält man dadurch eine empfindliche Anzeige für etwa eingetretene Veränderungen im Lauf von Härtungsvorgängen oder Dauererwärmung. Ist das Material versprödet, z.B. durch Oxidation oder sonstige Alterungsprozesse, muß die Eigenfrequenz höher liegen, wird es andererseits weicher, sinkt sie ab. Hier bieten sich also Einblicke in das Innenleben eines Isolierstoffs oder eines Isoliersystems mit der Möglichkeit einer Voraussage seines Verhaltens bei verschiedenartigen Beanspruchungen.

Bei den meisten Werkstoffen ist steigende Erwärmung normalerweise mit zunehmender Erweichung verbunden. Statt also bei konstanter Temperatur die Frequenz zu ändern, wird man zu ähnlichen Resonanzkurven kommen, wenn man bei festliegender Erregerfrequenz die Temperatur des Dielektrikums einen gewissen Bereich durchwandern läßt. Bild 17.7 zeigt das am Beispiel eines gebräuchlichen Gießharzes. Die Meßfrequenz war hier konstant 800 Hz. Bei einer Temperatur von 50 °C ist das Material noch so hart, daß die Eigenfrequenz der Dipole weit oberhalb von 800 Hz liegt, d.h. $\tan\delta$ ist klein. Bei 120 °C ist die Masse so weich geworden, daß die Eigenfrequenz jetzt weit unter 800 Hz abgesunken ist. Auch hier ist also $\tan\delta$ relativ klein. Dazwischen durchläuft die Temperatur bei ca. 80 °C einen Bereich, wo in mittlerem Härtezustand die inneren Bindungskräfte gerade solcher Art und Stärke sind, daß die molekulare Eigenfrequenz bei 800 Hz liegt. Hier prägt sich daher eine Resonanzspitze aus. Oberhalb von 120 °C tritt die nun stark angestiegene Gleichstrom-Leitfähigkeit σ_0 in den Vordergrund und führt zu entsprechen-

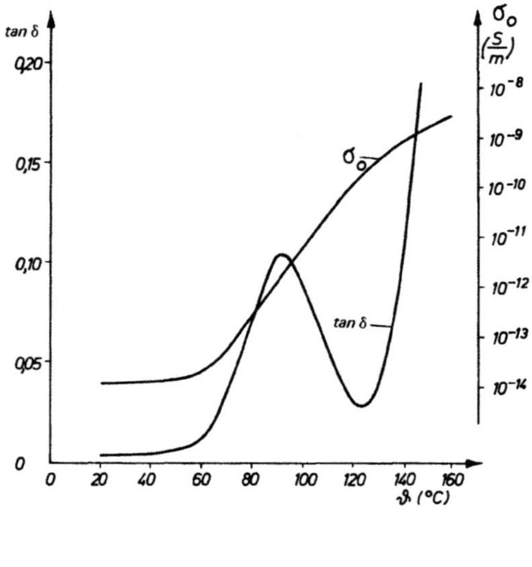

Bild 17.7
Verlustfaktor $\tan\delta$ und Gleichstrom-Leitfähigkeit σ_0 eines Epoxidharzes in Abhängigkeit von der Temperatur

dem Anstieg des Verlustfaktors. Auch dieser Teil der Kurve außerhalb des Resonanzbereichs kann aufschlußreich sein. Denn die Leitungsvorgänge in Isolatoren reagieren ja – ebenso wie bei Halbleitern – sehr empfindlich auf irgendwelche Veränderungen im Material durch Verunreinigung, Feuchtigkeit oder sonstige Störungen.

17.4.6 Die Spannungsabhängigkeit des Verlustfaktors

Besondere prüftechnische Bedeutung hat die Messung des $\tan\delta$ und seiner Abhängigkeit von der *Spannung* in der Hochspannungstechnik. Hier hat man meist geschichtete Isolierungen, aus Folien, Bändern, Platten und Bindemitteln zusammengesetzt. Es ist recht mühsam, solche Schichten so aufzubauen, daß sie keine Lufteinschlüsse enthalten, die andererseits eine Gefahrenquelle darstellen. Ist nämlich die Spannung zwischen den beiden Seiten der Isolierung so hoch, daß in einer solchen Luftblase Feldstärken von mehr als 3 kV/mm entstehen, so erfolgt zwar kein Durchschlag, da die umgebenden festen Isolierstoffe das verhindern; es treten aber in der eingeschlossenen Luft Glimmentladungen auf, die erstens durch die darin umgesetzte Verlustleistung zu örtlicher Erwärmung führen, zweitens aber nitrose Gase erzeugen, die in Gemeinschaft mit der stets vorhandenen Luftfeuchtigkeit Salpetersäure bilden und die Isolation zerstören. Ob nun irgendwo im Innern der Isolierung solche Lufteinschlüsse vorhanden sind, zeigt sehr exakt die $\tan\delta$-Messung. Bild 17.8 möge das an einem Beispiel erläutern: An der Wicklung einer Hochspannungsmaschine wurde der $\tan\delta$ bei konstanter Frequenz und Temperatur, aber wachsender Spannung aufgenommen. Die Kurve, die bis 4 kV keinen Anstieg des Verlustfaktors zeigt, hat dort einen ausgeprägten Knick und geht dann steil nach oben. Hier macht sich

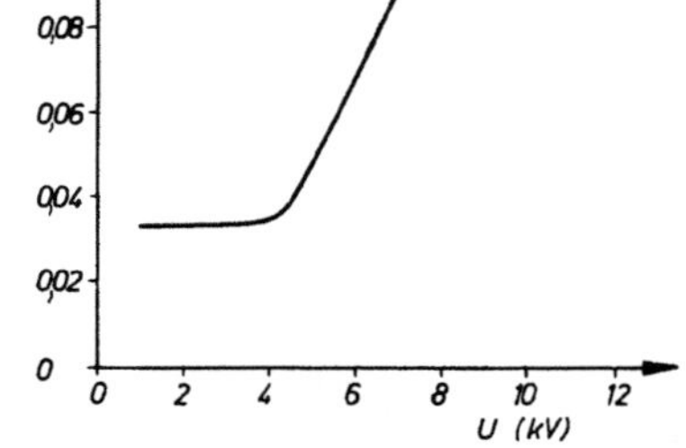

Bild 17.8
Verlustfaktor $\tan\delta$ einer Hochspannungswicklung in Abhängigkeit von der Spannung

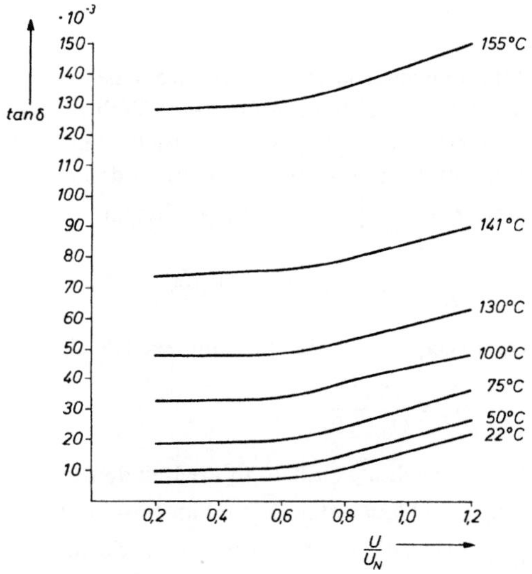

Bild 17.9
Verlustfaktor einer Micalastic-Wicklung in Abhängigkeit von der Spannung bei verschiedenen Temperaturen (U_N = 6 kV)

also ein mit der Spannung rasch ansteigender zusätzlicher innerer Verlust bemerkbar, der auf das Einsetzen von Glimmentladungen in einer oder mehreren eingeschlossenen Luftblasen zurückgeht. Eine Beanspruchung einer solchen Wicklung mit Spannungen von mehr als 4 kV würde bald zur Zerstörung führen, es sei denn, die Isolierung besteht aus einem hinreichend großen Anteil von „glimmfesten", d.h. gegen den Säureangriff beständigem Material, z.B. aus Glimmer. In der modernen Hochspannungstechnik gelingt es, die Isolationsschichten praktisch luftfrei zu gestalten, so daß dieser Anstieg des $\tan\delta$ im interessierenden Spannungsbereich kaum auftritt; immerhin dient seine Messung zur Kontrolle und Überwachung der Isolierung im Lauf des Betriebs.

Bild 17.9 zeigt ein weiteres Beispiel aus der Praxis elektrischer Maschinen, nämlich Verlustfaktor-Messungen an einer Micalastic-Wicklung (Glimmerfolien mit Kunstharzbindung) in Abhängigkeit von Spannung und Temperatur. Andere Methoden, einsetzende Glimmentladungen zu erkennen, sind in der Literatur beschrieben (s. Verzeichnis am Schluß des Buches).

17.4.7 Die komplexe Dielektrizitätszahl

In der theoretischen Elektrotechnik schreibt man bekanntlich im Sinne übersichtlicher Formulierungen den Scheinwiderstand einer Kombination von Wirk- und Blindwiderständen häufig als komplexe Größe. Deren Realteil stellt dabei die Wirkwiderstände, der Imaginärteil die Blindwiderstände dar. Der verlustbehaftete Kondensator als Parallelschaltung einer Kapazität C und eines Ohmschen Widerstandes R hat dann einen Widerstand Z, der durch die Gleichung bestimmt ist

$$\frac{1}{Z} = \frac{1}{R} + j\omega C \tag{1}$$

Im Sinne einer solchen Schreibweise ist es oft zweckmäßig, die kapazitätssteigernde Wirkung des Dielektrikums und seine Verlusteigenschaften gemeinsam in einer komplexen Dielektrizitätszahl $\bar{\epsilon}_r$ zum Ausdruck zu bringen. Der Scheinwiderstand eines Kondensators mit der Leerkapazität C_0 erhält dann durch Füllung mit diesem Dielektrikum den Wert $Z = \frac{1}{j \cdot \bar{\epsilon}_r \cdot C_0 \cdot \omega}$. In Verbindung mit Gl. (1) wird also:

$$\frac{1}{Z} = j \cdot \bar{\epsilon}_r \cdot C_0 \cdot \omega = \frac{1}{R} + j\omega C.$$

Daraus ergibt sich für die komplexe Dielektrizitätszahl

$$\bar{\epsilon}_r = \frac{C}{C_0} - \frac{j}{R\omega \cdot C_0}$$

Diese Beziehung enthält im Realteil den Ausdruck einer reinen Kapazitätssteigerung in Form des Quotienten $\frac{C}{C_0}$ und im Imaginärteil die für die Verluste maßgebende Größe $\frac{1}{R\omega C_0}$ (vgl. die Formulierung der Verluste in Abschn. 17.4.3).

Die Handhabung dieser komplexen Dielektrizitätszahl in den Gleichungen der theoretischen Elektrotechnik hier näher zu erläutern, ginge über den Rahmen einer einführenden Werkstoffkunde hinaus. Hier soll lediglich erkennbar werden, in welcher Weise die kennzeichnenden Werkstoffeigenschaften zur mathematischen Weiterverarbeitung darin untergebracht sind.

17.4.8 Oberflächenwiderstand, Kriechstromfestigkeit

Leitfähigkeit, Durchschlagfestigkeit, Dielektrizitätszahl ϵ_r und der Verlustfaktor $\tan\delta$ sind die wichtigsten Größen, die für die elektrischen Vorgänge im Innern eines Isolierstoffes kennzeichnend sind. Daneben spielen auch Oberflächeneigenschaften eine Rolle. Zunächst wird z.B. bei hygroskopischen Stoffen durch Bildung eines äußeren Feuchtigkeitsfilms der Widerstand oft kleiner sein als man auf Grund einer Messung am kompakten Material annimmt. Auch andere Einflüsse aus der umgebenden Atmosphäre können in dieser Richtung wirken. Hiermit zusammen hängt der Begriff der *Kriechstromfestigkeit,* die vor allem im Bereich höherer Spannungen oberhalb von 100 V bedeutungsvoll ist.

Kriechströme sind zunächst sehr stromschwache Leitungsvorgänge auf der Oberfläche eines Isolierstoffs zwischen spannungsführenden Leitern, also z.B. bei Anschlußklemmen, blank verlegten Leitungen und dergleichen. Sie finden durch Verschmutzung, Feuchtigkeitsniederschlag, Anlagerung von Rußpartikeln, Abrieb von Kohlebürsten oder sonstwie leitenden Staub Möglichkeiten, sich langsam zu entwickeln. Sind sie auch anfangs ganz unscheinbar, können sie doch auf die Dauer zu einer lokalen Erwärmung, schließlich auch zur Ausbildung eines Funkenspiels führen, mit langsamer Zersetzung des isolierenden Materials und allmählicher Erzeugung einer leitenden Schicht. Diese Gefahr besteht vor allem bei allen organischen Isolierstoffen, z.B. auf der Basis von Zellulose mit Phenol- oder anderen Harzen, von Ölen, Lacken etc., also Hartpapier, Hartgewebe, Bakelit usw.; denn sie alle gruppieren sich in ihrem chemischen Aufbau um das Element Kohlenstoff, das bei Überhitzung, teilweiser Verbrennung und Verkohlung letzten Endes als Ruß oder Graphit zurückbleibt, der mehr oder minder zusammenhängende leitende Bahnen auf der Oberfläche bildet. Kriechstromfest dagegen sind beispielsweise Glimmer, Quarz und andere anorganische Isolierstoffe, die durch solche Oberflächenströme nicht verändert werden. Zur Unterscheidung und Bewertung dieser Eigenschaft sind genormte Methoden geschaffen worden. Dabei wird das Verhalten eines Isolierstoffs bei definierter künstlicher Verschmutzung der Oberfläche und gleichzeitiger Spannungsbeanspruchung nach verschiedenen Kriechstromfestigkeits-Stufen klassifiziert.

17.5 Zusammenfassender Auszug aus Abschn. 17.1 bis 17.4. Sonstige Forderungen an Isolierstoffe

Im folgenden sind nochmals die für einen Isolierstoff kennzeichnenden Qualitätsmerkmale zusammengestellt. Sie sind je nach Verwendungszweck bei Nieder- oder Hochspannung, im niederen, mittleren oder hohen Frequenzbereich von unterschiedlicher Bedeutung.

1. *Spezifischer Widerstand:* siehe Tabelle 17.1 (10^6 bis $> 10^{14}$ Ωm)
2. Die *Durchschlagfestigkeit* in kV/mm mit Angabe der Schichtdicke, an der gemessen wurde. Sie beträgt bei Luft einige kV/mm, bei festen und flüssigen Isolierstoffen liegt sie um 1 bis 2 Größenordnungen höher, ist allgemein an dünnen Schichten größer als an dicken, außerdem in der Praxis abhängig von der Belastungs*dauer.*

3. Die *Dielektrizitätszahl* ϵ_r. Bei unpolaren gebräuchlichen Isolierstoffen liegt sie meist zwischen 2 und 10, bei polaren (Wasser) eine Größenordnung höher, bei ferroelektrischen Stoffen um 1000 und darüber. Je nach dem molekularen Aufbau des Materials hat sie im Bereich niederer, mittlerer oder hoher Frequenzen eine Grenzfrequenz, bei deren Überschreitung sie stark absinkt.
4. *Verlustfaktor:* $\tan\delta = P/P_q$ liegt bei guten Isolierstoffen zwischen 10^{-1} und 10^{-4}, in gewissen, für den jeweiligen Stoff typischen Frequenzbereichen ist er stark abhängig von Frequenz und Temperatur im Sinne einer Resonanzkurve. Bei Hochspannungsisolierungen ist zudem seine Spannungsabhängigkeit von Bedeutung, insbesondere zur Anzeige innerer Glimmentladungen.
5. *Oberflächenwiderstand* und *Kriechstromfestigkeit* sind vor allem im Bereich höherer Spannungen wichtig.
6. Bei Hochspannungsanwendungen hat der Begriff der *Glimmfestigkeit* Bedeutung.

   Zur vollständigen Bewertung gehören sodann noch Aussagen über einige allgemeine Eigenschaften, die sich z.B. auf die Widerstandsfestigkeit gegen Umgebungseinflüsse beziehen, also je nach Art des Einsatzes mehr oder minder wichtig sind, nämlich:
7. *Wärmebeständigkeit:* siehe hierzu Abschn. 17.7.
8. *Beständigkeit gegen Witterungseinflüsse,* geringe Feuchtigkeitsaufnahme, gegebenenfalls Resistenz gegen chemische Agenzien.
9. *Mechanische Festigkeit*
10. *Widerstandsfestigkeit gegen Strahlung*
11. *Gute Verarbeitbarkeit*
12. Geringer Preis

17.6 Gebräuchliche Isolierstoffe und ihre wichtigsten Eigenschaften, Isolierverfahren

Die zahlreichen Varianten und Kombinationsmöglichkeiten von Vorzügen und Mängeln, die sich aus der Aufstellung im vorhergehenden Kapitel ergaben, führen auch auf diesem Gebiet zu einer schwer übersehbaren Fülle angebotener Produkte; denn gerade hier muß man zur Verbesserung einer Werkstoffeigenschaft fast immer eine Minderung oder Erschwerung in anderer Hinsicht in Kauf nehmen und Kompromisse schließen.

An dieser Stelle empfiehlt sich ein Rückblick auf die nichtmetallischen Werkstoffe, die in Kap. 6 behandelt wurden. Wegen ihrer grundsätzlich unterschiedlichen Eigenschaften wurden sie dort unterteilt in die anorganischen und die organischen Stoffe. Bei den ersteren steht neben den Gläsern, dem Quarz, Porzellan, Keramik und Asbest vor allem der Glimmer als Hauptbestandteil hochwertiger Isolierungen. Viele anorganische Stoffe besitzen fast alle Vorzüge, die man nach der voraufgegangenen Aufstellung (Abschn. 17.5) wünschen kann: großen spezifischen Widerstand, hohe Durchschlagfestigkeit, Dielektrizitätszahlen, die je nach Auswahl des Stoffes kleine oder extrem große Werte haben können und in einem weiten Frequenzbereich konstant sind, kleinen $\tan\delta$ (ebenfalls in einem weiten Frequenzbereich), hohen Oberflächenwiderstand, absolute Kriechstromfestigkeit, Wärmebeständigkeit, gute Resistenz gegen chemische Angriffe, insbesondere Glimmfestigkeit und schließlich geringe oder garkeine Feuchtigkeitsaufnahme. Erst ganz am Schluß dieser Aufzählung kommt der Pferdefuß:

Sie sind, wie schon in Kap. 6 ausgeführt, schwer zu verarbeiten, vor allem auch hinsichtlich ihrer Verbindungstechnik. Dort wurde aber auch darauf hingewiesen, daß man sie zu Fäden, dünnen Folien und Beschichtungen verarbeiten kann. Hier sei insbesondere das elektrophoretische Verglimmern und das Flammspritzen keramischer Pulver erwähnt. Mäßig gut flexibel sind auch die isolierenden Oxidschichten auf Aluminiumleitern, auf Elektroblechen (in Konkurrenz zur Wasserglasisolation), auf Folien, Heiz-Drähten und -Bändern (Abschn. 12.2).

Trotz dieser mannigfachen Möglichkeiten der Anwendung anorganischer Stoffe sind die guten alten organischen Naturstoffe aus der Isolationstechnik nicht verschwunden: Seide, Baumwolle, Harz, Schellack, Naturkautschuk und Öl spielen weiterhin ihre Rolle, ebenso die umgewandelten Naturstoffe, Zellulose (Triacetatfolie), Papier, Textilien und Asphalt. Weit im Vordergrund stehen natürlich die Kunststoffe (Bild 6.1), insbesondere die daraus hergestellten synthetischen Fasern, Drahtlacke usw. Aber auch sie sind nicht frei von Mängeln, die in Form von Kompromißlösungen in Kauf genommen werden müssen: geringere Kriechstromfestigkeit (außer bei Melamin-, Anilin- und einigen Epoxidharzen), unterschiedliche Resistenz gegen Säuren, Laugen, organische Lösungsmittel und Witterungseinflüsse (auch Spannungsrißkorrosion) sowie gegen Glimmbeanspruchung. Hinzu kommt mitunter Neigung zur Feuchtigkeitsaufnahme, vor allem aber geringe Wärmebeständigkeit. Sie hat bei den Naturprodukten und einfachen Kohlenwasserstoffen, wie dem Polyäthylen, schon bei 100 °C, bei den Polyestern und Epoxidharzen bei 150 °C ihre Grenze. Für höhere Temperaturen im Bereich zwischen 150 °C und 250 °C bleiben gewisse Poly-Amide, Poly-Imide und die Silikone, letztere auch ausgezeichnet durch ihre für die Isoliertechnik oft erwünschte Fähigkeit, Wasser abzuweisen. Die Spitze schließlich hält das Polytetrafluoräthylen mit der oberen Grenze von 300 °C, wo eine Abspaltung von Fluor beginnt. Hier zeigen sich aber schon wieder beginnende Schwierigkeiten in der Verarbeitung.

17.7 Die Wärmebeständigkeit technischer Isolierstoffe. Die Einteilung in Wärmeklassen

Wegen der zunehmenden Bedeutung der Wärmebeständigkeit von Isolierstoffen ist es angemessen, sie hier in einem besonderen Kapitel zu behandeln. Das ständige Bestreben in der technischen Entwicklung, zu immer kleineren Abmessungen bei steigender Leistung, also zu wachsender Ausnutzung von Raum und Material zu kommen, führt zwangsläufig auf höhere Betriebstemperaturen von Maschinen, Transformatoren und anderen Geräten. Nicht selten besteht auch die Notwendigkeit, Isolierstoffe in der Umgebung von Wärmequellen einzusetzen, nahe an Schaltlichtbögen, in Öfen und dergleichen. Dadurch gelangt häufig die Forderung nach hoher Wärmebeständigkeit in den Vordergrund. Zunächst sei einiges über gebräuchliche Untersuchungsmethoden gesagt.

In zweierlei Hinsicht kann ein Isolierstoff bei steigender Temperatur unbrauchbar werden, einerseits durch Erweichen (Thermoplast) und andererseits durch den meist mit Verspródung verbundenen chemischen Abbau, vorwiegend infolge von Oxidation, im Extremfall durch Verbrennung. Zur Prüfung und Auswahl beobachtet man demnach im Verlauf langfristiger Dauerversuche bei festgelegten Temperaturen die Formbeständigkeit – oder wir ermitteln umgekehrt nach einer Methode von *Martens* die Temperatur, bei der genormte Prüfstäbe unter einer bestimmten Last sich in definierter, meßbarer Weise durchbiegen; weiterhin untersucht man in bestimmten Zeitabständen bei Wärmealterung kennzeichnende, meßbare Eigenschaften, wie Durchschlagspannung, mechanische Festigkeit und anderes oder kontrolliert auf einfachste Weise mit Hilfe der Waage, ob irgendwelche Substanzänderungen eingetreten sind, die auf stoffliche Veränderung des Prüflings hindeuten. Meist wird man mehrere Proben des gleichen Materials auf verschiedene Eigenschaftsänderungen untersuchen, um ein vollständiges Bild zu erhalten. Die Bilder 17.10 und 17.11 zeigen Beispiele aus der Praxis: Die Durchschlagfestigkeit eines Isolierlackes (Bild 17.10) ist nach einer sich über 15 Wochen erstreckenden Temperaturbeanspruchung bei 200 °C praktisch auf Null abgesunken, der Lack ist zerstört (der anfängliche Anstieg geht auf das Abdampfen flüchtiger Bestandteile und restliche Aushärtung zurück). Bei 160 °C zeigt sich aber nach der gleichen Zeit noch keine bedenkliche Veränderung. Die Substanzverluste in Bild 17.11 ergänzen dieses Bild und zeigen, daß bei 225 °C nach 16 Wochen von dem Material nicht mehr viel übrig ist, daß dagegen bei 180 °C und erst recht bei 160 °C sich der Abbau in erträglichen Grenzen hält. Der Lack kann also bis zu diesen Temperaturen im Dauerbetrieb eingesetzt werden.

Anhaltspunkte zu einer Extrapolation auf längere Zeiträume liefert häufig die „Montsinger-Regel", die in allgemeiner Form auf *Arrhenius* zurückgeht. Sie besagt, daß bei vielen chemischen Prozessen, darunter auch bei der Alterung organischer Stoffe, die Geschwindigkeit, mit der sie ablaufen, sich verdoppelt, wenn die Temperatur um 10 °C ansteigt. Bei einer Temperaturerhöhung um 20 °C sinkt also die Lebensdauer einer Isolation auf den vierten Teil. In der Tat zeigen die Kurven in Bild 17.11, daß bei einer Dauererwärmung auf 225 °C nach 1, 2, 3 und 4 Wochen jeweils schon der gleiche Substanzverlust eingetreten ist wie bei 200 °C erst nach 4, 8, 12 und 16 Wochen. (Die Kurve von 180 °C ist zum Vergleich ungeeignet, da hier noch kaum ein merklicher Abbau eingesetzt hat.)

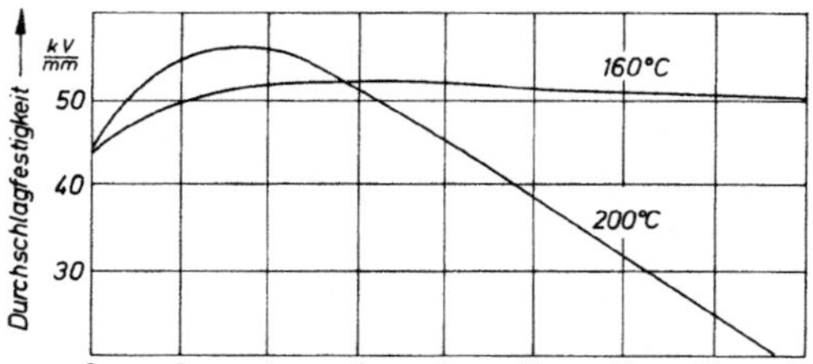

Bild 17.10

Durchschlagfestigkeit eines Isolierlackes nach Wärmealterung

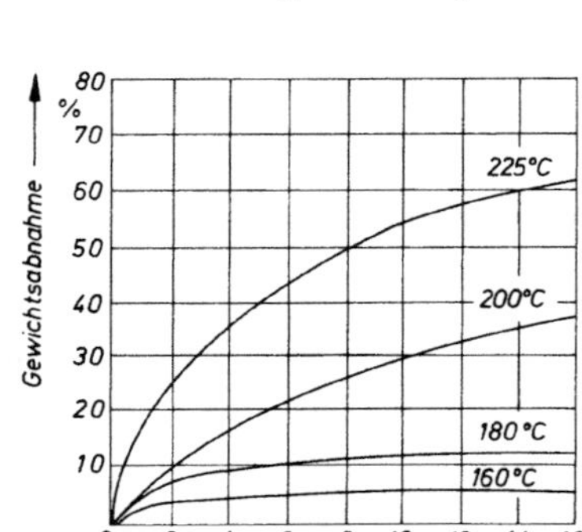

Bild 17.11

Substanzverluste eines Isolierlackes bei Wärmealterung

Zur eindeutigen Festlegung der Verwendungsmöglichkeit von Isolierstoffen in verschiedenen Temperaturbereichen hat man sie in *Wärmeklassen* eingeteilt. Eine Übersicht dazu gibt Tabelle 17.2.

Tabelle 17.2 Wärmebeständigkeit von Isolierstoffen (Auszug aus VDE 0530)

Klasse	Grenztemperatur	Isolierstoffe
Y	90 °C	Baumwolle, Seide, Papier und daraus hergestellte Isolierstoffe (Preßspan, Vulkanfiber u.ä.), Holz, Polyäthylen, Polystyrol, PVC, Naturgummi
A	105 °C	Baumwolle, Seide, Papier u.ä., imprägniert oder getränkt mit flüssigen Isoliermitteln
E	120 °C	Phenolharz (-Hartpapier), Melaminharz-Schichtpreßstoff, Polyesterharze; Polyamid- oder Expoxid- oder Polyurethanharze für Drahtlacke. Triacetatfolie
B	130 °C	Mikanite, Mikafolium, Glas-, Asbestfaserstoffe, gebunden mit Schellack, Asphalt oder einem der vorstehenden Harze
F	155 °C	Glimmer, Glasfaser, Asbest, gebunden mit Alkydharzen, Polyester- oder Polyurethanharzen, Silikon-Alkydharze. Drahtlacke auf Imid-Polyester oder Imid-Terephtal-Basis
H	180 °C	Silikone, Silikon-Kombinationen mit Glimmer oder Glas- (oder Asbest-) Faserstoffen, Polyimide, aromatische Polyamide
C	> 180 °C	Glimmer, Glas, Porzellan, Quarz, Steatit, Polytetrafluorätylen, spezielle Silikonharze

Bild 17.12 gibt als kennzeichnendes Beispiel einen Rückblick auf die Entwicklung der Lacke zur Drahtisolation in den Jahren 1910 bis 1965 jeweils mit den zulässigen Grenztemperaturen.

Die Weiterentwicklung in der Isolierstofftechnik wird nach der vorausgegangenen Darstellung bevorzugt darauf ausgerichtet sein, in der anorganischen Gruppe Verarbeitbarkeit und Formgebung zu erleichtern, in der organischen die Wärmebeständigkeit zu erhöhen. Bei mittleren Temperaturen greift man vielfach zu Kompromißlösungen, indem man organische und anorganische Bestandteile so kombiniert, daß der eine die Flexibilität bei der Herstellung, der andere die elektrische Sicherheit der Isolierung auch bei vorübergehender thermischer Überlastung gewährleistet. Beispiele sind: mit Glasseide umsponnene Lackdrähte, Schichtstoffe aus Glimmer mit Papier oder Kunststoffolien usw. Zu verbesserten Kombinationen führt auch das Imprägnieren von Papier und Textilien mit flüssigen Isoliermitteln oder das Tränken ganzer Wicklungen mit Harz, Lack oder Öl. Die Aufbereitung und Anwendung von Öl für solche Zwecke spielt vor allem im Transformatorenbau eine wesentliche Rolle. An seine Stelle tritt gelegentlich das nicht entflammbare Clophen, das z.B. wegen seiner hohen Permittivitätszahl sich auch zum Imprägnieren von Kondensatoren empfiehlt, aber in manchen Ländern wegen seiner Giftigkeit verboten ist.

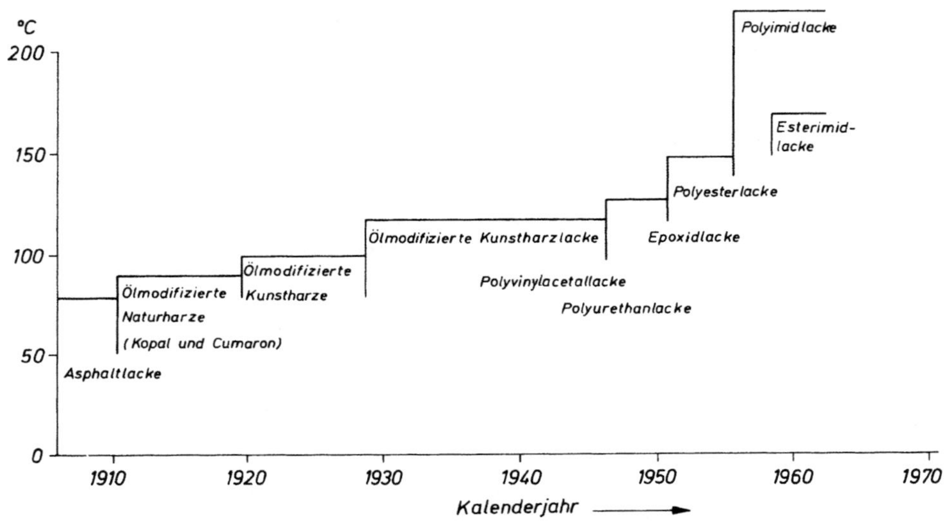

Bild 17.12 Entwicklung der Drahtlacke in den letzten 50 Jahren (Grenztemperaturen)

18 Flüssigkristalle

18.1 Struktur und Eigenschaften

Bei zahlreichen organischen Verbindungen existiert neben den drei normalen Aggregatzuständen zwischen dem festen und dem flüssigen Zustand ein Bereich, der als *kristallin flüssig* bezeichnet wird. Makroskopisch verhalten sich diese sog. *flüssigen Kristalle* wie Flüssigkeiten, indem sie die Form ihres Behälters annehmen, unter dem Polarisationsmikroskop jedoch weisen sie ein *kristalloptisches* Verhalten auf. Während isotrope Flüssigkeiten zwischen gekreuzten Polarisatoren ein dunkles Gesichtsfeld ergeben, wird durch einen Flüssigkristall Aufhellung bewirkt. Dies kann nur durch das Vorliegen einer bestimmten ein- oder zweidimensionalen Ordnung ihrer molekularen Bausteine erklärt werden. Eine derartige *Teilordnung* der Moleküle im kristallin flüssigen Zustand hat zur Folge, daß alle wichtigen physikalischen Eigenschaften wie elastisches und dielektrisches Verhalten, magnetische Suszeptibilität, Brechungsindex, elektrische Leitfähigkeit und Viskosität von der Richtung abhängen, also *anisotrop* sind.

Im allgemeinen bildet sich die anisotrop flüssige Phase oberhalb des Schmelzpunktes als mehr oder weniger viskose, trübe Flüssigkeit. Erst bei der höheren Temperatur des sog. *Klärpunktes* wird sie klar durchsichtig und geht damit in die isotrope Flüssigkeit über.

Flüssigkristalle bestehen gewöhnlich aus langgestreckten, stäbchenförmigen Molekülen, die in Bild 18.1 durch Striche gekennzeichnet sind. Eine typische Molekülstruktur aroma-

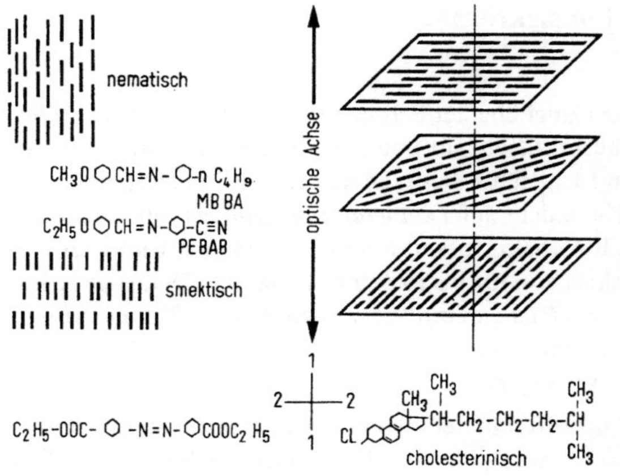

Bild 18.1
Strukturtypen flüssiger Kristalle und typische flüssigkristalline Verbindungen (Die Moleküle sind durch Striche gekennzeichnet)

tischer flüssiger Kristalle umfaßt zwei durch eine starre Mittelgruppe getrennte Benzolringe mit aliphatischen Flügelgruppen an den Außenseiten. Diese Moleküle besitzen ein *elektrisches Dipolmoment*, das, vereinfacht dargestellt, in Richtung der Molekülllängsachse oder senkrecht dazu steht. Zahlreiche *elektrooptische* Effekte in Flüssigkristallen sind allein auf die Wechselwirkung des angelegten elektrischen Feldes mit diesem Dipolmoment zurückzuführen.

Je nach dem Ordnungsprinzip der langgestreckten Moleküle kann man zwischen verschiedenen Strukturtypen von Flüssigkristallen unterscheiden, dem *nema*tischen, dem *cholesterinischen* und dem *smektischen* Typ (Bild 18.1).

Beim nematischen Strukturtyp ist nur ein einziges Ordnungsprinzip wirksam. Die Längsachsen der Moleküle stehen im zeitlichen und räumlichen Mittel parallel zueinander und können sich wie bei einer Flüssigkeit frei gegeneinander verschieben. Die physikalischen Größen, wie z.B. der Brechungsindex oder die elektrische Leitfähigkeit hängen von der Richtung der Molekülllängsachsen ab. Ihre derzeitige technische Bedeutung erlangen die nematischen Flüssigkristalle dadurch, daß die Orientierung der Molekülllängsachsen durch elektrische Felder geändert werden kann.

Dem nematischen Strukturtyp ähnlich ist der cholesterinische. Schematisch kann er aus übereinander liegenden Schichten bestehend beschrieben werden. In jeder Ebene liegen die Moleküle wie beim nematischen Typ, aber von Ebene zu Ebene sind diese in ihrer Vorzugsrichtung leicht gedreht. Beim Fortschreiten senkrecht zu diesen Ebenen wird somit eine Schraubenstruktur mit einer bestimmten Ganghöhe ($\sim$ 200 nm ... 20 μm je nach Molekülart) durchlaufen. Es läßt sich also die cholesterinische Struktur als verdrillte nematische Struktur auffassen.

Mit dem schraubenförmigen Aufbau hängen die meisten optischen Eigenschaften zusammen, so die vom technischen Standpunkt wichtige selektive Reflexion des Spektralbereiches, dessen Wellenlänge der Ganghöhe entspricht. Eine Änderung der Ganghöhe, etwa durch thermische, magnetische oder elektrische Energie, drückt sich in einer Änderung aller optischen Eigenschaften aus.

Den smektischen Phasen liegt ein zweidimensionaler Aufbau zugrunde, dem festen Kristall somit am ähnlichsten. Die Moleküle, deren Längsachsen parallel zueinander verlaufen, sind in ebenen Schichten angeordnet, die sich leicht gegeneinander verschieben lassen. Mit dem hohen Ordnungsgrad hängen die großen Werte von Viskosität und Oberflächenspannung smektischer Phasen zusammen. In ihrer Anwendung sind diese Phasen bisher von geringer Bedeutung.

18.2 Einige Anwendungen der Flüssigkristalle

18.2.1 Thermooptische Effekte

Da sich, wie bereits oben erwähnt, die Ganghöhe der Schraubenstruktur *cholesterinischer Flüssigkristalle* durch Wärmeenergie beeinflussen läßt und dies zu einer Änderung der Reflexionswellenlänge von auffallendem Licht führt, besitzen derartige Flüssigkeiten die Eigenschaft, im weißen Tages- oder Kunstlicht auf *Temperaturänderungen* mit leuchtenden Farberscheinungen zu reagieren. Innerhalb eines bestimmten Temperaturintervalls wird beim Erwärmen die ganze Farbskala von *rot* bis *violett* durchlaufen. Derartige Kristalle eignen sich daher besonders dazu, *Oberflächentemperaturen* zu messen, *Temperaturdifferenzen* durch Farbunterschiede sichtbar zu machen und dynamische Vorgänge wie *Wärmeausbreitungsprozesse* visuell zu verfolgen.

Neben der Anwendung als Diagnosehilfsmittel in der Medizin (z.B. Hauttemperaturmessung, Erkennung von Tumoren, Krebsdiagnose), ist auch der Einsatz von Flüssigkristallen auf technischem Gebiet von großem Interesse. Es können direkte *Wärmebilder* an Objekten sichtbar gemacht werden, die eine Temperaturverteilung aufweisen, z.B. elektronische Schaltkreise, Maschinenteile, Kühlaggregate, Empfängerfläche eines Infrarotsichtgerätes u.a. *Defekte* in integrierten Schaltkreisen, die sich meist in ihrer Temperatur von der Umgebung unterscheiden, können durch Überstreichen des Schaltkreises mit Flüssigkristall an der Farbänderung erkannt werden.

Die spezielle Farbänderung mit der Temperatur hängt von der Molekülstruktur ab. Es sind Materialien erhältlich, die einen Farbwechsel von rot nach blau innerhalb 0,5 °C durchmachen (Temperaturauflösung etwa 0,05 °C). Die Ansprechzeit ist nach kurzen Zeiten hin begrenzt (~ 0,1 Sekunden). Die Anwendung flüssiger Kristalle ist an Luft auf Temperaturen bis 190 °C, in Abwesenheit von Luft auf 270 °C beschränkt.

18.2.2 Elektrooptische Effekte

Alle *elektrooptischen* Effekte in flüssigen Kristallen beruhen auf *Texturumwandlungen* zwischen zwei oder mehreren verschiedenen, optisch unterscheidbaren Orientierungsmöglichkeiten der Moleküle unter dem Einfluß elektrischer Felder.

Für die Umschaltung zwischen den verschiedenen Texturen ist die Anisotropie der *Dielektrizitätszahlen* entscheidend, die für die Ausrichtung des Moleküls im elektrischen Feld maßgebend ist. Das unterschiedliche optische Verhalten der verschiedenen Texturen ergibt *Doppelbrechung*.

Zur ausführlichen Erläuterung der verschiedenen elektrooptischen Effekte in Flüssigkristallen (dynamische Lichtstreuung, Schadt-Helfrich-Effekt, Deformation aufgerichteter Phasen u.a.) sei auf die Fachliteratur verwiesen.

In Bild 18.2 ist der Aufbau einer Flüssigkristallzelle am Beispiel einer 7-Segment-Anzeige skizziert.

Der Flüssigkristall befindet sich dabei in einer etwa 5 ... 30 µm dicken Schicht zwischen zwei Glasplatten, die beide auf ihrer Innenseite mit einer Elektrodenschicht bedeckt sind. Dotierte Zinnoxidschichten werden vorwiegend als transparente, elektrisch leitende Deckschichten verwendet.

In der Elektrodenschicht sind die geometrischen Strukturen, wie sie für die Anzeige gebraucht werden, eingeätzt. Durch Anlegen von elektrischen Spannungen zwischen Vorder- und Rückelektrode werden die elektrooptischen Effekte im Flüssigkristall ausgelöst. Bei der in Bild 18.2 gezeigten Segmentanordnung läßt sich durch entsprechende Spannungsansteuerung der einzelnen Segmente jede beliebige Ziffer (oder Buchstabe) darstellen. Durch Nebeneinanderreihen mehrerer Segmentsysteme sind vielstellige Anzeigen möglich.

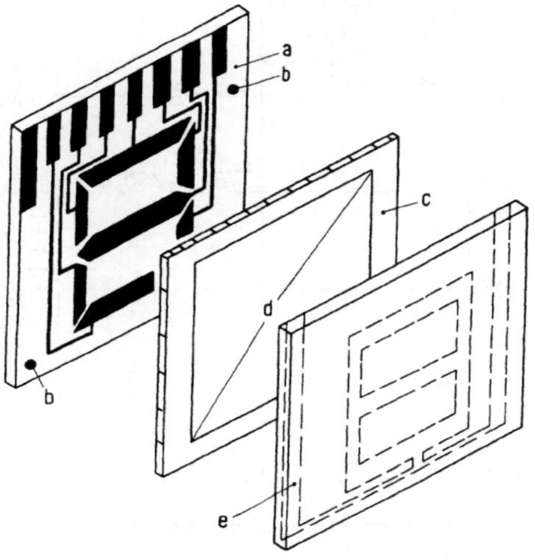

Bild 18.2
Aufbau einer digitalen Flüssigkristall-7-Segmentanzeige
a Glassubstrat mit eingeätztem Muster;
b Füll-Loch; c Abstandsrahmen;
d Flüssigkristallschicht; e transparente elektrisch leitende Schicht

Im Gegensatz zu den Anzeigen, die z.B. mit Lumineszenzdioden oder mit einer Elektrodenstrahlröhre ausgerüstet sind, sendet eine Flüssigkristallanzeige kein eigenes Licht aus, sondern beeinflußt nur auffallendes Licht. Sie kann deshalb in einem weiten Helligkeitsbereich beobachtet werden. Weitere Vorteile sind der extrem *niedrige Energieverbrauch* (Größenordnung $\mu W/cm^2$ Anzeigefläche) und die *niedrige Betriebsspannung,* die sie besonders für batteriegespeiste, tragbare Geräte (Armbanduhren, Taschenrechner u.a.) geeignet erscheinen lassen. Nachteilig sind der eingeschränkte Betriebstemperaturbereich und die relativ langen Ansprech- und Abklingzeiten, die den möglichen Einsatz zur ein- und vielfarbigen Bildwiedergabe (flacher Fernsehbildschirm) erschweren.

19 Die Wärmeleitfähigkeit gebräuchlicher Werkstoffe

Bei Metallen und Halbleitern wurde gelegentlich auf die Bedeutung des Wärmeleitvermögens hingewiesen. Nicht minder bedeutend ist diese Eigenschaft häufig bei Isolierstoffen, von denen man in vielen Anwendungsfällen verlangt, daß sie elektrisch möglichst schlecht oder gar nicht, thermisch dagegen möglichst gut leiten sollen. Beispielsweise muß die Verlustwärme, die im Innern von Spulen, Maschinen, Transformatoren und dgl. entsteht, an die Oberfläche gebracht und dort abgeführt werden, um Überhitzungen zu vermeiden. Der

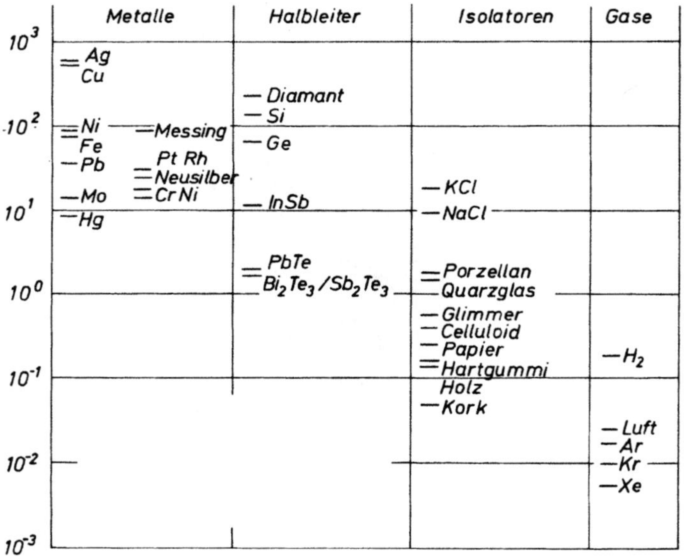

Bild 19.1 Wärmeleitfähigkeit λ verschiedener Stoffe in $W m^{-1} K^{-1}$ (s. Randbemerkung zu den Tabellen 12.2 und 12.3)

Weg dieses Wärmeflusses führt zwangsläufig durch die Isolierung hindurch. Das Eingießen von Wicklungen in Harz hat in diesem Zusammenhang vielfach nicht nur den Zweck einer mechanischen Festlegung, sondern man will zugleich die thermisch schlecht leitende ruhende Luft zwischen Wicklung und Gehäuse durch den besser leitenden festen Kunststoff verdrängen.

Bild 19.1 gibt eine Zusammenstellung von Zahlenwerten für die Wärmeleitfähigkeit der bisher behandelten Stoffgruppen. Sie wird bekanntlich analog zur elektrischen Leitfähigkeit definiert: Während diese als $\sigma = \frac{I}{l \cdot U}$ mit der Einheit $\frac{A}{mV} = \frac{S}{m}$ (Siemens/Meter) angegeben wird, erscheint die Wärmeleitfähigkeit als entsprechender Quotient $\lambda = \frac{P}{l \cdot \vartheta}$ (P Leistung) mit der Einheit $\frac{W\,(Watt)}{mK}$ (die Wärmemenge, die in der Sekunde durch eine Fläche von 1 m^2 bei einem Temperaturgefälle von 1 K/m hindurchströmt).

Wie schon früher bemerkt, wird bei den Metallen die Wärme durch die gleichen Leitungselektronen transportiert, die bei ihrer Bewegung auch den elektrischen Strom darstellen. Infolgedessen sind hier λ und σ aneinander proportional. Bild 19.1 bestätigt das, zeigt aber zugleich, daß der Sprung zu den meisten Halbleitern und Isolatoren im Wärmeleitvermögen viel geringer ist als in der elektrischen Leitfähigkeit. Auch liegt der bei Raumtemperatur elektrisch isolierende Diamant in der Wärmeleitung viel höher als das elektrisch relativ gut leitende (halbleitende) PbTe. Innerhalb der Gruppen der Halbleiter und der Isolatoren ist also die Reihenfolge nach elektrischer Leitfähigkeit geordnet ganz anders als nach dem Grade der Wärmeleitung. Hier ist es eben nicht die mehr oder minder kleine Anzahl von Leitungselektronen, die die Wärme weiterträgt, sondern die an der erwärmten Stelle angeregte Gitterschwingung, die sich als materielle Bewegung durch die Struktur hindurch fortpflanzt und dabei von ganz anderen Gegebenheiten abhängt. Wenn auch diese schwingungsfähigen Gitterbausteine fehlen, wie bei den Gasen, sind es nur noch Stoßprozesse, welche die kinetische Energie von den thermisch schneller bewegten Molekülen auf die langsameren, also von der heißeren zur kälteren Stelle, übertragen. Dann liegt das zugehörige λ je nach der Anzahl und freien Weglänge der stoßenden und gestoßenen Masseteilchen um ein bis zwei weitere Größenordnungen tiefer.

20 Magnetische Werkstoffe

20.1 Begriffe und Definitionen

Auch dieses Kapitel soll nicht alle einschlägigen Werkstoffe aufzählen und beschreiben, umso mehr aber die Gesichtspunkte herausstellen, nach denen man sie wertet und für die sehr unterschiedlichen Zwecke der Praxis auswählt oder zu verbessern sucht. Zur übersichtlichen Formulierung der Zusammenhänge und im Hinblick auf die später zu beschreibende Meßtechnik sei an einige Begriffe und Festlegungen von Dimensionen und Einheiten erinnert:

Am Anfang einer magnetischen Werkstoffkunde steht die bekannte Beziehung

$$B = \mu \cdot H = \mu_r \cdot \mu_0 \cdot H \tag{20.1}$$

Dabei ist H die erregende Feldstärke, B die damit verknüpfte Flußdichte[1] und μ_0 eine dimensionsbehaftete Größe, die sogenannte magnetische Feldkonstante (oder Induktionskonstante), deren Zahlenwert vom verwendeten Maßsystem abhängt. Was für die folgenden Betrachtungen in erster Linie interessiert, ist die „Permeabilitätszahl" μ_r, die auf die Anwesenheit von Materie im Magnetfeld hinweist und die magnetischen Eigenschaften dieser Materie beinhaltet. Die (absolute) „Permeabilität" $\mu = \mu_r \cdot \mu_0$ stellt also das Produkt dar aus dieser werkstoffbedingten Permeabilitäts*zahl* und der Feldkonstanten.

Zur Definition der Einheiten und Meßgrößen diene zunächst die Gl. (20.1) in der Form, wie sie für den leeren Raum gilt, in dem $\mu_r = 1$ ist:

$$B_0 = \mu_0 \cdot H \tag{20.1a}$$

Die beiden Ausdrücke auf ihrer rechten und ihrer linken Seite sind die Ergebnisse zweier verschiedener Betrachtungsweisen ein und desselben Objektes, nämlich des Magnetfeldes: rechts steht seine erregende Ursache H, und zwar finden sich solche Felder ja als Begleiterscheinung von elektrischen Strömen, in der Elektrotechnik also in erster Linie in der Umgebung von stromdurchflossenen Spulen. H stellt sich demnach quantitativ dar als

[1] häufig als Induktion bezeichnet

das Produkt aus einer Stromstärke I und einer Angabe über Anzahl und Lage von Windungen. Im einfachsten Fall eines homogenen Feldes im Innern einer Spule der Länge l mit der Windungszahl n wird dann angenähert:

$$H = I \cdot \frac{n}{l}\text{, ausgedrückt in A/m oder A/cm} \tag{20.2}$$

Wir messen also auf der rechten Seite der Gleichung (20.1a) mit *Strommesser* und Metermaß. Auf der linken Seite wird im Gegensatz dazu nicht die primäre Ursache des Magnetfeldes, sondern seine sekundäre Wirkung betrachtet; das sind die Spannungsstöße, die beim Entstehen oder Vergehen der Felder in benachbarten Leitern, speziell in einer senkrecht und homogen durchsetzten Sekundärwicklung oder Meßspule *induziert* werden. Diese elektrischen Impulse stellen sich in allgemeiner Form dar als das Integral einer Spannung über der Zeit, und zwar ist, wenn n die Windungszahl der Meßspule und A die Größe der von ihr umrandeten Fläche bezeichnet, der induzierte Spannungsstoß

$$\int U \cdot dt = B \cdot n \cdot A.$$

Die damit definierte Flußdichte wird dann

$$B = \frac{\int U \cdot dt}{A \cdot n} \text{ in } \frac{Vs}{m^2} \tag{20.3}$$

Auf der linken Seite der Gl. (20.1a) messen wir also mit *Spannungsmesser* und Metermaß. Setzt man der Einfachheit halber die Windungszahl n = 1 und schreibt gemäß Gl. (20.3) $B \cdot A = \int U \cdot dt$, so steht links der gesamte magnetische Fluß durch die Spulenfläche A. Bezeichnen wir ihn in üblicher Weise mit $B \cdot A = \phi$, so leitet sich daraus die bekannte differentielle Form des Induktionsgesetzes ab, $\frac{d\phi}{dt} = U$, mit der Aussage, daß die induzierte Spannung in ihrem Absolutbetrag gleich der Änderungsgeschwindigkeit des Flusses ist. Verwendet man die in den Gln. (20.2) und (20.3) benutzten Einheiten, so erscheinen die Größen der Gl. (20.1a) links in Vs/m^2 und rechts in A/m. Dadurch sind Volt und Ampere über die Größe μ_0 miteinander sowie mit Meter und Sekunde verknüpft. Eine zweite Verbindung findet sich in der elementaren Definition:

$$1 \text{ Volt} \times 1 \text{ Ampere} = 1 \text{ Watt} \left(= 1 \text{ Nm/s} = 1 \frac{J}{s}\right)$$

Beide Beziehungen zusammen liefern in Angliederung an das Maßsystem der Mechanik eine eindeutige Festlegung der Einheiten Volt und Ampere, sobald μ_0 quantitativ fixiert ist. Hierfür hat man sich in internationaler Übereinkunft auf den Zahlenwert $4\pi \cdot 10^{-7}$ geeinigt. Er stellt in möglichst enger Annährung an früher gebräuchliche Definitionen und Größen der Einheiten einen absoluten, allgemein anerkannten Bezugspunkt dar. μ_0 hat dabei offensichtlich die Dimension von B_0/H, ausgedrückt in $\frac{Vs}{m^2} / \frac{A}{m} = Vs/Am$.
Gl. (20.1a) lautet damit als Zahlenwertgleichung:

$$B_0 = 4\pi \cdot 10^{-7} \cdot H$$

Die Einheit, d.h. die Flußdichte B von 1 Vs/m^2 (1 Weber/m^2) bezeichnet man als 1 Tesla (T). In der Praxis wird man allen Anforderungen an Genauigkeit gerecht, wenn man

$4\pi = 12{,}56$ setzt, also mit $\mu_0 = 1{,}256 \cdot 10^{-6}$ Vs/Am rechnet und in den genannten Einheiten schreibt: $B_0 = 1{,}256 \cdot 10^{-6} \cdot H$.[1])

Nach diesen Festlegungen möge die Gl. (20.1) Ausgangspunkt unserer weiteren Betrachtungen sein. Sie unterscheidet sich von der für den leeren Raum gültigen Beziehung (20.1a) durch die dimensionslose Permeabilitätszahl μ_r, die alles enthält, was die Anwesenheit von Materie in die Beziehung zwischen Feldstärke H und Flußdichte B hineinbringt. Wird z.B. die Flußdichte in einer leeren ringförmigen Spule, B_0, durch das Einbringen eines Eisenkerns um den Betrag J additiv verstärkt, so ist offenbar ihr Gesamtwert jetzt $B = B_0 + J$. Die vom Werkstoff, in diesem Falle vom Eisen, eingebrachte zusätzliche Flußdichte J bezeichnet man als seine *magnetische Polarisation.* Sie schreibt sich demnach:

$$J = B - B_0 = \mu_r \cdot \mu_0 \cdot H - \mu_0 \cdot H = (\mu_r - 1) \cdot \mu_0 \cdot H \qquad (20.4)$$

Für $(\mu_r - 1)$ ist die Bezeichnung „magnetische Suszeptibilität" gebräuchlich mit dem Buchstaben κ, also $J = \kappa \cdot \mu_0 \cdot H$.

An dieser Stelle sei an die entsprechenden Verhältnisse im *elektrischen Feld* sowie die Ähnlichkeit der Zusammenhänge und Formulierungen erinnert: Dort ist bekanntlich im leeren Raum die „elektr. Flußdichte" oder „Verschiebungsdichte" D_0 $\left(\text{gemessen in } \frac{As}{m^2}\right)$ mit der Feldstärke E $\left(\text{gemessen in } \frac{V}{m}\right)$ verbunden durch die Gleichung

$$D_0 \text{ in } \frac{As}{m^2} = \epsilon_0 \cdot E \text{ in } \frac{V}{m}.$$

Die entsprechende Gleichung des Magnetfeldes lautet:

$$B_0 \text{ in } \frac{Vs}{m^2} = \mu_0 \cdot H \text{ in } \frac{A}{m}.$$

Demnach stehen einander gegenüber:

Im elektrischen Feld	*Im magnetischen Feld*
E Feldstärke in $\frac{V}{m}$	H Feldstärke in $\frac{A}{m}$
D elektr. Flußdichte in $\frac{As}{m^2}$	B magn. Flußdichte in $\frac{Vs}{m^2}$ (Tesla)
Feldkonstante (Influenzkonst.) ϵ_0 in $\frac{As}{m^2} \Big/ \frac{V}{m} = \frac{As}{Vm}$	Feldkonstante (Induktionskonst.) μ_0 in $\frac{Vs}{m^2} \Big/ \frac{A}{m} = \frac{Vs}{A \cdot m}$
(Zahlenwert $8{,}9 \cdot 10^{-12}$)	(Zahlenwert $4\pi \cdot 10^{-7}$)

---

[1]) In älterer Literatur findet man natürlich die früher gebräuchlichen Einheiten, für die Flußdichte das Gauß (G) = 10^{-4} Tesla und für die Feldstärke das A/cm und das Oersted. Dabei ist ein Oersted (Oe) = 1/1,256 A/cm gesetzt. Dadurch wird der Zahlenwert von μ_0 gleich 1 und die Gleichung lautet: B_0 in Gauß = 1 H in Oersted. Dieser Vorteil der einfacheren Formulierung wird aber mit dem Nachteil einer Abweichung von dem sonst in Physik und Technik üblichen Einheitensystem erkauft und ist daher nicht mehr in Gebrauch.

Für das Verhalten eines Werkstoffs in dem einen und in dem anderen Feld sind dann folgende Zahlen und Größen kennzeichnend:

Im elektrischen Feld	*Im magnetischen Feld*
$D = \epsilon_r \cdot \epsilon_0 \cdot E$	$B = \mu_r \cdot \mu_0 \cdot H$
Dielektrizitätszahl ϵ_r	Permeabilitätszahl μ_r
Dielektrizitätskonst. (Permittivität) $\epsilon = \epsilon_r \cdot \epsilon_0$	Permeabilität $\mu = \mu_r \cdot \mu_0$
Elektrische Polarisation: $P = D - D_0 = \epsilon_r \cdot \epsilon_0 E - \epsilon_0 \cdot E = (\epsilon_r - 1)\,\epsilon_0 \cdot E$	Magnetische Polarisation: $J = B - B_0 = \mu_r \mu_0 H - \mu_0 \cdot H = (\mu_r - 1)\,\mu_0 \cdot H$
Elektr. Suszeptibilität $\chi = (\epsilon_r - 1)$	Magn. Suszeptibilität $\kappa = (\mu_r - 1)$

20.2 Diamagnetismus und Paramagnetismus

Eine Kennzeichnung aller bekannten Elemente und Verbindungen nach dem Wert ihrer Permeabilitätszahl μ_r oder auch ihrer Suszeptibilität κ ergibt zunächst, wenn man von Eisen, Nickel und Kobalt absieht, eine grobe Einteilung in zwei Gruppen: die diamagnetischen Stoffe, bei denen $\mu_r < 1$, $\kappa = (\mu_r - 1)$ also negativ ist und die paramagnetischen mit einem $\mu_r > 1$, d.h. positivem κ. In beiden Fällen handelt es sich nur um eine sehr schwache magnetische Polarisation, κ ist also sehr klein, die Permeabilitätszahlen μ_r unterscheiden sich kaum von 1,00. Abweichungen machen sich erst nach mehreren Stellen hinter dem Komma bemerkbar.

Eine qualitative Deutung ergibt sich wie folgt: Nach bekannten Modellvorstellungen kreisen im Innern der Atome aller Stoffe Elektronen in verschiedenen Ebenen und Richtungen um positiv geladene Kerne. Gleichzeitig rotieren sie dabei um ihre eigene Achse. Der Umlauf in der Bahn sowie der eigene Drehimpuls (Spin) liefern, wie alle Kreisströme, jeweils ein magnetisches Moment. In *diamagnetischen Stoffen* sind jedoch in der Gesamtheit der Elektronen diese Bewegungen paarweise gegenläufig gerichtet, so daß sich ihre magnetischen Wirkungen untereinander aufheben und das Atom nach außen unmagnetisch erscheint. Durch den Einfluß eines äußeren Magnetfeldes auf diese atomaren Kreisströme werden aber in Mikrobereichen zusätzliche Momente induziert, die dem erregenden Feld entgegengerichtet sind, es also abschwächen: daher negative Suszeptibilität κ, die Permeabilitätszahl $\mu_r < 1$. Dieses von 1 wenig abweichende *diamagnetische* μ_r ist eine echte, für den jeweiligen Stoff kennzeichnende Konstante, die unabhängig von der Größe des erregenden Feldes ist und sich auch mit der Temperatur nicht ändert. Die Gleichung (20.1) stellt also hier mit konstantem μ_r eine Gerade dar. In diese Gruppe gehören z.B. Kupfer, Wismut, Wasserstoff, aber auch Verbindungen, wie H_2O, NaCl und andere.

Bei den *paramagnetischen* Stoffen wird – ähnlich wie bei Substanzen mit Dipolcharakter im elektrischen Feld – in erster Näherung die Vorstellung richtig sein, daß sie Atome enthalten, deren innere Kreisströme sich nicht nach außen kompensieren, sondern schon im Normalzustand ein permanentes magnetisches Moment erzeugen. Bei Anlegen eines äußeren Magnetfeldes tritt zwar auch hier der bei den diamagnetischen Stoffen angedeutete Effekt ein, daß nämlich durch *induzierte* Momente eine negative Suszeptibilität κ erzeugt wird; er wird aber dadurch überdeckt, daß zugleich die *vorhandenen* Momente sich zur Feldrichtung hin drehen, so daß sie die Flußdichte verstärken: $\kappa > 0, \mu_r > 1$. Auch dieses *paramagnetische* μ_r ist im Bereich technisch herstellbarer Magnetfelder eine von der äußeren Feldstärke unabhängige Konstante, die allerdings mit steigender Temperatur allmählich abnimmt. Zu dieser Gruppe gehören z.B. Aluminium, Platin, Sauerstoff und andere.

20.3 Der Ferromagnetismus und Ferrimagnetismus

20.3.1 Grundsätzliches über Aufbau und Eigenschaften ferromagnetischer Werkstoffe

Die diamagnetischen oder paramagnetischen Eigenschaften gebräuchlicher Elemente und Verbindungen sind für die Elektrotechnik im allgemeinen nicht von unmittelbarem Interesse. Trotzdem wurden sie hier kurz skizziert, um in Gegenüberstellung dazu die wichtige Gruppe der ferromagnetischen und der ferrimagnetischen Werkstoffe in ihren Merkmalen klarer kennzeichnen und abgrenzen zu können.

Die Ferromagnetika verdanken ihre besondere Rolle in der Technik bekanntlich der Tatsache, daß ihre Permeabilitätszahl $\mu_r \gg 1$ sein und Werte bis zu 10^6 annehmen kann. Typisch ist dabei, daß im Gegensatz zum paramagnetischen und diamagnetischen Fall dieses ferromagnetische μ_r keineswegs als *Materialkonstante* auftritt, sondern in hohem Maße von der Feldstärke und der Temperatur sowie auch von der Vorgeschichte des Werkstoffs abhängt. Dementsprechend wird das Bild der Gl. (20.1) jetzt nicht mehr eine Gerade, da μ_r nicht konstant, sondern selbst eine zunächst undefinierte Funktion von H ist. Der Zusammenhang zwischen Flußdichte und Feldstärke stellt sich demnach in mannigfach gestalteten Kurven dar, die im Einzelfall nur empirisch zu bestimmen sind. Einige typische Beispiele werden in den folgenden Abschnitten gezeigt und erläutert.

20.3.1.1 Weiss'sche Bezirke und Blochwände

Um zu einer Erklärung und Beherrschung der Zusammenhänge zu kommen, geht man von der Erfahrung aus, daß es niemals einzelne Moleküle und Atome sind, denen wir die charakteristischen Eigenschaften des Ferromagnetismus zuschreiben können. Vielmehr zeigen sich in solchen Werkstoffen stets wesentlich größere, mikroskopisch oder sogar makroskopisch sichtbare Kristallbereiche, innerhalb deren spontan, also schon ohne äußeres Magnetfeld, alle elementaren magnetischen Momente durch Kopplungskräfte zwischen benachbaren Atomen einheitlich ausgerichtet sind. Sie schwenken daher nicht unabhängig voneinander, sondern in mehr oder minder großer Anzahl durch gemeinsame Umklapp- oder Drehprozesse auf ein von außen angelegtes Feld ein. Das heißt, einzelne Atome und Moleküle können immer nur diamagnetisch oder paramagnetisch sein, der Ferromagnetismus aber hat als kleinste Einheit größere Komplexe von Gitterbausteinen im Innern der Festkörperstruktur. Infolgedessen gibt es im allgemeinen keine ferromagnetischen Gase oder reine Flüssigkeiten, sondern nur feste Körper, wie Eisen, Nickel und Kobalt, deren einzelne Atome, z.B. als Ionen in Lösungen, bestenfalls paramagnetisch sein können und erst beim Zusammentritt zu bestimmten Gitterstrukturen ferromagnetische Bezirke bilden[1]). Charakteristisch ist andererseits, daß auch manche Elemente, die für sich allein nur Diamagnetismus oder Paramagnetismus zeigen, als feste Legierungen in Kombination miteinander zu einem ferromagnetischen Gefüge erstarren, wie z.B. Mangan mit Kupfer.

Ferromagnetische Werkstoffe sind also gemeinsam dadurch gekennzeichnet, daß jeder ihrer Kristallite in größere oder kleinere Bereiche mit gruppenweise gleichgerichteten magnetischen Momenten unterteilt ist. Durch Aufbringen einer kolloidalen Suspension feinster Fe_2O_3-Teilchen z.B. lassen sich diese „Weiss'schen Bezirke" (nach *P. Weiss*) mikroskopisch sichtbar machen. Sie haben offenbar die Form von Würfeln, Quadern oder Lamellen, deren lineare Abmessungen normalerweise in der Größenordnung von 0,1 mm liegen. Je nach Reinheit des Materials und Größe der Kristallite können sie aber auch wesentlich größer oder kleiner sein. Ihre Ausbildung und Veränderung während des Auf- und Abmagnetisierens ist so bedeutungsvoll für das Verständnis dieser Vorgänge, daß wir sie in der Form, wie sie etwa im Eisen sich abspielen, etwas näher betrachten wollen.

Eisen kristallisiert bekanntlich in kubischer Elementarzelle (Bild 1.4). Im Rahmen dieser Würfelgitter-Struktur kommt beim Auftreten des Ferromagnetismus ein weiteres Ordnungsprinzip hinzu, nämlich die bezirksweise gemeinsame Ausrichtung der atomaren magnetischen Momente. Im Fall des Eisens vollzieht sich nach der Erstarrung bei weiterer Abkühlung im Wandel vom γ- über das β- zum α-Gitter (Abschn. 4.1) innerhalb jedes einzelnen Kristalliten die Ausbildung dieser Weiss'schen Bezirke mit einer Orientierung der Elementarmagnete. Letztere stellen sich dabei parallel zu den kristallographisch schon vorgegebenen Würfelkanten. Bild 20.1 zeigt schematisch eine solche Würfelfläche und darin in einem vergrößerten Ausschnitt die Lage der Bezirke unterschiedlicher Ausdehnung mit ihren verschiedenen magnetischen Vorzugsrichtungen (Pfeile). Da alle magnetischen Momente parallel zu den Würfelkanten stehen, sind sie in ihrer Orientierung entweder um 90° oder 180° gegeneinander verdreht. Die dazwischen liegenden Striche sind dünne Übergangsschichten, die sogenannten Blochwände (nach *F. Bloch*), mit einer Dicke von 100 ... 1000 Atomabständen, innerhalb deren die atomaren Magnete in schraubenförmiger Anordnung aus der einen Richtung in die andere übergehen (Bild 20.2a).

20.3.1.2 Die Vorgänge bei der Auf- und Abmagnetisierung (Wandverschiebungen, Drehprozesse, Magnetostriktion)

In einem normalen Werkstück, also einem Konglomerat unregelmäßig und ohne gemeinsame Orientierung neben- und übereinander gewachsener Kristallite, treten die magnetischen Vorzugsrichtungen der zahlreichen ungeordneten Weiss'schen Bezirke nach außen ebenso wenig in Erscheinung wie andere Merkmale der Kristallanisotropie. Das Material erscheint unmagnetisch. Was geschieht, wenn es einem langsam anwachsenden äußeren Magnetfeld ausgesetzt wird, das z.B. in unserem Bild 20.2a vertikal von oben nach unten zielt? Für die Elementarmagnete in der linken Hälfte des Bildes, deren Orientierung nur wenig von dieser Feldrichtung H abweicht, ist das noch kein Grund, sich zu drehen.

---

[1]) Neuere Forschungsarbeiten beschäftigen sich mit ferromagnetischen Eigenschaften einiger Flüssigkeiten und amorpher Festkörper. Die Frage, ob und wie weit solche Stoffe technische Bedeutung erlangen werden, ist noch offen.

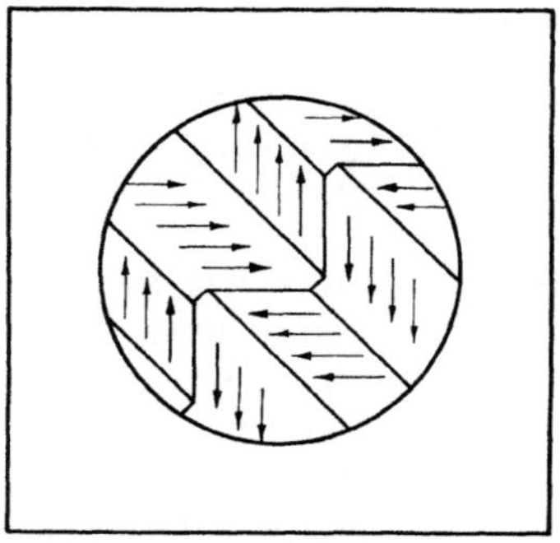

Bild 20.1
Würfel-Ebene mit Weiss'schen Bezirken

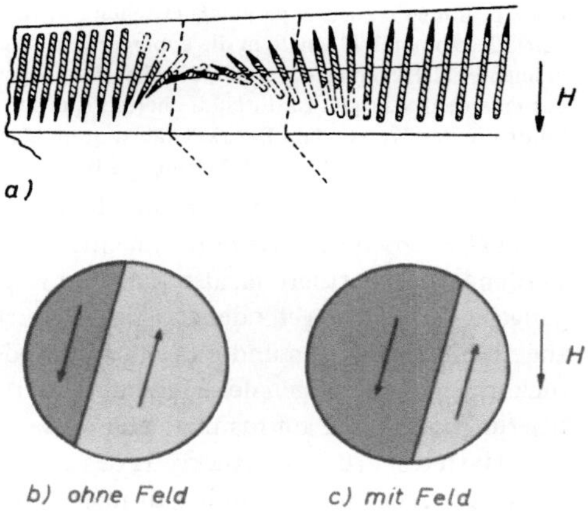

Bild 20.2
a) Blochwand
b) und c) Verschiebung der Blochwand im Magnetfeld H

Denn ihre Lage ist ihnen ja durch die innere Struktur des Kristalles entlang der Würfelkante vorgeschrieben und sie müssen daher bei einer Veränderung bindende Kräfte überwinden. Das heißt, daß Zwischenrichtungen, die nicht mit einer der Würfelkanten des Kristalliten übereinstimmen, nur widerstrebend eingenommen werden. Einem stärkeren Angriff dagegen sind die Magnete der rechten Hälfte ausgesetzt, die dem Feld fast um 180° entgegenstehen. Sie geben diesem Zuge nach, vermeiden aber auch jede Zwischenrichtung und schwenken daher nicht exakt in die Feldlinien ein, sondern klappen um genau 180° in die kristallographische Vorzugsrichtung der linken Hälfte um; mit anderen Worten, sie orientieren sich nach der der Feldrichtung am nächsten liegenden Würfelkante. Auch dieses tun sie nicht alle gleichzeitig, sondern zuerst die der Blochwand unmittelbar benachbarten, die anderen erst später bei weiterem Anwachsen des äußeren Feldes. Die Blochwand verschiebt sich gleichsam von links nach rechts, der linke Bezirk mit den nach unten gerichteten Spitzen wächst auf Kosten des rechten Bezirkes an.

Bild 20.2b/c zeigt den Vorgang wieder in verkleinerter Darstellung. Unter dem Einfluß von H wandert die Wand nach rechts, der magnetisch günstiger liegende Bereich vergrößert sich auf Kosten des entgegengesetzt orientierten. Dieser wird bei weiterer Steigerung der Magnetisierung von dem anderen mehr oder mehr aufgezehrt und muß schließlich verschwinden, mit ihm die Blochwand. Auf diese Weise wird dann der ganze Kristallit ein einheitlicher Weiss'scher Bezirk, der in seiner magnetischen Orientierung der äußeren Feldrichtung zwar nahe liegt, aber noch nicht gleich ist. Dann erst werden bei noch weiterer Steigerung des äußeren Feldes die Elementarmagnete aus ihrer den Würfelkanten parallelen Lage hinausgedreht und schwenken gemeinsam auf die Feldrichtung zu, bis sie ganz in dieser liegen und damit ein magnetischer Sättigungszustand eingetreten ist.

Prinzipiell müßte auch in paramagnetischen Stoffen ein solcher Sättigungszustand erreichbar sein, bei dem alle atomaren Magnete in die äußere Feldrichtung eingestellt sind. Hierzu wären aber im allgemeinen Feldstärken erforderlich, die über dem liegen, was sich technisch erreichen läßt. Im ferromagnetischen Fall dagegen ist durch die bereits spontan eingetretene Ordnung und gemeinsame Vororientierung in den Weiss'schen Bezirken das weitere Magnetisieren erleichtert, so daß es sich mit praktisch darstellbaren Feldern bis zur Sättigung treiben läßt.

In kleinen äußeren Feldstärken sind die Bewegungen der Blochwände reversibel. Sie wandern bei wechselnder Erregung ohne merklichen Widerstand vor und zurück. Bei stärker werdender Magnetisierung, also größeren Wegen, können sie aber durch Fremdbeimengungen, Verspannungen oder sonstige Gitterstörungen behindert werden: sie werden verzögert, bleiben hängen und rücken dann wieder sprunghaft vor, was zu entsprechenden ruckartigen Änderungen der Flußdichte führt. Diese „Barkhausen"-Sprünge in der Magnetisierungskurve sind auf mannigfache Weise wahrnehmbar. Insbesondere kommt es dabei zur „Hysterese", d.h. im Rückgang des äußeren Feldes nimmt die Flußdichte nicht ihre Ausgangswerte ein, sondern behält relativ überhöhte Beträge bei.

Die Richtungsänderung der spontanen Magnetisierung im Innern des Werkstoffes, die bei der Aufmagnetisierung vor sich geht, führt zugleich zu einer Änderung der äußeren Abmessungen, der *Magnetostriktion.* Ein Nickelstab beispielsweise, der in seiner Längsrichtung magnetisiert wird, erfährt dabei eine Verkürzung, während er sich im Querschnitt etwas aufweitet. Ein Eisenstab zeigt den entgegengesetzten Effekt. Er wird im longitudinalen Magnetfeld etwas länger und dünner. Umgekehrt ist zu erwarten, daß mechanische Zug- und Druckspannungen, die die Atomabstände reversibel oder irreversibel verändern, auch die Magnetisierbarkeit eines Werkstückes beeinflussen. Das ist in der Tat häufig in starkem Maße der Fall.

Im Zustand der Sättigungsmagnetisierung liegt die Magnetostriktion als relative Längenänderung $\frac{\Delta l}{l}$ bei den meisten ferromagnetischen Stoffen in der Größenordnung 10^{-4} ... 10^{-5}. Im Wechselfeld äußert sie sich in Form von mechanischen und akustischen Schwingungen, sinnfällig z.B. im Brummgeräusch von Transformatoren. Andererseits dienen entsprechend geformte magnetostriktive Schwinger als Sender für Schall- und Ultraschallwellen.

20.3.2 Antiferromagnetismus und Ferrimagnetismus

Vor einer Besprechung weiterer Einzelheiten sei das Gegenstück zum Ferromagnetismus behandelt: der Antiferromagnetismus. Auch er ist technisch interessant. Kommt der Ferromagnetismus dadurch zustande, daß die atomaren Elementarmagnete sich bezirksweise spontan gleichmäßig ausrichten, so stehen bei antiferromagnetischen Stoffen die magnetischen Momente benachbarter Atome abwechselnd um 180° entgegengesetzt, also antiparallel. Die Kristallstruktur solcher Antiferromagnetika kann man sich aus zwei ineinandergeschachtelten Teilgittern zusammengesetzt denken, von denen jedes für sich einheitliche Orientierung der Momente hat, die aber gegenüber der des anderen um 180° verdreht ist. Bild 20.3a und b zeigt das schematisch am Beispiel eines kubisch-raumzentrierten Gitters, das als Kombination aus zwei ineinandergestellten Teilgittern mit parallelen bzw. antiparallelen Bezirken aufzufassen ist. Die Würfelecken des einen liegen in den Schnittpunkten der Raumdiagonalen des anderen. Statt der Atome sind in den jeweiligen Gitterpositionen nur ihre magnetischen Momente eingezeichnet: Bild 20.3a zeigt einen ferromagnetischen Bereich (Eisen), b einen antiferromagnetischen, dessen resultierendes magnetisches Moment offensichtlich Null ist.

Ein bekannter antiferromagnetischer Stoff ist das MnO. Weitere Beispiele finden sich bei den seltenen Erden und manchen Verbindungen.

Technisch interessant werden solche Strukturen, wenn die beiden Teilgitter zwar gegenläufig ausgerichtet, aber im absoluten Betrag ihrer Momente verschieden sind. Bild 20.3c zeigt ein solches Schema. Hier überwiegen die nach oben gerichteten Momente die abwärtszeigenden, es bleibt also für den Gesamtbereich ein Überschuß im Sinne der schwarzen Pfeile. Solche Stoffe, deren spontane Magnetisierung eine Differenz darstellt aus den verschieden starken Teilbeträgen zweier antiparalleler Gruppen von Elementarmagneten, bezeichnet man als *„ferrimagnetisch"*. Zu ihnen gehören vor allem die meisten Ferrite. Das sind Verbindungen mit der allgemeinen Formel $MeO \cdot Fe_2O_3$, wo Me ein zweiwertiges Metall darstellt, z.B. Ni, Zn, Mn, Mg, Fe, Cu, Co, Ba, Sr u.a. (nicht zu verwechseln mit dem Ferrit in Abschn. 4.1, dem praktisch kohlenstofffreien α-Eisen). Ihre Eigenschaften ähneln weitgehend denen der Ferromagnetika, jedoch haben sie eine geringere Sättigungspolarisation entsprechend den kleineren, nur aus Differenzbeträgen resultierenden Momenten ihrer Bereiche. Trotzdem sind sie aus verschiedenen Gründen von großer technischer Bedeutung. Spätere Kapitel bringen entsprechende Hinweise.

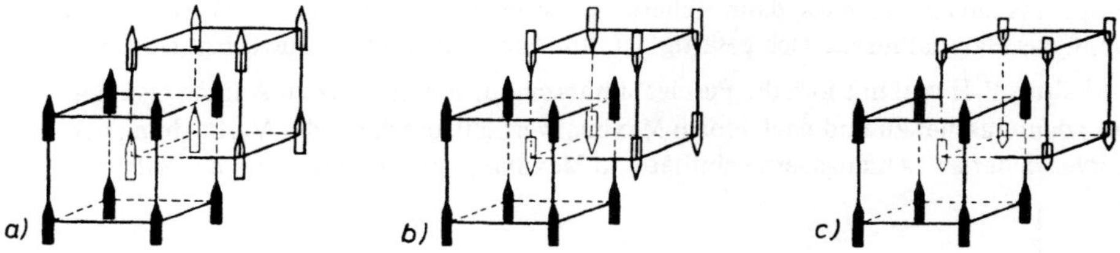

Bild 20.3 Schema zur Beschreibung antiferromagnetischer und ferrimagnetischer Werkstoffe
a) ferromagnetische, b) antiferromagnetische Ordnung der atomaren magnetischen Momente in einem kubisch raumzentrierten Kristallgitter. – c) Schema zur Beschreibung ferrimagnetischer Stoffe

20.4 Definition und meßtechnische Erfassung der Eigenschaften magnetischer Werkstoffe

20.4.1 Die Magnetisierungskurve

Quantitativ wird das Verhalten magnetischer Werkstoffe in einem äußeren Feld vor allem ersichtlich durch die Magnetisierungskurve und die Hystereseschleife. Die erstere, „Neukurve", stellt die Aufmagnetisierung eines vorher völlig unmagnetischen, z.B. frisch ausgeglühten Materials dar, und zwar meist die Flußdichte B in Abhängigkeit von der Feldstärke H, also den Zusammenhang der Gl. (20.1). Meßobjekt ist im Idealfall ein homogener magnetischer Kreis, etwa in Form eines fugenlosen Ringes, der mit einer Erregerspule bewickelt ist (4 in Bild 20.4). Mit einer Stromstärke I aus der Spannungsquelle 1 beschickt,

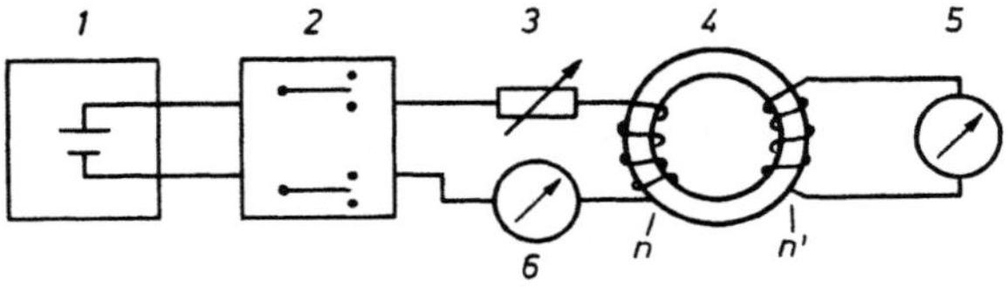

Bild 20.4 Meßanordnung zur Aufnahme der Magnetisierungskurve oder der Hystereseschleife

1 Stromversorgung
2 Polwender
3 Regelwiderstand
4 Probetransformator, z. B. Ring oder Epstein-Rahmen (S. 209)
5 Flußmesser
6 Strommesser zur Feldstärke-Einstellung

liefert diese bei bekannter Windungszahl n die Feldstärke $H = \frac{I \cdot n}{l}$ wobei l der Umfang des Ringes 4 ist. Beim Einschalten des Stromes ergibt sich die zugehörige Flußdichte $B = \frac{\int U \cdot dt}{A \cdot n}$ als Spannungsstoß in der Sekundärspule (Windungszahl n'), die den Querschnitt A des Ringes eng umschließt.

Zur Messung dient dabei ein Flußmesser oder elektronischer Integrator (5 in Bild 20.4). Schrittweises Steigern des Spulenstromes und damit der Feldstärke liefert beim jeweiligen Hinzuschalten der Steigerungsbeträge $(\Delta H)_1$, $(\Delta H)_2$ usw. gemäß Bild 20.5 die dazugehörigen Einschaltstöße, also die Werte $(\Delta B)_1$, $(\Delta B)_2$ usf. So erhält man stufenweise die ganze Kurve. In ihrer typischen Gestalt, in der sie hier abgebildet ist, zeigt sie zunächst bei kleinem H ein allmähliches, dann steileres Ansteigen der Flußdichte B, die schließlich, wenn das Material magnetisch gesättigt ist, nur noch wenig weiter anwächst. D.h. das Verhältnis B/H und mit ihm die Permeabilitätszahl μ_r nimmt ganz zu Anfang erst langsam, dann rascher zu und nach einem Maximalwert entsprechend der Verflachung der Kurve wieder ab (Anfangspermeabilität und Maximalpermeabilität). Von der Sättigung

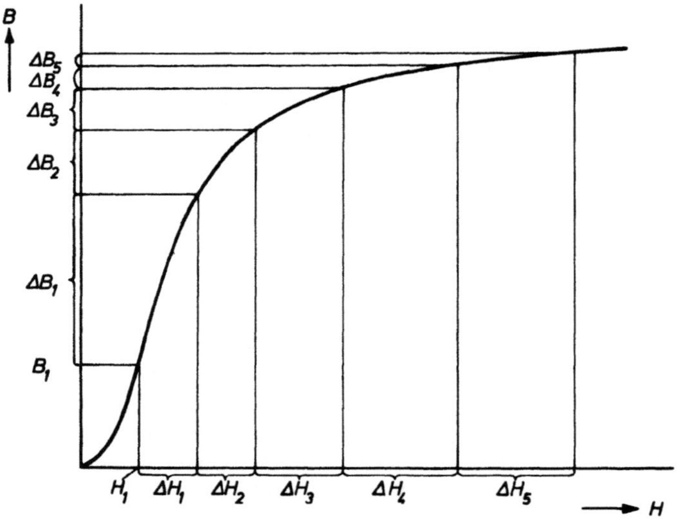

Bild 20.5
Magnetisierungskurve

an verhält sich dann das Material gegenüber einer weiteren Steigerung der Feldstärke magnetisch indifferent, die Permeabilitätszahl μ_r nähert sich der 1. Für den weiteren Anstieg der Kurve gilt dann nur noch $\Delta B = \mu_0 \cdot \Delta H$, wie für den leeren Raum.

Nicht selten wird statt der Flußdichte B als reine Materialeigenschaft die Polarisation J des Werkstoffs in Abhängigkeit von H aufgetragen. J ist gegenüber B lt. Gl. (20.4) nur um den auf den leeren Raum bezüglichen Differenzbetrag $B_0 = \mu_0 \cdot H$ kleiner. Im unteren und mittleren Bereich der Magnetisierung, also bei $\mu_r \gg 1$, ist der Zuwachs an magnetischer Polarisation des Materials so überwiegend, daß die Flußdichte des leeren Raumes ganz dagegen zurücktritt. Die Kurven B = f(H) und J = f(H) fallen hier also praktisch zusammen. Erst bei Annäherung an die Sättigung, wenn μ_r kleiner wird, beginnen sie, sich zu trennen. Die J-Kurve, die nur den materialbedingten Teil der Flußdichte darstellt, steigt nach Erreichen der Sättigung nicht weiter an, sondern verläuft exakt parallel zur H-Achse. Die B-Kurve zeigt jedoch weiterhin eine allmähliche Steigung, da sie noch den auf den leeren Raum bezüglichen Anteil $B_0 = \mu_0 \cdot H$ als Summanden enthält.

Bild 20.6 zeigt eine solche Magnetisierungskurve J = f(H); daneben sind die verschiedenen Stadien der magnetischen Polarisation angedeutet. An einer Würfelfläche in einem Felde H, das entsprechend den Pfeilen von links nach rechts gerichtet ist, erkennt man, wie zunächst im steileren Teil der Kurve bei den Punkten A und B die mehr zur Feldrichtung hinneigenden Weiss'schen Bezirke auf Kosten der entgegengerichteten anwachsen; schließlich sind auf diese Weise bei C die Blochwände verschwunden und mit zunehmender Sättigung bei D und E nur noch reine Drehprozesse im Spiel.

20.4.2 Die Hystereseschleife und die Hystereseverluste

Daß nach stärkerer Magnetisierung die Blochwände nicht ungehindert in ihre Ausgangslage zurückkehren, die Flußdichte also bei Rückgang der Feldstärke teilweise im Material steckenbleibt, wurde erwähnt. Stellt in Bild 20.7 Kurve 1 die Magnetisierung eines durch die Feldstärke H_1 bis zur Flußdichte B_1 erregten Werkstoffes dar, so liegen mit allmählich wieder abnehmender Feldstärke die zu jedem H gehörigen B-Werte höher als vorher beim Aufmagnetisieren. Sie durchlaufen dann z.B. die Kurve 2. Insbesondere ist bei H = 0 noch

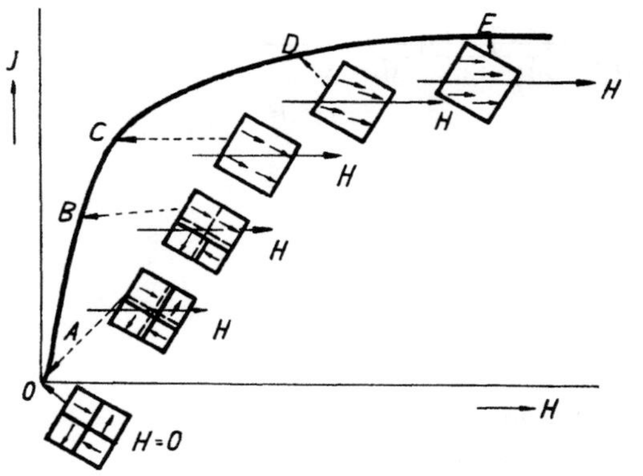

Bild 20.6
Die einzelnen Stadien der Magnetisierungskurve

ein mehr oder minder erheblicher Restbetrag der Flußdichte als „Remanenz" B_r im Material zurückgeblieben. Um sie ebenfalls wieder zum Verschwinden zu bringen, bedarf es einer umgekehrten Erregung $- H_c$, der *Koerzitiv-Feldstärke.* Fortschreitende Ummagnetisierung führt bei $- H_1$ zur Flußdichte $- B_1$ und bei abermaligem Rückgang auf 0 und Vorzeichenwechsel von H zu einem in sich geschlossenen Linienzug, der *Hystereseschleife,* die bei Erregung mit Wechselstrom immer wieder durchlaufen wird. Da die Form der Hystereseschleife eines Werkstoffes maßgebend für seine technische Verwendbarkeit ist, sei hier zunächst das Wesentliche der dazugehörigen Meßtechnik kurz geschildert.

Anhand der Bilder 20.4 und 20.5 wurde beschrieben, wie man durch schrittweises Hinzuschalten eines Steigerungsbetrages des Erregerstromes, also der Feldstärke, die einzelnen dazugehörigen B-Werte und damit die Punkte der Magnetisierungskurve erhält. Auf diese Art sei z.B. die Kurve 1 in Bild 20.7 entstanden. Beim stufenweisen Zurückschalten um die gleichen Beträge $(\Delta H)_1$, $(\Delta H)_2$ usw. gibt es kleinere Spannungsstöße infolge der im Material steckengebliebenen Flußdichte, der Hysterese, d.h. es ergeben sich nur die Differenzbeträge $(\Delta B)_1$, $(\Delta B)_2$ usw. Man kommt auf diese Weise von der Magnetisierungskurve auf dem Rückweg zur punktweisen statischen Aufnahme der Hystereseschleife.

Das Meßobjekt ist in der voraufgegangenen Darstellung ein fugenlos in sich geschlossener Ring aus dem zu untersuchenden Werkstoff. Wird er durch einen Luftspalt unterbrochen oder im Extremfall zu einem geraden Stab aufgebogen, so bilden sich an dessen Enden bekanntlich Pole, von denen zusätzliche Kraftlinien in den Raum ausgehen (Bild 20.8a).

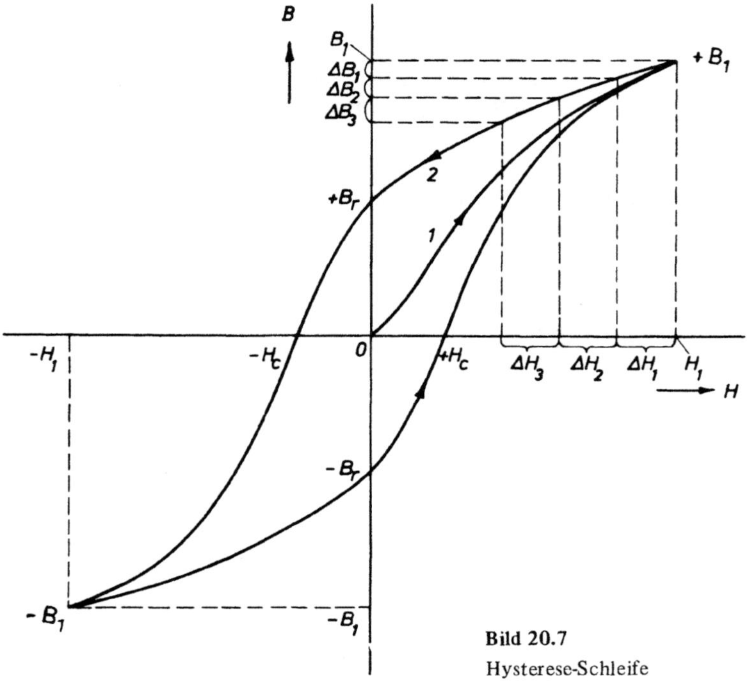

Bild 20.7
Hysterese-Schleife

Bild 20.8
a) Entmagnetisierung eines aufmagnetisierten Stabes
b) Hystereseschleife, gemessen an einem Ring:
1 ohne
2 mit Luftspalt (Scherung)

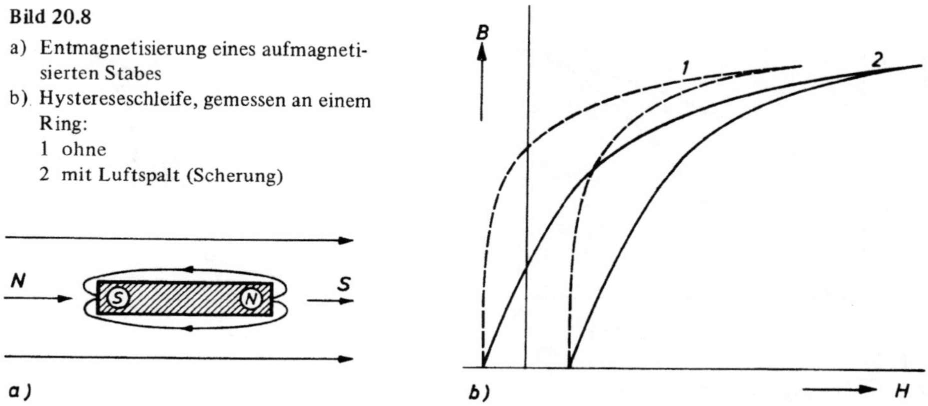

Diese überlagern sich gegenläufig dem äußeren Feld und führen so zu einer teilweisen „Entmagnetisierung". Das wahre innere Feld ist dadurch um den Betrag dieser entmagnetisierenden Feldstärke kleiner als das äußere erregende Feld. Die zu den einzelnen Werten der äußeren Feldstärke gemessenen Flußdichten liegen daher niedriger als im geschlossenen homogenen Kreis: Magnetisierungs- und Hysteresekurven erscheinen flacher, sie erfahren eine „Scherung" (Bild 20.8b). Um die wahren Werkstoffeigenschaften zu erfassen, untersucht man daher z.B. Bleche entweder in Form von gestanzten Ringen oder man wickelt schmale Bänder zu in sich geschlossenen Ringen auf. Vielfach wird auch der sogenannte Epstein-Rahmen verwendet, ein aus geraden Blechstreifen geschichtetes und überlappend zusammengeschachteltes Rechteck.

Permeabilität, Sättigung, Remanenz und Koerzitivfeldstärke sind die ins Auge springenden Werte, die sich aus Magnetisierungskurve und Hystereseschleife ablesen lassen. Die Form der letzteren liefert eine weitere wesentliche Bestimmungsgröße zur Bewertung magnetischer Werkstoffe: die *Hystereseverluste.* Sie beinhalten die Tatsache, daß bei Erregung mit Wechselstrom Aufbau und Rückgang der Flußdichte mit dem Überwinden von Hindernissen im Material verbunden sind. Das bedeutet einen für die Magnetisierung verlorenen Energieaufwand, der sich in Erwärmung äußert. Anhand des Bildes 20.9 finden wir dazu folgendes: Es sei als bekannt vorausgesetzt, daß die Energiedichte eines Magnetfeldes oder die Arbeit, die man braucht, um es zu erzeugen, durch den Ausdruck $\int H\,dB$ dargestellt wird, wobei das Integral über den ganzen Verlauf des Magnetisierungsvorganges von Null bis zum Endwert der Flußdichte zu erstrecken ist. Der Linienzug 0 bis P stelle ein Stück der Magnetisierungskurve eines ferromagnetischen Werkstoffes dar. Gäbe es keine Hysterese, würde bei Rücknahme der Feldstärke von H_1 bis 0 die Magnetisierungskurve von P bis 0 rückläufig durchwandert. Die vorher aufgebrachte magnetische Energie, dargestellt als $\int H\,dB$, also durch die Fläche $0\,P\,B_1$, käme in Form eines entsprechenden Spannungsstoßes völlig an die Feldspule zurück. Verläuft aber der Rückweg entlang der Hystereseschleife $P\,B_r$, so wird nur der zur Fläche $P\,B_r\,B_1$ gehörige Energiebetrag zurückfließen, der zwischen den Kurvenstücken $P - B_r$ und $P - 0$ vorhandene Rest dagegen im Material steckenbleiben. Fortführung dieses Gedankenganges führt zu der Erkenntnis, daß

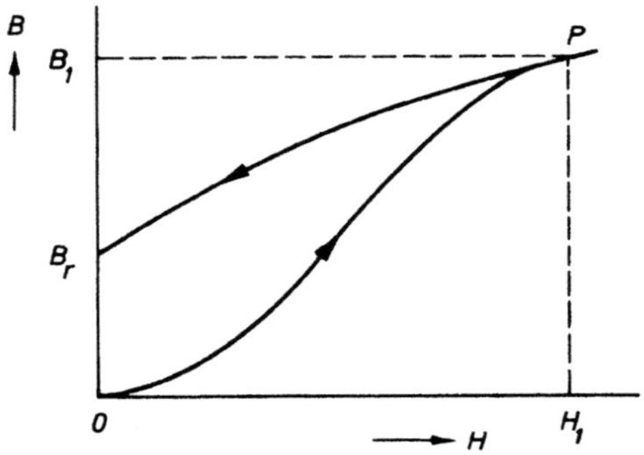

Bild 20.9
Zur Erläuterung der Hysterese-Verluste

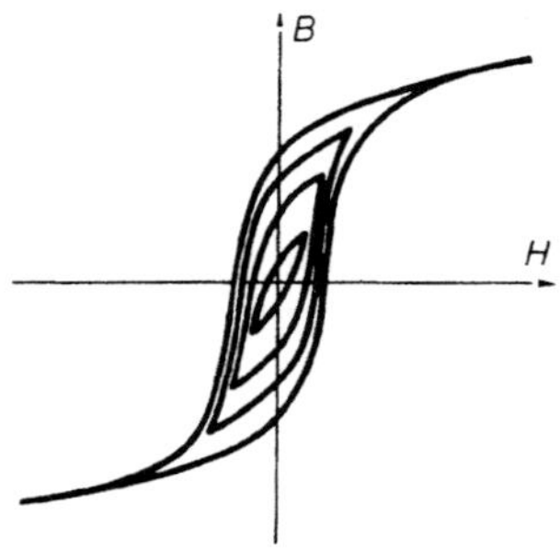

Bild 20.10
Hysterese-Schleifen

beim völligen Durchlaufen einer ganzen Schleife gemäß Bild 20.7 von $+B_1$ nach $-B_1$ und zurück die gesamte umschlossene Fläche ein Maß für die im Werkstoff verbliebenen und dort in Wärme umgesetzten Energieverluste ist. Bei periodischem Wechsel fällt dieser Betrag bei jedem Umlauf an, vervielfacht sich also *linear* mit der *Frequenz*. Seine Dimension und Einheit ergibt sich aus dem Produkt $H \cdot dB$, wenn H in A/m und B in Vs/m^2 gemessen ist, zu $\frac{VAs}{m^3}$, d.h. Ws/m^3. Die Hystereseverluste pro Sekunde erscheinen also bei periodischen Vorgängen als eine Leistung ausgedrückt in Watt, bezogen auf die Volumeneinheit oder bei bekannter Dichte auf die Masseneinheit des Materials in W/kg. Das Meßverfahren besteht einfach im Ausplanimetrieren der von der Hystereseschleife umschlossenen Fläche und Multiplikation mit der Frequenz.

Die Form der Schleife hängt stark von der Maximal-Flußdichte ab, bis zu der sie ausgefahren wird. Bild 20.10 zeigt schematisch einige Beispiele. Die Hystereseschleife (Flächeninhalte) wachsen dabei im Bereich zwischen 1 und 2 T ungefähr mit dem Quadrat der maximalen Flußdichte.

20.4.3 Die Wirbelstromverluste

In metallischen, also gut leitenden ferromagnetischen Werkstoffen, kommt bei wechselnder Magnetisierung ein weiterer wesentlicher Verlustanteil hinzu. Da jede Änderung eines Magnetflusses in der Umgebung elektrische Spannungen induziert, muß das gleiche natürlich auch im auf- und abmagnetisierten Eisenkern einer von Wechselstrom durchflossenen Spule geschehen. Die hierbei in seinem Innern entstehenden Wirbelströme erzeugen Wärme und sind so gerichtet, daß sie dem erregenden Wechselfeld entgegenwirken (Lenzsche Regel). Sie vermindern also die wirksame Permeabilität und stellen Verluste dar, die durch entsprechende Erhöhung der Erregung von außen gedeckt werden müssen. Die induzierten Spannungen, durch die sie entstehen, sind laut Induktionsgesetz $U = d\phi/dt$, bei gegebenen äußeren Abmessungen also sowohl der Flußdichte wie der Frequenz proportional. Demnach steigt ihre Leistung U^2/R in erster Näherung quadratisch mit Flußdichte und Frequenz an, nimmt andererseits mit dem spezifischen Widerstand des Materials (enthalten in R) linear ab.

Bei Verwendung von metallischen Magnetwerkstoffen mit ihrem relativ niedrigen spezifischen Widerstand ist es zur Unterdrückung der Wirbelströme meist unerläßlich, wechselstromerregte Kerne statt aus massiven Material aus geschichteten und voneinander isolierten Blechen herzustellen. In normalen Elektroblechen wachsen dabei die Wirbelstromverluste ungefähr mit dem Quadrat der Blechdicke. Da sie auch angenähert mit dem Quadrat der Frequenz ansteigen, zwingt der Einsatz bei hohen Frequenzen zur Verwendung extrem dünner Bleche und Bänder. Dabei sind prinzipiell die quadratischen Abhängigkeiten der Wirbelstromverluste von Blechdicke und Frequenz nicht ganz exakt. Dazu wäre erste Bedingung, daß der magnetische Fluß den Werkstoff homogen durchsetzte und der Skin-Effekt zu vernachlässigen wäre. Ist insbesondere die Permeabilität nicht gleichmäßig über den Querschnitt konstant oder kommt bei dünnen Blechen der Abstand der Blochwände in die Größenordnung der Blechdicke, so treten Anomalien der Wirbelstromverluste auf, deren Ursachen nicht immer eindeutig anzugeben sind, die jedenfalls eine Vorausberechnung nur mit Vorbehalt gestatten. In anisotropen Werkstoffen (Blechen mit magnetischer Vorzugsrichtung, S. 217) gibt es u. U. weitere Komplikationen.

20.4.4 Die Nachwirkungsverluste

Im Bereich kleiner Feldstärken, vor allem bei Werkstoffen mit hohem spezifischen Widerstand, wo die Wirbelströme zurücktreten, macht sich noch eine dritte Art von Verlusten in der Unmagnetisierung stark bemerkbar, die sogenannten Nachwirkungsverluste. Sie entstehen dadurch, daß die im Werkstoff bei der Magnetisierung ausgelösten materiellen Bewegungen nicht ohne eine gewisse Verzögerung (Relaxation) den Änderungen der Feldstärke folgen. Die dabei sich abspielenden Vorgänge sind je nach Werkstoffzusammensetzung unterschiedlicher Natur; Messung ihrer Frequenzabhängigkeit, in der auch Resonanzerscheinungen auftreten können, gibt darüber nähere Aufschlüsse.

20.4.5 Die Ummagnetisierungsverluste in ihrer Gesamtheit

Hysterese-, Wirbelstrom- und Nachwirkungsverluste ergeben zusammen die *Ummagnetisierungsverluste.* Man mißt ihren Gesamtbetrag z.B. mittels Wattmeter an geschlossenen Ringen oder am Epstein-Rahmen. Dabei liegt der Strompfad des Instruments im Kreis der Erregerwicklung, sein Spannungspfad, um die Kupferverluste nicht mitzumessen, an den Enden einer Sekundärspule. Darüber hinaus gelingt es aber auch, am wechselstrommagnetisierten Ring Schritt für Schritt die in jedem Zeitpunkt zu der jeweiligen Feldstärke gehörige Flußdichte zu bestimmen. Man erhält dann als Gegenstück zur statisch ermittelten Hystereseschleife des Abschnitts 20.4.2 die dynamisch aufgenommene „Ummagnetisierungsschleife". Verfahren dieser Art bedienen sich eines Synchrongleichrichters, der im Takt des Wechselstroms mit einstellbarer Phasenlage über eine Halbwelle öffnet oder schließt. Als integrierendes Meßinstrument dient dabei z.B. ein Drehspul-Millivoltmeter oder ein Koordinatenschreiber. Mit dieser Anordnung bestimmt man nacheinander die in der Phasenlage zusammengehörigen Werte von Feldstärke und Flußdichte. Durch schrittweises Verstellen des Phasenwinkels erhält man die ganze Kurve. Mit geringerer Genauigkeit, aber sehr anschaulich, läßt sich die gesamte Ummagnetisierungsschleife am Katodenstrahl-Oszillographen abbilden (Bild 20.11). Dabei werden durch einen niederohmigen Abgriff vom Erregerstrom (R_1) Relativwerte der wechselnden Feldstärke auf die horizontalen Ablenkplatten übertragen. Auf der Vertikalen erscheint eine der Flußdichte proportionale Größe, die als Bruchteil der Spannung einer Sekundärspule hinter einem großen Widerstand R_2 an einem Kondensator phasengleich mit der Flußdichte abgenommen wird. Horizontale und vertikale Ablenkungen zeichnen im gemeinsamen zeitlichen Ablauf die Schleife. Man erkennt anhand solcher Aufnahmen, daß die Ummagnetisierungsschleife eines mit Wechselstrom erregten Werkstoffes gegenüber der statisch aufgenommenen Hystereseschleife infolge der Wirbelströme verbreitert ist und eine um den Betrag der Wirbelstromverluste vergrößerte Fläche umschließt. Sie verbreitert sich weiter durch das quadratische Anwachsen der Wirbelstromverluste mit steigender Frequenz, während die Gestalt der reinen Hystereseschleife frequenzunabhängig ist.

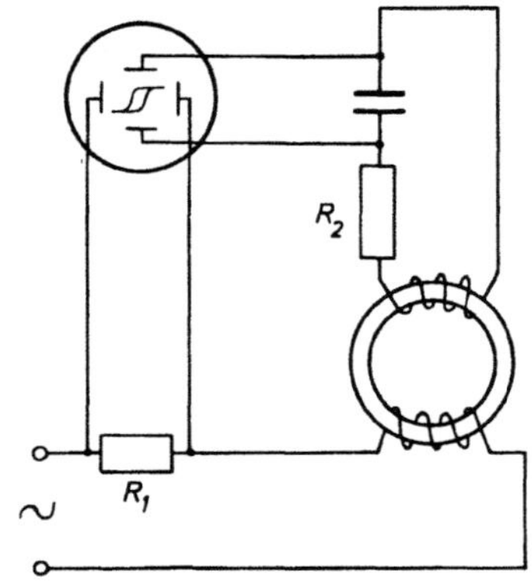

Bild 20.11
Anordnung zur Aufnahme der Ummagnetisierungs-Schleife am Oszillographen

Hysterese, Wirbelströme und Nachwirkung hängen in unterschiedlichem Maße von Flußdichte und Frequenz ab. Sind diese Funktionen im einzelnen bekannt, so lassen sich durch Variation von Feldstärke und Frequenz die Anteile der Verlustarten am Gesamtverlust getrennt voneinander erkennen. Die Erörterung von Einzelheiten dieser Meßtechnik würde jedoch zu weit führen. In jedem Fall liefert das Ausplanimetrieren der Ummagnetisierungsschleife, wie in Abschn. 4.2 abgeleitet, die Gesamtverluste in Watt, bezogen auf ein Kilogramm des betreffenden magnetischen Werkstoffs. Zur eindeutigen Kennzeichnung bedarf es dabei der Angabe der Frequenz und der Maximal-Flußdichte, bis zu der die Schleife bei der Messung ausgefahren wurde (vgl. Bild 20.10). So pflegt man z.B. bei Elektroblechen die Werte P1,0 oder P1,5 anzugeben, d.h. die Verluste bei einer Maximal-Flußdichte von 1,0 bzw. 1,5 Tesla, bezogen auf ein Kilogramm Material. Die Meßfrequenz ist dabei normalerweise 50 Hz. Siehe Fußnote S. 224.

Statt der Angabe der Verluste in W/kg ist vor allem bei kleinen Bauelementen und schwacher Aussteuerung eine andere Bezeichnungsart üblich: Im Ersatzschaltbild erscheint eine Spule mit verlustbehaftetem Kern als Reihenschaltung einer Induktivität und eines ohmschen Widerstandes. Letzterer stellt die Ummagnetisierungsverluste dar, entstanden aus Hysterese, Wirbelströmen und Nachwirkung. Im gleichen Sinne wie beim verlustbehafteten Kondensator läßt sich dann ein Verlustfaktor $\tan\delta$ als Quotient aus Verlustwiderstand und induktivem Widerstand, $R/\omega L$, definieren, der als Qualitätsmerkmal des Magnetwerkstoffes angegeben wird. Zu seiner Messung bedient man sich z.B. ähnlicher Brückenmethoden wie bei der $\tan\delta$-Bestimmung an Isolierstoffen. Grundsätzlich muß dabei ebenso wie bei P1,0 und P1,5 die Meßfrequenz sowie die Maximal-Flußdichte oder die Meßfeldstärke, von der die Verluste ja abhängig sind, angegeben werden.

20.4.6 Abhängigkeit der Gesamtverluste und der Permeabilitätszahl von der Frequenz

Den stärksten Frequenzgang von allen kennzeichnenden Daten der Magnetwerkstoffe haben die mit der Frequenz quadratisch zunehmenden Wirbelstromverluste. Je mehr man sie durch Verwendung dünner Bleche unterdrückt oder durch schlecht leitende Werkstoffe (Ferrite) von vornherein ausschließt, umso stärker treten Hysterese- und Nachwirkungsverluste in den Vordergrund. Je nach dem also, welche der drei Verlustarten materialbedingt im jeweiligen Flußdichte- und Frequenzbereich vorherrscht, wird ihre unterschiedliche Frequenzabhängigkeit z.B. im Frequenzgang des tanδ zum Ausdruck kommen.

Unmittelbar damit in Verbindung steht ein mit steigender Frequenz einsetzender Rückgang der Permeabilitätszahl. In metallischen Werkstoffen ist er vor allem bedingt durch die Wirbelströme, die dem Wechselfeld im Werkstoff entgegengerichtet sind und damit die Permeabilitätszahl herabsetzen. Wie weit man im Bereich hoher Frequenzen durch Anwendung sehr dünner Bleche aus entsprechenden Legierungen diesen Rückgang verhindern kann, zeigt Bild 20.12. Bei geringsten Blechdicken kommt man auch unabhängig von Wirbelströmen schließlich an eine Grenze, wo die Relaxation der Magnetisierungsvorgänge im Werkstoffinnern sich in einem mehr oder minder raschen Abfall der Permeabilität und im Ansteigen der Nachwirkungsverluste äußert. Das wird besonders deutlich bei Ferriten, die infolge ihres hohen spezifischen Widerstandes sowieso frei von Wirbelströmen sind und daher als massive Kerne verwendet werden können. Das Frequenzverhalten ihrer Permeabilität zeigt Bild 20.13. Die Grenzfrequenz liegt bei Blechen so wie bei Ferriten im allgemeinen umso höher, je kleiner die Anfangspermeabilität des Materials ist. Man muß also in diesem Frequenzbereich auf den Einsatz hochpermeabler Werkstoffe verzichten.

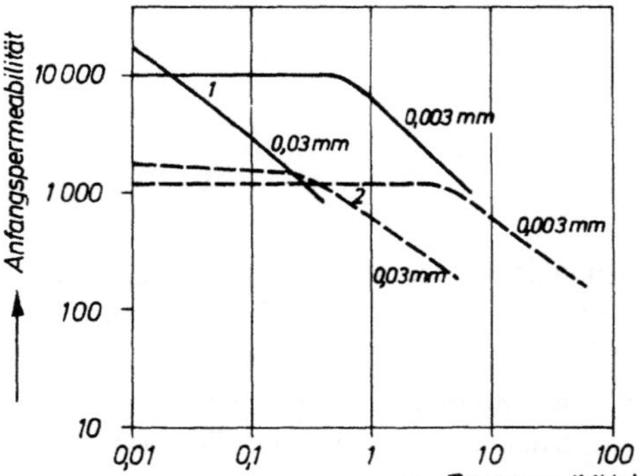

Bild 20.12 Frequenzabhängigkeit der Permeabilität zweier Eisennickellegierungen verschiedener Zusammensetzung in zweierlei Banddicken. Das mit 1 bezeichnete Kurvenpaar gehört zu einer Legierung mit 70 ... 80 % Ni, 2 zu einer solchen mit 36 % Ni.

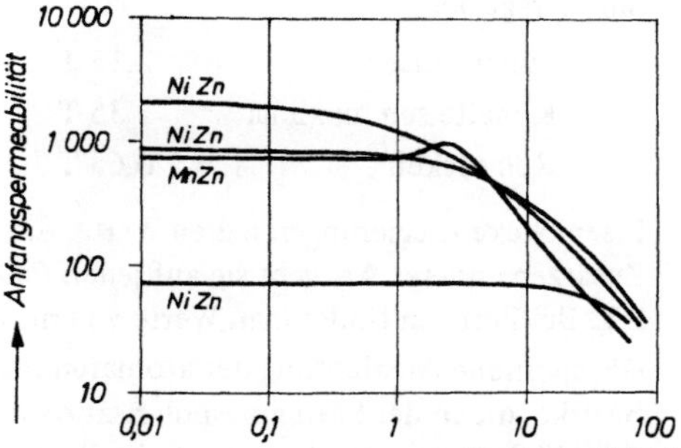

Bild 20.13 Frequenzabhängigkeit der Permeabilitä einiger Ferrite

20.4.7 Die komplexe Permeabilitätszahl

Analog zum Begriff der komplexen Dielektrizitätszahl führt die komplexe Schreibweise des Scheinwiderstandes bei Magnetwerkstoffen zur Einführung einer komplexen Permeabilitätszahl. Dabei erscheint zunächst die Reihenschaltung von Induktivität und Verlustwiderstand als komplexer Widerstand in der Form $Z = j \cdot \omega L + R$.

Andererseits sei L_0 die verlustfreie Induktivität der leeren Spule. Nach Füllung mit dem verlustbehafteten magnetischen Material mit der komplexen Permeabilitätszahl $\overline{\mu}_r$ ist ihr Scheinwiderstand dann $Z = j \cdot \omega \overline{\mu}_r \cdot L_0$.

Da beide Ausdrücke für Z einander gleich sein müssen, lautet der Schluß:

$$Z = j\omega\overline{\mu}_r \cdot L_0 = j\omega L + R, \qquad \text{daraus also:}$$

$$\overline{\mu}_r = L/L_0 - j \cdot \frac{R}{\omega L_0}\,.$$

Der Realteil dieser Permeabilitätszahl, L/L_0, stellt die vom Material herrührende Steigerung der Induktivität dar, beinhaltet also dessen magnetische Polarisation, während der imaginäre Teil mit dem Zahlenwert $R/\omega L_0$ für die Verluste maßgebend ist. Angaben der Eigenschaften magnetischer Werkstoffe bedienen sich mitunter dieser Schreibweise.

20.5 Eigenschaften gebräuchlicher Magnetwerkstoffe

20.5.1 Allgemeiner Überblick

20.5.1.1 Sättigungspolarisationen und Curie-Temperaturen

Ein Magnetwerkstoff von chemisch definierter Zusammensetzung hat bei Raumtemperatur eine bestimmte Sättigungspolarisation als eindeutig kennzeichnende Materialeigenschaft. Hierzu einige Zahlenangaben:

Sie beträgt bei

reinem Eisen	2,15 T
Kobalteisen maximal	2,35 T
Reinnickel	0,65 T

Eisen-Nickel-Legierungen haben Werte, die zwischen denen der beiden Metalle liegen. Bei Zusätzen anderer Art geht sie auf jeden Fall zurück, z.B. bei Eisen mit 3 % Silicium auf 2 T. Bei Ferriten findet man Werte von maximal 0,7 T, meist aber darunter.

Die spontane Ausrichtung der atomaren magnetischen Momente innerhalb der Weiss'schen Bezirke, die in der Sättigungspolarisation zum Ausdruck kommt, fällt, wie alle zusätzlichen Ordnungszustände in der Kristallstruktur, mit steigender Erwärmung der zunehmenden thermischen Unruhe im Gitter zum Opfer. Die Temperatur, bei der sie sich auflöst und Ferro- und Ferrimagnetismus verschwinden, ist bekanntlich nach Curie benannt und ebenfalls eine charakteristische Materialkonstante. Bei Eisen ist die Curie-Temperatur 768 °C, bei Kobalt 1121 °C und bei Nickel 358 °C. Einige Prozent Silicium senken den Curie-Punkt des Eisens um etwa 20 °C, für die gängigen Eisen-Nickel-Legierungen findet man Angaben von ca. 500 °C bis herab fast auf Raumtemperatur. Auch gebräuchliche

Ferrite liegen in diesem Bereich. Nach unten setzt sich die Skala fort durch Elemente und Verbindungen, z.B. aus der Gruppe der Seltenen Erden, die bei Raumtemperatur paramagnetisch sind, aber weit unter 0 °C einen Curie-Punkt unterschreiten und ferro- oder ferrimagnetisch werden [1]).

Die Temperaturabhängigkeit der magnetischen Eigenschaften – außer der Sättigungspolarisation z.B. auch der Permeabilität – ist mitunter für die technische Anwendung eine unangenehme Beigabe. Sie bietet andererseits Möglichkeiten, die Verhältnisse in magnetischen Kreisen gezielt zu beeinflussen. Sonderwerkstoffe für diesen Zweck finden sich ebenfalls unter den Eisen-Nickel-Legierungen wie auch unter den Ferriten.

20.5.1.2 Hystereseschleifen von isotropen Werkstoffen

Liegt also die Höhe der Magnetisierungskurve und der Hystereseschleife bei gegebener Temperatur durch die Sättigungspolarisation eindeutig fest, so ist die übrige Form der Kurven außer von der Zusammensetzung in starkem Maße vom Zustand des Kristallgefüges abhängig. Innere Spannungen, Verformung, Fremdkörper, Ausscheidungen, Gitterstörungen jeglicher Art, die die Bewegung der Blochwände, d.h. die Vorgänge des Auf- und Abmagnetisierens, behindern, müssen zu einer Verringerung der Permeabilität und Vergrößerung der Koerzitivfeldstärke führen. Sie machen also die Hystereseschleife relativ flach und breit. Bei Legierungen, die in dieser Hinsicht besonders empfindlich sind, kann z.B. einfaches leichtes Kaltwalzen die Permeabilitätszahlen im Bereich kleiner Feldstärken um mehrere Größenordnungen herabsetzen. Umgekehrt muß nach reinigender und rekristallisierender Glühbehandlung die Schleife steiler und schmaler werden im Sinne einer Verbesserung der Magnetisierbarkeit und Verringerung der Verluste. Bild 20.14 bringt eine schematische Gegenüberstellung der entsprechenden Kurven eines magnetisch harten, schwer ummagnetisierbaren und eines magnetisch weichen Werkstoffes. Ersterer wäre also geeignet für Permanentmagnete, letzterer für Kerne, die leicht erregt und verlustarm ummagnetisiert werden sollen. Die Größe des Bereiches, innerhalb dessen die Eigenschaften variiert werden können, wird erkennbar durch die Grenzwerte der Koerzitivfeldstärke, die sich praktisch erreichen lassen. Je nach Zusammensetzung und Behandlung des Materials kann sie mehr als 10^6 A/m bei permanentmagnetischen Ferriten (Abschn. 20.5.2) und 0,4 A/m bei besonders verlustarmen Legierungen betragen. Sie überdeckt also einen Bereich von gut sechs Zehnerpotenzen. Wenn demnach im Maßstab des Bildes 20.14 die

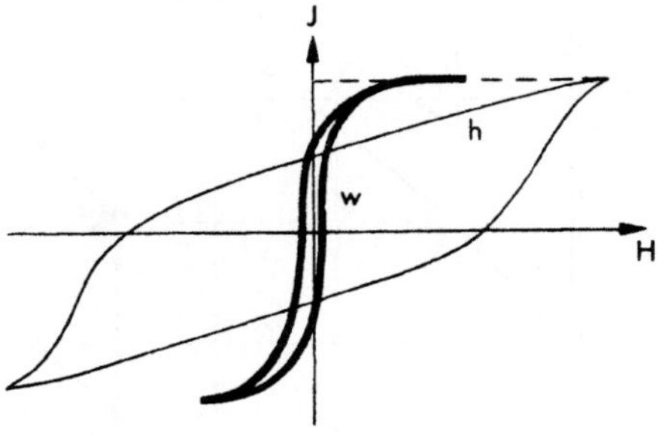

Bild 20.14
Hysterese-Schleifen eines magnetisch harten (h) und eines magnetisch weichen (w) Werkstoffes

[1]) An Stelle der Bezeichnung „Curie-Punkt" ist bei Ferriten die Bezeichnung „Néel-Punkt" gebräuchlich.

Koerzitivfeldstärke der breiten Kurve (h) 10^5 A/m wäre, so würden Hystereseschleifen spezieller Nickel-Eisen-Legierungen mit 70 ... 80% Nickel nur als eine einzige dünne Linie erscheinen, deren Strichbreite kleiner als 0,1 μm sein müßte.

20.5.1.3 Hystereseschleifen von anisotropen Werkstoffen

Besondere Maßnahmen zur Steuerung des Wachstumsprozesses der Kristallite in bestimmter Orientierung oder in bestimmten Formen können zu magnetischen Vorzugsrichtungen und zu extrem abgewandelter Gestalt der Hystereseschleife führen. Da Vorgänge dieser Art bei der Technologie vieler magnetischer Werkstoffe eine große Rolle spielen, seien sie anhand einiger Beispiele etwas näher betrachtet. Daß die spontane Magnetisierung innerhalb der Weiss'schen Bezirke sich nach den kristallographisch bevorzugten Richtungen orientiert, im kubisch-raumzentrierten Gitter des Eisens z.B. entlang den Würfelkanten, wurde in Abschnitt 20.3.1 als besonderes Kennzeichen ferromagnetischer Strukturen erläutert. Nimmt man einen Einkristall aus Eisen, so wird man demnach erwarten, daß er in den drei zueinander senkrechten Richtungen der Würfelkanten besonders leicht, in jeder anderen wesentlich schwieriger zu magnetisieren ist; denn bei Magnetisierung entlang den Würfelkanten müssen nur Wandverschiebungen zwischen den um 90° oder 180° gegeneinander versetzten Weiss'schen Bezirken vorgenommen werden; bei jeder anderen Lage des äußeren Feldvektors kommen aber anschließend noch Drehprozesse hinzu, die besonderen Energieaufwand erfordern. Bild 20.15 zeigt die Magnetisierungskurven eines Eisen-Einkristalls, einmal in Richtung einer Würfelkante, sodann in der Flächendiagonalen, schließlich in der Raumdiagonalen. Die Sättigungspolarisation ist in allen Fällen gleich groß als eine nur von der Reinheit abhängige Materialkonstante des Eisens; die aufzuwendenden Feldstärken, um sie zu erreichen, und mit ihnen die Permeabilitätszahlen, sind aber sehr unterschiedlich.

Mannigfache Verfahren bei der Herstellung spezieller Magnetwerkstoffe zielen darauf ab, diese Eigenschaften des Einkristalls auch im polykristallinen Material zu erhalten. So gelingt es beispielsweise bei Elektroblechen, während des Walzens und Glühens eine Orien-

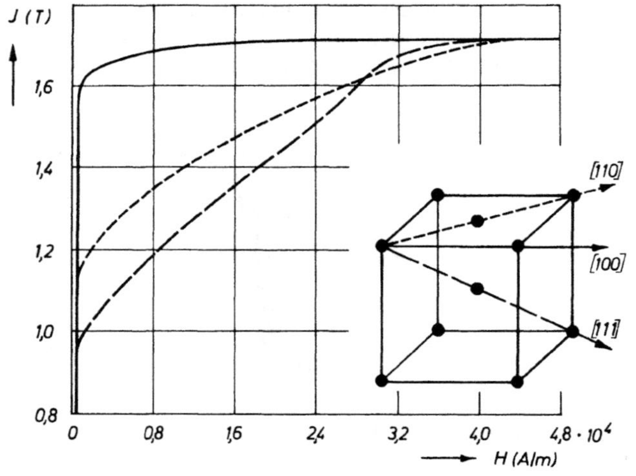

Bild 20.15

Magnetisierungskurve eines Eisen-Einkristalls in drei verschiedenen Richtungen

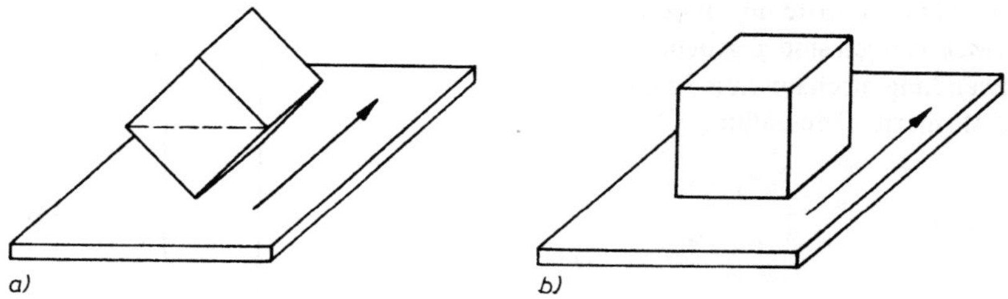

Bild 20.16
Texturen

tierung des sich entspannenden und wieder neu bildenden Gefüges herbeizuführen, also eine Textur, bei der die Würfelkanten über die ganze Bandlänge hin in eine gemeinsame Richtung weisen. Diese wird dann bevorzugt magnetisierbar. In Abschn. 1.1.3 ist von solchen Texturen in größerem Zusammenhang die Rede. Aus dem dort gebrachten Bild 1.19 sei hier einiges herausgegriffen. Bild 20.16a zeigt schematisch eine Textur mit vier Würfelkanten in Walzrichtung, und der Flächendiagonalen quer dazu. Der Pfeil kennzeichnet also zugleich eine magnetische Vorzugsrichtung, in der solche „kornorientierten" Bleche besonders hohe Permeabilität und geringe Hystereseverluste haben. Jede andere Richtung ist gegenüber der Walzrichtung in der Magnetisierbarkeit benachteiligt. In der daneben dargestellten „Würfeltextur" (b) liegen aber sowohl in Walzrichtung wie senkrecht dazu Würfelkanten. Hier besteht also eine erhöhte Magnetisierbarkeit in beiden Richtungen. Schließlich läßt sich erreichen, daß die Kristalle zwar nicht mit ihren Würfel*kanten* gleichmäßig ausgerichtet sind, aber immerhin mit jeweils einer Würfel*fläche* in der Blechebene liegen, mit den dazugehörigen Kanten jedoch innerhalb dieser Ebene regellos gegeneinander verdreht sind. Dadurch entsteht in allen Richtungen der *Blechebene* eine gleichmäßig verbesserte Magnetisierbarkeit. Allerdings steht dem technischen Einsatz von Blechen mit Würfelkanten- oder Würfelflächen-Textur der relativ große Aufwand zu ihrer Herstellung im Wege.

Außer durch Walzen und Glühen lassen sich magnetische Anisotropien bei entsprechender Zusammensetzung des Materials auch durch Abkühlen oder Tempern im Magnetfeld erzeugen, z.B. bei Nickel-Eisen und Kobalt-Eisen. Je vollkommener man dabei durch Kombination der verschiedenartigen Prozesse die Orientierung möglichst vieler Kristallite erreicht, umso mehr findet die Magnetisierung in der Vorzugsrichtung nur durch Wandverschiebungen statt. Die Drehprozesse sind durch die Ausrichtung der Kristallite bereits vorweggenommen. Man erhält dadurch Hystereseschleifen, die steil bis zur Sättigungsnähe ansteigen. Ebenso ergibt sich hohe Remanenz, weil die spontane Polarisation wegen des Fehlens von Drehprozessen nach Wegnahme des Feldes weitgehend in Sättigungsrichtung liegen bleibt. Im Grenzfall treten Rechteckschleifen auf, wie Bild 20.17 schematisch zeigt. Kerne aus solchen Material sind also in der Lage, bei kleinsten Feldstärkeschwankungen erhebliche Induktionssprünge aufzunehmen oder abzugeben.

Verfahren mit dieser Zielsetzung beschränken sich keineswegs auf Metalle. Auch bei den nichtmetallischen Magnetwerkstoffen, den Ferriten, läßt sich Gleichartiges erreichen. Unter den zahlreichen Zusammensetzungen gibt es solche, die schon spontan rechteckähnliche Schleifen haben (MnMg-Ferrite, NiZn-Ferrite, MnCu-Ferrite, NiMnMg-Ferrite,

MgCd-Ferrite, Mg Cu-Ferrite und andere). Zusätzliche Maßnahmen sind gegebenenfalls die Anwendung mechanischer Spannungen und Magnetfeldbehandlung.

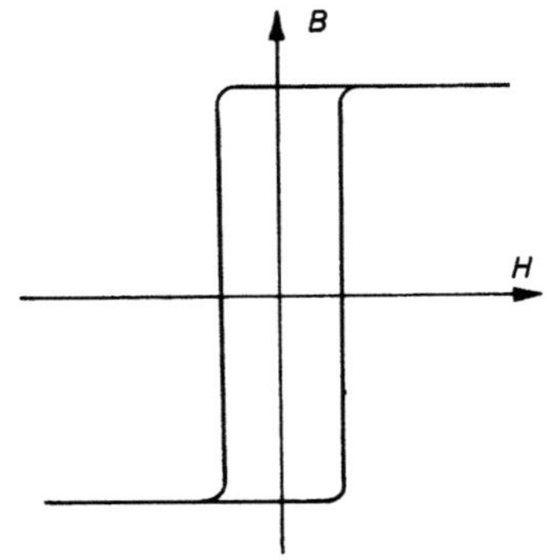

Bild 20.17
Durch Textur erzeugte Form der Hystereseschleife

Dauermagnetwerkstoffe mit magnetischer Vorzugsrichtung zeigen sowohl die oben erwähnte Erhöhung der Remanenz wie auch eine Steigerung der Koerzitivfeldstärke. Legierungen für Permanentmagnete erhalten ihre mechanische und magnetische Härte meist durch *Ausscheidungs*vorgänge. Bei einer Reihe von ihnen ist es möglich, durch Einwirkung eines Magnetfeldes im Lauf der Abkühlung während des Durchschreitens des Curie-Punktes diese Vorgänge bevorzugt in einer bestimmten Richtungsorientierung sich abspielen zu lassen und damit eine Anisotropie zu erzeugen. Insbesondere erreicht man bei Legierungen aus Aluminium, Nickel und Kobalt mit entsprechender Führung des Erstarrungsprozesses aus der Schmelze und zusätzlicher Beeinflussung des Kristallisationsvorgangs durch ein Magnetfeld, daß ferromagnetische Bestandteile aus Eisen und Kobalt sich in stengelförmigen Gebilden gleichgerichtet ausscheiden. Auf anderem Wege entsteht Anisotropie bei der Herstellung von Dauermagneten aus Ferriten, wenn z.B. das pulverförmige Material während des Pressens und Vorsinterns einem Magnetfeld ausgesetzt wird. Man erhält so einen anisotropen Werkstoff, dessen Remanenz in der Vorzugsrichtung wesentlich angehoben ist. Beispiele siehe Abschn. 20.5.2.

20.5.2 Hartmagnetische Werkstoffe

dienen sinngemäß in erster Linie zur Herstellung von Permanentmagneten in Lautsprechern, Meßinstrumenten, Motoren und Generatoren, magnetischen Kupplungen, als Bremsmagnete in Elektrizitätszählern usw. Angestrebt wird in den meisten Fällen ein möglichst starkes und konstantes Magnetfeld in einem mehr oder weniger weiten Luftspalt, d.h. möglichst hohe Remanenz mit großer Koerzitivfeldstärke zur Stabilisierung gegenüber entmagnetisierenden Feldern. Letztere können von außen aufgeprägt sein, vor allem ist aber darunter das eigene entmagnetisierende Feld zu verstehen, das auftritt, wenn z.B. ein magnetisierter Ring durch einen Luftspalt unterbrochen wird. Es geht von den sich dort bildenden Polen aus, die mit ihrem Streufeld teilweise der Magnetisierung entgegenwirken (vgl. den Stab in Bild 20.8). Das ist in umso stärkerem Maße der Fall, je breiter der Luftspalt im Verhältnis zum Gesamtumfang des Ringes ist.

Da im Permanentmagneten definitionsgemäß eine äußere erregende Feldstärke fehlt, befinden sich in seinem Innern nur die bei der vorangegangenen Aufmagnetisierung aufgespeicherte Polarisation und die in negativem Sinne wirkende Entmagnetisierungsfeldstärke.

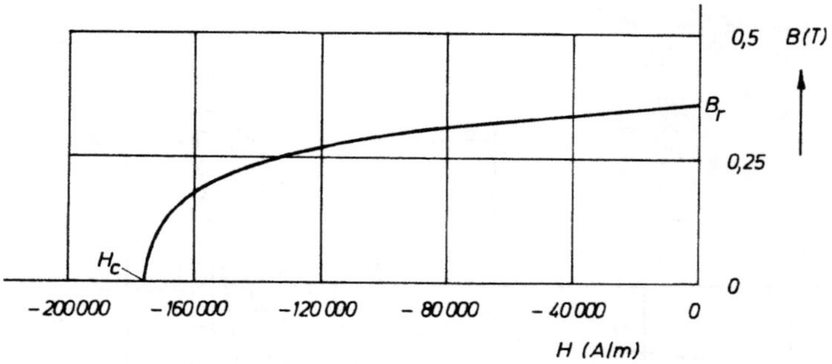

Bild 20.18 Entmagnetisierungskurve

Sein Magnetisierungszustand ist also durch irgendeinen Punkt im 2. Quadranten der Hystereseschleife von + B_r bis $-H_c$ z.B. in Bild 20.7 gekennzeichnet. Dieser Teil der Schleife führt die naheliegende Bezeichnung „Entmagnetisierungskurve". Er ist für einen Werkstoff mit großer Koerzitiv-Feldstärke in Bild 20.18 nochmals gesondert dargestellt: Die Remanenz B_r kennzeichnet den Magnetisierungzustand eines geschlossenen Ringes nach Aufmagnetisierung bis zur Sättigung und Wegnahme des äußeren Feldes. Trennt man ihn radial auf, so wächst mit steigender Luftspaltbreite, wie oben ausgeführt, die negativ gerichtete Entmagnetisierungsfeldstärke von Null in Richtung $-H_c$, die Flußdichte sinkt entsprechend dem Kurvenlauf von B_r an abwärts. Dieses Absinken ist offenbar umso geringer, je flacher die Kurve verläuft, d.h. je größer bei gegebenem B_r das zugehörige H_c ist.

Daran läßt sich bezüglich der günstigsten Form der Entmagnetisierungskurve folgende Betrachtung anknüpfen: bei kleinem Luftspalt haben wir kleine Entmagnetisierungsfeldstärke, befinden uns also auf einem Punkt der Kurve nahe der Ordinatenachse. Man kann sich demnach hier auf die Forderung nach möglichst hohem B_r bei mäßigem H_c beschränken, etwa entsprechend der Kurve 1 in Bild 20.19. Je größer die relative Luftspaltbreite, also die Entmagnetisierungsfeldstärke wird, umso mehr wandert der Arbeitspunkt auf der Kurve nach links, d.h. umso mehr tritt die Notwendigkeit eines flachen Verlaufs, also eines großen H_c, in den Vordergrund (z.B. Kurve 10 in Bild 20.19). Im extremen Fall des Stabmagneten wird man umso gedrungenere Formen verwenden können, je größer die Koerzitivfeldstärke des Materials ist. Das Produkt $(B \cdot H)_{max}$, das sich maximal mit einem hartmagnetischen Werkstoff am günstigsten Punkt der Kurve erreichen läßt, ist ein Maß für die mit gegebenem Werkstoffaufwand im Luftspaltvolumen erreichbare magnetische Energie. Es hat die Dimension von $\frac{Vs}{m^2} \cdot \frac{A}{m} = \frac{Ws}{m^3}$ $\left(\text{oder } \frac{J}{m^3}\right)$, also eines Energieinhaltes, bezogen auf die Volumeneinheit des Werkstoffes.

Bild 20.19 zeigt die Entmagnetisierungskurven einiger praktisch verwendeter Dauermagnetwerkstoffe; einzelne davon sind nur noch historisch interessant, vervollständigen aber das Bild der geschichtlichen Entwicklung während der letzten Jahrzehnte. Wie man sieht, konnte z.B. die Koerzitivfeldstärke von etwa 5 000 A/m bis in die Nähe von 200 000 A/m gesteigert werden, allerdings bei Einbuße an Remanenz. Die $(B \cdot H)_{max}$-Werte moderner

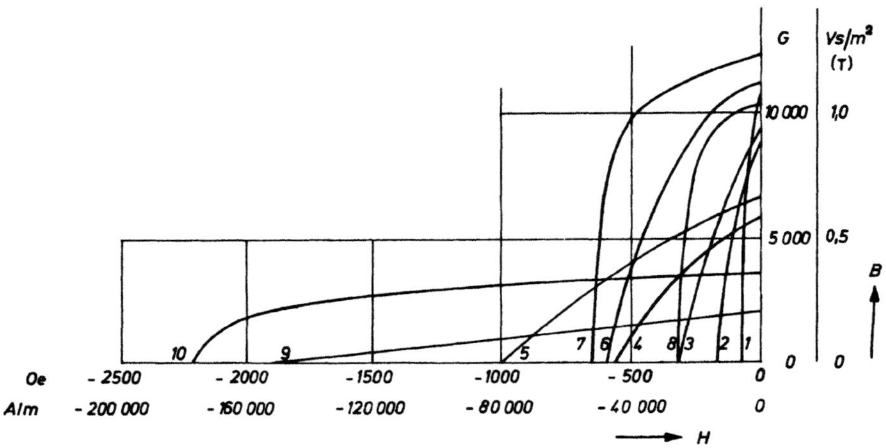

Bild 20.19 Entmagnetisierungskurven von Dauermagnetwerkstoffen

1. Cr 030
2. Co 060
3. AlNi 90
4. AlNi 120
5. AlNiCo 250
6. AlNiCo 5, isotrop
7. AlNiCo 5, anisotrop
8. Kobaltstahl
9. Bariumferrit, isotrop
10. Bariumferrit, anisotrop

Permanentmagnete liegen über 50 000 Ws/m³. In großen Zügen führt der Weg von den martensitischen Stählen und solchen mit Legierungsbestandteilen von Chrom, Kobalt, Wolfram, Aluminium und anderen zu den modernen Fe-Al-Ni- und Fe-Al-Ni-Co-Legierungen, von denen z.B. das Alnico 250 aus 19 Ni, 8 Al, 24 Co, 5 Ti und dem Rest Eisen besteht. Nachteilig ist dabei die schwierige Verarbeitbarkeit dieser Werkstoffe, die nur durch Gießen, Sintern und Schleifen geformt werden können. Kompromißlösungen, bei denen man Formteile aus pulverisiertem Werkstoff dieser Art unter Zugabe von Bindemittel herstellt, sind gebräuchlich; natürlich liegen die $(BH)_{max}$-Werte durch den Anteil an unmagnetischem Material entsprechend tiefer. Für Sonderzwecke sind Silber-Mangan-Aluminium sowie Platin-Eisen, Platin-Nickel, Platin-Kobalt und Legierungen auf der Basis von $SE\,Co_5$ entwickelt worden. Dabei bedeutet SE eine der Seltenen Erden Yttrium, Lanthan, Cer, Praseodym, Neodym oder Samarium. Hierfür werden $(BH)_{max}$-Werte bis 185 000 Ws/m^3 und Koerzitivfeldstärken bis $2 \cdot 10^6$ A/m angegeben. Hemmend für den Großeinsatz ist der hohe Preis, wenn er auch unter dem von Platin-Kobalt liegt. Als interessante Variante sei noch die Herstellung von Permanentmagneten aus feinstem ferromagnetischem Pulver genannt, bei denen die Pulverkörner so klein sind, daß jedes nur einen einzigen Weiss'schen Bezirk darstellt (lineare Abmessungen ca. 10^{-5} mm). Wandverschiebungen können also nicht auftreten, da keine Blochwände da sind; vielmehr müssen alle atomaren magnetischen Momente jedes Korns gleichzeitig und einheitlich umklappen, was eine entsprechend hohe Koerzitivfeldstärke zur Folge hat.

Unter den Ferriten zeichnen sich durch hohe Koerzitivkraft bei relativ billigem Ausgangsmaterial die „Oxidmagnete“ aus (Bild 20.19), außer dem genannten Bariumferrit auch

Strontiumferrit und andere. Sie eignen sich also für flache Bauformen von Magneten großer Stabilität. Die hohe Koerzitivfeldstärke verleiht ihnen ein großes Energieprodukt $(BH)_{max}$, obwohl ihre Remanenz relativ niedrig ist.

Um die Gütesteigerung erkennbar zu machen, die sich durch eine eingeprägte magnetische Vorzugsrichtung erreichen läßt, sei auf die Kurven 6 und 7 verwiesen. Sie gehören beide zu einem Werkstoff gleicher chemischer Zusammensetzung (AlNiCo 5), Kurve 6 aber zu dem isotropen Material, Kurve 7 zu dem anisotropen, das bei der Abkühlung einem Magnetfeld ausgesetzt war. Remanenz sowie Koerzitivfeldstärke sind dadurch erhöht, das Energieprodukt $(BH)_{max}$ von 17 600 auf 41 600 Ws/m^3 gesteigert. Ähnliches zeigt ein Vergleich der Kurven 9 und 10 bei isotropem und anisotropem Bariumferrit, wo die Remanenz durch das Einprägen der Vorzugsrichtung fast verdoppelt ist. Für solche Oxidmagnete werden $(BH)_{max}$ Werte zwischen 30 000 und 35 000 Ws/m^3 angegeben (anisotropes Strontium-Ferrit).

20.5.3 Weichmagnetische Werkstoffe

Bei den Dauermagnetwerkstoffen ist die technische Aufgabe im allgemeinen eindeutig und durch wenige einfache Angaben zu kennzeichnen: möglichst hohes und (oder) möglichst stabiles Magnetfeld in einem mehr oder weniger breiten Luftspalt; das heißt, großes, von Temperatur und anderen Einflüssen möglichst unabhängiges Energieprodukt $(BH)_{max}$, gegebenenfalls mit Betonung höherer Remanenz oder größerer Koerzitivfeldstärke. Demgegenüber sind die Forderungen der Technik an einen weichmagnetischen Werkstoff wesentlich differenzierter ebenso wie die Möglichkeiten, diese Wünsche mehr oder weniger gut zu erfüllen. So wird zur Erfassung schwacher Signale in empfindlichen Aufnahmegeräten und Meßanordnungen bei Übertragern, Meßwandlern, Drosseln usw. steiler Anstieg der Flußdichte im Bereich kleiner Feldstärken, also hohe *Anfangspermeabilität* benötigt. Zur frequenzgetreuen Verarbeitung von Meßwerten oder zur Klangübertragung mit geringem Klirrfaktor muß man auf einem hinreichend langen Stück der Kurve möglichst *linearen* Verlauf, also konstantes μ_r verlangen. Weniger interessant ist in diesen Fällen die Sättigungspolarisation, da man ja im unteren und mittleren Teil der Hystereseschleife arbeitet. Bei Schalt- und Speicherkernen bieten Werkstoffe mit *Rechteckschleife* besondere Möglichkeiten. Allgemein kommt im Wechselfeld die Forderung nach geringen *Ummagnetisierungsverlusten* hinzu und tritt gegebenenfalls in den Vordergrund. Das ist einerseits der Fall in der Hochfrequenztechnik, da die Verluste ja mit der Frequenz ansteigen und damit der Verwendbarkeit jedes Magnetwerkstoffes in höheren Frequenzbereichen irgendwo eine Grenze setzen. Grenzen ziehen sie aber auch auf der anderen Seite bei den großen Einheiten der niederfrequenten Energietechnik, Transformatoren und elektrischen Maschinen, durch die steigenden Betriebskosten und die mit der Baugröße zunehmenden Schwierigkeiten, die entstehende Wärme abzuführen. Hier gewinnt dann das Anwachsen der Verluste mit dem Quadrat der *Flußdichte* an Bedeutung, da man große Energiedichte im Werkstoff unterbringen, d.h. die Hystereseschleife bis zu hohen Flußdichten hin- und rücklaufend ausfahren will. Dabei wird also vorwiegend der *obere* Verlauf der Schleife in der Nähe der *Sättigungs*polarisation interessant; das gilt umso mehr, als zu den Verlusten im Eisen noch die Kupferverluste hinzukommen, die entsprechend der starken Zunahme des Durchflutungsbedarfs, also der erforderlichen Feldstärke, mit steigender Flußdichte unverhältnismäßig stark anwachsen.

Nehmen wir zu diesen unterschiedlichen Anforderungen an die magnetischen Eigenschaften noch die Fragen der Verarbeitbarkeit, Beschaffungsmöglichkeit und Wirtschaftlichkeit hinzu, so erklärt sich die reichhaltige Fülle angebotener weichmagnetischer Werkstoffe, die durch Neuentwicklungen laufend ergänzt wird. Ein kleiner Bruchteil davon sei hier ausgewählt, um einige wichtige Variationsmöglichkeiten im Hinblick auf technische Anwendungen zu veranschaulichen.

Sieht man von Werkstoffen für Sonderzwecke ab, handelt es sich im wesentlichen um drei Gruppen:

die *Silicium-Eisen* und die *Nickel-Eisen*-Werkstoffe auf der metallischen und die *Ferrite* (NiZn-, MnZn-, MgMn-Ferrite und andere) auf der nichtmetallischen Seite. Dabei soll allerdings nicht vergessen werden, daß auch unlegiertes Eisen in Form von Massivkernen für Gleichstrom-Anwendungen eingesetzt wird und daß auch unlegierte Stahlbleche zum Bau kleiner Wechselstrom- und Drehstrom-Maschinen verwendet werden.

Reinstes, insbesondere kohlenstoffreies Eisen wäre mit seiner Koerzitivfeldstärke von weniger als 10 A/m in vielen Fällen ein geeignetes weichmagnetisches Material. Reineisen-Werkstoffe, im Vakuum erschmolzen und aus Pulvern gesintert, werden auch für Sonderzwecke eingesetzt. *Bleche* aus reinstem Eisen sind aber für die Verarbeitung oft zu weich, zudem begünstigt die relativ gute Leitfähigkeit des reinen Metalls das Auftreten entsprechend hoher Wirbelstromverluste. Gegen beides hilft als billigste Maßnahme Zugabe von Silicium in Anteilen bis zu ca. 4 %. Es vermindert die Leitfähigkeit bis auf ein Viertel, verringert außerdem die Löslichkeit vorhandener Kohlenstoffreste und drängt sie an die Korngrenzen, wo sie in magnetischer Hinsicht nicht stören. Höhere Siliciumgehalte machen das Material zu spröde, setzen außerdem die Sättigungspolarisation in meist unerwünschtem Maße herab. Silicium-Eisenbleche, in denen mitunter ein Teil Silicium durch Aluminium ersetzt ist, finden in Dicken zwischen 0,28 mm und 0,65 mm verbreitete Anwendung beim Bau von Transformatoren und elektrischen Maschinen jeder Größe. Von der Möglichkeit, durch Kornorientierung (Textur) in bestimmter Vorzugsrichtung bessere Magnetisierbarkeit und kleine Verluste zu bekommen, macht man dabei vor allem im Transformatorenbau vielfach Gebrauch.

Bei wesentlich höheren Ansprüchen an große Permeabilität und kleine Verluste herrschen die Nickel-Eisen-Legierungen vor, mit Nickel-Anteilen bis zu 80 %. Je nach Zusammensetzung und Behandlung des Materials erhält man dabei sehr steile und schmale oder besonders flache Hystereseschleifen, gegebenenfalls auch Rechteckschleifen mit sprunghaftem Anstieg und hoher Remanenz nahe der Sättigung. Entsprechend breit ist ihr Anwendungsgebiet in jeglicher Technik der Übertragung, Verstärkung und Speicherung von Signalen und Daten, der Tonaufnahme und -Wiedergabe, als Schaltelemente usw. Der Einsatz im Hochfrequenzgebiet erfordert zur Unterdrückung der Wirbelstromverluste den Übergang zu sehr geringen Blechstärken und den Verzicht auf hohe Anfangspermeabilität (Bild 20.12).

Zu sehr verlustarmen Hochfrequenz-Bauelementen kommt man mit Pulver- oder Massekernen, die aus feinkörnigem ferromagnetischem Werkstoff, meist mit Bindemittel, unter hohem Druck hergestellt werden. Durch den relativ hohen Anteil an unmagnetischem isolierendem Material ist dabei die Magnetisierbarkeit der Gesamtmasse entsprechend herabgesetzt. Was hier durch Aufteilung des Werkstoffs in feine Pulverkörner unter Verzicht auf andere magnetische Eigenschaften erreicht wird, bieten die modernen gesinterten Ferritkerne von vornherein durch den hohen spezifischen Widerstand des Ausgangsmaterials, der in der Größenordnung der Halbleiter liegt. Kompakte Ferritkerne mit guten Werten der Permeabilität sind daher bis in den MHz-Bereich einsetzbar. Auch sonst bieten sie in ihrer großen Zahl von Kombinationen vielseitige Möglichkeiten zur Anpassung der magnetischen Kennwerte und der Form der Hystereseschleife an den jeweiligen Zweck. Die Anwendungsgebiete überschneiden sich daher weitgehend mit denen metallischer weichmagnetischer Werkstoffe, nicht nur als Hochfrequenzkerne, sondern auch als Schalt- und Speicherkerne, als Magnetverstärker usw.

Tabelle 20.1 bringt eine Zusammenstellung der kennzeichnenden Daten einiger weichmagnetischer Legierungen. Sie soll einen Eindruck von der Variationsbreite der Eigenschaften vermitteln, die grundsätzlich erreichbar ist.

Es wurde bewußt vermieden, etwa auch Ferrite in diese Tabelle mitaufzunehmen, da das zu Vergleichen nach einseitigen Gesichtspunkten verleiten könnte. Z.B. käme dabei nicht zum Ausdruck, daß sie frei von Wirbelstromverlusten arbeiten. Einige Zahlen mögen aber die Darstellung ergänzen: So finden wir in dem weiten Eigenschaftsspektrum weichmagnetischer Ferrite Angaben für die Sättigungspolarisation von etwa 0,4 T bei einer Anfangspermeabilität bis zu 10 000 und für die Koerzitivfeldstärken Werte um einige A/m. Ob man im konkreten Fall zu einem metallischen Werkstoff oder einem Ferrit greifen wird, kann außer von den magnetischen Eigenschaften von Fragen der Dimensionierung, der Formgebung und Miniaturisierung von Bauelementen und der Wirtschaftlichkeit abhängen.

20.6 Zusammenfassung von Abschnitt 20.2 bis 20.5

Die Mehrzahl aller Stoffe ist entweder *diamagnetisch* oder *paramagnetisch.* Die diamagnetischen besitzen eine Permeabilitätszahl < 1, da ein äußeres Magnetfeld in ihren Atomen magnetische Momente induziert, die ihm entgegengerichtet sind. In paramagnetischen dagegen bestehen ohnehin atomare magnetische Momente, die sich in einem äußeren Feld so ausrichten, daß sie es verstärken: Die Permeabilitätszahl ist > 1. In beiden Fällen ist die Abweichung von 1 allerdings nur gering. Demgegenüber sind in *ferromagnetischen* festen Metallen (*Eisen, Nickel, Kobalt*) größere Molekülkomplexe mit ihren magnetischen Momenten spontan einheitlich ausgerichtet, die durch *Blochwände* getrennten *Weiss'schen* Bezirke. *Wandverschiebungen* zwischen diesen Bezirken und *Drehprozesse* in ihnen sind das Kennzeichen des Magnetisierungsvorgangs in seinen verschiedenen Stadien. Die Permeabilitätszahl ist bei schwacher Erregung sehr viel größer als 1, nimmt aber mit steigender Feldstärke bei Annäherung an die Sättigung bis auf 1 ab. Bei Rückgang der Feldstärke zeigt sich eine mehr oder minder starke Hysterese, d.h. die Flußdichte durchläuft höhere Werte als bei der Aufmagnetisierung. Die Magnetisierungsvorgänge sind von geringfügigen, aber meßbaren Veränderungen der äußeren Abmessungen begleitet (Magnetostriktion).

Nicht minder wichtige magnetische Werkstoffe sind die *ferrimagnetischen,* deren magnetisches Moment als Differenz von antiparallel gerichteten, aber verschieden starken Einzelmomenten zustandekommt. Bekannteste Vertreter dieser Werkstoffgruppe sind die meisten *Ferrite*.

Tabelle 20.1 Weichmagnetische metallische Werkstoffe

Werkstoff	Zusammensetzung (Richtwerte in %: Rest vorwiegend Fe)	Blechdicke (mm)	Ummagnetisierungs-Verlust W/kg bei 50 Hz[1]	Permeablitätszahl μ_r (max)	Anfangspermeabilität (bei 0,4 A/m)	Sättigungspolarisation J_{max} in T	Koerzitivfeldstärke H_c in A/m	Anwendungsbeispiele
Reineisen	–		–	30 000 bis 40 000	1 500 bis 2 000	2,15	≧ 6,4	Abschirmungen, Relaisteile, Polschuhe, Joche
Fe-Si-Legierungen			P1,0					
warm- oder kaltgewälzt	0,5 Si	0,5	~ 3	6 000	–	2,1	48	Elektrische Maschinen
	4 Si	0,35	~ 1	9 000	–	1,95	16	Transformatoren
kornorientiert, kaltgewalzt	3 Si	0,35 0,3	~ 0,5 ~ 0,4	60 000	3 000	2,0	8	Transformatoren
Ni-Fe-Legierungen	ca. 36 % Ni	0,3	0,5 ... 1	8 000 bis 20 000	2 000 bis 3 000	1,3	20 ... 50	Übertrager, Drosseln, Filter
	47 ... 50 % Ni	0,2	~ 0,25	60 000	6 000	1,55	5	Teile f. Relais, Meßsysteme, Abschirmungen, Stromwandler
	50 ... 65 % Ni . . .	0,2	~ 0,15 P0,5 ↓	90 000	45 000	1,5	1,5	Übertrager, Meßwandler; mit Rechteckschl.: Magnetverstärker, Zähl- und Speicherkerne
	70 ... 80 % Ni	0,2	0,025	120 000	45 000	0,8	1,5	Übertrager, Magnetverstärker Abschirmungen, Teile f. Relais und Meßsysteme.
	70 ... 80 % Ni	0,05	0,01	300 000	130 000	0,8	0,5	Mit Rechteckschl.: Schalt- und Speicherkerne

[1]) P1,0 oder P0,5 heißt: Verluste bei 1,0 Tesla oder 0,5 Tesla. Bei Verwendung der älteren Einheit Gauß (10 000 Gauß = 1 Tesla) sind das also die Verluste bei 10 000 Gauß oder 5 000 Gauß mit der älteren Bezeichnung V_{10} und V_5.

Quantitativ erfaßt und dargestellt ist das Verhalten magnetischer Werkstoffe im Magnetfeld durch die *Magnetisierungskurve* und die *Hysterese-* bzw. *Ummagnetisierungsschleife.* Dabei wird entweder die Flußdichte oder die magnetische Polarisation des Materials über der erregenden Feldstärke aufgetragen. Folgende kennzeichnende Größen sind aus diesen Kurven abzulesen: Die *Permeabilitätszahl* in den verschiedenen Stadien des Magnetisierungsvorgangs, $\mu_r = \frac{B}{\mu_0 \cdot H}$, die *Sättigungs*polarisation, die *Remanenz,* die *Koerzitivfeldstärke* und die *Ummagnetisierungsverluste,* die sich bei metallischen Magnetwerkstoffen vor allem aus *Hysterese-* und *Wirbelstromverlusten* zusammensetzen. Erstere wachsen linear mit der Frequenz und nahezu quadratisch mit der Flußdichte, letztere nahezu quadratisch mit Frequenz und Flußdichte.

Eine dritte Verlustart spielt um so mehr eine Rolle, je geringer Hysterese- und Wirbelstromverluste sind, d.h. in schwachen Feldern oder bei hohem spezifischem Widerstand des Materials, nämlich die durch die Relaxation entstehenden *Nachwirkungsverluste.*

Die Verluste als Werkstoffeigenschaft werden entweder in W/kg angegeben oder durch den Verlustfaktor $\tan\delta$ (für bestimmte Flußdichte und Frequenz).

Der Wirbelstromanteil wird bei metallischen Magnetwerkstoffen durch Legierungselemente und Verwendung dünner Bleche herabgesetzt, bei den hochohmigen Ferriten ist er sowieso verschwindend klein. Mit steigender Frequenz sinken die Permeabilitätszahlen zunächst durch die Wirbelströme, später – im MHz-Bereich – durch die Relaxation stark ab.

Die Sättigungspolarisation ist, abgesehen von der Temperatur, nur durch die chemische Zusammensetzung des Materials bestimmt. Bei Raumtemperatur liegt sie bei gebräuchlichen Magnetwerkstoffen in der Größenordnung zwischen 0,1 T und 2 T. Sie verschwindet beim Curie-Punkt. Die Form der Hystereseschleife dagegen hängt außer von der Zusammensetzung stark vom Zustand des Kristallgefüges ab (praktische Werte der Koerzitivkraft zwischen 300 000 A/m und 0,4 A/m). Künstliche Anisotropie schafft magnetische Vorzugsrichtungen, im Extremfall Rechteckschleifen.

Hartmagnetische Werkstoffe sind vor allem Legierungen auf der Basis Fe-Al-Ni und Fe-Al-Ni-Co sowie Barium- und Strontiumferrit. Weichmagnetische Werkstoffe für elektrische Maschinen und Transformatoren sind in erster Linie Eisenbleche mit oder ohne Legierungsbestandteile von Silicium oder Aluminium, für Kerne von Bauelementen der Nachrichten- und Hochfrequenztechnik, Datenverarbeitung usw. vorwiegend Eisen-Nickellegierungen und Ferrite, z.B. NiZn- und MnZn-Ferrite.

Anhang

Normung

Die Normung dient einer sinnvollen Ordnung und zugleich einer Information über den Stand der Technik auf ihren verschiedenen Gebieten. Sie bemüht sich in dieser Zielsetzung z. B. um internationale Vereinbarungen zur Festlegung von Einheiten, zur Kennzeichnung typischer Werkstoffeigenschaften und Qualitätsmerkmale sowie zur Vereinheitlichung von Prüf- und Beurteilungsmethoden. Grundsätzliches Ziel ist ein möglichst rationelles Arbeiten in Wirtschaft, Technik, Wissenschaft und Verwaltung.

Die Zentralstelle für Normungsarbeit in Deutschland ist der Deutsche Normenausschuß (DNA), seit 1975 auch als „DIN, Deutsches Institut für Normung" bezeichnet. Für den Bereich der elektrotechnischen Normung hat der DNA und der VDE die Aufgaben der Deutschen Elektrotechnischen Kommission (DKE) übertragen.

Die Normungsarbeiten im Bereich der DKE erfolgen unterteilt nach Fachbereichen. Der Fachbereich 8 – um ein Beispiel zu nennen –, befaßt sich mit den Werkstoffen der Elektrotechnik und ist unterteilt in die Kommissionen

K 811 – Leiterwerkstoffe
K 821 – Magnetische Legierungen und Stahl
K 830 – Isolierstoffe
K 831 – Feste Isolierstoffe
K 832 – Flüssige und gasförmige Isolierstoffe
K 833 – Isoliersysteme

Das Ergebnis aller dieser Gemeinschaftsarbeiten sind die DIN-Normen, die vom DNA in Form von Normblättern herausgegeben werden. Sie sind gruppenweise zusammengestellt in den DIN-Taschenbüchern. Ihre Rechtsverbindlichkeit basiert auf dem Gesetz über Einheiten und Meßwesen in der Bundesrepublik Deutschland vom 2.7.1969, das am 3.7.1970 in Kraft getreten ist. Vorgänger hierzu ist auf internationaler Ebene die ISO-Empfehlung R 1000 vom Februar 1968 (ISO = International Organization for Standardization).

Auf einzelne DIN-Normblätter und VDE-Vorschriften wurde in den entsprechenden Kapiteln bereits hingewiesen, s. vor allem Literaturverzeichnis.

Bezugsquelle für DIN-Normblätter und DIN-Taschenbücher: Beuth Verlag GmbH, Burggrafenstr. 4–7, D-1000 Berlin 30.

Parallel zu den DIN-Normen und in Ergänzung dazu haben wir speziell für den Bereich der Elektrotechnik die VDE-Bestimmungen. Sie werden herausgegeben vom VDE-Verlag GmbH, Bismarckstr. 33, D-1000 Berlin 12.

Auskünfte zu den VDE-Bestimmungen erteilt die genannte Deutsche Elektrotechnische Kommission im DIN und VDE (DKE), Stresemann-Allee 21, D-6000 Frankfurt 70.

Einiges aus dem Schrifttum:

DIN-Taschenbuch Bd. 22: Normen für Größen und Einheiten in Naturwissenschaft und Technik, AEF Taschenbuch, Beuth-Verlag GmbH., Berlin 1974.

W. Haeder u. *E. Gärtner:* Die gesetzlichen Einheiten in der Technik, Deutscher Normenausschuß (DNA), Berlin.

Ch. Mollenhauer: Der Ingenieur und die SI-Einheiten[1]), Werkstatt-Technik, Jhrg. 61 (1971), Nr. 3, S. 180/181.

[1]) „SI-Einheiten" ist abgeleitet von: Systême International d'Unités.

Bildnachweis

Bild 1.2. *E. Hornbogen:* Werkstoffe, Springer-Verlag, Berlin, Heidelberg, New York 1973.

Bild 1.5b. *C. W. Correns:* Einführung in die Mineralogie, Springer-Verlag, Berlin, Göttingen, Heidelberg, 1949. Wiedergegeben und zitiert bei *G. F. Winkler*: Struktur und Eigenschaften der Kristalle, Springer-Verlag, Berlin, Göttingen, Heidelberg 1950.

Bild 1.7, 1.9, 1.10, 1.11. *C. R. Barrett, W. D. Nix, A. S. Tetelman:* The Principles of Engineering Materials, Prentice-Hall, Inc., Englewood Cliffs, New Jersey 1973.

Bild 1.12. *A. G. Guy:* Elements of Physical Metallurgy, Adison-Wesley, Reading, Mass. 1959.

Bild 1.13, 1.14, 1.15. *C. R. Barrett, W. D. Nix, A. S. Tetelman:* The Principles of Engineering Materials, Prentice-Hall, Inc., Englewood Cliffs, New Jersey 1973.

Bild 1.16. *F. L. Vogel:* Acta Metall. 3 (1955) 245.

Bild 1.17. *P. Haasen:* Physikalische Metallkunde, Springer-Verlag, Berlin, Heidelberg, New York 1974.

Bild 1.18. *H. Lüpfert:* Metallische Werkstoffe, C. F. Winter'sche Verlagshandlung, Basel, Braunschweig 1966.

Bild 1.20. *E. Hornbogen:* Werkstoffe, Springer-Verlag, Berlin, Heidelberg, New York 1973.

Bild 1.22, 1.24b. *M. Hansen, K. Anderko:* Constitution of Binary Alloys, McGraw-Hill, New York 1958.

Bild 1.23a, b. *H. Lüpfert:* Metallische Werkstoffe, C. F. Winter'sche Verlagshandlung, Basel, Braunschweig 1966.

Bild 1.25. *P. Haasen:* Physikalische Metallkunde, Springer-Verlag, Berlin, Heidelberg, New York 1974.

Bild 1.26. *M. Hansen, K. Anderko:* Constitution of Binary Alloys, McGraw-Hill, New York 1958.

Bild 1.27. *H. Lüpfert:* Metallische Werkstoffe, C. F. Winter'sche Verlagshandlung, Basel, Braunschweig 1966.

Bild 1.28. *W. C. Winegard:* An Introduction to the solidification of Metals, London: Institute of Metals 1964.

Bild 1.29. *M. Hansen, K. Anderko:* Constitution of Binary Alloys, McGraw-Hill, New York 1958.

Bild 1.30. *P. Haasen:* Physikalische Metallkunde, Springer-Verlag, Berlin, Heidelberg, New York 1974.

Bild 1.31, 1.32. *M. Hansen, K. Anderko:* Constitution of Binary Alloys, McGraw-Hill, New York 1958.

Bild 2.1, 2.2, 2.3. *C. R. Barrett, W. D. Nix, A. S. Tetelman:* The Principles of Engineering Materials, Prentice-Hall, Inc., Englewood Cliffs, New Jersey 1973.

Bild 2.4. *E. Hornbogen:* Werkstoffe, Springer-Verlag, Berlin, Heidelberg, New York 1973.

Bild 2.5. *M. Hansen, K. Anderko:* Constitution of Binary Alloys, McGraw-Hill, New York 1958.

Bild 2.6. *C. R. Barrett, W. D. Nix, A. S. Tetelman:* The Principles of Engineering Materials, Prentice-Hall, Inc., Englewood Cliffs, New Jersey 1973.

Bild 2.8e. *J. R. Vilella:* US Steel Corp., Widergegeben und zitiert bei:

Bild 3.4. *K. Wellinger, P. Gimmel:* Die metallischen Werkstoffe, Verlag Konrad Witwer, Stuttgart 1950.

Bild 3.7, 3.8. *B. Ilschner:* Hochtemperaturplastizität, Springer-Verlag, Berlin, Heidelberg, New York 1973.

Bild 3.10. *C. R. Barrett, W. D. Nix, A. S. Tetelman:* The Principles of Engineering Materials, Prentice-Hall, Inc., Englewood Cliffs, New Jersey 1973.

Bild 3.15. *H. Lüpfert:* Metallische Werkstoffe, C. F. Winter'sche Verlagshandlung, Basel, Braunschweig 1966.

Bild 3.16. *L. H. Van Vlag:* Elements of Materials Science, Adison-Wesley, Reading, Mass. 1964.

Bild 3.17. *J. Seeberger:* Diplomarbeit, Universität Erlangen-Nürnberg 1977.

Bild 3.18. *H. Lüpfert:* Metallische Werkstoffe, C. F. Winter'sche Verlagshandlung, Basel, Braunschweig 1966.

Bild 3.19. *C. L. Meyers, J. C. Shyne, O. D. Sherby:* J. Aust. Inst. Metals, 8, (1963) 171. Wiedergegeben und zitiert bei: *C. R. Barrett, W. D. Nix, A. S. Tetelman:* The Principles of Engineering Materials, Prentice-Hall, Inc., Englewood Cliffs, New Jersey 1973.

Bild 3.20. N. J. Grant, A. G. Bucklin: Trans. Amer. Soc. Metals **45** (1933) 151.

Bild 3.21, 3.22. *M. M. Eisenstadt:* Introduction to Mechanical Properties of Materials, The Mcmillan Comp., New York 1971, S. 218/19.

Bild 3.24. *C. R. Barrett, W. D. Nix, A. S. Tetelman:* The Principles of Engineering Materials, Prentice-Hall, Inc., Englewood Cliffs, New Jersey 1973.

Bild 3.26a. *H. Mughrabi:* Phil. Mag. **23** (1971) 897.

Bild 3.27. *E. Hornbogen:* Radex-Rundschau **3/4** (1972) 161.

Bild 3.30. *C. R. Barrett, W. D. Nix, A. S. Tetelman:* The Principles of Engineering Materials, Prentice-Hall, Inc., Englewood Cliffs, New Jersey 1973.

Bild 4.1. *M. Hansen, K. Anderko:* Constitution of Binary Alloys, McGraw-Hill, New York 1958.

Bild 4.3. *H.-P. Stüwe:* Einführung in die Werkstoffkunde, BI-Hochschultaschenbücher-Verlag, 467, 1969.

Bild 4.4. *M. Hansen, K. Anderko:* Constitution of Binary Alloys, McGraw-Hill, New York 1958.

Bild 5.1. *K. Koch, R. Reinbach:* Einführung in die Physik der Leiterwerkstoffe, Verlag Franz Deuticke, Wien 1960.

Bild 5.3, 5.4. *H. Lüpfert:* Metallische Werkstoffe, C. F. Winter'sche Verlagshandlung, Basel, Braunschweig 1966.

Bild 10.1b. Institut für Film und Bild in Wissenschaft und Unterricht, München.

Bild 12.1. *K. Koch* und *R. Reinbach:* Einführung in die Physik der Leiterwerkstoffe, Verlag Franz Deuticke, Wien 1960.

Bild 12.3. Kupfer-Nickel-Legierungen, Herausgeber: Nickel-Informationsbüro, Düsseldorf 1964.

Bild 15.3. *E. Spenke:* Elektronische Halbleiter, Springer-Verlag, Berlin, Heidelberg, New York 1965.

Bild 15.11, 15.15, 15.19, 15.23. Siemens AG, München.

Bild 15.17. *E. Hofmeister:* Halbleiter in: Fischer Lexikon, Physik, Fischer Taschenbuchverlag, Frankfurt/Main 1960.

Bild 15.24. *H. Heißing, R. Mitterer:* A 4096-bit MOS Memory Device with Single-Transistor Cells, Siemens Forsch.- und Entwickl.-Bericht, Band 4 (1975) Nr. 4, S. 197–202.

Bild 17.1. *B. Gänger:* Der Elektrische Durchschlag von Gasen, Springer-Verlag, Berlin, Göttingen, Heidelberg 1953.

Bild 17.2. *R. C. Krueger* und *A. B. Ness:* The Electrical, Physical and Chemical Properties of „Mylar" Polyester Films. Wiedergegeben und zitiert bei *Wijn/Dullenkopf*: Werkstoffe der Elektrotechnik.

Bild 17.3, 17.4. *C. Reimer:* Kunststoffe **45** (1955) S. 367–377, und **46** (1956) S. 149–154.

Bild 17.5. *U. Haier:* Langfristige Entwicklung bei elektrischen Maschinen, Siemens-Zeitschrift 40 (1966) 9, S. 649.

Bild 18.1. *J. Grabmaier, R. Knauer* und *H. Krüger:* Flüssigkristallanzeigen – Bauelemente und ihre Anwendungen in der Optoelektronik, ETZ-B 25 (1973) 23, S. 626.

Bild 18.2. *R. Steinsträsser* und *H. Krüger:* Flüssigkristalle Ullmanns Encyklopädie der technischen Chemie, Bd. 11 S. 658, Verlag Chemie, Weinheim 1976.

Bild 19.1. *F. Trendelenburg:* Siemens-Zeitschrift 36, 6/7 (1962). Nach Unterlagen von *H. Fleischmann.*

Bild 20.2. Handbuch Weichmagnetische Werkstoffe, Herausgeber: Vacuumschmelze GmbH, Hanau 1967.

Bild 20.3. *R. W. Pohl:* Einführung in die Physik. Elektrizitätslehre, Springer-Verlag, Berlin, Göttingen, Heidelberg 1964.

Bild 20.12. *F. Aßmus:* Technische weichmagnetische Werkstoffe auf der Basis Nickel-Eisen, Teil II, Archiv für Technisches Messen, Blatt Z 913-7 (1968) S. 255

Bild 20.13. *M. Kornetzki:* Meßergebnisse an hochpermeablen Ferritkernen, Z. angew. Physik 3 (1951) Nr. 1, S. 5-9. Wiedergegeben und zitiert bei *C. Heck:* Magnetische Werkstoffe und ihre technische Anwendung, Hüthig-Verlag, Heidelberg 1967.

Bild 20.14. *W. Deck:* Magnetische Werkstoffe, in: Fischer Lexikon Technik, Band III, Fischer Taschenbuchverlag, Frankfurt/Main 1963.

Bild 20.18. *H. P. J. Wijn* und *P. Dullenkopf:* Werkstoffe der Elektrotechnik, Springer-Verlag, Berlin, Heidelberg, New York 1967 (nach *K. J. DE Vos*, Philips Res. Rep. **18** (1963) 411).

Bild 20.20. Nach Unterlagen von *W. Deck:* Magnetische Werkstoffe, in: Fischer-Lexikon Technik, Band III, Fischer Taschenbuchverlag, Frankfurt/Main 1963 und *C. Heck:* Magnetische Werkstoffe und ihre technische Anwendung, Hüthig-Verlag, Heidelberg 1967.

Literatur

Grundlagen aus Chemie und Physik

W. Finkelnburg: Einführung in die Atomphysik, Springer-Verlag, Berlin, Göttingen, Heidelberg 1964.

Ch. Kittel: Einführung in die Festkörperphysik, R. Oldenburg Verlag, München, Wien 1976.

L. Pauling: Die Natur der chemischen Bindung. Chemie-Verlag, Darmstadt 1966.

R. W. Pohl: Einführung in die Physik, Springer-Verlag Berlin, Göttingen, Heidelberg 1966.

Allgemeine Werkstoffwissenschaften

P. Haasen: Physikalische Metallkunde, Springer-Verlag, Berlin, Heidelberg, New York 1974.

M. Hansen, K. Anderko: Constitution of Binary Alloys. McGraw-Hill, New York 1958.

E. Hornbogen: Werkstoffe, Springer-Verlag, Berlin, Heidelberg, New York 1973.

H. P. J. Wijn, P. Dullenkopf: Werkstoffe der Elektrotechnik, Springer-Verlag, Berlin, Heidelberg, New York 1967.

K. Krause, H. Bergmann, R. Racho: Werkstoffe der Elektrotechnik und Elektronik, VEB Deutscher Verlag für Grundstoffindustrie, Leipzig 1973.

W. v. Münch: Werkstoffe der Elektrotechnik, B. G. Teubner Studienskripten, Stuttgart 1975.

C. R. Barrett, W. D. Nix, A. S. Tetelman: The Principles of Engineering Materials, Prentice-Hall, Inc., Englewood Cliffs, New Jersey 1973.

H.-P. Stüwe: Einführung in die Werkstoffkunde, BI-Hochschultaschenbücher-Verlag, 467, 1969.

H. H. Uhlig: Korrosion und Korrosionsschutz, Akademie-Verlag, Berlin 1970.

Metallische Werkstoffe

Aluminium-Taschenbuch, herausgegeben von der Aluminium-Zentrale e.V. Düsseldorf, Aluminium-Verlag, Düsseldorf 1963.

E. Houdremont: Sonderstahlkunde, Springer-Verlag, Berlin, Göttingen, Heidelberg 1956.

H. Lüpfert: Metallische Werkstoffe, C. F. Winter'sche Verlagshandlung, Braunschweig 1966.

K. Wellinger, P. Gimmel: Werkstofftabellen der Metalle, Alfred-Kröner-Verlag, Stuttgart 1963.

Werkstoffhandbuch Nichteisenmetalle, VDI-Verlag, Düsseldorf 1963.

Werkstoffhandbuch Stahl und Eisen, Stahleisen-Verlag, Düsseldorf 1965.

Nichtmetallische anorganische Werkstoffe

H. Salmang, H. Scholze: Die physikalischen und chemischen Grundlagen der Keramik, Springer-Verlag, Berlin, Heidelberg, New York 1968.

H. Scholze: Glas, Verlag Vieweg, Braunschweig 1965.

F. und *S. Singer:* Industrielle Keramik, Springer-Verlag, Berlin, Heidelberg, New York 1966.

Zement-Taschenbuch, Bauverlag Wiesbaden, seit 1950 zweijährlich.

L. Holliday (Hrsg.): Composite Materials, Elsevier, Amsterdam 1966.

R. Kiefer, F. Benesowski: Hartmetalle, Springer-Verlag, Berlin, Heidelberg, New York 1965.

Kunststoffe

E. Behr: Hochtemperaturbeständige Kunststoffe, Carl-Hanser-Verlag, München 1969.

H. G. Elias: Makromoleküle, Hüthig und Wepf-Verlag, Basel, Heidelberg 1975.

H. G. Elias: Neue polymere Werkstoffe 1969–1974, Carl Hanser-Verlag, München 1975.

Kohlenstoff- und aramidfaserverstärkte Kunststoffe, VDI-Verlag GmbH., Düsseldorf 1977.

Kunststoff-Taschenbuch, 18. Ausgabe, Carl Hanser-Verlag, München 1971.

W. Laeis: Einführung in die Werkstoffkunde der Kunststoffe, Carl Hanser-Verlag, München 1972.

VDI-Taschenbuch T 7, *H. Domininghaus*: Kunststoffe I (Aufbau und Eigenschaften, Kunststoffsorten-Anwendungen).

VDI-Taschenbuch T 8, *H. Domininghaus*: Kunststoffe II, (Kunststoffverarbeitung), VDI-Verlag, Düsseldorf 1969.

DIN-Taschenbuch 18, Kunststoffe 1, Prüfnormen über mechanische, thermische und elektrische Eigenschaften, Beuth-Verlag GmbH., Berlin 1977.

DIN-Taschenbuch 48, Kunststoffe 2, Prüfnormen über chemische, optische Gebrauchs- und Verarbeitungseigenschaften, Beuth-Verlag GmbH., Berlin 1977.

Metallische Leiter- und Widerstandswerkstoffe, Supraleiter

G. Bogner: Supraleitung – Anwendungen (VDI-Bildungswerk BW 3482), VDI Verlag GmbH. Düsseldorf, im VDI-Handbuch der Kryotechnik 1977.

W. Buckel: Supraleitung, Grundlagen und Anwendungen, Physik Verlag, Weinheim/Bergstraße 1972.

K. Koch, R. Reinbach: Einführung in die Physik der Leiterwerkstoffe, Verlag Franz Deuticke, Wien 1960.

R. Racho, K. Krause: Werkstoffe der Elektrotechnik, VEB-Verlag Technik, Berlin 1968.

E. Tuschy: Kupferwerkstoffe für die Elektrotechnik, ETZ-B, Band 16, Heft 10, S. 274 ff., 1964.

Kontaktwerkstoffe

N. Harmsen: Rationelle Aufbring-Verfahren für Edelmetall-Kontaktwerkstoffe, Zeitschrift *Metall,* Heft 7, S. 628–637, 1976.

R. Holm: Electric Contacts Handbook, Springer-Verlag, Berlin, Göttingen, Heidelberg 1958.

A. Keil: Werkstoffe für elektrische Kontakte, Springer-Verlag, Berlin, Göttingen, Heidelberg 1960.

R. Racho, K. Krause u. a.: Werkstoffe der Elektrotechnik, VEB-Verlag Technik, Berlin 1970.

K. Schiff, N. Harmsen: Korrosionsdeckschichten auf elektrischen Kontakten, ETZ-B, Bd. 28, Heft 5, 1976.

H. Schreiner: Pulvermetallurgie elektrischer Kontakte, Springer-Verlag, Berlin, Göttingen, Heidelberg 1964.

Halbleiter

D. Geist: Halbleiterphysik I, Verlag Vieweg, Braunschweig 1969.

W. Harth: Halbleitertechnologie, B. G. Teubner, Stuttgart 1972.

E. Justi: Leitungsmechanismen und Energieumwandlung in Festkörpern, Vandenhoeck u. Ruprecht, Göttingen 1965.

M. Meyer, G. Möltgen: Thyristoren in der technischen Anwendung, Band 1 und 2, Siemens AG 1969.

R. Müller: Grundlagen der Halbleiter-Elektronik, Springer-Verlag, Berlin, Heidelberg, New York 1971.

J. Ruge: Halbleitertechnologie, Springer-Verlag, Berlin, Heidelberg, New York 1975.

E. Spenke: Elektronische Halbleiter, Springer-Verlag, Berlin, Heidelberg, New York 1965.

B. G. Streetman: Solid State Electronic Devices, Prentice-Hall, Inc., Englewood Cliffs, N. Y. 1972.

Isolierstoffe

C. Brinkmann: Die Isolierstoffe der Elektrotechnik, Springer Verlag, Berlin, Heidelberg, New York 1975.

P. Guillery, H. W. Rotter: Die Elektrophorese als Isolierverfahren der Elektrotechnik, ETZ-B 15, 1963.

H. W. Rotter: Elektrophoretisches Isolieren mit Glimmer, Zeitschrift für Werkstofftechnik, 4. Jhrg., H. 2, 1973.

Dauerverhalten von Isolierstoffen und Isoliersystemen, ETG-Fachberichte 2, VDE-Verlag GmbH., 1977.

Handbuch der Elektrotechnik, Siemens AG, München 1971.

H. W. Rotter: Micalastic-Isolierung für Hochspannungsmaschinen kleiner und mittlerer Leistung, Siemens Z. S. 46, H. 11, 1972.

VDE 0303, Sept. 74, Bestimmungen für elektrische Prüfung von Isolierstoffen. Verhalten unter Einwirkung von Oberflächen-Glimmentladungen.

Flüssigkristalle

M. Kobale, H. Krüger: Flüssige Kristalle, Physik in unserer Zeit 6. Jahrgang 1975, Nr. 3, Seite 66.

G. Meier, E. Sackmann, J. G. Grabmaier: Applications of Liquid Crystals, Springer-Verlag, Berlin, Heidelberg, New York 1975.

Magnetische Werkstoffe

R. M. Bozorth: Ferromagnetism, Van Nostrand, Toronto, New York, London 1951.

R. Boll: Weichmagnetische Werkstoffe, Siemens AG, Berlin und München 1977.

B. D. Cullity: Introduction to Magnetic Materials, Addison-Wesley Publishing Company, Reading, Menlo Park, London, Don Mills 1972.

C. Heck: Magnetische Werkstoffe und ihre technische Anwendung, Hüthig-Verlag, Heidelberg 1975.

E. Kneller: Ferromagnetismus, Springer-Verlag, Berlin, Göttingen, Heidelberg 1962.

M. Stiebler, H. Keuth, H. Haase: Zusammenhang zwischen den Eigenschaften von Elektroblechen und den Kennwerten elektrischer Maschinen, Zeitschrift *Stahl und Eisen,* 97, Nr. 10, S. 495–504, 1974.

H. P. J. Wijn, P. Dullenkopf: Werkstoffe der Elektrotechnik, Springer-Verlag, Berlin, Heidelberg, New York 1967.

DIN 50460: Prüfung von Stahl, Bestimmung der magnetischen Eigenschaften von Elektroblechen im magnetischen Wechselfeld, Beuth-Verlag 1977.

Sachwortverzeichnis

Abgleitgeschwindigkeit 56
Abgleitung 13, 52
Abkühlungskurven 22 f., 25, 104
Abschrecken 35, 37, 66
Aktivierungsenergie für Diffusion 31
Akzeptor 145, 152, 163
Alkydharze 191
Alnico 218 ff.
Aluminium-Aushärtung 35, 50
Aluminium-Dotierung 145
Aluminiumlegierungen 35, 84
Aluminium in Dauermagneten 218 ff.
–, rein 82
Amide 89, 189, 191
Amorphe Festkörper 4
Anfangspermeabilität 206, 213, 221, 224
Analyse, chemische 103
–, thermische 22, 104
Anisotropie 18
– bei Magneten 216 ff.
Anlassen 67
Anorganische Werkstoffe 86 f.
s. auch Isolierstoffe
Antiferromagnetismus 204 ff.
Antimon (Dotierung) 144
Arsen (Dotierung) 144
Asbest 87, 188, 191
Asphalt 88, 178, 189, 191 f.
Atomabstand 5
Atomprozente 21
Ätzen 16
Ätzgrübchen 16
Aushärten 37, 50, 58, 66
Ausheilen von Baufehlern 59
– von Versetzungen (Annihilation) 60
Auslagern 37, 50
Ausscheidung 34 f.
Ausscheidungshärtung 37, 50, 58, 68
Austenit 20, 38, 64
Austenitisieren 66
Austenitische Stähle 67
Avalanche-Effekt 157

Bainit 67
Bakelit 187
Bändermodell 113–116
Bandlücke 15, 139, 141
Bariumferrit 220 ff.
Bariumtitanat 179 ff.
Barkhausensprünge 204
Beryllium 81
Besetzungswahrscheinlichkeit 160
Besetzungszahl 6
Beton 86
Beugung von Elektronen 5, 103
– von Röntgenstrahlen 103
Beweglichkeit in Halbleitern 140 ff.
– in Metallen und Ionenleitern 119 ff.
– von Ladungsträgern, allgemein, 118 ff.
Biegegrenzen 15
Bildungsenergie für Leerstellen 10
– für Zwischengitteratome 10
Bindung, Elektronenpaarbindung
(kovalent) 107
–, ionisch (heteropolar) 109
–, metallische 106
Bindungsenergie 19
Bipolarer Transistor 158
Blei als Legierungspartner im Kontaktwerkstoff
CuPb 137
Bleiselenid (PbSe) 161
Bleisulfid (PbS) 161
Blochwände 202 ff., 207
Boltzmannkonstante 11
Bronze 76, 78
Bruchdehnung 42
Brucheinschnürung 43
Bruchfestigkeit 42
Bruchspannung 42
Bruchzähigkeit 43, 47
Brückenwanderung bei Kontakten 135
Burgers-Vektor 14, 56

Cadmiumselenid 142, 149
Cadmiumsulfid 142, 149, 162
Carbide 64, 68, 172 ff.
Cäsiumverbindungen 143
Cellulose 176 ff., 187, 189
Cermet 87
Cholesterinische Flüssigkristalle 193
Clophen 178, 191
Curie-Punkt 122 ff., 128, 179, 214 f.
Czochralski-Verfahren 165

Dauerfestigkeit 48
Dauermagnete 216, 218 ff.
Deckschicht 32
Defekte, Gitter- 9
s. auch Gitterbaufehler
Defektelektronen 139 ff.
Deformation, elastische 40
–, plastische 41
Dehnung 40
–, technische 42
–, wahre 42

Dehnungsmeßstreifen 124, 162
Diamagnetismus 200
Diamant 7
Diamantgitter 6, 138
Diboran 167
Dichteste Packung 7
Dielektrische Verluste 180–187
Dielektrizitätszahlen 178 f., 183
–, komplexe 186
Diffusion 29
Diffusionsgleichung/gesetz 30
Diffusionskoeffizient 31
Diffusionsmechanismus 32
Diffusionsstrom (pn-Übergang) 152
Diffusionsverfahren zur Dotierung von Halbleitern 167
DIN s. Anhang
Diode 155
Dipole im Dielektrikum 179, 183 ff.
Dispersionshärtung 58, 75
Donator 144, 152, 163
Dotieren von Halbleitern 143 ff., 167 ff.
Drahtlacke 192
Drain-Elektrode (MOS-Transistor) 160
Drehgrenze 16
Druckversuch 39
Dry-Reed-Schalter 137
Duktilität 43
Dural-umin 85
Durchschlagfestigkeit 175 ff.
Durchstrahlung, elektronenmikroskopische u.a. 5, 103
Duroplaste 89 f.
Dynamische Lichtstreuung 194
– Verformung 47

Eigenleitung 138 ff., 151
Eigenleitungskonzentration 141
Einkristall 15
Einkristallherstellung 165 f.
Einsatzhärtung 67
Einschnürung 42
Eisen 62 ff.
Eisencarbid 64
Eisen-Kohlenstoff-Diagramm 62
Eisen-Konstantan (Thermoelement) 131
Eisenlegierungen 62, 65, 67 ff.
– als Widerstandswerkstoffe 128
Eisen-Wasserstoff-Widerstand 123
Elastische Dehnung 40
– Verformung 40
Elastizitätsgrenze 42
Elastizitätsmodul 40
Elastomere 89
Elektrobleche 211 ff., 216, 222, 224
Elektrochemische Spannungsreihe 94
Elektronen 105 ff.
Elektronenladung 118
Elektronen-Beweglichkeit 118, 120, 140 f., 148
Elektronen-Konzentration in Halbleitern 140 ff., 148
– – in Metallen 119 ff.
s. auch Defektelektronen, Leitungselektronen, Valenzelektronen
Elektronengas 106
Elektronenmikroskop 103
Elektronenpaarbindung 108
Elektrooptische Effekte 194
Elektrophorese 189
Elektrostriktion 180
Elementarzelle 5
Elemente, chemische 2, 112
–, galvanische 93
Elementhalbleiter 148
Eloxieren 83
Energieniveau-Schema 114
Entmagnetisierung 209, 219
Entmischung 19
s. auch Ausscheidung
Epoxidharze 90 f., 189, 191
Epstein-Rahmen 206, 209
Erholung 59
Ermüdung 47
Ermüdungsbruch 47
Ermüdungsfestigkeit 48
Ermüdungsversuch 47
Erschöpfungsphase bei Halbleitern 147
Erstarrung 23
–, eutektische 24
–, gerichtete 26
–, peritektische 28
Eutektikum, Eutektische Reaktion, Eutektisches System 24 f.
Eutektoide Reaktion 65
Extrinsic-Halbleiter 143

Faserverstärkung 91
Fehlordnung 4
Feinwanderung 135 f.
Feldionenmikroskopie 103
Feldkonstante, elektrische 181, 199
–, magnetische 197, 199
Feldplatte 163
Feldstrom (pn-Übergang) 152
Fermi-Energie 149 ff.
Fermi-Funktion 149 ff.
Fermi-Niveau 149 ff.
Fernordnung 4
Ferrimagnetismus 205
Ferrit als Modifikation des Eisens 17, 20, 63
Ferrite als ferrimagnetische Werkstoffe 205, 213–225
Ferritische Stähle 67
Ferromagnetismus
s. Magnetwerkstoffe
Festigkeit, mechanische 39
Ficksches Gesetz 30

Fließspannung 42
–, kritische 42, 55
Flußdichte, magnetische 197 ff.
Flüssigkristalle 192–195
Flußmesser 206
Foto-Diode 161
Foto-Element 161
Foto-Kathode 143
Foto-Transistor 161
Foto-Widerstand 142, 149
Foto-Leitfähigkeit 142
Fremdatom, interstitielles 10, 20
–, substitutionelles 11, 20
Frenkel-Defekt 10

Gallium 132, 145
Galliumarsenid (GaAs) 141, 143, 161 f., 164
Galliumphosphid 149
Galvani-Spannung 129
Gasentladungen in Luft 174 ff., 185
Gate-Elektrode 160
Gauß (als Einheit) 199
Germanium 138, 141–143, 155, 161
Gibbsche Phasenregel 20
Gießharztechnik 90 f.
Gitter 4
–, Ionen- 7
–, kubisch 5
–, hexagonal 6, 9
–, NaCl 6
–, Diamant 6
–, Silikat 7
s. auch Kristallstrukturen
Gitter-Baufehler 9
– –, punktförmige 10
– –, linienhafte 11
(s. auch Versetzungen)
– –, flächenhafte 15, 29
(s. auch Korngrenzen, Phasengrenzen)
Gitterkonstante 5
Glas 5, 86 f.
– als Isolierstoff 111, 178, 181, 188, 191
Glasfaserverstärkte Kunststoffe 87, 91, 191
Gleichrichter-Diode 155
Gleit-Bänder 53
Gleit-Ebene 12, 53
Gleit-Richtung 53
Gleit-Stufen 52
Gleit-System 53
Gleitkontakte 171
Glimmentladung 185
Glimmer (als Isolierstoff) 173, 178, 181, 186 ff., 188, 191
–, Wärmeleitung von 196
Glimmfestigkeit 186
Gold in Kontaktwerkstoffen 136
Goss-Textur 18
Graphit 6 f., 170 f.
– in Kontaktwerkstoffen 136
Grauguß 64
Grobwanderung (in Kontakten) 135
Großwinkelkorngrenze 16
Gunn-Effekt 164
Gußeisen 64

Halbleiter 115, 138–163
– Eigenhalbleiter 138 ff., 151
– Störstellenhalbleiter 143 ff., 151
– Verbindungshalbleiter 148 ff.
Halbleitertechnologie 164–169
Hall-Effekt 107, 116–119
– –, Hallgenerator 163
– –, Sonde 119
Härte 46
Hartlöten 99
Hartmagnetische Werkstoffe 215, 218 ff.
Hartpapier 187, 191
Hartsilber 136
Härtung, Ausscheidungs- 37, 49, 58
–, Dispersions- 58, 77
–, Einsatz- 67
–, Korngrenzen- 58
–, Mischkristall- 49, 58
–, Oberflächen- 67
–, Umwandlungs- 66
Härtungsmechanismus 58
Hebelgesetz 23
Heißleiter 142
Heizwiderstände 128, 172
Heteropolare Bindung 110 f.
Hexagonale Kugelpackung 7
– Struktur 6, 9
Hochpolymere 88 f.
Hochspannungsisolierung 185 ff.
Holz als elektrotechnischer Werkstoff 88
Homöopolare Bindung 110 f.
Hookesches Gesetz
Hydrostatischer Druck 41
Hysterese (magn.) und Hysterese-Verluste 204, 207 ff., 213
Hystereseschleifen verschiedener Werkstoffe 215 ff.

Imide 89, 191 f.
Impfkristall 166
Indium (In) 145
Indiumantimonid (InSb) 119, 141
Indiumarsenid (InAs) 119, 149
Induktion s. Flußdichte
Induktionskonstante s. Feldkonstante 197, 199
Influenzkonstante s. Feldkonstante 181, 199
Infrarotdetektoren 142, 149
Inkohärente Grenzfläche 29
Integrierte Schaltung 167–169
Intermetallische Verbindung 19, 28
Interstitielles Fremdatom 10, 22
Intrinsic-Halbleiter 138 ff., 143
Inversionskanal 160

Ionenbeweglichkeit 119
Ionenbindung 109–111
Ionenkristall 110
Ionenkristall-Gitter 7
Ionenleitung 109, 119
Isolierstoffe, kennzeichnende Eigenschaften 173–188
–, anorganische und organische Isolierverfahren 188 ff.
–, Wärmeleitung von Isolierstoffen 196
Isolator im Bändermodell 115
Isotropie 18

Kaltleiter 179
Kaltverformung 49
Kautschuk 88, 178, 189
Keimbildung bei Ausscheidung 36
– bei Rekristallisation 62
Keramische Werkstoffe 87, 188 f.
Kerbschlagversuch 46
Kerbschlagfestigkeit 47
Kerbschlagzähigkeit 47
Klärpunkt 192
Kleben 98
Kleinwinkelkorngrenze 15
Klettern von Versetzungen 62
Kobalt, allgemein als Legierungspartner zum Eisen s. unter Eisenlegierungen 67 ff.
– in Magnetwerkstoffen 214–221
Koerzitiv-Feldstärke 208, 215, 218 ff., 220, 224
Kohärente Phasengrenze 29
– Zwillingsgrenze 17
Kohlenstoff (s. auch Diamant und Graphit) 169 ff.
– als Legierungspartner des Eisens 62 ff.
– in organischen Verbindungen 88 ff.
– in Kontaktwerkstoffen 136 f.
Kompressionsmodul 41
Konode 23
Kontaktpotential (pn-Übergang) 154
Kontaktwerkstoffe 134 ff.
Konzentrationsmaße 21
Koordinationszahl 6
Korn, Korngrenzen 15–17
Kornorientierte Bleche 216 ff., 224
Korrosion, Korrosionsschutz 92–98
Kovalente Bindung 108
Kriechen 44
Kriech-Bruch 44
Kriech-Geschwindigkeit 44
Kriech-Versuch 44
Kriechstromfestigkeit 187
Kristall-Baufehler 9
Kristallplastizität 52
Kristallstrukturen 4
–, Diamant 6
–, Graphit 6
–, hexagonal 6, 9
–, kfz. 6
–, krz. 6
–, NaCl 6
–, Quarz, Quarzglas 4
–, Silikat 4, 86
Kristallsysteme 5
Kritisches Magnetfeld 133 f.
Kritische Schubspannung 53
– Stromdichte 133 f.
Kubische Struktur 5
– –, flächenzentriert 6
– –, primitiv 5
– –, raumzentriert 6
Kugelgraphit 63, 65
Kugelpackung 6
–, dichteste 7
Kunststoffe 88–91
s. auch Isolierstoffe
Kupfer, reines 70
Kupferlegierungen 73
– als Kontaktwerkstoffe 136 f.
– als Widerstandswerkstoffe 128
Kupferoxydul 155, 161

Lackdrähte 192
Laser-Diode 162
Leerstellen 10
–, Bildungsenergie 10, 32
–, Wanderungsenergie 32
– -Diffusion 10, 32
– -Mechanismus 32
– -Konzentration, thermische 10
Legierungen 18
Legierungshärtung 49 ff.
Leitfähigkeit von Eigenhalbleitern 141
– von Metallen 119, 141
– von Störstellenhalbleitern 146 f.
Leiterwerkstoffe 119 ff.
Leitungsband 115, 138 f.,
Leitungselektronen 107, 115, 138 ff., 144
Leitungsvorgänge in Luft 174 ff.
Leuchtdiode 149
Linienenergie der Versetzung 14
Linienfehler 9
s. auch Versetzung 11
Liquidus-Linie 22
Löcherbeweglichkeit 140 f., 148
Löcherleitung 138 ff., 145
Lokalelemente 95
Löslichkeit 19
Löslichkeitslinie 26
Lote und Löten 99
Lumineszenz-Diode 162

Magnesium 81
Magnesium-Legierungen 85
Magnetisierungskurve 205 ff.
– des Eisen-Einkristalls 216
Magnetostriktion 204
Magnet-Werkstoffe 197–225
s. auch hartmagn. und weichmagn. Werkstoff
Majoritätsladungsträger 146, 152
Martensit 66

Martensitumwandlung 66
Martens-Temperatur 190
Masse-Kerne 222
Mechanische Eigenschaften 39
Melaminharz 189, 191
Messing 79
Metalle, Bänderschema 115 f.
–, metallische Bindung und Leitung 106 ff.
–, Elektronenkonzentration u. Beweglichkeit, Leitfähigkeit 119 ff.
–, Wärmeleitfähigkeit 196
Metallische Leiter- und Widerstandswerkstoffe 119–128
Metallische Thermoelemente 129–131
Metastabiles System (Bi (Beispiel Eisen-Kohlenstoff) 64
Millersche Indizes 7
Minoritätsladungsträger 146, 152
Mischkristall 19, 22
Mischkristallhärtung 50, 58
Mischphasen 19
Mischungslücke 26
Molekülkette 4
Montsinger-Regel 190
MOS-Feldeffekt-Transistor 158, 160

Nachwirkungsverluste (magn.) 211
Nahordnung 4
Néel-Punkt 215
n-Leitung 139, 143 ff., 163
Nematische Flüssigkristalle 193
Nichteisenmetalle 70
Nichtmetallische Werkstoffe 86 ff.
Nickel, Korrosionsbeständigkeit 96 f.
–, Leitfähigkeit 119
–, Thermo-Kraft 129
Nickel-Legierungen als Widerstandswerkstoffe 128
– – magnetische Eigenschaften auch als Legierungspartner in Magnetwerkstoffen 204, 214 ff.
Nickelchrom-Nickel-Thermoelement 131
Niob in Supraleitern 132–134
Nitrose Gase, Korrosionswirkung 96, 185
Normalglühen 66
Normalisieren 66
Normung s. Anhang

Oberflächenwiderstand 187
Oersted (als Einheit) 199
Öl 89, 178, 187, 189, 191
Organische Werkstoffe 88 ff. s. auch Isolierstoffe
Orientierung, kristallographische 7
–, Vorzugs-Orientierung 18
Ostwald-Reifung 37
Oxidation 92, 94
Oxidmagnete 220

Paarbildung 138
Packungsdichte 6
Palladium in Kontaktwerkstoffen 136 f.
Paramagnetismus 200 f.
Passivierung 97
Pauli-Prinzip 114
Periodisches System der Elemente 2, 112 f.
Peritektikum 27
Perlit 65
Permanentmagnete, s. Hartmagnetische Werkstoffe 215 ff.
Permeabilität 197 ff., 207–215, 221 ff.
Permittivität 200
Permittivitätszahl s. Dielektrizitätszahl
Phase 18
Phasendiagramm 19
Phasengrenzfläche 29
–, kohärente 29
–, semikohärente 29
–, unkohärente 29
Phasenregel, Gibbssche 20
Phasenumwandlung 19
Phenolharz 187, 191
Piezo-Elektrizität 180
Piezowiderstand 162
Planartechnologie 167, 169
Plastische Verformung 41, 52
Plastizität, Kristall- 52
Platin als Kontaktwerkstoff 136
Platinrhodium-Platin-Thermoelement 131
p-Leitung 139, 143, 145, 163
pn-Übergang 151–154
– –, Anwendungen 155–163
– –, Herstellung 167
Poissonzahl 41
Polarisation, elektrische 177 ff., 200
–, magnetische 200–207
Polyamide 89, 191
Polyäthylen 88, 191
Polyester 191 f.
Polygonisation 62
Polyimide 89, 191
Polymerisation 88
Polymorphie 20
Polystyrol 88, 191
Polytetrafluoräthylen (PTFE) 88, 189, 191
Polyvinylchlorid (PVC) 88, 191
Poren 33
Porzellan 87, 178, 188, 191
–, Wärmeleitung von 196
Präzisionswiderstände 127
Preßspan 191
Primäre Rekristallisation 62
Prüfverfahren 103 f.
Pulverkerne 222
Pulvermetallurgie 34
Punktfehler 10

Quarz 4
– als Piezokristall 180
Quarz(glas) 4, 173, 181, 187 f., 191
– Wärmeleitung von 196
Quarzmehl in Verbindung mit Kunststoffen 91
Quecksilber, Kontakte 137
–, Wärmeleitung von 196
Querkontraktionszahl 41

Raumgitter 5
Raumladungszone 152 ff.
Realkristall 9
Rechteckschleife (magn.) 217 f., 224
Regelwiderstände 128
Rekombination 138, 153, 162
Rekristallisation 59
–, primäre 62
–, sekundäre 62
Rekristallisations-Textur 62
Rekristallisationskeim 62
Relaxation, elektrisch 183
–, magnetisch 211
Remanenz 208
– bei Dauermagneten 218 f.
Restaustenit 66
Restwiderstand 132
Rhodium als Kontaktwerkstoff 137
Rockwell-Härte 46
Röntgendosimeter 161
Rost 93

Sättigungspolarisation 203 f., 207, 214, 224
Schadt-Helfrich-Effekt 194
Schering-Brücke 182 ff.
Scherung 41
– (magnetisch) 209
Schichtkristall 7
Schiefer 173
Schraubenversetzung 13
Schubfestigkeit, theoretische 55
Schubmodul 41
Schubspannung 41
–, kritische 53
Schwefelhexafluorid 137, 176
Schweißen 98
Schweißneigung von Kontakten 135 ff.
Schwellspannung 156
Selbstdiffusion 30
Selen (für Halbleiterbauelemente) 155, 161
Silber, Leitfähigkeit 119
– in Kontaktwerkstoffen 136 f.
Silicium als Halbleiter 139, 141 f., 147, 155 f., 161 f., 167 f.
– in Elektroblechen 214, 222 ff.
Siliciumcarbid 172
Silikate 87–89
Silikone 88 f., 189, 191

Sintern 33
Sinterwerkstoffe für Kontakte 136 f.
Smektische Flüssigkristalle 193
Solarbatterie (Solarzelle) 161
Soliduslinie 22
Source-Elektrode
Spannung 40
–, Schub- 41
–, wahre 42
Spannungs-Dehnungs-Diagramm 43
Spannungsfrei-Glühen (bzw. Weichglühen) 60
Spannungsrißkorrosion (SRK) 79
Sphäroguß 65
Sprödigkeit 44
Sprungpunkt 132
Stahl 65
–, austenitischer 67
–, Bezeichnung von 68
–, eutektoider 65
–, ferritischer 67
–, hochlegierter 69
–, martensitischer 66
–, niedrig legierter 69
–, rostfreier 67
–, übereutektoider 65
–, unlegierter 69
–, vergüteter 66
Stahlguß 69
Stahlhärtung 66
s. auch Magnetwerkstoffe
Steatit 87
Störstellenleitung 143
Streckgrenze 42
Strontium als Bestandteil von Magnetwerkstoffen 221
Stufenversetzung 12
Substitutionsatom 10
Substitutionsmischkristall 22
Supraleiter 131–134
Suszeptibilität 200

tan δ, dielektrisch 180–186
–, magnetisch 212
Teilchenwachstum 36
Temperaturabhängigkeit des Widerstandes von Metallen 122, 127 f., 132
– – – von Halbleitern 141, 147
Temperaturmessung mit Thermoelementen 129–131
Tempern 67
Tesla (als Einheit) 198 f.
Textur 18
–, Blechtextur 18
–, Gosstextur 18
–, Rekristallisationstextur 62
–, Walztextur 18
–, Würfeltextur 18
– in Magnetwerkstoffen 216 ff., 222, 224

Thermische Analyse 104
Thermistor 142
Thermoelektrische Spannungsreihe 129
Thermoelemente 129–131
Thermokraft 130
Thermo-Mechanische Behandlung 59
Thermooptische Effekte 194
Thermoplaste 89
Thyristor 158
Tiegelzieh-Verfahren 165
Titan 81
– in Supraleitern 132 f.
Titandioxid 179
Transistor, bipolar 158
–, MOSFET 160
Triac 159
Triacetatfolie 176 f.

Überalterung 50
Ummagnetisierungsschleife 211 ff.
Ummagnetisierungsverluste 211 ff., 221, 224
Unipolar 158
Unpolare dielektrische Stoffe 178

Valenzband 115, 138 f.
Valenzelektronen 108, 112, 138 ff.
Valenzkristall 108
Vanadium in Supraleitern 133
Varactor 157
Varistor 172
Verbindung, intermetallische 28
Verbindungshalbleiter 148
Verbotene Zone 115, 141
Verbundstoffe 21
Verfestigung 42, 49, 58
Verformung 39
–, dynamische 47
–, elastische 40
–, inhomogene 52
–, plastische 41
–, Schlagverformung 46
–, statische 39
Verformungsarbeit 42
Verformungsmechanismus 52
Vergüten 66
Verluste
Verlustfaktor, dielektrischer 180–186
Verlustwinkel, magnetischer 207–214, 221 ff.
Vernetzung 89
Versetzung 11
–, gemischte 13
–, Grenzflächen- 29
–, Schrauben- 13
–, Stufen- 12
Versetzungsanordnung 15, 57
Versetzungsdichte 14
Versetzungsenergie 14
Versetzungsgeschwindigkeit 56
Versetzungshindernis 58
Versetzungslinie 11
Versetzungswechselwirkung 58
Verteilungskoeffizient 164
Vickers-Härte 46
Vielkristall 15
Vorzugsorientierung s. Orientierung
Vulkanfiber 191

Wachstum von Teilchen 36
Walztextur 18
Warmaushärtung 50, 58
s. auch Ausscheidungshärtung
Wärmebeständigkeit von Isolierstoffen (Wärmeklassen) 189 ff.
Wärme-Durchschlag 177
Wärmeleitung 195–197
Warmverformung 50
Wasser als Dipolsubstanz 179, 183
Weber (als Einheit) 198
Wechselfestigkeit 47
Wechselverformung 47
Weichglühen 60
Weichlöten 99
Weichmagnete 221 ff.
Weiss'sche Bezirke 201 ff., 207
Widerstand, spez., verschiedener Stoffe 174
s. auch Leitfähigkeit und Temperaturabhängigkeit
Widerstandsthermometer 124, 128
Widerstandswerkstoffe aus Kohle 171
Wirbelsintern 90
Wirbelstromverluste 210 ff., 222 f.
Wolfram als Kontaktwerkstoff 136 f.
Wolframcarbid als Kontaktwerkstoff 136
Wöhlerkurve 47
Würfeltextur 18, 217

Zeitdehngrenze 45
Zeit-Schaubild 45
– -standfestigkeit 45
– -standversuch 45
Zementit 64
Zenerdiode 157
Zinksulfid 162
Zonenschmelzverfahren 164
Zonenziehen 166
Z-T-U-Diagramm 37
Zugfestigkeit von glasfaserverstärkten Gießharzen 91
Zugversuch 39
Zustandsdiagramm 20
Zustandsdichte 149
Zwillingsgrenze 17
Zwischengitteratom 10, 22
Zwischengittermechanismus der Diffusion 33
Zwischengitterplatz 10, 22
Zwischenstufengefüge 67

Walter Ameling

Grundlagen der Elektrotechnik

Band I. 1974. 224 S. 15,5 X 22,6 cm (Studienbücher Naturwissenschaft und Technik, Band 11) Paperback
ISBN 3 528 19149 X

Inhalt: Größengleichungen und Maßsysteme – Der zeitlich konstante elektrische Strom – Das elektrische Feld – Das magnetische Feld – Elektromagnetische Induktion – Komplexe Berechnung von Wechselstromschaltungen.

Band II. 1974. 264 S. 15,5 X 22,6 cm (Studienbücher Naturwissenschaft und Technik, Band 12) Paperback
ISBN 3 528 19150 3

Inhalt: Mehrphasensysteme – Drehfelder – Symmetrische Komponenten – Der Transformator – Asynchronmaschine – Synchronmaschine – Gleichstrommaschinen – Nichtsinusförmige, periodische und nichtperiodische Vorgänge – Laplace-Transformation – Theorie der Leitungen – Grundbegriffe der Netzwerktheorie – Elektronenröhren – Halbleiterbauelemente – Elektrische Meßtechnik.

Robert Jötten und Helmut Zürneck

Einführung in die Elektrotechnik

Band I. Mit 106 Abbildungen. 2. Nachdruck der 1. Auflage 1977. VI, 137 S. DIN C 5 (uni-text) Paperback
ISBN 3 528 03008 9

Inhalt: Begriffe, Größen und Einheiten aus Mechanik, Wärmelehre und Elektrotechnik – Der Strom im Leiter – Netze mit Spannungsquellen und Widerständen – Beispiele nichtlinearer Schaltelemente und Netze – Elektrostatisches Feld – Strom, Spannung, Energieinhalt beim Kondensator – Magnetisches Feld und Induktionsgesetz – Meßtechnik I – Wechselspannung, Wechselstrom – Meßtechnik II – Anhang: Lineare Differentialgleichungen mit konstanten Koeffizienten.

Band II. Mit 137 Abbildungen. 1972. VII, 138 S. DIN C 5 (uni-text) Paperback
ISBN 3 528 03018 6

Inhalt: Der Transformator – Drehfeldmaschine mit gleichstromerregtem Polrad (Synchronmaschine) – Drehstrom-System – Drehfeld-Transformator und Asynchronmaschine – Die Gleichstrommaschine – Thermische Belastbarkeit und Kühlung elektrischer Maschinen – Bauelemente und elementare Schaltungen der kontaktlosen Steuerungstechnik – Beispiel für Steuerung und Regelung in der Elektrotechnik.

GPSR Compliance

The European Union's (EU) General Product Safety Regulation (GPSR) is a set of rules that requires consumer products to be safe and our obligations to ensure this.

If you have any concerns about our products, you can contact us on ProductSafety@springernature.com

In case Publisher is established outside the EU, the EU authorized representative is:

Springer Nature Customer Service Center GmbH
Europaplatz 3
69115 Heidelberg, Germany

Batch number: 10584556

Printed by Printforce, the Netherlands